21世纪高等教育计算机规划教材

计算机组成与结构

Computer Organization and Architecture

罗福强 主编

U0177368

人民邮电出版社

北 京

图书在版编目（CIP）数据

计算机组成与结构 / 罗福强主编. -- 北京 : 人民
邮电出版社，2014.1（2024.7重印）
21世纪高等教育计算机规划教材
ISBN 978-7-115-33484-8

Ⅰ. ①计… Ⅱ. ①罗… Ⅲ. ①计算机体系结构—高等
学校—教材 Ⅳ. ①TP303

中国版本图书馆CIP数据核字(2013)第282187号

内 容 提 要

本书以当前主流微机技术为背景，全面介绍了计算机各功能子系统的逻辑结构、组成和工作机制。本书分为10章。第1章概述了计算机的基本概念和计算机系统结构、组成与实现的关系，分析了影响系统结构设计的主要因素；第2章以定点加、减、乘、除、移位运算逻辑以及溢出判断逻辑为重点，深入讨论运算器的设计与组织方法；第3章介绍了指令系统及其设计方法；第4章介绍了组合逻辑控制器和微程序控制器的组成和工作原理，揭示了指令的执行流程；第5章着重讨论了主存储器的设计方法；第6章介绍了存储系统的结构，重点讨论了并行存储器、Cache、虚拟存储器和磁盘存储器的组成结构和工作原理；第7章介绍了系统总线及其设计方法；第8章主要介绍了I/O接口的两种工作方式——中断方式和DMA方式，讨论了I/O接口的组成结构与实现方法；第9章着重讨论了流水线技术的相关概念及实现思路，同时介绍了向量流水处理机、超标量和超流水处理机的结构和特点；第10章介绍了阵列处理机和多处理机系统的结构和特点。

本书不仅描述计算机的组成与结构原理，强调系统级的整机概念，还突出硬件产品的观念，强化硬件设计和应用。本书语言文字叙述简洁流畅，没有晦涩的术语，力求将艰深的理论问题描述得更加通俗易懂。与大多数同类教材不同，本书力争把新技术融入其中，让每一个阅读本书的人都会有所收获。

本书可作为大专院校计算机类、自动化控制类、电子技术类相关专业学生的教材，也可作为从事计算机专业的工程技术人员的参考书。

- ◆ 主　　编　罗福强
　　责任编辑　刘　博
　　责任印制　彭志环　焦志炜
- ◆ 人民邮电出版社出版发行　　北京市丰台区成寿寺路11号
　　邮编　100164　电子邮件　315@ptpress.com.cn
　　网址　https://www.ptpress.com.cn
　　北京盛通印刷股份有限公司印刷
- ◆ 开本：787×1092　1/16
　　印张：18.75　　　　　　　2014年1月第1版
　　字数：494千字　　　　　2024年7月北京第9次印刷

定价：39.80元

读者服务热线：(010)81055256　印装质量热线：(010)81055316
反盗版热线：(010)81055315
广告经营许可证：京东市监广字 20170147 号

前　言

　　传统有关计算机硬件原理的课程包括《计算机组成原理》、《微型计算机原理》、《计算机系统结构》等，这些课程通常是计算机类、自动化控制类、电子技术类相关专业的必修课程。目前市面上相关教材有很多，通常是为传统的本科生编写同时兼顾考研的需要，因此理论普遍比较艰深、难度比较大、内容比较多且比较陈旧，不太适合应用类高等院校的使用。此外，由于计算机技术的快速发展，计算机应用方向越分越细，出于教革和就业的需要，教学更多地投向了应用方向课程。有关基础理论课程（特别是硬件理论课程）与应用方向课程的教学取舍问题，是令当今国内很多教学单位头痛的问题。我们的观点是，既保证学生掌握必不可少的基础理论，又要保证学生通过教学能获得一技之长。为此，本书的编写目标是融合《计算机组成原理》、《微型计算机原理》、《计算机系统结构》的主要内容，为应用类高等院校的学生尽全力打造一本全新的《计算机组成与结构》。

　　本书以当前主流微机技术为背景，全面介绍了计算机各功能子系统的逻辑结构、组成和工作机制。全书分为 10 章。第 1 章概述了计算机的基本概念和计算机系统结构、组成与实现的关系，分析了影响系统结构设计的主要因素；第 2 章以定点加、减、乘、除、移位运算逻辑以及溢出判断逻辑为重点，深入讨论运算器的设计与组织方法；第 3 章以 Intel 80×86 指令集中为蓝本全面介绍了指令系统及其设计方法；第 4 章以单总线结构为蓝本讨论了控制器的时序控制和信息传送控制原理，揭示了指令的执行流程，阐述了组合逻辑控制器和微程序控制器的组成和工作原理，介绍了 Intel CPU 内部结构与组成的发展和变迁；第 5 章着重讨论了主存储器的设计方法；第 6 章介绍了存储系统的结构，重点讨论了并行存储器、Cache、虚拟存储器和磁盘存储器的组成结构和工作原理；第 7 章介绍了系统总线及其设计方法；第 8 章主要介绍了 I/O 接口的两种工作方式——中断方式和 DMA 方式，讨论了 I/O 接口的组成结构与实现方法；第 9 章着重讨论了流水线技术的相关概念及实现思路，同时介绍了向量流水处理机、超标量和超流水处理机的结构和特点；第 10 章介绍了阵列处理机和多处理机系统的结构和特点。

　　本书不仅描述了计算机的组成与结构，强调系统级的整机概念，还突出硬件产品的观念，强化硬件设计和应用。本书语言文字叙述简洁流畅，没有晦涩的术语，力求将艰深的理论问题描述得更加通俗易懂。与大多数同类教材不同，本书力争把新技术融入其中，让每一个阅读本书的人都会有所收获。

　　本书在编写时秉持以下基本编写思想：（1）符合认识规律，由浅入深，循序渐进，按教学实际计划学时为 60 课时；（2）符合应用类高等院校学生实际，立足于主流的计算机系统结构，把相关原理和概念讲清楚、讲透彻，避免面面俱到，针对比较复杂的技术原理点到为止；（3）立足于当今计算机发展的现实，淘汰传统教材中已过时的技术和原理，举例时体现新技术和新产品；（4）教学内容注意承前启后，合理规划《计算机导论》、《计算机组成原理与结构》、《操作系统》等课程的内容，避免大量重复，浪费教学资源；（5）全书习题以标准化的客观题（单选题和判断题）为主，以少量的主观题（阐述题、设计题）为辅。

因此，与同类教材相比，本书具有以下鲜明的特色：（1）知识结构完整，全面介绍了计算机各硬件部件的逻辑结构、组成及工作原理；（2）根据循序渐进的认识规律进行内容设计，融传统的《计算机组成原理》、《微型计算机原理》、《计算机系统结构》为一体，避免重复教学，更加节约教学资源；（3）强调系统级的整机概念，突出新技术、新产品的发展与变革；（4）强调技术向应用的转化，突出计算机各功能部件的设计与实现方法；（5）语言文字叙述简洁流畅，没有晦涩的术语，力求将很深的理论问题描述得更加通俗易懂。

总之，本书力争把新技术融入其中，让每一个阅读本书的人都会有所收获。本书可作为大专院校计算机类、自动化控制类、电子技术类相关专业学生的教材，也可作为从事计算机专业的工程技术人员的参考书。

本书于 2011 年立项并于同年入选四川省质量工程建设项目。本书还获电子科技大学成都学院教材建设项目资助。本书由罗福强主编，参与本书编写工作的还有冯裕忠、茹鹏和王光斌等老师。其中，冯裕忠老师编写了第 5 章、第 6 章，茹鹏老师编写了第 2 章、第 7 章，王光斌老师编写了第 9 章、第 10 章。罗福强老师编写了第 1 章、第 3 章、第 4 章、第 8 章，并负责全书统稿、修改和审校工作。本书在立项、编写过程中得到电子科技大学成都学院领导的大力支持和指导，白忠建主任提供了坚强的组织保障，武志学主任对本书提出了宝贵建议，在此特别表示感谢。

由于时间仓促，作者视角有限，书中难免有不妥之处，作者殷切地期望读者朋友能提供中肯的意见，以帮助修改其中的不足，把更好的图书呈现给大家！

联系方式：LFQ501@SOHU.COM。

编　者

2013 年 10 月 18 日

目 录

第1章
计算机系统概述

总体要求

- 了解计算机系统的基本组成，理解冯·诺依曼计算机的工作机制
- 掌握计算机系统的软硬件组成，建立整机概念
- 了解计算机系统的层次结构及其主要性能指标，包括基本字长、运算速度、数据通路宽度、数据传输率和存储容量等的含义及其意义
- 掌握计算机系统结构、组成和实现的定义，理解其相互关系
- 了解计算机系统设计思路以及设计原则，了解计算机系统结构设计的影响因素
- 理解并行性和耦合度的概念，了解并行处理系统和多机系统的分类
- 了解计算机系统结构的分类及其未来的发展

相关知识点

- 具备电子学的基本知识
- 熟悉计算机的基本操作和知识

学习重点

- 计算机系统的基本组成、层次结构以及计算机的硬件组成
- 计算机系统的基本概念和术语

《计算机组成与结构》这门课主要阐述计算机的系统结构和硬件组成，为读者建立计算机系统的整机概念，展示计算机的体系结构、逻辑组成与工作机制。本书以微型机为参照，深入讨论计算机的 CPU、内存、I/O 系统的逻辑组成与架构，从 CPU 级、硬件系统级理解整机概念，从指令系统级、微程序级理解计算机的工作机制。

为此，本章将围绕以下重要概念，包括计算机系统的基本组成、计算机系统的层次结构、计算机的硬件系统、计算机系统结构、计算机系统结构设计、计算机组成、计算机实现、并行处理与多机系统等，介绍计算机系统结构、逻辑组成及其工作机制。

1.1 计算机系统的组成及其层次结构

1.1.1 计算机系统的基本组成

一个完整的计算机系统由硬件和软件两大部分组成。硬件是指看得见、摸得着的物理设备，

包括运算器、控制器、存储器、输入设备和输出设备等，如图1-1所示。

其中，运算器用来完成数据的算术和逻辑运算；控制器从程序中取出指令，执行指令，发出控制信号，控制相关部件协同工作完成指令的功能；存储器用来保存程序和数据以及将来的结果；输入设备用来输入程序和数据，并保存到存储器中；输出设备用来输出运算的结果。

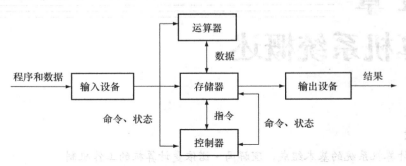

图1-1　计算机系统的硬件组成

计算机系统各硬件设备是如何协同工作的呢？无论是进行复杂数据计算还是进行大范围数据查询，或者实现一个自动控制过程，整个系统都必须按步骤来处理。首先，必须使用编程语言事先编写源程序。源程序是不能被计算机直接执行的，计算机只执行机器指令。每一条指令规定了计算机从哪里获取数据，进行何种操作，以及操作结果送到什么地方去等步骤。因此，在运行程序之前，必须把源程序转换为指令序列，并将这些指令序列按一定顺序存放在存储器的各个地址单元中。在运行程序时，控制器先从存储器中取出第1条指令，并根据这条指令的含义发出相应的操作命令，以执行该指令。如果需要从存储器中取出操作数（例如执行一条加法指令），则先从存储单元中读取操作数，送入运算器，再由运算器进行指定的算术运算和逻辑操作等加工，最后把运算结果送回存储器中。接下来，读取后续指令，在控制器的指挥下完成规定操作，依此进行下去，直到遇到停止指令。在程序的执行过程中，如果需要输入数据或输出运行结果，则在控制器的控制下通过输入设备所输入的数据将输入并保存到存储器中，或者通过输出设备将程序的运行结果输出。

因此，计算机系统以相同方式存储程序与数据，并按照指令序列的顺序，一步一步地执行程序，自动地完成程序指令规定的操作，这是计算机最基本的工作原理。这一原理最初是由美籍匈牙利数学家冯·诺依曼于1945年提出来的，故称为冯·诺依曼原理。60多年过去了，如今的计算机系统虽然从性能指标、运算速度、工作方式、应用领域、价格等方面与当时的计算机有很大差别，但基本原理没有改变，都属于冯·诺依曼计算机。

1.1.2　计算机的硬件系统

冯·诺依曼计算机根据功能，把硬件划分为运算器、控制器、存储器、输入设备和输出设备共五大部件。但随着计算机技术的发展，计算机硬件系统的组成已发生许多重大变化，例如，将运算器和控制器组合为一个整体，称为CPU（Central Processing Unit，中央处理器，在大中型计算机中又叫中央处理机）。

下面以微型机为例来说明一个计算机系统应该包含哪些硬件设备。

微型机通常分为主机和外设两部分。主机包括CPU、内存等设备，是微型机最主要的组成部件。外设包括输入设备（如键盘、鼠标）、输出设备（如显示器、打印机）和外存（如硬盘、光驱等）。打开主机机箱盖板后，即可以看到主板、CPU、内存、电源、硬盘、光驱、显卡、网卡等一系列硬件设备。

1. 主板

在机箱中最大的一块电路板称为主板，其外观如图 1-2 所示。主板是整个微型机系统内部结构的基础。虽然市场上的主板品种繁多，结构布局也各不相同，但其主要功能和组成部件却是基本一致的。主板上的主要部件包括控制芯片组、CPU 插座、内存插槽、总线扩展槽、BIOS 芯片、各种外部设备接口等。微型机正是通过主板将 CPU、内存、显卡、硬盘、各部件连接成一个整体的。

图 1-2　典型的微型机主板

2. CPU

微型机的 CPU，又称微处理器，它是整个微型机系统的核心，其外观如图 1-3 所示。CPU 品质的高低直接决定了一个计算机系统的档次。反映 CPU 品质的最重要的指标是主频与字长。主频是指 CPU 的时钟频率，单位通常是 MHz（兆赫兹）。主频越高，CPU 的运算速度就越快。人们通常说 Intel Core i7 2600K-3.4GHz，就是指该 CPU 的时钟频率为 3.4 吉赫兹。

图 1-3　CPU

CPU 的内部通常由运算部件（ALU）、寄存器组、控制器（EU）等部件组成，如图 1-4 所示。这些部件通过 CPU 内部的总线相互交换信息。CPU 的主要功能包括两个方面：一是完成算术运算（包括定点数运算、浮点数运算）和逻辑运算，二是读取、分析和执行指令。

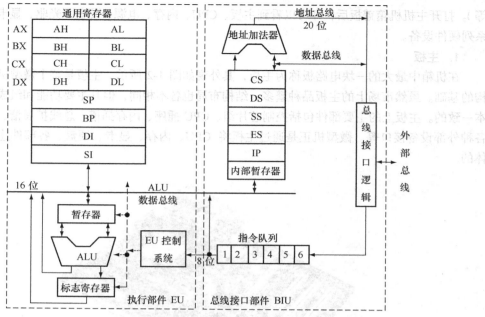

图 1-4 Intel 8086 CPU 的内部结构

CPU 的运算部件（ALU）负责数据的加工处理，即对来自内存的数据进行算术运算和逻辑运算处理，以实现指令所规定的功能。

控制器（EU）负责指令的读取、分析和执行，产生与指令相关的操作信号，并把各操作信号按顺序（称为微命令序列）送往相应的部件，从而控制这些部件按指令的要求执行动作，包括收集各部件的状态信息。产生微命令序列的方式有两种：一种是由组合逻辑电路直接产生；另一种是通过进一步执行该指令对应的微程序产生。前者称为组合逻辑控制方式，后者称为微程序控制方式。微程序控制方式的基本思路是，先把操作信号编码（构成微指令），再把微指令编制成微程序并固化在控制存储器中，执行指令时找到并执行对应的微程序，即可直接向各部件送出微命令。

寄存器组用来保存从存储单元中读取的指令或数据，也保存来自其他各部件的状态信息。在 CPU 中有通用寄存器和专用寄存器两类。

（1）通用寄存器

通用寄存器是指允许程序员的指令代码直接访问的寄存器，它们对程序员是可见的。例如，Intel 8086 中有 8 个 16 位的通用寄存器，其中有 4 个数据寄存器：AX（AH、AL）、BX（BH、BL）、CX（CH、CL）、DX（DH、DL），4 个地址指针寄存器：SP、BP、SI、DI。4 个数据寄存器中的每一个寄存器既可以作为 16 位寄存器，也可以作为两个独立的 8 位寄存器。Intel Pentium 处理器有 8 个 32 位的通用寄存器：EAX、EBX、ECX、EDX、ESP、EBP、ESI、EDI，其低 16 位可以单独访问，其中又可进一步分为高位字节与低位字节单独访问，命名与 8086/8088 相同，即 AX（AH、AL）、BX（BH、BL）、CX（CH、CL）、DX（DH、DL），所以在目标代码级上与 8086/8088 兼容。

（2）专用寄存器

专用寄存器是指 CPU 指定用来完成某一种特殊功能的寄存器，其中一部分是程序员可见的，如代码段寄存器 CS、数据段寄存器 DS、堆栈段寄存器 SS 等，另一部分用来保存控制器产生的操作控制信息，对程序是透明的（不允许程序指令访问）。

常用的专用寄存器如下。

① 数据缓冲寄存器（MDR）：用来暂时存放由主存中读出的指令或数据或者写入主存的指令或数据，即 CPU 要写入主存单元的数据先送入 MDR 中，再从 MDR 送入主存相应的单元中；同样，从主存单元中读出数据时，先送入 MDR 中，再送入 CPU 指定的寄存器。所以 MDR 可作为 CPU 和内存、外部设备之间信息传送的中转站。

② 指令寄存器（IR）：用来保存当前正在执行的指令代码。在该指令执行完成之前，IR 中的内容不会发生改变。若 IR 的内容改变，则意味着一条新指令的开始。为了提高指令的执行速度，可安排读下一条指令与分析上一条指令同时进行。在 Intel 8086 中，IR 变成了指令队列缓冲器，可同时缓存从主存中读出的多条指令。

③ 程序计数器（PC）：也称为指令计数器或指令指针，用来存放将要执行的指令的地址。CPU 从内存成功读取指令后，PC 将自增指向后续指令，若是转移指令，PC 中将存放转移的目的地址。

④ 地址寄存器（MAR）：用来保存当前 CPU 所访问的主存单元的地址。由于在内存和 CPU 之间存在着操作速度上的差别，所以必须使用地址寄存器来保持地址信息，直到内存的读/写操作完成为止。CPU 访问主存时，要先找到需要访问的存储单元，所以将被访问单元的地址存放在 MAR 中，当需要读取指令时，CPU 先将 PC 的内容送入 MAR 中，再由 MAR 将指令地址送往主存；同样，当需要读取或存取数据时，也要先将该数据的有效地址送入 MAR，再送往主存进行译码。

⑤ 状态字寄存器（PSW，Program State Word）：在 Intel 8086 中称为标志寄存器（FR），用来记录现行程序的运行状态和指示程序的工作方式，即保存由算术指令和逻辑指令运行或测试的结果建立的各种条件码内容，如运算结果进位标志（C），运算结果溢出标志（V），运算结果为零标志（Z），运算结果为负标志（N），等等。

此外，为了暂时存放某些中间过程所产生的信息，避免破坏通用寄存器的内容，还设置了暂存器，如在 ALU 输出端设置暂存器存放运算结果。

3. 存储器

存储器用来存储信息，包括程序、数据和文档等。如果存储器的存储容量越大、存取速度越快，那么计算机系统的处理能力就越强、工作速度就越快。不过，一个存储器很难同时满足大容量和高速度的要求，因此常将存储器分为主存、高速缓存和辅存等三级存储器。

（1）主存储器

主存储器，简称主存，是直接与 CPU 相连的存储部件，主要用来存放即将执行的程序以及相关数据。主存的每个存储单元都有一个唯一的编号（称为内存单元地址），CPU 可按地址直接访问它们。主存通常用半导体存储器构造，具有较快的速度，但容量有限。因为主存一般在主机之内，所以又称内存。微机的主存通常包括只读存储器 ROM、随机存储器 RAM 和 CMOS 存储器。

其中，只读存储器 ROM 因只能读出而不能写入数据而得名，用来存放那些固定不变的程序和数据，最典型的应用是用来存放 BIOS 程序（Basic Input Output System，基本输入/输出系统）。ROM 根据工作原理的不同，又可分为可编程 ROM（PROM）、可擦除可编程 ROM（EPROM）、电擦除可编程 ROM（EEPROM）等几种。目前，常用 EEPROM 来保存 BIOS 系统，以方便用户升级 BIOS 程序。

随机存储器 RAM 因可随机读出又可随机写入数据而得名，一般用来存放系统程序、用户程序以及相关数据。RAM 根据工作方式的不同，可以分为动态 RAM（DRAM）和静态 RAM（SRAM）两大类。动态 RAM 通过半导体器件中的电容上电荷的有无来表示所存储的信息 "0"

和"1"。由于保存在电容上的电荷会随着电子的泄漏而逐渐消失，因此需要周期性地充电（简称刷新）。这种存储器的集成度较高、价格较低，但由于需要周期性刷新，因此存取的速度较慢。静态 RAM 则是利用半导体触发器的两个稳定状态来表示所存储的"0"和"1"数据。由于静态 RAM 不需要像动态 RAM 那样周期性刷新，因此，静态 RAM 比动态 RAM 速度更快，运行也更稳定，价格自然也要贵得多。目前，在微型机中所使用的内存大多是动态的 RAM，单根内存条的最大容量已达 8 GB。

CMOS 存储器是一小块特殊的内存，它保存着计算机的当前配置信息，例如日期、时间、硬盘容量、内存容量等。这些信息大多数是系统启动时所必需的或者是可能经常变化的。如果把这些信息存放在 RAM 中，则系统断电后数据无法保存；如果存放在 ROM 中，又无法修改。而 CMOS 的存储方式则介于 RAM 和 ROM 之间。CMOS 靠电池供电而且消耗电量极低，因此计算机关机后仍能长时间保存信息。

（2）高速缓冲存储器

所谓的高速缓冲存储器（Cache），就是一种位于 CPU 与内存之间的存储器。它的存取速度比普通内存快得多，但容量有限。Cache 主要用于存放当前内存中使用最多的程序块和数据块，并以接近 CPU 工作速度的方式向 CPU 提供数据。由于在大多数情况下，一段时间内程序的执行总是集中于程序代码的某一较小范围，因此，如果将这段代码一次性装入高速缓存，则可以在一段时间内满足 CPU 的需要，从而使 CPU 对内存的访问变为对高速缓存的访问，以提高 CPU 的访问速度和整个系统的性能。

（3）辅助存储器

辅助存储器简称辅存，又称外存，与主存储器的区别在于，存放在辅存中的数据必须调入主存后才能被 CPU 所使用。辅存在结构上大多由存储介质和驱动器两部分组成，其中，存储介质是一种可以表示两种不同状态并以此来存储数据 0 和 1 的材料，而驱动器则主要负责向存储介质中写入或读出数据。在微型机中，辅存包括磁盘、光盘、U 盘等。

其中，磁盘是计算机系统中最常用的辅存。在计算机中，磁盘信息的读写是通过磁盘驱动器来完成的。当磁盘工作时，磁盘驱动器带动磁盘片高速转动，磁头掠过盘片的轨迹形成一个个同心圆。这些同心圆称为磁道。为了便于管理和使用，每个磁道又分为若干个扇区，信息就存放在这些扇区中，计算机按磁道和扇区号读写信息。磁盘包括软盘和硬盘两大类。

光盘是一种大容量、可移动存储介质。光盘的外形呈圆形，与磁盘利用表面磁化来表示信息不同。光盘利用介质表面有无凹痕来存储信息。光盘根据工作方式的不同，可分为只读型光盘、一次性写入光盘和可擦写型光盘三大类。

U 盘的全称为 USB 闪存存储器，因使用 USB 接口与主机通信而得名。U 盘是一种新型存储产品，具有轻巧便携、即插即用、支持系统引导、可重复擦写等优点，而且存储容量较大，目前最大容量已达 256 GB。

4. 总线

总线是一组能为多个部件分时共享的信息传送线。微机通常采用总线结构，使用一组总线把 CPU、存储器和输入/输出设备连接起来，各部件间通过总线交换信息。总线类似人的神经系统，它在微机各部件之间传递信息。

根据所传送的信息类型，可将系统总线分为数据总线、地址总线和控制总线。其中，数据总线用于 CPU、存储器和输入/输出接口之间数据传递。地址总线专门用于传递数据的地址信息。控制总线用于传递控制器所发出的控制其他部件工作的控制信号，例如时钟信号、CPU 发向主存或外设的数据读/写命令、外部设备送往 CPU 的请求信号等。

5. 输入/输出接口

由于计算机系统整体上采用标准的系统总线连接各部件，每一种总线都规定了其地址线和数据线的位数、控制信号线的种类和数量等。而外部设备通常是机电结合的装置，遵循不同的标准进行设计和制造，因此在总线与外设之间存在着速度、时序和信息格式等方面的差异。为了将标准的总线与各具特色的外设连接起来，需要在系统总线与外部设备之间设置一些部件，使它们具有缓冲、转换、连接等功能。这些部件称为输入/输出接口。

1.1.3　计算机的软件系统

所谓软件，是指能指挥计算机工作的程序与程序运行时所需要的数据，以及与这些程序和数据有关的文字说明和图表资料的总称。软件是计算机系统中不可缺少的重要组成部分。它与硬件息息相关，缺少了任何一个，计算机系统都不能发挥其作用。使用不同的软件，计算机就能实现不同功能。硬件、软件和用户的关系如图 1-5 所示。计算机软件分为系统软件和应用软件。

图 1-5　硬件、软件与用户之间的关系

1. 系统软件

系统软件是控制和维护计算机系统资源的程序集合，这些资源包括硬件资源与软件资源。例如，对 CPU、内存、打印机的分配与管理，对磁盘的维护与管理，对系统程序文件与应用程序文件的组织和管理等。常用的系统软件有操作系统、语言处理程序、数据库管理系统和一些服务性程序等，其核心是操作系统。

系统软件是计算机正常运行不可缺少的，一般由计算机生产厂家研制或软件开发人员研制。其中一些系统软件程序，在计算机出厂时直接写入 ROM 芯片，例如，系统引导程序、基本输入输出系统（BIOS）、诊断程序等。有些直接安装在计算机的硬盘中，如操作系统。也有一些保存在活动介质上供用户购买，如语言处理程序。

（1）操作系统

操作系统用于管理和控制计算机硬件和软件资源，是由一系列程序组成的。操作系统是直接运行在裸机上的最基本的系统软件，是系统软件的核心。任何其他软件必须在操作系统的支持下才能运行。

一个典型的操作系统由处理机调度、存储管理、设备管理、文件系统、作业调度等几大模块组成。其中，处理机调度模块能够对处理机的分配和运行进行有效的管理；存储管理模块能够对内存进行有效的分配与回收管理，提供内存保护机制，避免用户程序间相互干扰；设备管理模块用来管理输入/输出设备，提供良好的人机界面，完成相关的输入/输出操作；文件系统模块能够对大量的、以文件形式组织和保存的信息提供管理；作业调度模块对以作业形式存储在外存中的用户程序进行调度管理，将它们从外存调入内存，交给 CPU 运行。

对用户而言，操作系统提供人机交互界面，为用户操作和使用计算机提供方便。例如，Windows 操作系统提供窗口操作界面，允许用户使用鼠标或键盘通过选择菜单命令来完成计算机的各种操作，包括文件管理、设备管理、打开或关闭计算机等。

（2）语言处理程序

因为有了程序，计算机系统才能自动连续地运行。而程序是使用程序设计语言编写的。程序设计语言是人与计算机之间进行对话的一种媒介。人通过程序设计语言，使计算机能够"懂得"人们的需求，从而达到为人们服务的目的。程序设计语言分为机器语言、汇编语言和高级语言三大类。

其中，机器语言是一种用二进制代码"0"或"1"的形式来表示的，能够被计算机识别和执行的语言。不同的计算机具有各自不同的机器语言。构成机器语言的字是指令。所谓指令，是规定 CPU 执行某种特定操作的命令，通常一条指令对应着一种基本操作，又称为机器指令。每台计算机的指令系统就是该计算机的机器语言。机器指令不直观、难记，编写过程中容易出错，且难以检查错误。因此，用机器语言编写程序的难度是非常大的。

汇编语言使用助记符来表示机器指令，即将机器语言符号化。与机器语言相比，汇编语言的可读性和可维护性有了显著的提高，而且汇编语言的运算速度也非常快。但由于汇编语言与机器指令具有一一对应的关系，实际上是机器语言的一种符号化表示，因此不同的 CPU 类型的计算机的汇编语言也是互不通用的。而且，由于汇编语言与 CPU 内部结构关系紧密，因此汇编语言要求程序设计人员掌握 CPU 内部寄存器和内存储器组织结构，所以对一般人来说，汇编语言仍然难学难记。在计算机程序设计语言体系中，由于汇编语言与机器指令的一致性和与计算机硬件系统的接近性，通常将机器语言和汇编语言并称为低级语言。计算机执行用汇编语言编制的程序时，必须先用汇编语言的编译程序将其翻译成机器语言，然后才能运行。

高级语言是用数学语言和接近于自然语言的语句来写程序，更易于人们掌握和书写，而且高级语言不是面向机器的，因此具有良好的可移植性和通用性。但高级语言不能直接被计算机识别，需要通过一些编译程序或解释程序将其转换为用机器指令表示的目标程序才能被识别并执行。随着计算机的发展，高级语言的种类越来越多，目前已达数百种，常用的高级语言有十种，主要的有 Java、C、C#、C++、Objective-C、PHP、Visual Basic、Python、Perl、JavaScript 语言等（注：来自 2012 年世界编程语言使用从高到低的排名）。

（3）数据库管理系统

随着计算机技术在信息管理领域的广泛应用，用于数据管理的数据库管理系统就应运而生。所谓数据库，是指在计算机存储器中合理存放的、相互关联的数据集合，能提供给不同的用户共享使用。数据库管理系统的作用就是管理数据库，实现数据库的建立、编辑、维护、访问等操作，实现数据内容的增加、修改、删除、检索、统计等操作，提供数据独立、完整、安全的保障功能。按数据模型的不同，数据库管理系统可分为层次型、网状型和关系型等三种类型。如 Access、MySQL、SQL Server、Oracle、Sybase、DB/2 等都是常见的关系型数据库管理系统。

（4）服务性程序

服务性程序是为了帮助用户使用和维护计算机，向用户提供服务性手段而编写的一类程序，通常包括编辑程序、调试程序、诊断程序、硬件维护和网络管理等程序。

其中，编辑程序、调试程序、诊断程序用来辅助编写用户程序。为了更有效、更方便地编写程序，通常将编辑程序、调试程序、诊断程序以及编译或解释程序集成为一个综合的软件系统，为用户提供完善的集成开发环境，通常称为软件集成开发平台（Integrated Develop Environment，IDE）。如 Visual Studio .NET、JBuilder、MyEclipse、ZendStudio 等都是常用的 IDE 软件。

网络管理程序的主要功能是支持终端与计算机、计算机与计算机以及计算机与网络之间的通信，提供各种网络管理服务，实现资源共享和分布式处理，并保障计算机网络的畅通无阻和安全使用。

2. 应用软件

除了系统软件以外的所有软件都称为应用软件。应用软件是由计算机生产厂家或软件公司为支持某一应用领域、解决某个实际问题而专门研制的应用程序，包括科学计算类软件、工程设计类软件、数据处理类软件、信息管理类软件、自动控制类软件、情报检索类软件等。例如，常见的 Office 软件、Photoshop 软件、用友财务软件、图书管理软件等都是典型的应用软件。

尽管将计算机软件划分为系统软件和应用软件，但要注意这种划分并不是一成不变的。一些具有通用价值的应用软件有时也归入系统软件的范畴，作为一种软件资源提供给用户使用。例如，多媒体播放软件、文件解压缩软件、反病毒软件等就可以归入系统软件之列。

1.1.4　计算机系统的层次结构

计算机系统以硬件为基础，通过各种软件来扩充系统功能，形成一个有机组合的整体。为了对计算机系统的有机组成建立整机概念，便于对系统进行分析、设计和开发，可以从硬、软件组成的角度将系统划分为若干层次。这样，在分析计算机的工作原理时，可以根据特定需要，从某一层去观察、分析计算机的组成、性能和工作机制。除此之外，按分层结构化设计策略实现的计算机系统，不仅易于制造和维护，而且易于扩充。

计算机系统的层次结构模型可分为 7 层，如图 1-6 所示。层次结构由高到低分为系统分析级、高级语言级、汇编语言级、操作系统级、传统机器级、微程序级、逻辑部件级。对于一个具体的计算机系统，层次的多少会有所不同。

对处于不同层次的设计人员来说，只要熟悉和遵守使用该级的规范，其程序总是能在此机器级上运行并得到结果，而不需要了解该机器级是如何实现的。

可见，"计算机"这一概念在普通人眼里是由一堆实实在在的物理部件组成的，而对于设计人员来说，它被定义成一种能存储和执行相应语言程序的算法和数据结构的集合体，它更多的是"虚拟机器"。

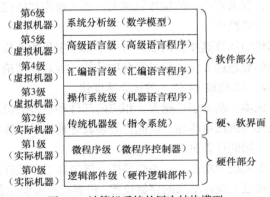

图 1-6　计算机系统的层次结构模型

各机器级主要依靠翻译或解释技术。翻译是一种用专门的程序将高一级机器级的程序转换成等效的低一级机器级上的程序的技术，解释是一种用专门的程序直接将高级机器级的每一条程序语句转换成低级机器上的若干条指令的技术。

系统分析级（第 6 级）是为满足计算机系统工程而设计的，它面向各种应用问题，目的是快速构造解决问题的数学模型。它包括了一系列规范化的设计方法和表示方法，例如，统一建模语言（UML）就是其典型代表。系统分析级的结果（系统模型）经专门工具可转换成第 5 级的高级语言程序（例如 UML 的逻辑模型通过 Rational Rose 可直接生成 Java、C++源程序，数据库的物理模型通过 Power Builder 可直接生成 SQL Server、Sybase、Oracle 等数据库系统中的 SQL 语句），之后，再逐级向下实现。

第 5 级的高级语言程序可先用编译程序翻译成第 4 级的汇编语言源程序，再用汇编程序翻译成可执行的目标程序（二进制的机器语言程序），从而逐级向下实现；也可以通过解释程序直接解释成机器指令，越级向下实现。为了提高应用程序的可移植性，现在的 Java 技术先将 Java 源程序编译成字节码程序，之后由专门的解释器程序视具体情况进行处理，最终得到可执行的机器指令。.NET 技术方案与此类似，它先将 C#源程序翻译成微软的中间语言代码（MSIL），之后经 JIT 编译器（Just In Time）进行第二次编译，从而得到最终的可执行的目标代码。无论是 Java 字节码程序，还是.NET 的中间语言代码，它们与实际机器指令都没有直接的一一对应关系，因此与汇编语言程序有根本的区别。

第 3 级的操作系统向上提供基本操作命令、数据结构和系统管理功能，包括进程管理、存储管理、文件管理、作业控制、设备管理等功能。因此，操作系统通常位于传统机器之上，它能直接识别和管控二进制的机器语言程序。

第 2 级是指令系统，属于传统机器级。它提供了硬件能直接处理的所有指令。这些指令可采用组合逻辑电路控制，直接用硬件来实现；也可采用微程序控制，用微指令程序来解释实现，而每一条微指令由硬件直接执行。不管采用何种方式，它们产生的微命令将直接控制硬件电路的动作。

1.1.5　计算机系统的性能指标

要全面衡量一台计算机的性能，必须从系统的观点来综合考虑，主要从以下指标来考虑。

1.　基本字长

基本字长是指 CPU 一次性能传送或处理的二进制代码的位数。在一次运算中，操作数和运算结果通过数据总线，在寄存器和运算部件之间传送。基本字长反映了寄存器、运算部件和数据总线的位数。基本字长越大，要求寄存器的位数就越大，那么操作数的位数就越多，因此，基本字长决定了定点算术运算的计算精度。

基本字长还决定计算机的运算速度。例如，对一个基本字长为 8 位的计算机来说，原则上操作数只能为 8 位。如果操作数超过 8 位，则必须分次计算，因此，理论上 8 位机的运算速度自然没有更高位机（例如 16 位、32 位或 64 位）的运算速度快。

基本字长还决定硬件成本。基本字长越大，相应的部件和总线的位数也会增多，相应的硬件设计和制造成本就会呈现几何级数量增加。因此，必须较好地协调计算精度与硬件成本的制约关系，针对不同的需求开发不同的计算机。

基本字长甚至决定指令系统的功能。一条机器指令既包含了由硬件必须完成的操作任务，也包含操作数的值或存储位置以及操作结果的存储位置。机器指令需要在各部件间进行传递。因此，基本字长直接决定了硬件能够直接识别的指令的总数，进而决定了指令系统的功能。

2.　运算速度

运算速度表示计算机进行数值运算的快慢程度。决定计算机运算速度的主要因素是 CPU 的主频。主频是 CPU 内部的石英振荡器输出的脉冲序列的频率。它是计算机中一切操作所依据的时间基准信号。主频脉冲经分频后所形成的时钟脉冲序列的频率称为 CPU 的时间频率。两个相邻时钟频率之间的间隔时间为一个时间周期。它是 CPU 完成一步操作所需的时间。因此时钟频率也反映 CPU 的运算速度，而如何提高时钟频率成为 CPU 研发时所要解决的主要问题。例如，

Intel 8088 的时钟频率为 4.77 MHz，80386 的时钟频率提高到 33 MHz，80486 的时钟频率进一步提高到 100 MHz，如今的 Pentium 4 的时钟频率已经达到 3 200 MHz。在已知时钟频率的情况下，若想了解某种运算所需的具体时间，则可根据该运算所占用的时钟周期数，即可算出所需时间。

运算速度通常有两种表示方法，一种是把计算机在 1 秒内完成定点加法的次数记为该机的运算速度，称为"定点加法速度"，单位为"次/秒"；另一种是把计算机在 1 秒内平均执行的指令条数记为该机的运算速度，称为"每秒平均执行的指令条数"，单位为 IPS 或 MIPS，其中 MIPS 为百万条指令/秒。在 RISC 微处理器中，几乎所有的机器指令都是简单指令，因此更适合使用 IPS 来衡量其运算速度。例如，Intel 80486 的运算速度达到 20 MIPS 以上，而 Intel Core i7 Extreme 965EE 的运算速度达到 76 383 MIPS。

3. 数据通路宽度与数据传输率

数据通路宽度和数据传输率主要用来衡量计算机总线的数据传送能力。

（1）数据通路宽度

数据通路宽度是指数据总线一次能并行传送的数据位数，它影响计算机的有效处理速度。数据通路宽度分为 CPU 内部和 CPU 外部两种情况。CPU 内部的数据通路宽度一般与 CPU 基本字长相同，等于内部数据总线的位数。而外部的数据通路宽度是指系统数据总线的位数。有的计算机 CPU 内、外部数据通路宽度是相同的，而有的计算机则不同。例如，Intel 80386 CPU 的内、外总线都是 32 位，而 8088 的内部总线和外部总线分别为 16 位和 8 位。

（2）数据传输率

数据传输率是指数据总线每秒传送的数据量，也称数据总线的带宽。它与总线数据通路宽度和总线时钟频率有关，即

$$数据传输率=总线数据通路宽度×总线时钟频率/8（B/s）$$

例如，PCI 总线宽度为 32 位，总线频率为 33 MHz，则总线带宽为 132 MB/s。

4. 存储容量

存储容量用来衡量计算机的存储能力。由于计算机的存储器分为内存储器和外存储器，因此存储容量相应地分为内存容量和外存容量。

（1）内存容量

内存容量就是内存所能存储的信息量，通常表示为内存单元×每个单元的位数。

因为微机的内存按字节编址，每个编址单元为 8 位，因此在微机中通常使用字节数来表示内存容量。例如，某台 Pentium 4 计算机的内存容量为 2 吉字节，记为 2 GB（B 为 Byte 的缩写，1G=1K×1M，1M=1K×1K，1K=1 024）或者 2G×8 位。

由于有些计算机的内存是按字编址的，每个编址单元存放一个字，字长等于 CPU 的基本字长，因此内存容量也可以使用字数×位数来表示。例如，某台计算机的内存有 64×1 024 个字单元，每个单元 16 位，则该机内存容量可表示为 64K×16 位。

内存容量的大小是由系统地址总线的位数决定的，例如，假设地址总线有 32 位，内存就有 2^{32} 个存储单元，理论上内存容量可达 4 GB。注意，基于成本或价格的考虑，计算机实际内存容量可能要比理论上的内存容量小。

（2）外存容量

外存容量主要是指硬盘的容量。通常情况下，计算机软件和数据需要以文件的形式先存放到硬盘上，需要运行时再调入内存运行。因此，外存容量决定了计算机存储信息的能力。

5. 软硬件配置

一个计算机系统配置了多少外设？配置了哪些外设？这些问题都会影响整个系统的性能和功能。在配置硬件时，必须考虑用户的实际需要和支付能力，寻求更高的性价比。

根据计算机的通用性，一个计算机可以配置任何软件，如操作系统、高级语言及应用软件等。在配置软件时，必须考虑各软件之间的兼容性以及具体硬件设备情况，以保证系统能更稳定、更高效地运行。

6. 可靠性

计算机的可靠性是指计算机连续无故障运行的最长时间，以"时"计。可靠性越高，则表示计算机无故障运行的时间越长。

上述几个方面是全面衡量一台计算机系统性能的基本技术指标，但对于不同用途的计算机，在性能指标上的侧重应有所不同。

1.2　计算机系统结构、组成与实现

1.2.1　计算机的系统结构、组成与实现的定义与内涵

计算机系统结构也称计算机体系结构，它只是计算机系统的层次结构中的一部分，它研究的是软、硬件之间的功能分配以及对传统机器级软、硬界面的确定。它决定了计算机的抽象属性，为机器语言和汇编语言程序设计员提供设计规范。程序设计员必须遵循这些属性编写程序，这样程序才能在机器上正确运行。

计算机系统结构的属性如下。

① 字长：确定机器能一次性识别的二进制代码的位数。

② 数据表示：硬件能直接识别和处理的数据类型及其表示、存储和读写方式；

③ 指令系统：规定各指令的功能、格式、长度、排序方式和控制机构；

④ 寻址方式：确定最小可寻址单位、寻址种类、有效地址计算；

⑤ 寄存器组织：确定通用/专用寄存器的数量、表示方法和使用编写；

⑥ 存储系统组织：确定内存的最小编址单位、编址方式、容量、最大可编址空间等；

⑦ 中断机构：包括中断的分类和分级、中断处理程序功能及其入口地址、中断的流程；

⑧ I/O 结构：确定 I/O 设备与主机之间的连接和使用方式、流量和操作控制；

⑨ 计算机的运行状态的定义和切换，系统各部分的信息保护方式和保护机构等。

计算机组成指的是计算机系统结构的逻辑实现，包括机器级内部的数据流和控制流的组成以及逻辑设计等。它着眼于传统机器级各事件的排序方式与控制机构、各部件的功能及各部件间的联系。计算机组成要解决的问题是在所希望达到的性能和价格下，如何更好、更合理地把各种设备和部件组织成计算机，来实现所确定的系统结构。近几十年来，计算机组成设计主要围绕提高速度，着重从提高操作的并行度、重叠度以及功能的分散和设置专用功能部件来设计的。

计算机组成设计要确定的内容通常如下。

① 数据通路宽度：数据总线上一次并行传送的二进制数据的位数。

② 专用部件的设置：是否设置乘除法、浮点运算、字符处理、地址运算、多媒体处理等专用部件，设置的数量。

③ 各种操作对硬件的共享程度：是否采用分时共享。分时共享可减少硬件投入，虽然不利于

硬件速度，但可以降低系统价格。

④ 功能部件的并行度：是否采用重叠、流水或分布式控制和处理。

⑤ 控制机构的组成方式：是使用组合逻辑控制，还是使用微程序控制；是单机处理，还是多机处理。

⑥ 缓冲和排除技术：在部件之间如何设置缓冲，设置多大缓冲器来弥补速度差；用随机、先进先出、先进后出、优先级，还是循环控制方式来安排事件处理的顺序。

⑦ 预估、预判技术：为优化性能如何预测未来行为，以保证接下来要执行的指令或要使用的数据已提前装入 Cache 中，避免从内存读取指令或数据而降低系统性能。

⑧ 可靠性技术：用什么冗余和容错技术来提高可靠性。

计算机实现指的是计算机组成的物理实现，包括处理机、主存等部件的物理结构，器件的集成度和速度，器件、模块、板卡的划分与连接，专用器件的设计，微组装技术，信号传输，电源、冷却及整机装配技术等。它着眼于器件技术和微组装技术。

计算机系统结构、组成和实现是 3 个不同的概念，各自有不同的含义。例如，指令系统的确定属于计算机系统结构，指令的实现（包括取指令、操作码译码、计算操作数的地址、取操作数、执行、传送结果等操作的安排）属于计算机组成，而实现这些指令功能的具体电路、器件的设计以及装配技术属于计算机实现。

计算机系统结构、组成和实现之间又有着紧密的联系，而且随着时间和技术的进步，这些含义也会有所改变，在某种机器中作为系统结构的内容，在另一种机器中可能是组成和实现的内容。特别是 VLSI（大规模集成电路技术）的发展，更使系统结构、组成和实现融为一体，难以分开。因此，过去我们要设置 2 门课程来开展计算机组成和计算机系统结构的教学，如今我们更倾向于将其合二为一。这也是本书编写的初衷。

1.2.2　计算机的系统结构、组成与实现三者的相互影响

计算机系统结构、组成和实现三者互不相同，但又相互影响。

（1）相同结构的计算机可以因速度不同而采用不同的组成

例如，相同的指令序列既可以顺序执行，也可以重叠执行；乘法运算可以用专门的乘法器实现，也可以用加法器、移位器等经重复加、移位实现。这都取决于性能和价格等各种因素。

（2）同一种计算机组成可以有多种不同的计算机实现

例如，主存器件可使用 DDR（Double Data Rate，双倍速率同步动态随机存储器）技术，也可以使用 Flash Memory（闪存）技术。这取决于要求的性能价格比及器件的发展状况。

（3）不同的系统结构也可能采用不同的计算机组成技术

例如，为实现 "A=B+C; D=E+F;"，其中，A、B、C、D、E、F 都是内存变量，若采用面向寄存器的系统结构，其指令序列为：

MOV AX,B
ADD AX,C
MOV A, AX
MOV AX, E
ADD AX, F
MOV D,AX

而对于面向主存的三地址寻址方式的结构，其指令序列可以是：

ADD B,C,A
ADD E,F,D

如果要提高运算速度，可并行执行上述指令序列。为此，这两种结构在组成上都要求设置至少两个加法器。对于面向寄存器的系统结构来说，还要求为各个加法器配置独立的寄存器组；而对于面向主存的三地址寻址方式的结构来说，无此种要求，但要求能同时形成多个访存操作数地址且能同时访存。

（4）计算机组成反过来也会影响系统结构

例如，当指令系统中增加了诸如多倍长运算、十进制运算、字符串处理、矩阵乘、求多项式值、查表、开方等复合机器指令时，如果采用微程序解释实现，则因为减少了大量访存操作，速度比用基本指令构成的机器语言子程序实现要快几倍到十几倍。如果没有组成技术的进步，系统结构的进展是不可能的。

因此，系统结构的设计必须结合应用考虑，为软件和算法的实现提供更多、更好的支持，同时要考虑可能采用和准备采用的组成技术。系统结构设计应避免过多地或不合理地限制各种组成、实现技术的采用与发展，尽量做到既能方便地在低档机上用简单、便宜的组成实现，又能在高档机上用复杂、较贵的组成实现，使之能充分发挥出实现方法所带来的好处，这样的系统结构才有生命力。

1.3 计算机系统结构设计

1.3.1 计算机系统的设计思路

从多级层次结构出发，计算机系统可以有自上而下、自下而上和由中间开始三种不同的设计思路。这里的"上"和"下"是指层次结构的"上"和"下"。

1. "自上而下"设计

"自上而下"设计要先考虑如何满足应用要求，通过分析用户的需求来确定机器应有什么基本功能和特性，包括操作命令、语言结构、数据类型和格式等，然后逐级往下设计，每级都考虑怎样优化上一级实现，如图 1-7 所示。

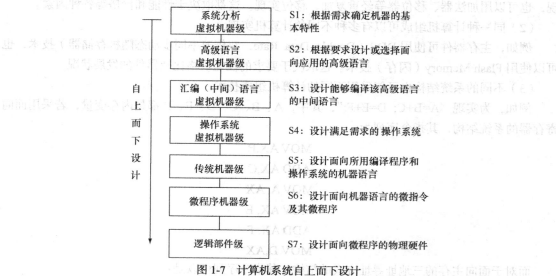

图 1-7 计算机系统自上而下设计

采用"自上而下"设计计算机系统，其好处是能充分满足用户的需求，因此适合于专用机的设计，而不宜用于通用机的设计。这是因为当需求发生改变时，软、硬件分配将无法适应，而使系统效率急剧下降。从经济效益的角度来看，生产厂商通常也是从已有机器中"选型"，避免生产批量少的硬件和系统，因此只要传统机器级以下的两级不进行专门设计，这就很难达到真正地面向应用需求来优化实现。

2. "自下而上"设计

"自下而上"设计是不管用户需求，只根据现有的器件，参照或吸收已有各种机器的特点，先设计出微程序机器级及传统机器级，再为不同应用分配不同的操作系统和编译系统软件，使应用开发人员能根据系统所提供的语言种类、数据形式，采用合适的算法来满足相应的应用。因此，这种设计思路适合于常用的通用机的设计。

但是，在硬件不能改变的情况下，为了满足用户需求，只能被动地改变软件设计。这样，势必造成软、硬件的脱节，无法通过优化硬件的设计来优化软件的设计，也会导致软件设计变得异常复杂。这样研制出的硬件的某些性能指标可能是虚假的，传统机器级的"每秒运算次数"指标就是一例。又如，通过减少操作系统开销和优化高级语言编译带来的速度提升往往比单纯地提高"每秒运算次数"的效果还要显著。因此，"自下而上"设计在硬件技术飞速发展而软件发展相对缓慢的今天，难以适应系统设计要求，故很少使用。

3. "由中间开始"设计

软、硬件设计分离和脱节是上述"自上而下"和"自下而上"设计的主要不足，为此提出"由中间开始"设计。"中间"指的是层次结构中的软硬件交界面，目前多数是在传统机器级与操作系统机器级之间。

进行合理的软、硬件功能分配时，既要考虑能得到的器件，又要考虑可能的应用所需的算法和数据结构，先定义好这个交界面，确定哪些功能由硬件实现、哪些功能由软件实现，同时还要考虑好硬件对操作系统、编译系统的实现提供哪些支持。然后由这个中间点分别往上进行软件设计，往下进行硬件设计。软件和硬件并行设计，可缩短系统设计周期，设计过程也可交流互动。当然，这要求设计者应同时具备丰富的软件、硬件、器件和应用等方面的知识。由于软件设计周期一般比较长，为了能在硬件研制出来之前进行软件测试，还必须提供有效的软件设计环境和开发工具。

随着 VLSI 技术的迅速发展，硬件价格不断下降，加上对软件基本单元认识的不断深入，使得软、硬件界面在不断上升，即现有的软件功能更多地改由硬件完成，或者说为软件提供更多的硬件支持。因此，计算机系统的软、硬件结合得更加紧密，软件、硬件、器件、语言之间的界限越来越模糊，计算机组成和实现也就融合于 VLSI 的设计之中。

1.3.2　软硬件取舍的基本原则

计算机系统结构设计主要是进行软、硬件功能分配。一般来说，提高硬件功能的比例可提高机器的性能和速度，也可减少程序所需的存储空间，但后果是提高了硬件成本，降低硬件的利用率和计算机系统的灵活性和适应性；提高软件功能的比例可降低硬件成本，提高系统的灵活性、适应性，但系统速度下降，软件设计费用和所需存储器用量要增加。因此，计算机系统结构设计在确定软、硬件功能分配比例时必须遵循以下基本原则。

1. 高性能价格比

确定软、硬件功能分配比例的第一原则就是应考虑在现有器件条件下，系统要有较高的性能价格比，在实现费用、速度和性能要求方面进行综合权衡。

下面仅从实现费用分析。

无论是硬件实现还是软件实现，实现费用都包括研发费用和重复生产费用。假设某功能的软、硬件实现的每次研发费用分别为 D_1 和 D_2，由于硬件的研发费用要远远高于软件的研发费用，因此 $D_2 \approx 100D_1$ 是完全可能的。假设该功能的软、硬件实现的每次重复生产费用分别为 M_1 和 M_2，由于硬件实现的重复生产费用比软件实现的重复生产费用要高得多，因此 $M_2 \approx 100M_1$ 是完全可能的。

因为用硬件实现的功能通常只需研发一次，而用软件实现时每用到该功能往往需要重新研发。若 i 为该功能在软件实现时需要重新研发的次数，则该功能用软件实现的总研发费用为 $i \times D_1$。若同一功能的软件在存储介质上需要 j 次拷贝，则该功能用软件实现的总重复生产费用为 $j \times M_1$。

假设该计算机系统生产了 x 台，每台用硬件实现的总费用为 $D_2 \div x + M_2$，而改用软件实现则为 $i \times D_1 \div x + j \times M_1$。显然，只有当 $D_2 \div x + M_2 < i \times D_1 \div x + j \times M_1$ 时，硬件实现从费用上讲才是合算的。

若将上述 D_1 和 D_2、M_1 和 M_2 的比值代入，则得

$$100D_1 \div x + 100M_1 < i \times D_1 \div x + j \times M_1$$

可见，只有 i 和 j 的值比较大时，该不等式才能够成立。也就是说，只有该功能是常用的基本功能，才宜于用硬件实现。因此，不能盲目地认为硬件实现的比例越大越好。

另外，软件研发费用远比软件的重复生产费用高，$D_1 \approx 10^4 \times M_1$ 是完全可能的。如果把该比例式代入上式，则得

$$10^6 \div x + 100 < 10^4 \times i \div x + j$$

由于 i 值通常比 100 小，所以 x 值越大，该不等式才越成立。也就是说，只有生产量足够大，增加硬件功能实现的比例才适合。如果用硬件实现不能给用户明显的好处，产量又较少，则这种系统是不会有生命力的。

2. 可灵活扩展

确定软、硬件功能分配的第二原则就是可灵活扩展，也就是在设计某种系统结构时，要保证这种结构不能过多或不合理地限制各种组成和实现技术的采用，不但能整合现有的组成和实现技术，而且为新技术保留接口，使计算机系统具有良好的可扩展性。只有这样，系统结构才会有生命力。

3. 尽可能缩小的语义差距

确定软、硬件功能分配的第三原则就是尽可能缩小的语义差距。也就是说，系统结构设计不仅从"硬"的角度能应用组成技术和器件技术的新成果、新发展，还从"软"的角度能为编译系统和操作系统的实现、为高级语言程序的设计提供更好、更多的支持，能进一步缩短高级语言与机器语言、操作系统与系统结构、软件开发环境与系统结构之间的语义差距。计算机系统结构、机器语言是用硬件和固件实现的，而这些语义差距是用软件来填补的。因此，语义差距的大小实质上取决于软、硬件功能分配，语义差距缩小了，系统结构对软件设计的支持就加强了。

1.3.3 影响计算机系统结构设计的主要因素

计算机软件、应用和器件的发展是影响计算机系统结构设计的主要因素。因此，计算机系统结构的设计不仅要了解计算机组成与实现技术，还要了解计算机软件、应用和器件的发展。

1. 系统结构设计要解决好软件的可移植性

软件的可移植性指的是软件不修改或只经少量修改就能从一台机器迁移到另一台机器上运

行，使同一软件能运行于不同的系统环境。这样，那些证明是可靠的软件就能长期使用，不会因机器更新而被重新研发，既能大大减少研发软件的工作量，又能迅速应用新的硬件技术，更新系统，让新系统立即发挥效能，同是软件设计者又有更多的精力来研发全新的软件。

解决软件可移植性的基本技术主要有以下几种。

（1）统一高级语言

由于高级语言是面向应用题目和算法的，与机器的具体结构关系不大，如果能设计出一种完全通用的高级语言，为所有程序员所使用，那么使用这种语言编写的应用软件就可以在不同的机器之间进行移植。

目前有上百种高级语言，因为以下原因：①不同的用途要求高级语言的语法、语义结构不同，程序员又都喜欢使用自己熟悉的特别适合其用途的高级语言，不愿意增加那些不想要的功能，不愿意抛弃惯用的功能；②对高级语言的基本结构有时也存在争议（以指针为例，有人认为指针使内存管理更灵活，是 C 语言的"灵魂"，又有人认为它可能随意篡改内存，造成内存泄漏、病毒泛滥，应该取消）；③即使同一种高级语言，在不同厂家的机器上也不能完全通用（例如，有些高级语言具有不同版本，有些高级语言又嵌入了部分汇编语言程序，这就造成即使是用同种高级语言书写的软件，也很难在不同机器之间移植）。所以，没有一种能解决各种应用问题的真正通用的高级语言。

虽然设计出一种统一的高级语言面临重重障碍，但长远来看，将是重要的发展方向，至少相对统一成少数几种高级语言是大有益处的。如今，Java 语言的成功正好是一个印证。

（2）采用系列机

系列机是一系列结构相同或相似的机器。系列机的出现是计算机发展史上一个重要的里程碑。它较好地解决了软件环境要求相对稳定和硬件、器件技术迅速发展的矛盾。软件环境相对稳定，能不断积累、丰富、完善软件，使软件质量、产量不断提高，又能不断地吸收新的硬件和器件技术，能快速地推出新的产品。

系列机在设计时，首先确定一种系统结构，之后软件设计者按此结构设计软件，硬件设计者根据机器速度、性能、价格或市场定位，选择不同的组成、实现技术，研发不同档次的机器。

系列机必须保持系统结构的稳定，其中最主要的是确定好系列机的指令系统、数据表示及概念性结构，既要满足应用的各种需要和发展，又要考虑能方便地采用从低档到高档的各种组成和实现技术。

系列机各档次机器之间要解决软件的向上兼容和向下兼容问题。所谓向上（下）兼容，是指按某档机器编制的软件，不加修改就能运行于比它高（低）档的机器上。同一系列内的软件至少要做到向上兼容。

随着器件价格的下降，为适应性能不断提高或应用领域不断拓展的需求，系统内后来推出的机器的系统结构可能会发生变化。但这种变化只能是为提高性能所做的必要扩展，要尽可能地保证软件向前兼容和向后兼容。所谓向前（后）兼容，是指在按某个时间推出的该型号的机器上编制的软件，不加修改就能运行于在它之前（后）推出的机器上。同一系列内的软件至少要做到向后兼容。

（3）虚拟化

系列机只能在系统结构相同或相近的机器之间实现软件移植。对于完全不同的系统结构来说，为实现软件移植，就必须做到在一种机器的系统结构之上实现另一种机器的系统结构。其中最主要的是解决在一种机器上实现另一种机器的指令系统问题，因此产生了虚拟化技术。虚拟化技术包括模拟和仿真两种实现手段。

例如，要想使 B 机器上的软件移植到 A 机器上，则可把 B 的机器语言看成 A 的机器语言级之上的一个虚拟机器语言，在 A 机器上用虚拟机的概念实现 B 机器的指令系统，如图 1-8 所示。B 的每条机器指令用 A 的一段机器语言程序解释。这种用机器语言解释实现软件移植的方法称为模拟。进行模拟的 A 机器为宿主机，被模拟的 B 机器称为虚拟机。

为了使虚拟机的软件能在宿主机上运行，除了模拟虚拟机的机器语言之外，还要模拟其存储系统、I/O 系统以及操作系统，让虚拟机的操作系统受宿主机操作系统的控制。实际上，被模拟的虚拟机的操作系统已经成为宿主机的一道应用程序。

同时，虚拟机的每条指令需要宿主机的模拟程序来解释，是不能直接被宿主机的硬件执行的。如果宿主机本身是采用微程序控制的，那么模拟时一条 B 机器指令需要二次翻译。先经 A 机器的机器语言程序解释，然后每条 A 机器指令又经一段微程序解释。如果能直接用 A 的微程序去解释 B 的指令，如图 1-9 所示，显然这将加快解释过程。这种用微程序直接解释另一种机器指令系统的方法称为仿真。进行仿真的机器称为宿主机，被仿真的机器称为目标机。为仿真所写的起解释作用的微程序称为仿真微程序。

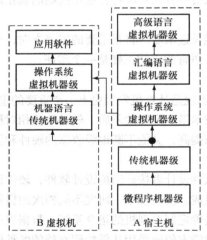

图 1-8　用模拟实现软件移植

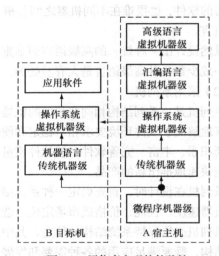

图 1-9　用仿真实现软件移植

可见，仿真和模拟的主要区别在于解释用的语言。仿真用微程序解释，其解释程序存储在处理机内的控制存储器中；模拟用机器语言程序解释，其解释程序存储在主存中。

2. 计算机应用始终推动着系统结构的发展

各种应用对系统结构的设计提出范围广泛的要求。其中，程序可移植、高性能价格比、高可靠性、易操作、易使用、易维护等都是共同的要求。从用户来讲，总希望机器的应用范围越宽越好，希望在一台机器上能同时支持科学计算、信息处理、实时控制、多媒体处理、网络传输等，应用发生改变时不必重新购买机器。为此，早在 20 世纪 60 年代，IBM 公司就推出了多功能的通用机 IBM 360 和 370 系列。自 20 世纪 80 年代起，各计算机厂商持续推出基于 Intel 80x86 结构的系列微型机，促使计算机应用在全球迅速普及。

多功能通用机概念起始于 20 世纪 60 年代的大、中型机，后来的小型机和微型机都实现了多功能通用化。回顾这几十年的发展，大、中、小、微、亚微、微微型机的性能、价格随时间的变化趋势体现如下特点：性能越来越高，价格越来越低。可以毫不夸张地说，现在市面上任意一款以笔记本为代表的亚微型机，甚至以智能手机为代表的微型机的性能，都比 20 世纪 60 年代初的巨型机性能还高，功能还多。

由于大规模集成电路（VLSI）技术的发展，计算机在处理性能和价格的关系时，要么维护价格提高性能，要么维持性能降低价格。因此，客观上各档（型）计算机的性能随着时间在下移，使得新的低档（型）机器拥有了原来高档（型）机器的性能。

从系统结构的观点来看，其主要原因是低档（型）机器在设计时引用了甚至照搬了高档（型）机器的结构和组成。例如，以前出现在巨、大型机上的复杂寻址方式、虚拟存储器技术、Cache 存储器技术、I/O 处理机技术以及各种复杂的数据表示等，现在都已经在微、亚微、微微型机上普遍采用。

这种低档机承袭高档机系统结构的情况正符合中、小、微型机的设计原则，即充分发挥器件技术进展，以尽可能低的价格去实现原来高档机已有的结构和组成，不必投资研究新的结构和组成。这有利于拓展计算机应用，促进计算机工业的发展。

对于巨、大型机来说，为满足高速、高性能就要不断研制新的结构和组成。例如，重叠、流水和并行，Cache 和虚拟存储器，多处理机，采用高级数据表示的向量机、阵列机都是首先来自巨型机或大型机。巨、大型机通常采取维护价格、提高性能或提高价格、提高性能来研究新的结构和组成。

计算机应用可归纳为 4 大类，包括数据处理、信息处理、知识处理和智能处理。为此，计算机系统结构在支持高速并行处理、自然语言理解、知识获取、知识表示、知识利用、逻辑推理和智能处理等各方面必须有新的发展和突破。

3. 器件的发展加速了系统结构的发展

计算机器件已经从电子管、晶体管、小规模集成电路、大规模集成电路迅速发展到超大规模集成电路，并开始使用砷化镓器件、高密度组装技术和光电子集成技术。在几十年的发展过程中，器件的功能和使用方法发生了很大变化，从早期的非用户片发展到现场片和用户片。这些对系统结构和组装技术的发展都产生了深刻的影响。

非用户片，也称通用片，其功能由器件厂商在生产时确定，用户只能使用而不能改变其内部功能。其中，门电路、触发器、多路开关、加法器、译码器、寄存器和计数器等逻辑类器件的集成度难以提高，因为它将使器件的引线倍增，并影响到器件的通用性。相比之下，存储类器件适合于集成度的提高，容量增大一倍，只需增加一个地址输入端，通用性反而更强。因为销量大，厂商愿意改进工艺，进一步提高性能，降低价格，因此计算机系统结构和组成都有意识地发展存储逻辑，用存储器件取代逻辑器件。例如，用微程序控制器取代组合逻辑控制器，用只读存储器实现乘法运算、码制转换、函数计算等。

现场片是 20 世纪 70 年代中期出现的，用户根据需求可改变器件的内部功能，例如可编程只读存储器 PROM、现场可编程的逻辑门阵列 FPGA 等，使用灵活、功能强大。如果与存储器件结合，规整通用，适合于大规模集成。

用户片是专门按用户要求生产的 VLSI 器件。完全按用户要求设计的用户片称为全用户片。全用户片由于设计周期长、设计费用高、销量小、成本高，器件厂商不愿意生产。为此，发展门阵列、门触发器阵列等半用户片。生产厂商基本按通用片来生产，仅最后在门电路或触发器间连线时按用户要求制作。

器件的发展改变了逻辑设计的传统方法。过去，逻辑设计主要是逻辑化简、节省门的个数、门电路的输入端和门电路的级数，以节省功耗、降低成本和提高速度。但对 VLSI 来说，反而使设计周期延长、逻辑电路不规整、故障诊断困难、机器产量低、成本增加。因此，应当充分利用VLSI器件技术发展带来的好处，优化系统结构和组成，借助辅助设计系统加强芯片设计，在满足功能和速度的前提下缩短设计周期，提高系统性能。

器件的发展是推动系统结构和组成前进的关键因素。几十年来，器件的速度、集成度和可靠性都随时间呈指数级地增加，相反，其体积和价格随时间呈指数级地降低。器件技术的快速发展，使机器的主频、速度和可靠性都呈指数级地提高，加快了重叠技术、流水技术、高速缓存 Cache 技术、虚拟存储器技术的大量应用，推动了向量机、阵列机、多处理机的发展。

器件的发展加速了系统结构的下移。正是因为器件性能价格比的迅速提高，才促使了巨、大型机的系统结构和组成快速地下移到中、小、微型机，从而加快计算机技术的全球化普及。器件的发展为多处理器或多主机的分布处理、智能终端机提供基础。

器件的发展促进了算法、语言和软件的发展。特别是微处理器性能价格的迅速改善，加速了大规模高性能并行处理机、网络通信、机群系统这种新的结构的发展。硬件上，由成百上千的微处理器组成并行处理机，成百上千的工作站组成机群系统。同时，软件上，促进人们为这种新的结构研究新的并行算法、并行语言，开发新的能控制并行操作的操作系统和新的并行处理应用软件。如今，云计算、云存储的应用正如火如荼地展开。

总而言之，软件、应用、器件对系统结构的发展具有很大影响。反过来，系统结构的发展又会对软件、应用、器件提出新的发展要求。系统结构设计不仅要了解结构、组成、实现，还要了解软件、应用和器件的发展，这样才能对结构进行富有成效的设计、研究和探索。

1.4　计算机系统结构的分类及其发展

1.4.1　并行性的概念

1. 并行性的含义

据恩斯洛统计，1965—1975 年，器件延迟大约缩短到 1/10，而计算机指令的平均执行时间缩短为原来的 1%。这说明，器件技术的迅速发展能促使计算机系统性能迅速提高。但是，在一定时期内，因为生产工艺、价格等因素，器件的发展会受到限制。要想在同一种器件技术水平上进一步提高系统性能，则必须开发并行性技术，其目的是提高计算机解题的效率。

所谓并行性，就是指计算机系统所拥有的可同时进行运算或操作的特性。无论数值计算、信息处理、知识处理、多媒体处理、网络通信，还是智能处理，都隐含可同时进行运算或操作的成分。因此，开发并行性是可行的。

并行性实际上包含了同时性和并发性二重含义。

同时性指两个或多个事件在同一时刻发生，通常依靠器件资源的简单重复来实现。例如，在器件技术相同的前提下，采用 64 位运算器可同时进行两个 64 位二进制数的并行运算，其速度自然是采用 8 位运算器进行 64 位运算的 8 倍。

并发性指两个或多个事件在同一时间间隔内发生。因为器件价格因素的限制通常分时共享器件资源，采用重叠、流水、多线程、多进程、多用户、多任务的并发执行，只要在同一时间间隔内完成多种操作，在时间上就体现为并行性。

2. 并行性的分级

并行性具有不同的等级，从不同的角度，其等级划分方法也不相同。

从执行程序的角度，并行性等级由低到高可以分为以下 4 级。

① 微操作级：就是在一条指令内部，各个微操作并行执行。微操作级的并行性取决于硬件和组成的设计。

② 指令级：就是多条指令并行执行。指令级的并行性必须处理好指令间存在的相互关联。

③ 进程级：就是多个任务、进程或程序段并行执行。进程级的并行性关键在于如何进行多个任务的分解和同步。

④ 作业级：就是多个作业或多道程序并行执行。作业级的并行性关键在于算法，即怎样将有限的硬、软件资源有效地同时分配给正在运行的多个作业。

并行性等级由高到低体现了硬件实现的比例在增大，因此并行性的实现问题是一个软、硬件功能分配问题。当硬件成本直线下降而软件成本直线上升时，就增大硬件实现的比例。

从数据处理的角度，并行性等级从低到高又可分为以下 4 级。

① 位串字串：指同时对一个字的一位进行处理，通常指传统的串行单处理机，无并行性。

② 位并字串：指同时对一个字的全部位进行处理，通常指传统的并行单处理机，开始出现并行性。

③ 位片串字并：指同时对多个字的同一位（称位片）进行处理，开始进入并行处理领域。

④ 全并行：指同时对多个字全部或部分位组进行处理。

从信息处理与加工的角度，并行性等级还可分为以下 4 级。

① 存储器操作并行：就是在一个存储周期内访问存储器的多个地址单元。典型代表是并行存储器系统和以相联存储器为核心的相联处理机。

② 处理器操作步骤并行：就是一条指令的取指、分析、执行，浮点加法的求阶差、对阶、尾加、舍入、规格化等操作步骤在时间上重叠流水地进行。典型代表是流水线处理机。

③ 处理器操作并行：就是通过重复设置多个处理器，让它们在同一控制器的控制之下按同一指令要求对向量、数组中各元素同时操作。典型代表是阵列处理机。

④ 指令、任务、作业并行：就是同时或并发地执行多条指令、多个任务或作业，这是较高级的并行。它通常使用多个处理机同时对多条指令和相关多个数据组进行处理。典型代表是多处理机系统。

3. 实现并行性的途径

实现并行性的途径主要有时间重叠、资源重复和资源共享等。

时间重叠是在并行性的概念中引入时间因素，让多处理过程或步骤在时间上相互错开，轮流重叠地使用同一套硬件设备的各部分，加快硬件资源周转来赢得速度。例如，每条指令的"取指"、"分析"、"执行"等操作步骤可以采用重叠流水，轮流在相应硬件上完成。如图 1-10 所示，只需要 5 个 Δt 就可以解释完三条指令，这大大加快了程序的执行速度。时间重叠基本上不必重复增加器件就可提高计算机系统的性能价格比。

资源重复是在并行性中引入空间因素，通过重复设置硬件资源来提高可靠性或性能。以 Intel Core i7 的处理器

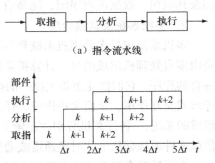

图 1-10　时间重叠示例

21

为例，它通过设计 4 个完全相同的处理单元，在统一控制之下，给各个处理单元分配不同指令序列，同时执行这些指令序列，从而加快了程序的运行速度，提高了系统性能。它体现了并行性中的同时性。

资源共享是用软件方法让多个用户按一定时间顺序轮流使用同一套资源来提高其利用率，从而提高系统的性能。多道分时系统就是通过共享 CPU、主存以降低系统价格，提高设备利用率。共享主存、外设、通信线路的多处理机、计算机网络和分布式处理系统都是资源共享的典型例子。当然，资源共享不仅包括硬件资源，还包括软件和信息资源。

1.4.2 并行处理系统与多机系统

1. 并行处理系统的结构

并行处理系统除了分布处理系统、机群系统外，按其基本结构特征，可以分成流水线计算机、阵列处理机、多处理机系统和数据流计算机等 4 种不同的结构。

流水线计算机主要通过时间重叠，让多个部件在时间上交错重叠地并行执行运算和处理，以实现时间上的并行。流水线计算机主要应解决好拥塞控制、冲突预防、分支处理、指令和数据的相关处理、流水线重组、中断处理、流水线调度以及作业顺序的控制等问题，尽可能将标量循环运算转成向量运算，以消除循环、避免相关。

阵列处理机主要通过资源重复，设置大量算术逻辑单元（ALU），在同一控制部件的作用下同时运算和处理，以实现空间上的并行。由于各个处理机是同类型的且完成同样的功能，所以是一种对称、同构型多处理机系统。阵列处理机上主要应解决好处理单元间的灵活而有规律的互连模式及互连网络的设计、存储器组织、数据在存储器中的分布，以及研制对具体题目的高效并行算法等问题。

多处理机系统主要通过资源共享，让一组处理机在统一的操作系统控制下，实现软件和硬件各级上相互作用，达到时间和空间上的异步并行，所有处理机可共享输入/输出子系统、数据库及主存等资源。它可以改善系统的吞吐量、可靠性、灵活性和可用性。多处理机系统上主要应解决处理机之间的互连、存储器组织和管理、资源分配、任务分解、系统死锁的预防、进程间的通信和同步、多处理机的调度、系统保护、并行算法和并行语言的设计等问题。

数据流计算机不同于传统的控制流计算机。传统的控制流计算机通过访问共享存储单元让数据在指令之间传递，指令执行顺序隐含在控制流中，受程序计数器支配。数据流计算机不共享存储单元的数据，设置共享变量，指令执行顺序只受指令中数据的相关性制约。数据是以表示某一操作数已准备就绪的数据令牌直接在指令之间传递的。数据流计算机主要研究的内容包括硬件结构及其组织、数据流程序图、能高效并行执行的数据流语言等。

2. 多机系统及其耦合度

多机系统包括多处理机系统和多计算机系统。多处理机系统与多计算机系统的区别是，前者是由多台处理机组成的单一计算机系统，各处理机都可有自己的控制部件和局部存储器，能执行各自的程序，它们都受逻辑上统一的操作系统控制，处理机之间以文件、单一数据或向量、数组等形式交互作用，全面实现作业、任务、指令、数据各级的并行；后者则是由多台独立的计算机组成的系统，各计算机分别在逻辑上独立的操作系统控制下运行，计算机之间可以互不通信，通信以文件或数据集形式时经通道或通信线路进行，可实现多个作业间的并行。

为了反映多机系统中各机器之间物理连接的紧密程度和交叉作用能力的强弱，引入耦合度概念。多机系统的耦合度，可以分为最低耦合、松散耦合和紧密耦合等。

最低耦合系统就是各种脱机处理系统，其耦合度最低，除通过某种中间存储介质之外，各计算机之间并无物理连接，也无共享的联机硬件资源。

松散耦合系统是由多台计算机通过通道或通信线路实现互连，共享磁盘、打印机等外围设备的，可实现文件或数据集一级并行的系统。它有两种形式：一种是多台功能专用的计算机通过通道和共享的外围设备相连，各计算机以文件和数据集形式将结果送到共享的外设，供其他机器继续处理，使系统获得较高效率；另一种是各计算机经通信线路互连成计算机网络，实现更大范围内的资源共享。这两种形式采用异步工作，结构较灵活，扩展性较好，但需花费辅助操作开销，且系统传输带宽较窄，难以满足任务级的并处处理，因而特别适合分布处理。

紧密耦合系统是由多计算机经总线互联，共享主存，有较高的信息传输速率，可实现数据集一级、任务级、作业级并行的系统。它可以是主辅机方式配合工作的非对称系统，但更多的是对称多处理机系统，在统一的操作系统管理下求得各处理机的高效率和负载均衡。

1.4.3　计算机系统结构的分类

计算机系统结构从不同的角度具有不同的分类。

前面已经根据并行性等级，把计算机系统结构分为流水线计算机、阵列处理机、多处理机系统和数据流计算机等 4 种不同的结构。根据数据处理的并行度，把计算机系统结构又分为位串字串、位并字串、位片串字并和全并行 4 大类，这是 1972 年美籍华人冯泽云的分类方法。

1966 年，弗林（Michael J.Flynn）根据指令流和数据流的多倍性，把计算机系统结构分为 4 大类：单指令流单数据流（Single Instruction Stream Single Data Stream，SISD）、单指令流多数据流（Single Instruction Stream Multiple Data Stream，SIMD）、多指令流单数据流（Multiple Instruction Stream Single Data Stream，MISD）和多指令流多数据流（Multiple Instruction Stream Multiple Data Stream，MIMD），如图 1-11 所示。指令流是指机器执行的指令序列；数据流是指由指令流调用的数据序列，包括输入数据和中间结果。多倍性是指在主机中处于同一执行阶段的指令或数据的最大可能个数。

其中，SISD 是传统的单处理器计算机，处理器中的控制单元一次只能对一条指令译码且只对一个处理单元分配数据。SISD 系统采用流水方式可以大大提高指令的执行速度。

SIMD 在处理器中设置多个处理单元，通过统一的控制单元同时为这些处理单元分配数据流，以提高指令的执行速度。阵列处理机和相联处理机是 SIMD 的典型代表。

MISD 具有多个控制单元和多个处理单元，可根据多条不同指令的要求对同一数据流及其中间结构进行处理，一个处理单元的输出可作为另一个处理单元的输入，实现指令级的并行，但无法实现数组级并行。这种系统实际很少见。

MIMD 具有多个控制单元和多个处理单元，这些单元均能独立地同时访问主存模块，属于多处理机系统，能实现作业、任务、指令、数组各级全面并行。MIMD 可进一步分为紧耦合多处理机系统和松耦合多处理机系统。

1978 年，美国的库克（David J. Kuck）根据指令流和执行流的多倍性把计算机系统结构也分为单指令流单执行流（SISE）、单指令流多执行流（SIME）、多指令流单执行流（MISE）和多指令流多执行流（MIME）。

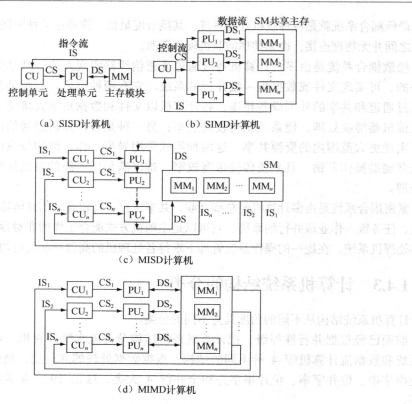

图 1-11　弗林提出的 4 种基本结构

1.4.4　计算机系统结构的未来发展

计算机系统结构研究的是计算机软硬件界面问题，其中主要是指令系统。根据指令系统，现代计算机有两种主要结构：CISC（Complex Instruction Set Computer，复杂指令系统计算机）和 RISC（Reduced Instruction Set Computer，精简指令系统计算机）。过去，RISC 技术因自身超标量、流水线、指令集并行等优点，不断发展，逐渐取代 CISC 成为工作站和服务器的主流技术。

但是，越来越多的问题被发现。现代计算机的核心结构仍然是冯·诺依曼结构，在这种结构中，计算机的指令和数据采用统一编址，存储到存储器之后，需要时通过数据传输线和指令传输线送入中央处理机。由于数据传输线和指令传输线使用同一个数据总线，只能分时复用，因此限制取指令和取操作数的并行性。为此，一种新型的采用 RISC 的将数据线和指令线分离的结构应运而生，它就是哈佛结构。它可以并行地取指令和读写操作数，因此计算机系统结构将发生真正的变革。

对于指令系统，CISC 的指令字长是可变长的，在执行时需要较多的处理工作，从而影响系统性能。而 RISC 的指令字长是定长的，在执行时其"取指"、"分析"和"执行"操作可重叠流水并行执行，速度快，性能稳定。借助多处理机技术，RISC 可轻易实现同时执行多条指令。因此，RISC 明显优于 CISC。在未来，RISC 将仍然是主流。

除此之外，还有一种 VLIW（Very Long Instruction Word，超长指令字）技术。它利用编译器把若干个简单的、无相互依赖的操作压缩到同一个长指令字中，当该指令字从 Cache 或主存取送入处理器时，先分析出各个操作，再一次性地分派到多个独立的执行单元中，从而实现并行执行。

从理论上来说，它与超标量技术是等价的，但能开发更大的并行性，并且简化硬件设计，且处理器只需简单执行编译程序所产生的结果，因而大大简化了运行时资源的调度。

由于提高单个处理器的运算能力和处理能力正在变得越来越难，因而研发多个 CPU 的并行处理技术成为今后的主要趋势。它们涵盖集群技术和网格技术等，目的是提高服务器等大型设备的处理能力和运算速度。

随着云计算的深入研究，全新"云计算"的系统结构产生了。云计算把并行计算与分布式计算技术、虚拟化技术、海量存储技术、计算机网络与 Internet 技术等整合为一体，构建一种由主服务控制机群和多组分类控制机群组成的机群系统，负责接收服务请求，经过合法性验证后，进行应用分类的负载均衡。云计算是一种全新的理念，它的客户端不需高强度存储与计算设备，存储和计算都在服务端完成，将最终数据再传给客户端。这种系统结构使计算机处理能力得到了最大程度上的共享，将是未来发展的重点。

未来不仅仅是对处理器的计算能力有更高要求，功耗控制也将会成为重要的研究对象。由于计算机的功耗正以指数级上升，所以设计先进的系统结构（特别在开发嵌入式应用时）要时刻考虑功耗问题。人们需要更加低能耗比的算法和硬件，这将促使计算机体系结构的进步。

总之，在未来，计算机系统结构将重点发展 RISC 体系，并尽可能地将 CISC 体系的优点继承到 RISC 中；主要发展并行处理技术，将多个高性能处理器运用高效率算法进行合理分配；发展"云计算"技术，尽可能共享资源；更加严格地控制功耗，提高功耗比。

1.5 本章小结

本章是作为学习《计算机组成与结构》课程的引导性提纲来编写的，主要目标是希望读者了解计算机系统的基本组成、层次结构和主要性能指标，理解计算机系统结构、组成与实现的关系，了解计算机系统结构设计的基本思路和原则，了解影响计算机系统结构设计的主要因素，了解计算机系统结构的分类及其发展。本章大多数概念和术语的含义都比较浅显，容易理解，因此希望读者能初步掌握这些概念，包括硬件系统、软件系统、字长、运算速度、存储容量、高级语言、汇编语言、机器语言、性能价格比、系列机、虚拟化、并行性、流水线、资源共享等。本章有少数概念或术语可能比较难以理解，例如寻址方式、指令译码、模拟、仿真、微指令、微程序、耦合度等。这些概念会在本书后面章节进行详细介绍，因此读者只需了解就可以了。

习 题 1

1. 单项选择题

（1）所谓超大规模集成电路（VLSI），是指一个芯片上能容纳（　　）电子元件。

  A. 数十个   B. 数百个

  C. 数千个   D. 数万个以上

（2）对计算机的软、硬件资源进行管理，是（　　）的功能。

  A. 操作系统   B. 数据库管理系统

  C. 语言处理程序   D. 用户应用软件

（3）CPU 的组成不包括（　　　）。

    A. 存储器　　　　　B. 寄存器　　　　　C. 控制器　　　　　D. 运算器

（4）主机上能对指令进行译码的部件是（　　　）。

    A. 存储器　　　　　B. 寄存器　　　　　C. 控制器　　　　　D. 运算器

（5）指令寄存器 IR 存放的是（　　　）。

    A. 下一条要执行的指令　　　　　　　B. 已执行完了的指令

    C. 正在执行的指令　　　　　　　　　D. 要转移的指令

（6）按冯·诺依曼结构组成计算机，主机的构成是（　　　）。

    A. 运算器和控制器　　　　　　　　　B. 运算器和内存储器

    C. CPU 和主存储器　　　　　　　　　D. 控制器和外部设备

（7）下列描述中，（　　　）是正确的。

    A. 控制器能理解、解释和执行所有机器的指令

    B. 一台计算机包括输入设备、输出设备、控制器、存储器及运算器五个部件

    C. 所有的数据运算都在控制器中完成

    D. 以上都正确

（8）有些计算机将一部件软件存储在只读存储器 ROM 中，称之为（　　　）。

    A. 硬件　　　　　B. 软件　　　　　C. 固件　　　　　D. 芯片

（9）用来指定待执行指令所在地址的寄存器是（　　　）。

    A. 指令寄存器 IR　　　　　　　　　　B. 程序计数器 PC

    C. 地址寄存器 MAR　　　　　　　　　D. 数据缓冲寄存器 MDR

（10）若某个程序在执行时，负责将源程序翻译成机器语言而且一次只能读取、翻译并执行源程序的一行语句，则该程序称为（　　　）。

    A. 目标程序　　　　　　　　　　　　B. 编译程序

    C. 解释程序　　　　　　　　　　　　D. 汇编程序

（11）在计算机系统的层次结构中，从下往上，各级相对顺序正确的应当是（　　　）。

    A. 汇编语言级——操作系统级——高级语言级

    B. 微程序级——传统机器级——汇编语言级

    C. 传统机器级——高级语言级——汇编语言级

    D. 汇编语言级——系统分析级——高级语言级

（12）在计算机系统的层次结构中，计算机被定义为（　　　）的集合。

    A. 能存储和执行相应语言程序的算法和数据结构

    B. 机器语言程序（指令序列）和微程序（微指令序列）

    C. 应用软件和系统软件

    D. 软件和硬件

（13）开发并行性的途径有（　　　）、资源重复和资源共享。

    A. 多计算机系统　　　　　　　　　　B. 多道分时

    C. 分布式处理系统　　　　　　　　　D. 时间重叠

（14）从计算机系统结构上讲，机器语言程序员所看到的机器属性是（　　　）。

    A. 计算机软件所要完成的功能

    B. 计算机硬件的全部组成

C. 编程要用到的硬件组成

D. 计算机和部件的硬件实现

（15）下列说法中不正确的是（　　）。

A. 软件设计费用比软件重复生产的费用高

B. 硬件功能只需实现一次，而软件功能可能要多次重复实现

C. 硬件的生产费用比软件的生产费用高

D. 硬件的设计费用比软件的设计费用高

（16）计算机系统结构不包括（　　）。

A. 主存速度　　　　　　　　B. 机器工作状态

C. 信息保护　　　　　　　　D. 数据表示

（17）计算机组成设计不考虑（　　）。

A. 专用部件设置　　　　　　B. 功能部件的集成度

C. 控制机构的组成　　　　　D. 缓冲技术

（18）在计算机系统设计中，提高软件功能实现的比例可（　　）。

A. 提高解题速度　　　　　　B. 减少需要的存储器容量

C. 提高系统的灵活性　　　　D. 提高系统的性能价格比

（19）除了分布式处理系统、机群系统外，并行处理计算按其基本结构特征可分为流水线计算机、阵列计算机、多处理机和（　　）。

A. 计算机网络　　　　　　　B. 控制流计算机

C. 多处理器系统　　　　　　D. 数据流计算机

（20）不同系统的机器之间，实现软件移植的途径不包括（　　）。

A. 用统一的高级语言　　　　B. 用统一的汇编语言

C. 模拟　　　　　　　　　　D. 仿真

2. 判断题

要求：如果正确，请在题后括号中打"√"，否则打"×"。

（1）计算机系统结构与计算机系统组成是相同的概念。　　　　　　　　（　　）

（2）一个完整的计算机系统由主机和外部设备组成。　　　　　　　　　（　　）

（3）Intel Core i7 是一种内存储器。　　　　　　　　　　　　　　　　（　　）

（4）"通用寄存器是程序员可见的"，其意思是程序员打开主机箱盖子就可看见通用寄存器。

（5）主存的每个存储单元都有一个唯一的编号，该编号称为内存单元地址。　（　　）

（6）只读存储器 ROM 只能读出而不能写入数据，但需要周期性地充电（刷新）以保证数据不丢失。　　　　　　　　　　　　　　　　　　　　　　　　　　　　（　　）

（7）基本字长是指 CPU 在一个总线周期内从主存储器一次性读出的二进制代码的位数。

　　　　　　　　　　　　　　　　　　　　　　　　　　　　　　　　（　　）

（8）MIPS 是指百万条指令/秒。　　　　　　　　　　　　　　　　　　（　　）

（9）数据通路宽度与基本字长是相等的。　　　　　　　　　　　　　　（　　）

（10）相同结构的计算机可以因速度不同而采用不同的组成。　　　　　（　　）

（11）确定软、硬件功能分配比例的第一原则就是应考虑在现有器件条件下，系统要有较高的性能价格比，在实现费用、速度和性能要求方面进行综合权衡。　　　　　　（　　）

（12）所谓软件兼容性，是指按某档机器编制的软件，不加修改就能运行于比它高（低）档的

机器上。   （   ）

（13）仿真和模拟的主要区别在于解释用的语言。仿真用微程序解释，其解释程序存储在处理机内的控制存储器中；模拟用机器语言程序解释，其解释程序存储在主存中。   （   ）

（14）所谓并行性，就是指计算机系统所拥有的可同时进行运算或操作的特性。因此，并行性就是指同时性，而不包括并发性。   （   ）

（15）从执行程序的角度，并行性等级由低到高可以分为以下 4 级：微操作级、指令级、进程级、用户级。   （   ）

3. 阐述题

（1）请阐述计算机系统结构、组成与实现的关系。

（2）简述冯·诺依曼计算机的基本原理。

（3）简述计算机系统的层次结构及其意义。

（4）指出以下与计算机组成与结构有关的英文术语的含义：

CPU、RAM、ROM、CMOS、CACHE、BIOS、MHZ、MIPS、IR、PSW、MAR、MDR、SISD、SIMD、VLSI、CISC、RISC。

（5）请列举计算机系统主要的几种性能指标及其意义。

4. 名词解释

软件、字长、主频、数据通路宽度、数据传输率、性能价格比、系列机、向前（后）兼容、并行性、时间重叠、流水线。

第2章
运算方法与运算器

总体要求

- 掌握数值数据的表示方法
- 理解非数值型数据的表示方法
- 掌握补码加法、减法
- 掌握溢出的概念及溢出判断的方法
- 掌握移位及舍入处理的方法
- 掌握原码、补码一位乘法
- 理解原码一位除法和补码一位除法
- 了解浮点加法、减法、乘法、除法运算
- 理解运算器的设计方法与组织结构

相关知识点

- 具备电路分析与设计的基本知识

学习重点

- 数据信息的表示方法及运算
- 溢出判断、移位及舍入处理的方法
- 算术逻辑运算单元的设计实现

　　计算机的基本功能就是对各种数据信息进行加工处理。数据信息有很多种表示方法，计算机内部对数据信息的加工归结为两种基本运算：算术运算和逻辑运算。本章中将重点介绍数据信息的表示方法、定点数和浮点数的四则运算、溢出判断方法、移位操作以及运算器设计的有关知识。

2.1 计算机中的数据表示

2.1.1 计算机中常用数制

　　进位制是指用一组固定的符号和统一的规则来表示数值大小的一种计数方法。例如，24小时为一天，可采用二十四进制；7天为一个星期，可采用七进制；12个月为一年，可采用十二进制。我们最为熟悉的计数体制是十进制计数制，但在计算机内部，存储、处理和传输的信息都采用二进制代码进行表示，这是因为二进制数具有以下优点。

① 只有 0 和 1 两个数字符号，容易用电路元件的两个不同状态来表示，如电平的高低、灯泡的亮灭、二极管的通断等。表示时，将其中一个状态定为 0，另一个则为 1。这种表示简单可靠，所用元器件少，且存储传输二进制数也很方便。

② 运算规则简单，电路容易实现和控制。表 2-1 所示为二进制数相应的算术运算规则。

表 2-1   二进制数算术运算规则

加法运算	0+0=0	0+1=1	1+0=1	1+1=10
乘法运算	0×0=0	0×1=0	1×0=0	1×1=1

由于二进制的数位太长，读写不方便，所以人们又常采用八进制数或十六制数进行表示。八进制数有 8 个不同的数字符号，即 0、1、2、3、4、5、6、7；十六进制数有 16 个数字符号，它们分别是 0、1、2、3、4、5、6、7、8、9、A、B、C、D、E、F。为便于区别数的进制及书写方便，我们通常用一个下标来表示数的进制位，如 $(1000)_2$ 表示二进制数，$(376)_8$ 表示八进制数，$(3AF6)_{16}$ 表示十六进制数，$(1000)_{10}$ 表示十进制数。十进制数是最常用的数，可省略下标，直接写为 1000。二进制、八进制、十进制及十六进制对照关系如表 2-2 所示。

表 2-2   二、八、十、十六进制对照表

十进制	二进制	八进制	十六进制
0	0	0	0
1	1	1	1
2	10	2	2
3	11	3	3
4	100	4	4
5	101	5	5
6	110	6	6
7	111	7	7
8	1000	10	8
9	1001	11	9
10	1010	12	A
11	1011	13	B
12	1100	14	C
13	1101	15	D
14	1110	16	E
15	1111	17	F
16	10000	20	10
17	10001	21	11
18	10010	22	12
19	10011	23	13
…	…	…	…

2.1.2 非数值型数据的表示

计算机中的非数值型数据主要用于信息处理、文字处理、图形图像处理、信息检索、日常的办公管理等，包括以下几种形式。

1. 逻辑数据

逻辑数据包含"0"和"1"，用来表示事物的两个对立面，事物成立用"1"表示，不成立用"0"表示，例如电容的充放电、二极管的导通与截止、开关的闭合等。"0"和"1"代表现实生活中的"真"和"假"、"是"和"否"等逻辑概念，作为逻辑数据，通过逻辑比较、判断和运算，完成复杂的逻辑推理、证明等工作。应注意，逻辑数据表达的是事物的逻辑关系，没有数值的大小之分。

2. 字符编码

美国信息交换标准代码（ASCII 码）是最常用的字符代码，有 7 位和 8 位两种版本。国际上通用的 ASCII 码是 7 位版本，即用 7 位二进制码表示，共有 128（$2^7=128$）个字符，其中有 32 个控制字符、10 个阿拉伯数字、52 个大小写英文字母、34 个标点符号和运算符号。在计算机中，实际用 1 个字节（8 位）来表示一个字符，最高位为"0"；而汉字编码中机内码的每个字节最高位为"1"，可防止与西文 ASCII 码冲突。表 2-3 所示为七位 ASCII 码字符表，例如大写字母 C 的 ASCII 码，在表中对应于字符 C 的位置，找出其对应的列 $a_6a_5a_4$ 和行 $a_3a_2a_1a_0$ 的值，并按 $0a_6a_5a_4a_3a_2a_1a_0$ 排列，即可得 C 的 ASCII 码为 01000011，对应的十进制数表示为 $(67)_{10}$，十六进制数为 $(43)_{16}$。

表 2-3　　　　　　　　　　　　　　　七位 ASCII 码字符表

低 4 位 $a_3a_2a_1a_0$	高 3 位 $a_6a_5a_4$							
	000	001	010	011	100	101	110	111
0000	NUL	DLE	SP	0	@	P	`	p
0001	SOH	DC1	!	1	A	Q	a	q
0010	STX	DC2	"	2	B	R	b	r
0011	ETX	DC3	#	3	C	S	c	s
0100	EOT	DC4	$	4	D	T	d	t
0101	ENQ	NAK	%	5	E	U	e	u
0110	ACK	SYN	&	6	F	V	f	v
0111	BEL	ETB	'	7	G	W	g	w
1000	BS	CAN	(	8	H	S	h	x
1001	HT	EM	)	9	I	Y	i	y
1010	LF	SUB	*	:	J	Z	j	z
1011	VT	E\C	+	;	K	[	k	{
1100	FF	FS	,	<	L	\	l	|
1101	CR	GS	-	=	M	]	m	}
1110	SO	RS	.	>	N	^	n	~
1111	SI	US	/	?	O	_	o	DEL

3. 汉字编码

计算机能处理汉字信息的前提条件是对每个汉字进行编码，这些编码统称为汉字编码。汉字信息在系统内传送的过程就是汉字编码转换的过程。由于汉字信息处理系统各组成部分对汉字信息处理的要求不同，所以在进行处理的各阶段有不同的编码，根据用途可以将这些编码分为汉字内码、输入码及字形码。

（1）汉字内码

ASCII 码是针对英文字母、数字和其他特殊字符的编码，不能用于对汉字的编码。若用计算机处理汉字，必须先对汉字进行适当的编码。我国于 1981 年 5 月颁布实施了《信息交换用汉字编码字符集》（GB 2312—80），该标准规定了汉字交换所用的基本汉字字符和一些图形字符，有汉字 6 763 个。其中，一级汉字（常用字）3 755 个（按汉字拼音字母顺序排列），二级汉字 3 008 个（按部首笔画次序排列），各种符号 682 个，共计 7 445 个。该标准给定每个字符的二进制编码，即国标码。

将 GB 2312—80 的全部字符集组成一个 94×94 的方阵，每一行称为一个"区"，编号为 01～94，每一列称为一个"位"，编号也为 01～94。将一个汉字所在的区号和位号简单地组合在一起即可得到该汉字的区位码。因为要用一个字节表示"区"编码，另一个字节表示"位"编码，所以汉字编码需要两个字节。

汉字机内码是汉字存储在计算机内的编码。为了避免 ASCII 码和国标码同时使用时产生二义性问题，大部分汉字系统都采用将国标码每个字节高位置 1 作为汉字机内码，这样既解决了汉字机内码与西文编码之间的二义性，又使汉字机内码与国标码具有极简单的对应关系。

汉字机内码、国标码和区位码三者之间的关系为：区位码（十进制数）的两个字节分别转换为十六进制数后加 20H（注：在一个数字后标记字母 H，表示该数字为十六进制的数字；在一个数字后标记字母 D，表示该数字为十进制的数字，书写时可省略字母 D。）得到对应的国标码；国标码的两个字节的最高位置 1，即汉字交换码（国标码）的两个字节分别加 80H 即可得到对应的机内码；区位码（十进制数）的两个字节分别转换为十六进制数后加 A0H 得到对应的机内码。

如汉字"啊"的区位码是 1601D，转换为十六进制为 1001H，国标码为 3021H，机内码为 B0A1H。

（2）汉字输入码（外码）

汉字输入码指直接从输入设备输入的各种汉字输入方法的编码。目前，汉字输入方式主要有键盘输入、文字识别和语音识别等，其中键盘输入是主要输入手段。汉字输入法大体可以分为以下几种。

流水码：如区位码、电报码、通信密码，优点是重码少，缺点是难于记忆；

音码：以汉语拼音为基准输入汉字，优点是容易掌握，缺点是重码率高；

形码：根据汉字的字型进行编码，优点是重码少，缺点是不容易掌握；

音形码：将音码和形码结合起来，能降低重码率，并提高汉字输入速度。

（3）汉字字形码

在计算机内部，汉字编码采用机内码。为了让人们看得懂，显示和打印时需要将其转换为字形码。所谓汉字字形码，是以点阵方式表示汉字，将汉字分解为若干个"点"组成的点阵字形。通用汉字点阵规格有 16×16 点阵、24×24 点阵、32×32 点阵、48×48 点阵、64×64 点阵。每个点在存储器中用一位二进制数存储，则对于 $n \times n$ 点阵，一个汉字所需要的存储空间为 $n \times n / 8$ 个字节。如一个 16×16 点阵汉字需要 32 个字节的存储空间，一个 24×24 点阵汉字需要 72 个字节的存储空间。

2.1.3　带符号数的表示

在日常的书写中，我们常用正号"+"或负号"-"加绝对值来表示数值，如 $(+56)_{10}$、$(-23)_{10}$、$(+11011)_2$、$(-10110)_2$ 等，这种形式的数值被称为真值。在计算机中，数的正、负号也用二进制代码进行表示，最高位为符号位，用"0"表示正数，"1"表示负数，其余位仍然表示数值。在机器内使用的，连同正、负号一起数字化的数称为机器数。根据数值位表示方法的不同，机器数常用以下三种方法表示：原码、反码和补码。

1. 原码

原码表示法中，数值位用绝对值表示；符号位用"0"表示正号，用"1"表示负号。换句话说，即数字化的符号位加上数的绝对值。

【例 2-1】若 X_1=+0.1101，X_2=-0.1101，则 $[X_1]_原$=0.1101，$[X_2]_原$=1.1101。

【例 2-2】若 X_1=+1101，X_2= -1101，则五位字长的 $[X_1]_原$=01101，$[X_2]_原$=11101；八位字长的 $[X_1]_原$=00001101，$[X_2]_原$=10001101。

从定义可看出，原码有以下特点。

① 最高位为符号位，正数为 0，负数为 1；数值位与真值一样，保持不变。

② "0" 的原码有两种不同的表示形式，以整数（8 位）为例，

$$[+0]_原=00000000, \quad [-0]_原=10000000。$$

③ 原码容易理解，与代数中正、负数的表示接近。

2. 反码

反码表示法中，符号位用 "0" 表示正号，用 "1" 表示负号；正数的反码数值位与真值的数值位相同，负数的反码数值位是将真值各位按位取反得到，即将真值中的 "0" 变成 "1"，"1" 变成 "0"。

【例 2-3】若 X_1=+0.1101，X_2=-0.1101，则 $[X_1]_反$=0.1101，$[X_2]_反$=1.0010。

【例 2-4】若 X_1=+1101，X_2= -1101，则五位字长的 $[X_1]_反$=01101，$[X_2]_反$=10010；八位字长的 $[X_1]_反$=00001101，$[X_2]_反$=11110010。

> 0 的反码也有两种不同的表示形式，以整数（8 位）为例，
> $$[+0]_反=00000000, \quad [-0]_反=11111111。$$

3. 补码

补码表示法中，符号位用 "0" 表示正号，用 "1" 表示负号；正数补码的数值位与真值的数值位相同，负数补码的数值位是先将真值各位按位取反，再在最低位加 1 得到。

【例 2-5】若 X_1=+0.1101，X_2=-0.1101，则 $[X_1]_补$=0.1101，$[X_2]_补$=1.0011。

【例 2-6】若 X_1=+1101，X_2=-1101，则五位字长的 $[X_1]_补$=01101，$[X_2]_补$=10011；八位字长的 $[X_1]_补$=00001101，$[X_2]_补$=11110011。

> 0 的补码与原码和反码不同，是唯一的，即 $[0]_补$=0。

2.1.4 定点数和浮点数

计算机中的数值型数据有两种表示格式：定点格式和浮点格式。若数的小数点位置固定不变，则称之为定点数；反之，若数的小数点位置不固定，则称之为浮点数。

1. 定点表示法

定点数的特点是数据的小数点位置固定不变。一般地，小数点的位置只有两种约定：一种约定是小数点位置在符号位之后、有效数值部分最高位之前，即定点小数；另一种约定小数点位置在有效数值部分最低位之后，即定点整数。

（1）定点小数

若数据 x 的形式为 $x = x_0x_1x_2...x_n$（其中 x_0 为符号位，$x_1{\sim}x_n$ 为数值位，也称为尾数，x_1 为数值最高有效位），则定点小数在计算机中的表示形式如图 2-1 所示。

图 2-1　计算机中定点小数的表示

一般说来，若定点小数数值位的最后一位 $x_n=1$，其他各位都为 0，则数的绝对值最小，即 $|x|_{min}$ = 2^{-n}。若数值位均为 1，则此时数的绝对值最大，即 $|x|_{max}=1-2^{-n}$。由此可知，定点小数的表示范围为 $2^{-n} \leqslant |x| \leqslant 1-2^{-n}$。

（2）定点整数

若数据 x 的形式为 $x = x_0x_1x_2...x_n$（其中 x_0 为符号位，$x_1 \sim x_n$ 为数值位，即尾数，x_n 为数值位最低有效位），则定点整数在计算机中的表示形式如图 2-2 所示。

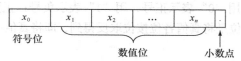

图 2-2　计算机中定点整数的表示

与定点小数类似，当数值位最后一位 $x_n=1$，其他各位都为 0 时，有 $|x|_{min}=1$；当数值位均为 1 时，有 $|x|_{max}=2^n-1$。所以，定点整数的表示范围是 $1 \leqslant |x| \leqslant 2^n-1$。

在定点数的表示中，不管是定点小数还是定点整数，计算机所处理的数必须在该定点数所能表示的范围之内，否则会发生溢出。当数据小于定点数所能表示的最小值时，计算机将其作"0"处理，称为下溢；当数据大于定点数能表示的最大值时，计算机将无法表示，称为上溢。上溢和下溢统称为溢出。当有溢出发生时，CPU 中的状态寄存器 PSW 中的溢出标志位将置位，并进行溢出处理。

用定点数进行运算处理的计算机被称为定点机。当采用定点数表示时，若数据既有整数又有小数，则需要设定一个比例因子，将数据缩小为定点小数或扩大为定点整数，再参加运算，最后根据比例因子，将运算结果还原为实际数值。应注意：若比例因子选择不当，往往会使运算结果产生溢出或降低数据的有效精度。

定点数的小数点实际上在机器中并不存在，只是一种人为的约定，所以对于计算机而言，处理定点小数和处理定点整数在硬件构造上并无差别。

2. 浮点表示法

定点数的表示较为单一，数值的表示范围小，且运算的时候易发生溢出，所以在计算机中，更多地采用类似于科学计数法的方式来表示实数，即浮点数表示。如数值 $(1110.011)_2$ 可表示为 $F=(-1110.011)_2=1.1110011 \times 2^{(+4)_{10}}=1.1110011 \times 2^{(+100)_2}$。

根据以上形式可写出二进制所表示的浮点数的一般形式：$F=M \times 2^P$。其中，纯小数 M 是数 F 的尾数，表示数的精度；整数 P 是数 F 的阶码，确定了小数点的位置，表示数的范围；2^P 为比例因子。因为小数点的位置可以随比例因子的不同而在一定范围内自由浮动，所以这种表示方法被称为浮点表示法。与定点数相比，用浮点数表示数的范围要大得多，精度也高。计算机中浮点数的格式如图 2-3 所示。

E_S 为阶码的符号位，表示阶的正负；M_S 为尾数的符号位（也是数 F 的符号位），表示尾数的正负。

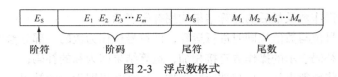

图 2-3　浮点数格式

为了充分利用尾数的二进制位数来表示更多的有效数字，我们通常采用规格化形式表示浮点数，即将尾数的绝对值限定在某个范围以内，在阶码底数为 2 的情况下，规格化数的尾数应该满足：

$$\frac{1}{2} \leqslant |M| < 1$$

在规格化数中，若尾数用补码表示，则当 $M \geqslant 0$ 时，尾数格式为 $M=0.1 \times \times \cdots \times$；当 $M<0$ 时，尾数格式应为 $M=1.0 \times \times \cdots \times$。由此可看出，若尾数的符号位与数值最高位不一致，即为规格化数，则在进行浮点数运算时，计算机只需使用异或逻辑，即可判断数据是否为规格化数。

当一个浮点数的尾数为 0 时，不论其阶码为何值，都将其称为机器零，或者当该浮点数的阶码的值小于机器所能表示的最小值时，不管其尾数为何值，计算机也将其作为机器零。尽管浮点表示能扩大数据的表示范围，但浮点机在运算的过程中，也会出现溢出现象。与定点数一样，当一个数的大小超出了浮点数的表示范围时，称为溢出。浮点数的溢出只是对规格化数的阶码进行判断。当阶码小于机器能表示的最小阶码时，称为下溢，此时将数据作为机器零处理，计算机仍可运行。当阶码大于机器所能表示的最大阶码时，称为上溢，此时计算机必须转入出错中断处理。

Intel Pentium 处理器中浮点数格式完全符合 IEEE 标准。表 2-4 所示为 Pentium 处理器可表示的 3 种类型的浮点数。

表 2-4　　　　　　　　　　Pentium 处理器 3 种类型的浮点数格式

参　　数	单精度浮点数	双精度浮点数	扩充精度浮点数
浮点数长度（字长）	32	64	80
尾数长度	23	52	64
符号位的位数	1	1	1
指数长度	8	11	15
最大指数	+127	+1023	+16383
最小指数	-126	-1022	-16382

2.2　定点数加、减法运算

在带符号数的表示方法中，原码是最易于理解的编码，但是采用原码进行加减运算时，数值位和符号位需分开处理，操作比较麻烦，所以计算机中广泛采用补码进行加减运算。此外，在运算中还会涉及溢出判断、移位及舍入处理等相关操作。

2.2.1　补码定点加减运算方法

补码加减运算规则如下。

① 参加运算的操作数及最后的运算结果均用补码表示；

② 操作数的符号位与数值位同时进行运算，即符号位作为数的一部分参加运算；

③ 求和时，将补码表示的操作数直接相加，运算结果即为和的补码；

④ 求差时，先将减数求补，再与被减数相加，运算结果即为差的补码；

⑤ 加减运算后，若符号位有进位，则丢掉所产生的进位。

运算时所依据的基本关系式如下：

$$[X+Y]_{补}=[X]_{补}+[Y]_{补} \tag{2-1}$$

$$[X-Y]_{补}=[X]_{补}+[-Y]_{补} \tag{2-2}$$

由上式可看出，加法运算时，直接将两个补码表示的操作数相加即可得到补码所表示的和；减法运算时，减去一个数等于加上这个数的补数。由于补码采用了模和补数的概念，负数可以用相应的补数表示，所以可将减法运算转换为加法运算。

若已知$[Y]_{补}$，求$[-Y]_{补}$的方法如下：将$[Y]_{补}$的各位（包括符号位）逐位取反，再在最低位加 1 即可求得$[-Y]_{补}$，如$[Y]_{补}=101101$，则$[-Y]_{补}=010011$。

【例 2-7】已知 $X=+1001$，$Y=+0100$，求$[X+Y]_{补}$和$[X-Y]_{补}$的值。

解：因为$[X]_{补}=0\ 1001$，$[Y]_{补}=0\ 0100$，$[-Y]_{补}=1\ 1100$，所以

$[X+Y]_{补}=[X]_{补}+[Y]_{补}=0\ 1001+0\ 0100=0\ 1101（9+4=13）$

$[X-Y]_{补}=[X]_{补}+[-Y]_{补}=0\ 1001+1\ 1100=0\ 0101$（符号位产生的进位丢掉，即 9-4=5）

2.2.2 溢出判断与移位

1. 溢出判断方法

若运算结果超出机器数所能表示的范围，则会发生溢出。在加减运算中，只有当两个同号的数相加或是两个异号的数相减时，运算结果的绝对值增大，才可能会发生溢出。因为有溢出发生时，溢出的部分丢失，结果将会发生错误，所以计算机中应该设置有关溢出判断的逻辑，当产生溢出时能停机并显示"溢出"标志，或者通过溢出处理程序的处理后重新进行运算。

当正数与正数相加或正数与负数相减时，若绝对值超出机器允许表示的范围，则称之为正溢；当负数与负数相加或负数与正数相减时，若绝对值超出机器允许表示的范围，则称之为负溢。下面通过实例分析发生溢出的情况，给出几种溢出判断的方法。

设参加运算的操作数为 A、B（字长 5 位，数值位 4 位），结果为 F，S_A、S_B 和 S_F 分别表示两个操作数和结果的符号，C 表示数值最高位产生的进位，C_F 表示符号位产生的进位。

① 正数+正数：如 $A=12$，$B=9$，二者和为 12+9=21，超出最大值+15，所以发生正溢。并且由以下计算竖式可看出：S_F 与 S_A、S_B 异号，$C=1$，$C_F=0$。

$$\begin{array}{r} 0\ 1100 \\ +\ 0\,{}_1 1001 \\ \hline 1\ 0101\ (C=1, C_F=0) \end{array}$$

② 正数-负数：如 $A=12$，$B=-9$，二者差为 12-（-9）=21，超出最大值+15，所以发生正溢。因为 $A=0\ 1100$，$B=1\ 1001$，所以$[A]_{补}=0\ 1100$，$[B]_{补}=1\ 0111$，$[-B]_{补}=0\ 1001$，列出计算竖式可看出（竖式同上）：S_F 与 S_A、S_B 异号，$C=1$，$C_F=0$。

③ 负数+负数：如 $A=-12$，$B=-9$，二者和为(-12)+(-9)= -21，超出补码所能表示的最小值-16，所以发生负溢。因为 $A=1\ 1100$，$B=1\ 1001$，所以$[A]_{补}=1\ 0100$，$[B]_{补}=1\ 0111$，列出计算竖式可看出：S_F 与 S_A、S_B 异号，$C=0$，$C_F=1$。

$$
\begin{array}{r}
1\,0\,1\,0\,0\\
+{}_{1}1\,0\,1\,1\,1\\
\hline
\boxed{1}\,0\,1\,0\,1\,1 \quad (C=0,\,C_F=1)\\
\text{丢掉}
\end{array}
$$

④ 负数-正数：如 $A=-12$，$B=9$，二者差为 $(-12)-9=-21$，超出补码所能表示的最小值 -16，所以发生负溢。因为 $A=1\,1100$，$B=0\,1001$，$[A]_{补}=1\,0100$，$[B]_{补}=0\,1001$，$[-B]_{补}=1\,0111$，计算竖式与上式相同，所以有 S_F 与 S_A、S_B 异号，$C=0$，$C_F=1$。注意，减去一个正数实质上是加上一个负数，所以可将其作为负数相加。

由以上分析可以得出以下几种判断溢出的方法。

（1）"溢出" $=\overline{S_A S_B}S_F+S_A S_B\overline{S_F}$

该方法是从操作数与运算结果的符号位进行考虑，表明两个同号的数相加，运算结果的符号与操作数的符号相反时有溢出发生。当两个正数相加，即 $S_A=0$，$S_B=0$ 时，$S_F=1$，则说明产生正溢；当两个负数相加，即 $S_A=1$，$S_B=1$ 时，$S_F=0$，则说明产生负溢。为了与最后运算结果的符号进行比较，该方法要求保留运算前操作数的符号，而在某些指令格式中，运算后的操作数将被运算结果替代，此时将无法判断溢出。

（2）"溢出" $=C\oplus C_F$

该方法是从进位信号的关系进行考虑的，表明当数值最高位产生的进位与符号位产生的进位相反时，有溢出发生。该判断逻辑较多地应用在单符号位的补码运算中。

（3）采用变形补码判断

在计算机中常用变形补码判断有无溢出发生。所谓变形补码，是指采用了多个符号位的补码。因为当两个 n 位数相加减时，运算结果最多只有 $n+1$ 位，若将操作数的符号变为双符号，运算后结果的进位最多只占据了原来的符号位，绝不会占据新添加的符号位，所以可以用新添加的符号位（S_{F1}）表示运算结果的符号，原来的符号位（S_{F2}）暂时保存结果的最高位数值。

将前面实例①和实例③采用变形补码进行计算，有：

$$
\begin{array}{r}
00\quad 1100\\
+00{}_1 1001\\
\hline
01\quad 0101 \quad (S_{F1}=0,\,S_{F2}=1)
\end{array}
\qquad
\begin{array}{r}
11\quad 0100\\
+{}_1 11\quad 0111\\
\hline
\boxed{1}\,10\quad 1011 \quad (S_{F1}=1,\,S_{F2}=0)\\
\text{丢掉}
\end{array}
$$

由以上两个竖式可看出，若运算结果的两个符号位相反，则表明有溢出发生：当 $S_{F1}S_{F2}=01$ 时，正溢；当 $S_{F1}S_{F2}=10$ 时，负溢；当 $S_{F1}S_{F2}=00$ 或 $S_{F1}S_{F2}=11$ 时，无溢出发生。所以可以用异或逻辑进行溢出判断："溢出" $=S_{F1}\oplus S_{F2}$。

2. 移位操作

移位运算在日常生活中很常见，如数的放大、缩小。例如，当某个十进制数相对于小数点左移 n 位时，相当于该数乘 10^n；右移 n 位时，相当于该数除以 10^n。同理，二进制表示的机器数在相对于小数点左移 n 位或右移 n 位时，其实质是将该数乘或除以 2^n。

移位运算又称为移位操作，是计算机中进行算术运算和逻辑运算的基本操作，如通过移位运算和加法运算来实现乘法或除法运算。根据移位的性质，可分为逻辑移位、算术移位和循环移位；根据移位的方向，可分为左移和右移两大类。

（1）逻辑移位

逻辑移位将移位对象看作没有数值含义的一组二进制代码。在逻辑左移时，在最低位的空位添 "0"；在逻辑右移时，在最高位的空位添 "0"。移位时一般将移出的数保存在进位状态寄存器

C中。例如，寄存器内容为01010011，逻辑左移后为10100110，逻辑右移后为00101001。

逻辑移位可以用来实现串并转换、位判别或位修改等操作。如串行输入数据，利用移位操作将其拼装成并行数据输出，完成串并转换；通过移位操作将需要的某个数位移至最高位或最低位，然后对其进行判断或修改等操作。

（2）算术移位

算术移位与逻辑移位不同，数字代码具有数值意义，且带有符号位，所以操作过程中必须保证符号位不变，这也是算术移位的重要特点。

对于正数来说，由于$[x]_原=[x]_补=[x]_反=$真值，所以在移位后的空位上添"0"。而对于负数，由于原码、补码和反码的表示形式不同，在移位时，对其空位的添补规则也不同。表2-5中所示为移位时原码、补码和反码3种不同码制所对应的空位添补规则。

表2-5　　　　　　　　　　　　　带符号数的移位规则

	码制	添补规则（符号位不变）		码制	添补规则（符号位不变）
正数	原码	空位均添"0"	负数	原码	空位添"0"
	补码	空位均添"0"		补码	左移添"0"，右移添"1"
	反码	空位均添"0"		反码	空位添"1"

在算术左移中，若数据采用单符号位，且移位前数据绝对值≥1/2，则左移后会发生溢出，这是不允许的。若数据采用双符号位，有溢出发生时，可用第二符号位暂时保存溢出的有效数值位，第一符号位指明数据的真正符号。

（3）循环移位

按照进位位是否参与循环，可将循环移位分为小循环（自身循环）和大循环（连同进位位一起循环），示意图如图2-4所示。

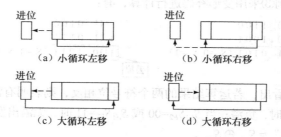

（a）小循环左移　　　　　　　　（b）小循环右移

（c）大循环左移　　　　　　　　（d）大循环右移

图2-4　循环移位示意图

对于循环移位，规则如下：

① 小循环左移——各位依次左移，最低位空出，将移出的最高位移入最低位，同时将数保存至进位状态寄存器中；

② 小循环右移——各位依次右移，最高位空出，将移出的最低位移入最高位，同时将数保存至进位状态寄存器中；

③ 大循环左移——连同进位位依次左移，最低位空出，将移出的最高位移入进位状态寄存器C中，进位状态寄存器C中的数移入最低位。

④ 大循环右移——连同进位位依次右移，进位状态寄存器C空出，将移出的最低位移入进位状态寄存器C中，进位状态寄存器C中的内容移入最高位。

【**例 2-8**】已知[x]$_{补}$=0.1101，[y]$_{补}$=1.0101，求这两个数算术左移、算术右移、逻辑左移、逻辑右移的结果。

解：二者移位后的结果如表 2-6 所示。

表 2-6　　　　　　　　　　　　　　　　【例 2-8】移位后的结果

数　　据	算术左移	算术右移	逻辑左移	逻辑右移
[x]$_{补}$=0.1101	1.1010（溢出）	0.0110	1.1010	0.0110
[y]$_{补}$=1.0101	1.1010	1.1010	0.1010	0.1010

3. 舍入处理

在浮点数对阶或向右规格化时，尾数要进行右移，相应尾数的低位部分会被丢掉，从而造成一定误差，所以要进行舍入处理。舍入处理时，应该遵循误差最小的原则，即本次舍入处理所造成的误差和累计处理后造成的误差都应该最小。下面介绍两种常用的舍入方法。设数据有 $n+1$ 位尾数，现要求保留 n 位尾数。

（1）"0 舍 1 入"法

"0 舍 1 入"法与十进制中的"四舍五入"类似：若第 $n+1$ 位是"0"，则直接舍去；若第 $n+1$ 位是"1"，则舍去第 $n+1$ 位，并在第 n 位做加"1"修正。舍入后会有误差产生，但误差值小于最末位的权值。例如，[x]$_{原}$=0.1010，"0 舍 1 入"后保留 3 位尾数有[x]$_{原}$=0.101；[y]$_{补}$=1.0101，保留 3 位尾数有[y]$_{补}$=1.011。

（2）"末位恒置 1"法

"末位恒置 1"即舍去第 $n+1$ 位，并将第 n 位恒置"1"。例如，[x]$_{原}$=0.1101，采用此方法后保留 3 位尾数有[x]$_{原}$=0.111；[y]$_{补}$=1.0111，保留 3 位尾数有[y]$_{补}$=1.011。由此可见，这种方法不会涉及进位运算，比较简单，逻辑上易于实现。

2.3　定点数乘、除法运算

在计算机中，除了加减法，乘法和除法运算也是很重要的运算。有的机器中设置了硬件逻辑，可以直接通过乘除法器完成乘除法运算，而有的机器内没有相关的逻辑，可以通过转换为累加、移位操作，用软件编程实现。因此，学习运算方法不仅有助于乘除法器的设计，也有助于乘除法编程。下面介绍定点数乘除法运算中的原码一位乘除法及补码一位乘除法。

2.3.1　原码一位乘法

下面首先从笔算乘法入手，通过对这个过程进行分析，找出用机器能够完成的方法。设 A=+0.1101，B=+0.1011，求 $A×B$。

$$
\begin{array}{r}
0.1101 \\
\times \quad 0.1011 \\
\hline
1101 \\
1101 \\
0000 \\
1101 \\
\hline
0.10001111
\end{array}
$$

　　　　　　　　　　　　……………… $A×2$　　A不移位
　　　　　　　　　　　　……………… $A×2^1$　　A左移1位
　　　　　　　　　　　　……………… $0×2^2$　　0左移2位
　　　　　　　　　　　　……………… $A×2^3$　　A左移3位

因为正数与正数相乘得正，所以 $A×B$=+0.10001111。由上式可以看出，乘法运算的过程是对应每一位乘数求得一项部分积，并将部分积逐位左移，然后将所有部分积相加得到最后的乘积。若计算机采用笔算的乘法步骤，将会存在以下问题：一是将多个部分积一次相加，机器难以实现；二是最后乘积的位数随着乘数位数的增多而增多，这将造成器材的浪费和运算时间的增加；此外，计算机中的加法器不能完成错位相加，且每次只能完成两个数的加操作，因此可以将上述 n 位乘转换为 n 次"累加与右移"的操作，即每一步只求一位乘数所对应的部分积，并将所得部分积与原部分积进行累加，然后将累加和右移一位，重复上述操作 n 次后得到最后乘积。

对于原码乘法来说，符号位与数值位可分开处理。由于乘法运算中"正正得正，负负得正，正负得负"，所以将两个乘数的符号相异或即可得到乘积的符号。利用以上方法将两乘数的绝对值相乘即可得到积的绝对值，再将积的符号与积的数值拼接即可得到最后的乘积。

原码一位乘法是指按照以上方法每次对一位乘数进行处理，即取两乘数的绝对值进行相乘，每次将一位乘数所对应的部分积与原来部分积的累加和相加，然后右移一位。为了能用机器实现，操作数与运算结果需要用相关的寄存器来存放。下面给出有关的寄存器设置、符号位的处理以及基本的操作。

1. 寄存器设置

设用寄存器 A 存放部分积的累加和，初始值为 0；寄存器 B 存放被乘数 X，绝对值参加运算，符号单独处理；寄存器 C 中存放乘数 Y，初始值为乘数的绝对值，符号单独处理。每做一次乘法，C 中已经处理的乘数要右移舍去，同时将寄存器 A 的数值右移，将其最末位移入 C 的最高位。运算结束后，寄存器 A 中存放乘积的高位部分，寄存器 C 中存放乘积的低位部分。

2. 符号位处理

由于在部分积进行累加时，数值位的最高有效位可能会产生进位，为了暂时存放这个进位，需要将 A 和 B 都设置为双符号位，用第一符号位表示部分积的符号，第二位暂时存放数值最高位的进位，在之后的右移操作中，第二符号位上的数将移回有效的数值位。对于原码一位乘法来说，因为部分积始终为正，所以第一符号位可以省略，使用单符号位，右移时符号位添"0"即可。但是因为除法运算需要双符号位，而且常会将乘法器与除法器合成为一个部件，所以这里也采用双符号位表示。

3. 基本操作

原码一位乘法中，每次只处理寄存器 C 的最末位乘数 C_n，以后每次运算时，将其余乘数依次右移到 C_n 进行判断操作，所以 C_n 被称为判断位。当 $C_n=0$ 时，进行 $A+0$ 操作，然后右移一位（即直接将 A 右移一位）；当 $C_n=1$ 时，进行 $A+B$ 操作，然后右移一位。

当乘数的数值位有 n 位时，要进行 n 次累加移位的操作，所以可以用一个计数器 CR 来统计操作步骤，控制操作的循环次数。最后乘积的符号：$S_X \oplus S_Y = S_A$，因此最后的结果为 $(S_A，A，C)$。

【例 2-9】已知 $X=+0.1101$，$Y=-0.1011$，求 $[X \times Y]_原$。

解： 寄存器 A 的初始值为 00.0000，寄存器 B 中存放 $|X|=0.1101$，寄存器 C 中存放 $|Y|=0.1011$。计算过程如表 2-7 所示。

表 2-7 　　　　　　　　　　　　　　【例 2-9】计算过程

步　骤	条　件	操　作	部分积 A	乘数 C　C_n
初始值	C_n		00.0000	.1　0　1　1
第一步	$C_n=1$	$+B$	$+00.1101$	
			00.1101	
		$\rightarrow$	00.0110	1.　1　0　1

步　骤	条　件	操　作	部分积 A	乘数 C　　C_n
第二步	$C_n=1$	$+B$	$+\underline{00.1101}$	
			01.0011	
		$\rightarrow$	00.1001	1　1.　1　<u>0</u>
第三步	$C_n=0$	$+0$	$+\underline{00.0000}$	
			00.1001	
		$\rightarrow$	00.0100	1　1　1.　<u>1</u>
第四步	$C_n=1$	$+B$	$+\underline{00.1101}$	
			01.0001	
			00.1000	1　1　1　1

由于 $S_A = S_X \oplus S_Y = 1 \oplus 0 = 1$ ，$|X| \times |Y| = 0.10001111$，所以 $[X \times Y]_原 = 1.10001111$。

2.3.2　补码一位乘法

在计算机中，数据通常采用补码表示。当用原码乘法计算时，需要在运算开始和结束时进行码制转换，这样既不方便，又影响速度，所以我们希望能用补码直接进行乘法运算。补码一位乘法与原码一位乘法类似，每次运算时只对一位乘数处理，但操作数与结果均用补码表示，连同符号位一起按照相应的算法进行运算。下面讨论一种由 Booth 夫妇提出的算法，称之为 Booth 算法，也称为比较法。该方法是广泛采用的补码乘法。

设被乘数 X 和乘数 Y 均为字长为 $n+1$ 位的定点小数，其中 x_0 和 y_0 为符号位，x_i 和 y_i（$i=-1$，…，$-n$）为有效数值位，则

$$[Y]_补 = y_0 \cdot 2^0 + y_{-1} \cdot 2^{-1} + \cdots + y_{-(n-2)} \cdot 2^{-(n-2)} + y_{-(n-1)} \cdot 2^{-(n-1)} + y_{-n} \cdot 2^{-n}$$

由定点小数的补码定义可知：当 $Y > 0$ 时，有 $Y = [Y]_补$；当 $Y < 0$ 时，有 $Y = -2 + [Y]_补$，所以，

$Y > 0$ 时，　$y_0 = 0$，　$Y = 0 \cdot 2^0 + y_{-1} \cdot 2^{-1} + \cdots + y_{-(n-1)} \cdot 2^{-(n-1)} + y_{-n} \cdot 2^{-n}$

$Y < 0$ 时，　$y_0 = 1$，　$Y = -2^0 + y_{-1} \cdot 2^{-1} + \cdots + y_{-(n-1)} \cdot 2^{-(n-1)} + y_{-n} \cdot 2^{-n}$

将以上两式进行合并，可得：

$$Y = -y_0 \cdot 2^0 + y_{-1} \cdot 2^{-1} + \cdots + y_{-(n-1)} \cdot 2^{-(n-1)} + y_{-n} \cdot 2^{-n}$$

所以，

$[XY]_补$

$= [X \cdot (-y_0 \cdot 2^0 + y_{-1} \cdot 2^{-1} + \cdots + y_{-(n-1)} \cdot 2^{-(n-1)} + y_{-n} \cdot 2^{-n})]_补$

$= [X]_补 \cdot (-y_0 \cdot 2^0 + y_{-1} \cdot 2^{-1} + \cdots + y_{-(n-1)} \cdot 2^{-(n-1)} + y_{-n} \cdot 2^{-n})$

$= [X]_补 \cdot [-y_0 \cdot 2^0 + (y_{-1} \cdot 2^0 - y_{-1} \cdot 2^{-1}) + \cdots + (y_{-(n-1)} \cdot 2^{-(n-2)} - y_{-(n-1)} \cdot 2^{-(n-1)}) + (y_{-n} \cdot 2^{-(n-1)} - y_{-n} \cdot 2^{-n})]$

$= [X]_补 \cdot [(-y_0 \cdot 2^0 + y_{-1} \cdot 2^0) + (-y_{-1} \cdot 2^{-1} + y_{-2} \cdot 2^{-1}) + \cdots + (-y_{-(n-1)} \cdot 2^{-(n-1)} + y_{-n} \cdot 2^{-(n-1)}) - y_{-n} \cdot 2^{-n}]$

$= [X]_补 \cdot [(y_{-1} - y_0) \cdot 2^0 + (y_{-2} - y_{-1}) \cdot 2^{-1} + \cdots + (y_{-n} - y_{-(n-1)}) \cdot 2^{-(n-1)} + (0 - y_{-n}) \cdot 2^{-n}]$

$= [X]_补 \cdot [(y_{-1} - y_0) \cdot 2^0 + (y_{-2} - y_{-1}) \cdot 2^{-1} + \cdots + (y_{-n} - y_{-(n-1)}) \cdot 2^{-(n-1)} + (y_{-(n+1)} - y_{-n}) \cdot 2^{-n}]$

由上式可知，$y_{-(n+1)}$ 是增设在乘数最低位的附加位，初值为 "0"。$[XY]_补$ 可转换为 $[X]_补$ 与一个新的多项式的乘积，且该多项式每一项的系数都是原乘数补码相邻两项系数的差值（低位-高位），所以可以根据乘数相邻两位的比较结果来确定运算操作的规律，如表 2-8 所示。

表 2-8   Booth 算法规律表

高位 y_i 低位 y_{i-1}		（低位-高位）$y_{i-1}-y_i$	操作说明
0	0	0	部分积+0，右移一位
0	1	1	部分积+$[X]_补$，右移一位
1	0	-1	部分积+$[-X]_补$，右移一位
1	1	0	部分积+0，右移一位

下面给出 Booth 算法的运算规则。

① 符号位参加运算，参加运算的两个乘数以及运算结果均以补码表示。

② 被乘数取双符号位参加运算，部分积初值为 0。在实现补码一位乘法时，需要用寄存器 A 来存放部分积的累加和，用寄存器 B 存放被乘数，二者均采用双符号位。

③ 乘数可取单符号位，以控制最后一步是否需要校正。用寄存器 C 来存放乘数，且在乘数最末位增设一个初值为 "0" 的附加位。

④ 按照表 2-7 的规律进行操作。对于有 n 位数值位的乘数，要进行 $n+1$ 次加操作和 n 次右移操作，即最后一步不移位。

⑤ 右移时要按照补码移位的规则进行。

【例 2-10】已知 $X=-0.1101$，$Y=+0.1011$，求$[X\times Y]_补$。

解：初始化设置时，寄存器 A=00.0000，寄存器 B=$[X]_补$=11.0011，-B=$[-X]_补$=00.1101，寄存器 C=$[Y]_补$=0.1011。计算过程如表 2-9 所示。

表 2-9   【例 2-10】计算过程

步骤	条件	操作	部分积 A	乘数 C　　C_{-n}	附加位 $C_{-(n+1)}$	说　　明
初始值	$C_{-n}C_{-(n+1)}$		00.0000	0.1 0 1　　1	0	
第一步	10	$-B$	+ 00.1101			部分积+$[-X]_补$
			00.1101			
		$\rightarrow$	00.0110	1 0.1 0　1	1	右移一位
第二步	11	$+0$	+ 00.0000			部分积+0
			00.0110			
		$\rightarrow$	00.0011	0 1 0.1　0	1	右移一位
第三步	01	$+B$	+ 11.0011			部分积+$[X]_补$
			11.0110			
		$\rightarrow$	11.1011	0 0 1 0.　1	0	右移一位
第四步	10	$-B$	+ 00.1101			部分积+$[-X]_补$
			00.1000			
		$\rightarrow$	00.0100	0 0 0 1 0.	1	右移一位
第五步	01	$+B$	+ 11.0011			部分积+$[X]_补$
			11.0111	0 0 0 1		不移位

所以，$[X\times Y]_补$=1.01110001。

2.3.3　原码一位除法

计算机中可以通过累加右移实现乘法运算，而除法运算是乘法运算的逆运算，故可通过左移减法来实现除法。下面通过分析除法的笔算过程，进一步得出计算机求解的方法。

设 $X = -0.1011$，$Y = 0.1101$，求 X/Y。笔算除法时，商的符号可由被除数与除数异或得到，数值部分的运算通过下列竖式得到。

$$
\begin{array}{r}
0.1101 \\
0.1101\,\overline{)\,0.10110} \\
\underline{0.01101} \qquad 2^{-1}\cdot y\\
0.010010 \\
\underline{0.001101} \qquad 2^{-2}\cdot y\\
0.00010100 \\
\underline{0.00001101} \qquad 2^{-4}\cdot y\\
0.00000111
\end{array}
$$

所以最后的商为 $x/y = -0.1101$，余数 $= -0.00000111$。

上式运算中，每次上商都是通过比较余数（被除数）和除数的大小来确定商"1"还是"0"，且每做一次减法后，总是保持余数不动，低位补"0"，再减去右移后的除数，最后单独处理商符（商的符号）。若将上述规则用于计算机内，实现起来有一定困难，原因如下。

① 机器不能"心算"上商，必须通过比较被除数（或余数）和除数绝对值的大小来确定商值，即 $|x|-|y|$，若差为正（够减），则上商 1，差为负（不够减），则上商 0。

② 若每次做减法总是保持余数不动、低位补"0"，再减去右移后的除数，则要求加法器的位数必须为除数的两倍。仔细分析发现，右移除数可以用左移余数的办法代替，运算结果一样，而且硬件逻辑实现时更有利。应该注意所得到的余数不是真正的余数，而是左移扩大后的余数，所以将它乘上 2^{-n} 后得到的才是真正的余数。

③ 笔算求商时是从高位向低位逐位求的，而要求机器把每位商直接写到寄存器的不同位也是不可取的。但计算机可将每次运算得到的商值直接写入寄存器的最低位，并把原来的部分商左移一位，通过这种方法得到最后的商。

原码除法与原码乘法类似，商符与商值分开处理，商符由被除数与除数的异或得到，商值由被除数与除数的原码的数值部分相除得到，最后将二者拼接即可得到商的原码。对于小数除法和整数除法来说，可以采用同样的算法，但是满足的条件不同。

小数定点除法中，必须满足下列条件：①应避免除数为"0"或被除数为"0"。若除数为"0"，结果为无限大，机器中有限的字长无法表示；若被除数为"0"，则结果总是"0"，除法操作等于白做，浪费机器时间。②被除数<除数，因为如果被除数大于或等于除数，必有整数商出现，在定点小数的运算中将产生溢出。

整数除法中，要求满足以下条件：被除数和除数不为零，且被除数大于等于除数。这是因为这样才能得到整数商。通常在做整数除法前，先进行判断，若不满足上述条件，机器发出出错信号，需重新设定比例因子。

依据对余数的处理不同，原码除法可分为恢复余数法和不恢复余数法（加减交替法）两种。下面以定点小数为例，给出这两种运算规则。

1. 恢复余数法

计算机在做除法运算时，不论是否够减，都要将被除数（余数）减去除数，若所得的余数 r 为正，即符号位为"0"，表明够减，商"1"，余数左移一位后继续下一步的操作；若所得的余数 r 为负，即符号位为"1"，表明不够减，商"0"，此时由于已经做了减法，所以必须恢复原来的余数（把减去的除数加回去），然后余数左移一位后继续下一步的操作，因此这种方法被称为"恢复余数法"。

应注意的是，商值的确定是通过减法运算来比较被除数和除数绝对值的大小的，而计算机内只设有加法器，故需将减法操作变为加法操作，即将减去除数转换为加上除数的补数。

除法运算中会涉及以下寄存器：寄存器 A，双符号位，初始值为被除数的绝对值，之后存放各次操作所得的余数；寄存器 B，双符号位，存放除数的绝对值；寄存器 C，单符号位，存放商的绝对值，初始值为"0"。所得的商由寄存器的末位送入，且在产生新商的同时，原有商左移一位。

【例 2-11】 已知：$X= -0.1011$，$Y= -0.1101$，用恢复余数法求$[X÷Y]_原$。

解： $[X]_原=1.1011$，$[Y]_原=1.1101$，商符为"0"，寄存器 A=$|X|$=00.1011，寄存器 B=$|Y|$=00.1101，$(-|Y|)_补$=11.0011，寄存器 C=$|Q|$=0.0000。计算过程如表 2-10 所示。

表 2-10　　　　　　　　　　　　　　　　　【例 2-11】计算过程

步骤	条　件	操作	被除数/余数 A	商值 C C_{-n}	Q	说　明
初始值			00.1011	0.0000		
第一步	$r=1$，不够减	$-B$	+11.0011			减去除数
			11.1110	0.0000	$Q_1=0$	余数为负，商"0"
		$+B$	+00.1101			恢复余数
			00.1011			
		←	01.0110			左移一位
第二步	$r=0$，够减	$-B$	+11.0011			减去除数
			00.1001	0.0001	$Q_2=1$	余数为正，商"1"
		←	01.0010			左移一位
第三步	$r=0$，够减	$-B$	+11.0011			减去除数
			00.0101	0.0011	$Q_3=1$	余数为正，商"1"
		←	00.1010			左移一位
第四步	$r=1$，不够减	$-B$	+11.0011			减去除数
			11.1101	0.0110	$Q_4=0$	余数为负，商"0"
		$+B$	+00.1101			恢复余数
			00.1010			
		←	01.0100			左移一位
第五步	$r=0$，够减	$-B$	+11.0011			减去除数
			00.0111	0.1101	$Q_5=1$	余数为正，商"1"

由以上步骤可得$[商]_原=0.1101$，$[余数]_原=1.0111×2^{-4}$（余数符号与被除数的符号一致）。

在上例中，共上商 5 次，其中第一次的商值在商的整数位上，对小数除法而言，可用来做溢出判断，即当该位为"1"时，表示产生溢出，不能进行，应进行处理；当该位为"0"时，说明除法合法，可以进行运算。

在恢复余数法中，每当余数为负时，应该恢复余数。由于每次余数的正负是随着操作数的变化而变化的，这就导致除法运算的实际操作步骤无法确定，不便于控制。此外，在做恢复余数的操作时，要多做一次加法运算，延长了执行时间，所以在计算机中一般采用的是"不恢复余数法"，即"加减交替法"。

2. 加减交替法

加减交替法又称不恢复余数法，是由恢复余数法演变而来的一种改进算法。分析原码恢复余数法可知：

① 当余数 $r>0$ 时，商"1"，再将 r 左移一位后减去除数$|Y|$，即 $2r-|Y|$。

② 当余数 $r<0$ 时，商"0"，此时要先恢复余数（$r+|Y|$），然后将恢复后的余数再左移一位减去除数$|Y|$，即 $2(r+|Y|)-|Y|$。

由以上分析可看出，当余数 $r>0$ 时，商上"1"，做 $2r-|Y|$ 的运算；当余数 $r<0$ 时，商上"0"，而 $2(r+|Y|)-|Y|=2r+|Y|$，此时如果直接做 $2r+|Y|$ 的运算，则不需要再恢复余数，故将这种方法称为"加减交替法"或"不恢复余数法"。运算规则如下：

① 符号位不参加运算，对于定点小数要求$|$被除数$|<|$除数$|$。

② 可将被除数当作初始余数，当余数 $r>0$ 时，商上"1"，余数左移一位，再减去除数；当余数 $r<0$ 时，商上"0"，余数左移一位，再加上除数。

③ 要求 n 位商（不含商符）时，需要做 n 次"左移、加/减"操作。若第 n 步余数为负，则需要增加一步——加上除数恢复余数，使得最终的余数仍为绝对值形式。

最后增加的一步不需要移位，最后的余数为 $r \times 2^{-n}$（与被除数同号）。

【例 2-12】已知 $X=-0.1011$，$Y=0.1101$，用加减交替法求$[X \div Y]_原$。

解：$[X]_原=1.1011$，$[Y]_原=0.1101$，商符为"1"，寄存器 A=$|X|$=00.1011，寄存器 B=$|Y|$=00.1101，$(-|Y|)_补$=11.0011，寄存器 C=$|Q|$=0.0000。计算过程如表 2-11 所示。

表 2-11 　　　　　　　　　　　　【例 2-12】计算过程

步骤	条　件	操作	被除数/余数 A	商值 $C\,C_{-n}$	Q	说　明
初始值			00.1011	0.0000		
第一步		←	01.0110			左移一位
		$-B$	$+11.0011$			减去除数
	$r=0$，够减		00.1001	0.0001	$Q_1=1$	余数为正，商"1"
第二步		←	01.0010			左移一位
		$-B$	$+11.0011$			减去除数
	$r=0$，够减		00.0101	0.0011	$Q_2=1$	余数为正，商"1"
第三步		←	00.1010			左移一位
		$-B$	$+11.0011$			减去除数
	$r=1$，不够减		11.1101	0.0110	$Q_3=0$	余数为负，商"0"
第四步		←	11.1010			左移一位
		$+B$	$+00.1101$			加上除数
	$r=0$，够减		00.0111	0.1101	$Q_4=1$	余数为正，商"1"

故$[商]_原=1.1101$，$[余数]_原=1.0111 \times 2^{-4}$（余数符号与被除数的符号一致）。

2.3.4　补码一位除法

补码除法的被除数、除数用补码表示，符号位和数值位一起参加运算，直接用补码除，求出反码商，再修正为近似的补码商。

1. 补码加减交替法

在补码一位除法中也必须比较被除数（余数）和除数的大小，并根据比较的结果上商。另外，为了避免溢出，被除数的绝对值一定要小于除数的绝对值，即商的绝对值不能大于 1。

补码加减交替除法的算法规则如下。

① 被除数与除数同号，被除数减去除数；被除数与除数异号，被除数加上除数。

② 余数与除数同号，商上 1，余数左移一位减去除数；余数和除数异号，商上 0，余数左移一位加上除数。

③ 重复步骤②，包括符号位在内，共做 $n+1$ 步。

为了统一并简化控制线路，一开始就根据 $[X]_{补}$ 和 $[Y]_{补}$ 的符号位是否相同，上一次商 q_0'。这位商 q_0' 不是真正的商的符号，故称其为假。如果 $[X]_{补}$ 和 $[Y]_{补}$ 的符号位相同，假商 1，控制下次做减法；如果 $[X]_{补}$ 和 $[Y]_{补}$ 的符号位不同，假商 0，控制下次做加法。以后按同样的规则运算下去。显然，第一次上的假商 q_0' 只是为除法做准备工作，共进行 $n+1$ 步操作。最后，第一次上的商 q_0' 移出寄存器，剩下 q_0 至 q_n 即为运算结果。

2. 商的校正

补码一位除法的算法是在商的末位"恒置 1"的舍入条件下推导的。按照这种算法所得到的有限位商为负数时，是反码形式。而正确需要得到的商是补码形式，两者之间至多是相关末位的一个"1"，这样引起的最大误差是 2^{-n}。在对商的精度没有特殊要求的情况下，一般采用商的末位"恒置 1"的方式进行舍入，这样处理的好处是操作简单，便于实现。

如果要求进一步提高商的精度，可以不用"恒置 1"的方式舍入，而按上述法则多求一位后，再采用如下校正方法对商进行处理。

① 刚好能除尽时，如果除数为正，商不必校正；如果除数为负，则商加 2^{-n}。

② 不能除尽时，如果商为正，则不必校正；如果商为负，则商加 2^{-n}。

【例 2-13】已知 $X= -0.1001$，$Y= 0.1101$，用加减交替法求 $[X \div Y]_{补}$。

解：$[X]_{补}=1.0111$，$[Y]_{补}=0.1101$，$[-Y]_{补}=1.0011$。计算过程如表 2-12 所示。

商采用末尾"恒置 1"的方法校正后得：$[Q]_{补}=1.0101$，$[r]_{补}=1.1111 \times 2^{-4}$。

表 2-12　　　　　　　　　　　【例 2-13】计算过程

步　骤	操作	被除数 X/余数 r	商值 Q	说　明
第一步		11.0111	<u>0</u>	$[X]_{补}$ 和 $[Y]_{补}$ 异号，商 q_0' =0
	+[Y]_{补}	+00.1101		加上除数
第二步		00.0100	0 <u>1</u>	余数和除数同号，商 1
	←	00.1000		左移一位
	+[-Y]_{补}	+11.0011		减去除数
第三步		11.1011	0 1 <u>0</u>	余数和除数异号，商 0
	←	11.0110		左移一位
	+[Y]_{补}	+00.1101		加上除数
第四步		00.0011	0 1 0 <u>1</u>	余数和除数同号，商 1
	←	00.0110		左移一位
	+[-Y]_{补}	+11.0011		加上除数

步　　骤	操作	被除数 X/余数 r	商值 Q	说　　明
第五步		11.1001	0 1 0 1 <u>0</u>	余数和除数异号，商 0
	←	11.0010		左移一位
	+[Y]_补	+00.1101		加上除数
第六步		11.1111		余数和除数异号
		11.1111	1.010<u>0</u>	仅 q 左移一位，商 0

2.4　浮点运算介绍

计算机中的数据除了定点数之外，还有浮点数的表示。因为浮点数可表示的范围大，运算不易溢出，所以被广泛采用。本节将对浮点数的四则运算加以简单的介绍。

2.4.1　浮点数加减法

一般来说，规格化浮点数的加减运算可按照判断操作数、对阶、求尾数和（差）、结果规格化、判断溢出以及对结果进行舍入处理几个步骤进行。

1. 判断操作数

判断操作数中是否有零存在，当有操作数为 0 时，可以简化操作。如果加数（或减数）为 0，则运算结果等于被加数（或被减数）；如果被加数为 0，则运算结果等于加数；如果被减数为 0，则运算结果等于减数变补。

2. 对阶

阶码大小不一样的两个浮点数进行加减运算时，必须先将它们的阶码调整为一样大，该过程称为对阶。因为只有阶码相同，其尾数的权值才真正相同，才能对尾数进行加减运算。一般来说，对阶的规则是"小阶对大阶"，即以大的阶码为准，调整小的阶码，直到二者相等。这是因为对于阶码小的数而言，如果将其阶码增大，该数的尾数要进行右移，舍去的是尾数的低位部分，误差较小；反之，对于阶码大的数，如果将其阶码减小，尾数则要左移，丢失的是尾数的高位部分，必然会出错。

对阶时一般采用的方法是求阶差，即将两数的阶码相减。若阶差为"0"，则说明两数阶码相同，无须对阶；若阶差不为"0"，则按照对阶规则进行对阶——小阶码增大，同时尾数右移。

3. 求尾数和/差

阶码对齐后，尾数按照定点数的运算规则进行加、减运算。

4. 结果规格化及判断溢出

若运算后的结果不符合规格化约定，则需要对尾数移位，使之规格化，并相应地调整阶码。当用补码表示时，若所得结果的尾数绝对值小于 1/2（表现形式为 11.1××…×或 00.0××…×），则需要将尾数左移，阶码减小，直至满足规格化条件，称该过程为"左规"；若结果的尾数绝对值大于 1（表现形式为 10.××…×或 01.××…×），则需要将尾数右移一位，阶码加 1，称该过程为"右规"。

注意

在"左规"时，若阶码小于所能表示的最小阶，则表明发生"下溢"，也就是说，浮点数的绝对值小于规格化浮点数的分辨率，此时尾数应该记作"0"。在"右规"时，若阶码大于所能表示的最大阶，则表明发生"上溢"，将产生溢出中断。在浮点数加减运算中，"右规"最多只需要进行一次。

5. 舍入

当对结果进行右规时，要对尾数的最低位进行舍入处理，可采用之前所讲的"0 舍 1 入"法、"末位恒置 1"法等。

【例 2-14】若 $X_1 = 0.1100 \times 2^{001}$，$X_2 = 0.0011 \times 2^{011}$，求 $X_1 + X_2$。

解：因为两数阶码不一致，所以先对阶。将 X_1 尾数右移 2 位，同时阶码加 2：

$X_1 = 0.1100 \times 2^{001} = 0.0011 \times 2^{011}$

$X_1 + X_2 = 0.0011 \times 2^{011} + 0.0011 \times 2^{011} = (0.0011 + 0.0011) \times 2^{011} = 0.0110 \times 2^{011}$

所得结果不是规格化数，将运算结果"左规"可得：0.1100×2^{010}。注意：由于结果是"左规"，所以不需要做舍入处理。

2.4.2 浮点数乘除法

浮点数在做乘、除运算时，不需要对阶。对于乘法运算，将阶码相加，尾数相乘，最后对乘积做规格化即可；对于除法运算，将阶码相减，尾数相除即可得到运算结果。

1. 浮点乘法运算

两浮点数相乘，乘积的阶码等于两操作数阶码之和，乘积的尾数等于两操作数尾数之积。与浮点加减法相同，乘法运算后的结果也可能会发生溢出，所以要进行规格化和舍入处理。运算步骤如下。

① 判断操作数是否为"0"，若有一个操作数为"0"，则乘积为"0"，无须再运算。

② 将操作数的阶码相加，判断是否有溢出发生。

因为浮点数的阶码是定点整数，所以阶码相加实质上是定点整数的加运算，可按照前面所讲的加法规则进行运算。若运算后产生"下溢"，则结果为"0"；若产生"上溢"，则需要做溢出处理。

③ 尾数相乘。

因为浮点数的尾数是定点小数，所以尾数相乘可以选择定点小数乘法中的相关规则来完成运算。在浮点运算器中一般会设置两套运算器，分别对阶码和尾数进行处理。

④ 规格化及舍入处理。

因为参加运算的操作数都是规格化的数，所以乘积尾数的绝对值必然大于等于 1/4，所以"左规"最多只需一次。又由于 $[-1]_补$ 是规格化数，所以只有在 $(-1) \times (-1) = +1$ 时，需要"右规"一次。

做乘法运算时，乘积尾数的位数会增长，为了使乘积的尾数与原浮点数的格式一致，需要进行舍入处理。

【例 2-15】若 $X_1 = 0.1100 \times 2^{001}$，$X_2 = 0.0011 \times 2^{011}$，求 $X_1 \times X_2$。

解：$X_1 \times X_2 = (0.1100 \times 2^{001}) \times (0.0011 \times 2^{011}) = (0.1100 \times 0.0011) \times 2^{001+011} = 0.0010 \times 2^{100}$

2. 浮点除法运算

两浮点数相除，商的阶码为被除数的阶码与除数的阶码之差，商的尾数为被除数的尾数除以除数的尾数之商。浮点除法的运算步骤如下。

① 判断操作数是否为 "0"。若除数为 "0"，则会出错处理；若被除数为 "0"，则商为 "0"。

② 调整被除数的尾数，使被除数尾数的绝对值小于除数尾数的绝对值，以此确保商的尾数为小数。

 在调整被除数的阶码时，会有 "上溢" 的可能。

③ 求商的阶码。利用定点整数的减运算，用被除数的阶码减去除数的阶码即可得到商的阶码。若结果的阶码产生 "下溢"，则商作为机器零处理；若产生 "上溢"，则需要做溢出处理。

④ 求商的尾数。因为浮点数的尾数是定点小数，所以利用定点小数除法的运算规则，用被除数的尾数除以除数的尾数即可得到商的尾数。

通过以上步骤求得的商值不需要进行规格化处理。因为在尾数调整后，商的尾数的绝对值肯定小于 "1"，所以不需要 "右规"；又由于两个操作数均是规格化数，即 $|M| \geq 1/2$，所以商的绝对值必然 $\geq 1/2$，不需要 "左规"。综上所述，最后得到的商不需要进行规格化处理。

2.5　运算器的组成与结构

在计算机中，运算器是对数据进行加工处理的重要部件，而算术逻辑运算单元又是运算器的核心部件，通过运算器可以实现数据的算术运算和逻辑运算。本节中将介绍有关加法器、算术逻辑运算部件 ALU 的设计以及运算器的组织结构。

2.5.1　加法器

1. 加法单元的设计

加法单元是能够实现加法运算的逻辑电路，是算术逻辑运算单元的基本逻辑电路，有半加器和全加器之分。若两个二进制数相加时，只考虑本位的相加，而不考虑低位来的进位，则这种相加称为半加，能够实现半加功能的逻辑电路称为半加器。若两个 1 位二进制数相加时，除了考虑本位的相加外，还要考虑低位来的进位，则这种相加被称为全加，能够实现全加功能的逻辑电路称为全加器。所以，全加器有 3 个输入变量：参加运算的操作数 A_i、B_i 以及从低位来的进位信号 C_{i-1}，2 个输出变量：本位和 S_i 及向高位的进位 C_i。一位全加器的逻辑表达式见式（2-3），由逻辑门所构成的全加器如图 2-5 所示。现在广泛采用的全加器的逻辑电路是由两个半加器所构成的，这种结构比较简单，且有利于实现进位的快速传递，逻辑图如图 2-6 所示。

$$\begin{cases} S_i = A_i \oplus B_i \oplus C_{i-1} \\ C_i = (A_i \oplus B_i)C_{i-1} + A_iB_i \end{cases} \qquad (2\text{-}3)$$

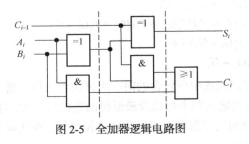

图 2-5　全加器逻辑电路图

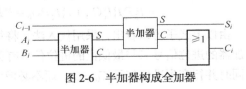

图 2-6　半加器构成全加器

2. 进位链的设计

一位全加器只能完成一位数据的求和；如果要完成 n 位数的相加，则需要将 n 个全加器联合起来构成 n 位加法器来实现。依据对进位信号的不同处理，可将加法器分为串行加法器和并行加法器。一般来说，进位信号的产生和传递是从低位向高位进行的，其逻辑结构形态如同链条，所以将进位传递逻辑称为进位链。

（1）进位信号

由前面全加器的分析可知，第 i 位的进位信号为 $C_i = (A_i \oplus B_i)C_{i-1} + A_iB_i$，该逻辑式是构成串行进位和并行进位两种结构的基本逻辑表达式，可变形为 $C_i = (\overline{A_i \oplus B_i})C_{i-1} + A_iB_i$ 和 $C_i = (A_i + B_i)C_{i-1} + A_iB_i$。

令 $G_i = A_iB_i$，$P_i = A_i \oplus B_i$（或 $P_i = A_i \oplus B_i$ 或 $P_i = A_i + B_i$），则第 i 位的进位信号可用通式 $C_i = G_i + P_iC_{i-1}$ 表示。式中的 G_i 为进位产生函数（也称为本地进位或绝对进位），该分量不受进位传递的影响，表明若两个输入量都为"1"，则必定产生进位；P_i 为进位传递函数（也称为进位传递条件），P_iC_{i-1} 被称为传递进位或条件进位，表明当进位传递条件有效（ $P_i = 1$ 时），低位传来的进位信号可以通过第 i 位向更高的位进行传递，即当 $C_{i-1} = 1$ 时，只要 A_i 和 B_i 中有一个为"1"，必然产生进位。

（2）串行进位加法器

n 位串行进位加法器是由 n 个全加器级联构成的，低位全加器的进位输出连接到相邻的高位全加器的进位输入，各个全加器的进位按照由低位向高位逐级串行传递，并形成一个进位链，4 位串行进位加法器的原理图如图 2-7 所示。串行进位加法器具有电路简单的特点。但是，由于每一位相加的和都与本位进位输入有关，最高位只有在其他各低位全部相加并产生进位信号之后才能产生最后的运算结果，所以运算速度较慢，而且位数越多，运算速度越慢。

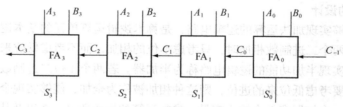

图 2-7 串行进位加法器

（3）并行进位加法器

并行进位加法器可以根据输入信号同时形成各位向高位的进位，而不必逐级传递进位信号，解决了串行进位加法器速度慢的问题，又被称为先行进位加法器、超前进位加法器。以 4 位二进制数 $A_3A_2A_1A_0$ 和 $B_3B_2B_1B_0$ 相加为例，各位相加时产生的进位表达式如下：

$$C_0 = P_0C_{-1} + G_0$$
$$C_1 = P_1C_0 + G_1 = P_1(P_0C_{-1} + G_0) + G_1 = P_1P_0C_{-1} + P_1G_0 + G_1$$
$$C_2 = P_2C_1 + G_2 = P_2(P_1P_0C_{-1} + P_1G_0 + G_1) + G_2 = P_2P_1P_0C_{-1} + P_2P_1G_0 + P_2G_1 + G_2$$
$$C_3 = P_3C_2 + G_3 = P_3(P_2P_1P_0C_{-1} + P_2P_1G_0 + P_2G_1 + G_2) + G_3$$
$$= P_3P_2P_1P_0C_{-1} + P_3P_2P_1G_0 + P_3P_2G_1 + P_3G_2 + G_3$$

由以上式子可以看出，采用代入法，将每个进位逻辑式中所包含的前一级进位消去后，各个全加器的进位信号只与最低位的进位信号有关，所以当输入两个加数及最低位的进位信号 C_{-1} 时，可同时并行产生进位信号 $C_0 \sim C_3$，而不必像串行进位加法器那样需逐级传递进位信号。在实际实现时，若采用纯并行进位结构，当参加运算的数据位数增多时，进位形成逻辑中的输入变量的数目也随之增加，这将会受到元器件输入系数的限制。因而，在数据位数较多的情况下，常采用分级、分组的进位链结构，如组内并行、组间串行或者组内并行、组间并行。

（4）分级、分组进位加法器

① 组内并行、组间串行的进位链。

该进位链结构是在数据位数较多的情况下，以 4 位为一个小组，每组内采用并行进位结构，小组与小组之间采用串行进位传递结构。以 $n=16$ 为例，原理图如图 2-8 所示。

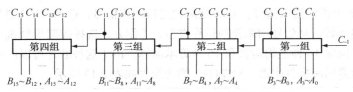

图 2-8　组内并行、组间串行进位加法器原理图

采用组内并行、组间串行的进位方式，虽然每个小组内部是并行的，但是对于高位小组来说，各进位信号的产生仍然依赖着低位小组的最高位进位信号的产生，所以存在着一定的等待时间。当位数较多时，组间进位信号的串行传递会带来较大的时间延迟。若将组间串行改为组间并行，则可以进一步提高运算速度。

② 组内并行、组间并行的进位链。

组内并行、组间并行的进位链结构中可将进位链划分为两级：组内的并行进位为第一级，用 $C_{15} \sim C_0$ 来表示；组间的并行进位为第二级，用 $C_{\mathrm{I}} \sim C_{\mathrm{N}}$ 表示。组内的并行进位逻辑与前面所讲的相同，只是下标序号相应地发生变化。各小组之间的进位信号是各组所产生的最高进位，如第一小组的最高进位 C_3 作为第二小组的初始进位被送入第二小组的最低进位信号端，该组间进位信号被记为 C_{I}，所以，

$$C_{\mathrm{I}} = C_3 = P_3 P_2 P_1 P_0 C_{-1} + P_3 P_2 P_1 G_0 + P_3 P_2 G_1 + P_3 G_2 + G_3$$

若令 $G_{\mathrm{I}} = P_3 P_2 P_1 G_0 + P_3 P_2 G_1 + P_3 G_2 + G_3$，$P_{\mathrm{I}} = P_3 P_2 P_1 P_0$ 分别为第一小组的进位产生函数和进位传递函数，则 $C_{\mathrm{I}} = P_{\mathrm{I}} C_{-1} + G_{\mathrm{I}}$，依此类推，可得到其余组间进位信号逻辑：

$$C_{\mathrm{I}} = P_{\mathrm{I}} C_{-1} + G_{\mathrm{I}}$$
$$C_{\mathrm{II}} = P_{\mathrm{II}} P_{\mathrm{I}} C_{-1} + P_{\mathrm{II}} G_{\mathrm{I}} + G_{\mathrm{II}}$$
$$C_{\mathrm{III}} = P_{\mathrm{III}} P_{\mathrm{II}} P_{\mathrm{I}} C_{-1} + P_{\mathrm{III}} P_{\mathrm{II}} G_{\mathrm{I}} + P_{\mathrm{III}} G_{\mathrm{II}} + G_{\mathrm{III}}$$
$$C_{\mathrm{IV}} = P_{\mathrm{IV}} P_{\mathrm{III}} P_{\mathrm{II}} P_{\mathrm{I}} C_{-1} + P_{\mathrm{IV}} P_{\mathrm{III}} P_{\mathrm{II}} G_{\mathrm{I}} + P_{\mathrm{IV}} P_{\mathrm{III}} G_{\mathrm{II}} + P_{\mathrm{IV}} G_{\mathrm{III}} + G_{\mathrm{IV}}$$

由上可知，各组间的进位信号可以同时产生，且能作为初始进位信号送至各组的最低进位输入端，因此各小组可以同时产生各组内的进位信号，从而大大提高运算速度。组内、组间并行进位加法器的原理图如图 2-9 所示。

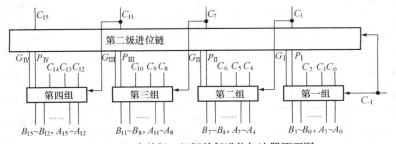

图 2-9　组内并行、组间并行进位加法器原理图

2.5.2 算术逻辑单元

算术逻辑运算单元 ALU 是利用集成电路技术，将若干个全加器、并行进位链及输入控制门几个部分集成在一块芯片上构成的，通过 ALU 既可以完成算术运算（如加、减），也可以完成逻辑运算（如"与"、"或"、"异或"等）。本小节以 SN74181 芯片（一种 4 位片的 ALU 芯片，即每块芯片上有一个 4 位全加器、4 位并行进位链及 4 个输入选择控制门）为例进行介绍。

SN74181 的芯片方框图如图 2-10 所示，其中 $A_3 \sim A_0$ 和 $B_3 \sim B_0$ 是操作数输入端，$F_3 \sim F_0$ 是结果输出端，$\overline{C_n}$ 是低位进位输入信号，$\overline{C_{n+4}}$ 是高位进位输出信号，G 和 P 分别为小组进位产生函数和小组进位传递函数，M 信号用来控制运算类型，工作方式选择控制信号 $S_0 \sim S_3$ 用来控制运算功能。SN74181 可完成 16 种逻辑运算和 16 种算术运算。由于这种芯片可以产生多种输出逻辑函数，所以也称之为通用函数发生器。SN74181 的功能表如表 2-13 所示。

 注意 　算术运算中数据用补码表示，表 2-13 中的"加"是指算术加，运算时要考虑进位，而符号"+"指的是"逻辑加"。

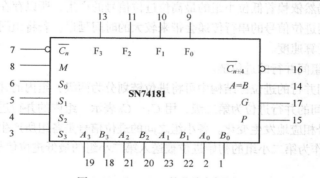

图 2-10　SN74181 的芯片方框图

表 2-13　　　　　　　　　　　　　　　　　SN74181 功能表

工作方式选择信号				逻辑运算	算术运算
S_3	S_2	S_1	S_0	$M=1$	$M=0$
0	0	0	0	$\overline{A}$	A
0	0	0	1	$\overline{A+B}$	$A+B$
0	0	1	0	$\overline{A}B$	$A+\overline{B}$
0	0	1	1	逻辑0	减1
0	1	0	0	$\overline{AB}$	A 加 $A\overline{B}$
0	1	0	1	$\overline{B}$	$(A+B)$ 加 $A\overline{B}$
0	1	1	0	$A \oplus B$	A 减 B 减 1
0	1	1	1	$A\overline{B}$	$A\overline{B}$ 减 1
1	0	0	0	$\overline{A}+B$	A 加 AB
1	0	0	1	$\overline{A \oplus B}$	A 加 B
1	0	1	0	B	AB 加 $(A+\overline{B})$
1	0	1	1	AB	AB 减 1

续表

工作方式选择信号				逻辑运算 $M=1$	算术运算 $M=0$
S_3	S_2	S_1	S_0		
1	1	0	0	逻辑 1	A 加 A
1	1	0	1	$A+\overline{B}$	$(A+B)$ 加 A
1	1	1	0	$A+B$	$(A+\overline{B})$ 加 A
1	1	1	1	A	A 减 1

利用数片 ALU 芯片和并行进位链处理芯片（如 SN74182），就可构成多位的 ALU 运算部件。因为每片 SN74181 芯片可以处理 4 位数据的运算，所以可以将其作为一个 4 位的小组，利用前面所讲的组内并行、组间串行或并行来构造更多位的 ALU 部件。例如，用 4 片 SN74181 芯片可构造 16 位 ALU 部件。图 2-11 所示为组间串行的 16 位 ALU 部件示意图，图 2-12 所示为组间并行的 16 位 ALU 部件示意图。采用组间并行方式时，需要 SN74182 芯片，该芯片是一个产生并行进位信号的部件，与 SN74181 配套使用。SN74182 芯片的作用是作为第二级并行进位系统，它并行输出的三个进位信号 C_3、C_7、C_{11} 分别作为高位 SN74181 芯片的进位输入信号。

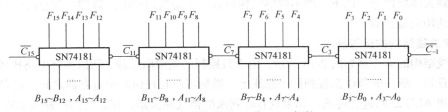

图 2-11　组间串行的 16 位 ALU 部件

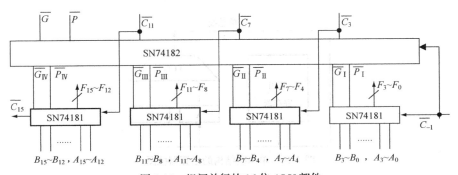

图 2-12　组间并行的 16 位 ALU 部件

2.5.3　定点运算器

运算器中主要包括算术逻辑运算部件 ALU、阵列乘除器、寄存器、多路开关、三态缓冲器及数据总线等逻辑部件，它的设计主要是围绕着 ALU 和寄存器与数据总线之间如何传送操作数和运算结果进行的。在决定设计方案时，需要考虑数据传送的方便性和操作速度，此外，还要考虑在硅片上制作总线的工艺。

基本的运算部件由 3 部分构成：输入逻辑、算术逻辑运算部件 ALU 及输出逻辑，结构示意图如图 2-13 所示。其中，ALU 是运算部件的核心，完成具体的运算操作，其核心是加法器；输入逻辑从各种寄存器中或 CPU 内部数据线上选择两个操作数，将它们送入 ALU 部件中进行运算，该逻辑可以是选择器或暂存器；输出逻辑将运算结果送往接收部件，运算结果可以被直接传送，或是经过移位后再传送，因而输出逻辑中设有移位器，可实现数据的左移、右移或字节交换。

图 2-13　基本运算部件结构

运算器大体可以分为以下三种不同的结构形式：单总线结构的运算器、双总线结构的运算器及三总线结构的运算器。

1. 单总线结构的运算器

单总线结构的运算器如图 2-14 所示，由于只控制一条单向总线，所以控制电路比较简单。由结构图可看到，所有的部件都接到同一总线上，数据可以在任何两个寄存器之间，或者在任意一个寄存器和 ALU 之间进行传送。如果具有阵列乘法器或除法器，那么它们所处的位置应与 ALU 相当。

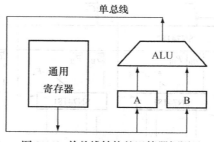

图 2-14　单总线结构的运算器框图

在这种结构的运算器中，同一时间内只能有一个操作数被送入单总线，因而，要把两个操作数输入 ALU，就需要有 A、B 两个缓冲寄存器分两次传送。在执行加法操作时，第一个操作数先被放入缓冲寄存器 A 中，再把第二个操作数放入缓冲寄存器 B 中，只有两个操作数都同时出现在 ALU 的两个输入端时，才会开始执行加法运算，运算后的结果再通过单总线被送至目的寄存器，所以该结构的操作速度较慢。虽然在这种结构中输入数据和操作结果需要三次串行的选通操作，但它并不会对每种指令都增加很多执行时间。只有在对全都是 CPU 寄存器中的两个操作数进行操作时，单总线结构的运算器才会造成一定的时间损失。

单总线的运算器的优点在于只需要一条控制线路，电路结构简单，操作简单；但是由于操作数和结果的传送共用一条总线，所以需要缓冲器和一定的延迟。

2. 双总线结构的运算器

双总线结构的运算器如图 2-15 所示，有两条总线，或者说总线是双向的。在这种结构中，两个操作数可以同时被两条总线送到 ALU 的输入端进行运算，只需一次操作控制即可。运算结束后，将结果存入暂存器中。由于两条总线都被输入操作数占据，所以 ALU 的输出结果不能直接送至总线，因而必须在 ALU 输出端设置暂存器，然后将暂存器中的运算结果通过两条总线中的一条送至目的寄存器中。

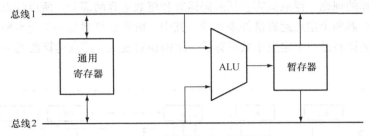

图 2-15　双总线结构的运算器框图

该结构中的操作分如下两步完成。

① 在 ALU 的两个输入端输入操作数，得到运算结果并将其送入暂存器中。

② 把结果送至目的寄存器。如果在两条总线和 ALU 的输入端之间各加一个输入缓冲寄存器，将两个要参加运算的操作数先放至这两个缓冲寄存器，那么 ALU 运算后的结果就可以直接被送至总线 1 或总线 2，而无须在输出端加暂存器。

双总线的运算器具有以下特点。

优点：由于两组特殊寄存器的存在，可以分别与两条总线进行数据交换，所以使得数据的传送更为灵活。

缺点：由于操作数占据了两条总线，为了能使运算结果直接输出到总线上，需要添加暂存逻辑，这会增加成本。

3. 三总线结构的运算器

三总线结构的运算器如图 2-16 所示。在三总线结构中，要送至 ALU 两个输入端的操作数分别由总线 1 和总线 2 提供，ALU 的输出则与总线 3 相连，在同一时刻，两个参加运算的操作数和运算结果可以被同时（运算结束时）放置在这 3 条不同的总线上，所以运算速度快。

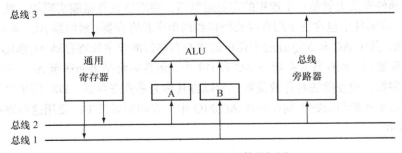

图 2-16　三总线结构的运算器框图

由于 ALU 本身有时间延迟，所以打入输出结果的选通脉冲必须考虑到该延迟。另外，如果一个不需要修改的操作数（不需要 ALU 操作）要直接从总线 2 传送到总线 3，那么可以通过控制总线旁路器直接将数据传出；如果该操作数传送时需要修改，那么就要被送至 ALU 部件。

三总线结构的运算器运算速度快，成本也是这三种结构中最高的。

2.5.4 浮点运算器

根据计算机进行浮点运算的频繁程度以及对运算速度的要求，可以通过软件实现、设置浮点运算选件、设置浮点流水运算部件或使用一套运算器等方法来实现浮点运算。下面给出浮点运算器的一般结构。

根据浮点运算的规则，浮点运算包括阶码运算和尾数运算两部分，所以浮点运算器可由阶码运算器和尾数运算器两个定点运算部件来实现。其中，阶码运算器是一个定点整数运算器，结构相对简单；尾数运算器是一个定点小数运算器，结构相对复杂。浮点运算器的一般结构如图 2-17 所示。

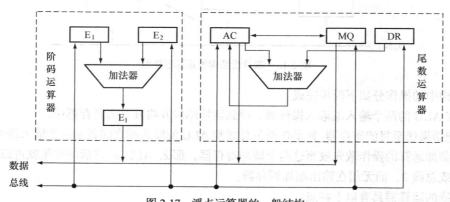

图 2-17 浮点运算器的一般结构

阶码运算部件可以完成阶码的相加、相减及比较操作，包含暂存两个操作数阶码的寄存器 E_1 和 E_2，以及存放运算结果阶码的逻辑部件 E，E 中还包括判断逻辑。两个操作数的阶码分别被放在寄存器 E_1 和 E_2 中，它们与并行加法器相连以便计算。浮点运算中的阶码比较可通过 E_1-E_2 来实现，并将相减的结果放入 E 中，可根据 E 中所存放的阶差来控制有关尾数的右移，完成对阶。也就是说，在尾数相加或相减之前要进行对阶，需要将一个尾数进行移位，这是由 E 来控制的，E 的值每减一次 1，相应的尾数右移 1 位，直至减到 "0"。当尾数移位结束时，就可按通常的定点运算的方法进行处理。运算结果的阶码值仍存放在计数器 E 中。

尾数运算部件实质上就是一个通用的定点运算器，要求该运算器能实现加、减、乘、除四种基本算术运算。该部件中包含三个用来存放操作数的单字长寄存器：累加器 AC、乘商寄存器 MQ、数据寄存器 DR，其中 AC 和 MQ 连起来还可组成左右移位的双字长寄存器 AC||MQ。并行加法器可用来加工处理数据，操作数先存放在 AC 和 DR 中，运算后将结果回送至 AC。乘商寄存器 MQ 在乘法时存放乘数，而在除法时存放商数，所以将其称为乘商寄存器。DR 用来存放被乘数或除数，而结果（乘积或商与余数）则存放在 AC||MQ 中。在四则运算中，使用这些寄存器的典型方法如表 2-14 所示。

表 2-14　　　　　　　　　　　　　　寄存器的典型方法

运算类别	寄存器关系
加法	AC + DR→AC
减法	AC − DR→AC

续表

运算类别	寄存器关系
乘法	$DR \times MQ \rightarrow AC - MQ$
除法	$AC \div DR \rightarrow AC - MQ$

Intel Pentium CPU 中，浮点运算部件采用流水线设计，将浮点运算器包含在芯片内。指令执行过程分为 8 段流水线。前 4 段为指令预取（DF）、指令译码（D1）、地址生成（D2）、取操作数（EX），在 U、V 流水线中完成；后 4 段为执行 1（X1）、执行 2（X2）、结果写回寄存器堆（WF）、错误报告（ER），在浮点运算器中完成。一般情况下，由 V 流水线完成一条浮点操作指令。浮点部件内有浮点专用的加法器、乘法器和除法器，有 8 个 80 位寄存器组成的寄存器堆，内部的数据总线为 80 位宽。因此，浮点部件可支持 IEEE754 标准的单精度和双精度格式的浮点数。另外，还使用一种称为临时实数的 80 位浮点数。对于浮点的取数、加法、乘法等操作，采用了新的算法并用硬件来实现，其执行速度是 80486 的 10 倍多。

2.6　本章小结

运算器是数据信息在计算机系统中加工和处理的场所。理解运算器的工作原理是深入学习计算机系统结构和组成的关键。本章首先详细介绍了数据在计算机中的表示形式，然后深入分析了定点数的四则运算规则、溢出判断方法和移位操作，还介绍了浮点数四则运算规则，之后按"加法器→算术逻辑单元 ALU→运算器"设计思路，揭示了运算器芯片的设计过程。通过本章的学习，希望读者能掌握定点数和浮点数的表示方式，掌握源码、反码和补码的转换方法，掌握定点数补码加减、一位乘、一位除和移位操作的运算规则，掌握溢出判断方法，理解全加器、进位链和 ALU 的设计方法。

习　题　2

1.　单项选择题

（1）（2000）$_{10}$ 化成十六进制数是（　　　）。

　　A.（7CD）$_{16}$ 　　　　　　　　　　B.（7D0）$_{16}$

　　C.（7E0）$_{16}$ 　　　　　　　　　　D.（7FO）$_{16}$

（2）在小型或微型计算机里，普遍采用的字符编码是（　　　）。

　　A. BCD 码　　　　B. 十六进制　　　C. 格雷码　　　　D. ASCII 码

（3）在机器数（　　　）中，零的表示形式是唯一的。

　　A. 原码　　　　　B. 反码　　　　　C. 移码　　　　　D. 补码

（4）若某数 x 的真值为 -0.1010，在计算机中该数表示为 1.0110，则该数所用的编码方法是（　　）码。

　　A. 原　　　　　　B. 补　　　　　　C. 反　　　　　　D. 移

（5）根据国标规定，每个汉字在计算机内占用（　　　）存储。

　　　　A. 1 个字节　　　　B. 2 个字节　　　　　　C. 3 个字节　　　　　　D. 4 个字节

（6）设 X= -0.1011，则[X]$_补$为（　　）。

　　　　A. 1.1011　　　　B. 1.0100　　　　　　C. 1.0101　　　　　　D. 1.1001

（7）某机字长 32 位。其中 1 位符号位，31 位表示尾数。若用定点整数表示，则最大正整数为（　　）。

　　　　A. +(2^{31}-1)　　B. +(2^{30}-1)　　　　C. +(2^{31}+1)　　　　D. +(2^{30}+1)

（8）设寄存器位数为 8 位，机器数采用补码形式（含一位符号位）。对应于十进制数-27，寄存器内为（　　）。

　　　　A. 27H　　　　B. 9BH　　　　　　C. E5H　　　　　　D. 5AH

（9）假设下列字符码中有奇偶校验位，但没有数据错误，则（　　）是采用偶校验位的字符码。

　　　　A. 11001011　　B. 11010110　　　　C. 11000001　　　　D. 11001001

（10）长度相同但格式不同的 2 种浮点数，假设前者阶码长、尾数短，后者阶码短、尾数长，其他规定均相同，则它们可表示的数的范围和精度为（　　）。

　　　　A. 两者可表示的数的范围和精度相同

　　　　B. 前者可表示的数的范围大但精度低

　　　　C. 后者可表示的数的范围大且精度高

　　　　D. 前者可表示的数的范围大且精度高

（11）如果浮点数用补码表示，则（　　）的运算结果是规格化数。

　　　　A. 1.11000　　　　B. 0.01110　　　　C. 1.00010　　　　D. 0.01010

（12）若浮点数用补码表示，则判断运算结果是否为规格化数的方法是（　　）。

　　　　A. 阶符与数符相同为规格化数

　　　　B. 阶符与数符相异为规格化数

　　　　C. 数符与尾数小数点后第一位数字相异为规格化数

　　　　D. 数符与尾数小数点后第一位数字相同为规格化数

（13）在定点二进制运算器中，减法运算一般通过（　　）来实现。

　　　　A. 原码运算的二进制减法器　　　　　　　B. 补码运算的二进制减法器

　　　　C. 补码运算的十进制加法器　　　　　　　D. 补码运算的二进制加法器

（14）运算器的主要功能除了进行算术运算之外，还能进行（　　）。

　　　　A. 初等函数运算　　　　　　　　　　　　B. 逻辑运算

　　　　C. 对错判断　　　　　　　　　　　　　　D. 浮点运算

（15）运算器的核心部分是（　　）。

　　　　A. 数据总线　　　　　　　　　　　　　　B. 多路开关

　　　　C. 算术逻辑运算单元　　　　　　　　　　D. 累加寄存器

2. 判断题

要求：如果正确，请在题后括号中打"√"，否则打"×"。

（1）若 X= -1101，则八位字长的补码为[X]$_补$=10000011。　　　　　　　　　　　　（　　）

（2）两个同号数相减或两个异号数相加不可能发生溢出。　　　　　　　　　　　　（　　）

（3）串行进位加法器实现加法运算时，参加运算的位数越多，运算速度越慢。　　（　　）

（4）浮点数加减运算对阶时，以小的阶码为准，调整大的阶码直到二者相等。　　（　　）

（5）浮点运算器是由两个定点整数运算器来实现的。　　　　　　　　　　（　　）

3. 阐述题

（1）已知某定点数字长为 16 位（含一位符号位），原码表示，试写出下列典型值的二进制代码及十进制真值。

① 非零的最小正整数　　　　　　② 最大正整数
③ 绝对值最小的负整数　　　　　④ 绝对值最大的负整数
⑤ 非零的最小正小数　　　　　　⑥ 最大正小数
⑦ 绝对值最小的负小数　　　　　⑧ 绝对值最大的负小数

（2）试用变形补码对下列数值进行加、减运算，并指出是否有溢出发生。

① $[X]_补=0.11001$，$[Y]_补=0.10101$

② $[X]_补=0.11001$，$[Y]_补=1.10101$

③ $[X]_补=1.11001$，$[Y]_补=0.10101$

④ $[X]_补=1.1001$，$[Y]_补=1.0100$

（3）采用分级分组并行进位链结构，试用 SN74181 和 SN74182 芯片构造一个 64 位的 ALU 单元。

第3章
寻址方式与指令系统

总体要求

- 了解指令系统的设计原则与步骤
- 掌握指令格式和指令字长的设计方法
- 掌握指令地址的简化方法
- 掌握操作码的扩展方法
- 掌握指令和操作数的寻址方式
- 了解指令的功能及类型
- 了解指令系统的两种不同改进方案——CISC 和 RISC

相关结识点

- 熟悉计算机的硬件系统
- 熟悉计算机的软件系统
- 熟悉计算机程序设计和运行机制

学习重点

- 指令字长的设计、指令地址的简化、操作码的扩展
- 指令和操作数的寻址方式

通过程序，计算机可以完成各种工作。程序是由一系列的指令构成的。指令，顾名思义，就是人指示给计算机硬件执行诸如加、减、移位等基本操作的命令。它是程序可执行形态的基本单元，由一组二进制代码表示。所谓指令系统，就是一台计算机所能执行的各种不同类型指令的总和，即一台计算机所能执行的全部操作。指令系统是表征一台计算机性能的重要因素。每一条指令的格式与功能不仅直接影响到机器的硬件结构，而且直接影响到系统软件，影响到机器的适用范围。因此，指令系统是软件和硬件的主要界面，是计算机系统结构的核心属性。本章主要介绍指令系统的有关知识。

3.1 指令格式与指令系统设计

3.1.1 指令格式

指令就是要计算机执行某种操作的命令，由操作码和地址码两部分构成。指令的基本格式如下。

OP	Addr
操作码字段	地址码字段

其中，操作码说明操作的性质及功能，地址码描述该指令的操作对象，由地址码可以给出操作数或操作数的地址，及操作结果的存放地址。指令中的基本信息如下。

1. 操作码

指令系统的每一条指令都有一个操作码，用来表示该指令应进行什么性质的操作，如加、减、移位、传送等。操作码的不同编码表示不同的指令，即每一种编码代表一种指令。组成操作码字段的位数一般取决于计算机指令系统的规模。操作码的位数越多，所能够表示的操作种类就越多。例如，若操作码有 3 位，则指令系统最多包括 8 条指令；若操作码有 5 位，则指令系统中的指令可达 32 条。

2. 操作数或操作数地址

操作数即参与运算的数据。少数情况下，在指令中会直接给出操作数，但是大部分情况下，指令中只给出操作数的存放地址，如寄存器号或主存单元的地址码。一般地，将内容不随指令执行而变化的操作数称为源操作数，内容随执行指令而改变的操作数称为目的操作数。

3. 结果存放地址

当操作结束时，用来存放运算结果的地址，如存放在某个寄存器中或主存中的某个单元中。

4. 后继指令地址

程序是由一系列的指令构成的，当其中的一条指令（现行指令）执行后，为了使程序能够连续运行，指令中需要给出下一条指令（后继指令）存放的地址。将存放后继指令的主存储器单元的地址码称作后继指令地址。

大多数情况下，程序是按顺序执行的，所以可在硬件上设置一个专门存放现行指令地址的程序计数器 PC，每取出一条指令时，PC 自动增值，指向后继指令的地址。如现行指令占 1 个字节的存储单元，则取出现行指令后，PC 的内容加 "1"，即指向后继指令的地址；若现行指令占 n 个字节的存储单元，则取出现行指令后，PC 的内容加 "n"，便可以使 PC 指向后继指令的地址。

后继指令地址是一种隐含地址，是隐含约定由 PC 提供的，在指令代码中不会出现，因此可以有效地缩短指令的长度，而且可以根据结果灵活转移。将这种以隐含方式约定、在指令中不出现的地址称为隐地址，指令代码中明显给出的地址称为显地址。使用隐地址可以减少指令中显地址的数目，缩短指令长度。

3.1.2　指令字长

指令字长是指一条指令中所包含的二进制代码的位数。由于指令长度=操作码的长度+地址码的长度，所以各指令字长会因为操作码的长度、操作数地址的长度及地址数目的不同而不同。

指令字的位数越多，所能表示的操作信息及地址信息就越多，指令功能就越丰富。但是指令位数增多时，存放指令所需的存储空间就越多，读取指令时所花费的时间也会越长。此外，指令越复杂，相应地，执行时间也就越长。若指令字长固定不变，则格式简单，读取执行时所需的时间会较短。因此，对指令字长有两种不同的设计方法：定字长指令和变字长指令。

1. 定字长指令

定字长指令结构中的各种指令字长度均相同，且指令字长度不变。采用定字长格式的指令执行速度快，结构简单，便于控制。

为了获得更快的执行速度，出现了一个非常重要的发展趋势，即采取精简指令系统 RISC，相应地采用固定字长指令。逐渐成熟的精简指令系统技术被广泛地应用于工作站一类的高档微机，或者采用众多的 RISC 处理器构成大规模并行处理阵列，而且 RISC 技术的发展对 PC 机的发展也产生了重大影响。

2. 变字长指令

变字长指令结构中，各种指令字长度随指令功能而异，"需长则长，能短则短"，结构灵活，能充分利用指令长度，但指令的控制较为复杂。

由于主存储器一般按字节编址（以字节为基本单位），所以指令字长通常设计为字节的整数倍，例如 PC 机的指令系统中，指令长度有单字节、双字节、三字节、四字节等。若采用短指令，可以节省存储空间，提高取指令的速度，但有很大的局限性；若采用长指令，可以扩大寻址范围或者带几个操作数，但是存在占用地址多、取指令时间相对较长的问题。若考虑将二者在同一机器中混合使用，则可以取其长处，给指令系统带来很大的灵活性。

为了便于处理，一般将操作码放在指令字的第一个字节，当读出操作码后，马上就可以判定该指令是双操作数指令还是单操作数指令，或是零地址指令，从而确定该指令还有几个字节需要读取。

例如，Intel Pentium II 的指令最多可有 6 个变长域，其中 5 个是可选的，指令格式如图 3-1 所示，各字段说明如下。

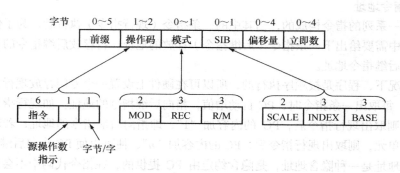

图 3-1　Pentium II 指令格式

① 前缀字段：是一个额外的操作码，附加在指令的前面，用于扩展指令的功能，例如用来指示指令重复执行，以实现串操作。

② 操作码字段：操作码的最低位用于指示操作数是字节还是字，次低位用于指示主存地址是源地址还是目的地址（如果需要访问主存的话）。

③ 模式字段：该字段包括了与操作数有关的信息，分为 3 个子字段：一个 2 位的 MOD 字段和两个 3 位的寄存器字段 REG 和 R/M。Pentium II 指令系统规定操作数中必须有一个是在寄存器中，REG 则指定一个操作数所在的寄存器，MOD 与 R/M 的组合决定另一个操作数的寻址方式。若 MOD=11，则由 R/M 指定另一个操作数所在的寄存器；若 MOD≠11，则另一个操作数在主存中，R/M 定义这个操作数的寻址方式。

④ 额外模式 SIB 字段：当 MOD≠11 时，需要 SIB 参与决定寻址方式。SIB 字节分为 3 个子字段，其中 SCALE 字段 2 位，指出变址寄存器的比例因子；INDEX 字段 3 位，指出变址寄存器；BASE 字段 3 位，指出基址寄存器。当出现 SIB 字节时，操作数的地址按照以下方法进行计算：先用变址寄存器（INDEX）的内容乘上 1、2、4 或 8（由比例因子决定），再加上基址寄存器（BASE）

的内容，最后根据 MOD 字节决定是否要加偏移量（8 位或 32 位）。

⑤ 偏移量：又称位移量，主存通常采用分页或分段管理，每页（段）内存都有一个起始地址，偏移量用来定义将要访问的目标地址单元相对这个起始地址的位置。

⑥ 立即数：又称常量，它直接指定操作数的值，因此不需要到寄存器或主存中寻找操作数。

3.1.3 指令的地址码

指令中的地址码字段包括操作数的地址和操作结果的地址。在大多数指令中，地址信息所占的位数最多，所以地址结构是指令格式中的一个重要问题。由指令格式可知，对于常规的双操作数运算来说，指令中应该包括 4 个地址：两个操作数的地址、存放结果的地址及后继指令地址。明显可看出，这种四地址结构的指令所需的位数太多，采用隐地址以减少指令中显地址的数目，即简化地址结构。按照指令中的显地址的数目，可以将指令分为三地址指令、二地址指令、一地址指令及零地址指令。指令中给出的各地址 A_i 可能是寄存器号，也可能是主存储器单元的地址码，(A_i) 表示 A_i 中的内容，(PC) 表示 PC 中的内容。

1. 三地址指令格式

指令格式如下：

OP	A1	A2	A3
操作码	操作数 1 地址	操作数 2 地址	结果存放地址

指令功能：(A1) OP (A2)→A3

         (PC) + n→PC

功能描述：3 个地址均由指令给出，指令要求分别按 A1 和 A2 地址读取操作数，按照操作码 OP 进行有关的运算操作，然后将运算结果存入 A3 地址所指定的寄存器或主存单元中；现行指令读取后，PC 的内容加 n，使 PC 指向后继指令地址。

例如，要完成"加"操作(X) + (Y)→Z，使用三地址指令时，可使用下面指令：

$$\text{ADD} \quad X, \quad Y, \quad Z;$$

当从寄存器或是存储单元读取指令或数据后，原来存放的内容并没有丢失，除非有新的内容写入寄存器或是存储单元。所以在三地址指令执行之后，存放在 A1 和 A2 中的原操作数还可以被再次使用；该指令也可以被再次调用。

2. 二地址指令格式

指令格式如下：

OP	A1	A2
操作码	目的操作数地址	源操作数地址

指令功能：(A1) OP (A2)→A1

         (PC) + n→PC

功能描述：指令要求分别按 A1 和 A2 地址读取操作数，按照操作码 OP 进行有关的运算操作，然后将运算结果存入 A1 中替代原来的操作数；现行指令读取后，PC 的内容加 n，使 PC 指向后继指令地址。

　　运算后，由 A2 提供的操作数仍然保留在原处，称 A2 为源操作数地址；由 A1 提供的操作数被运算结果替代，即 A1 成为存放运算结果的地址，被称为目的操作数地址。采用这一隐含约定，三地址指令中存放结果的地址被简化，减少了指令中显地址的数目。

　　例如，要完成"加"操作(X) + (Y)→Z，使用二地址指令时，可使用下面指令：

$$ADD \quad X, \quad Y;$$
$$MOV \quad Z, \quad X;$$

3. 一地址指令格式

指令格式如下：

OP	A
操作码	地址码

　　一地址指令中只给出了一个操作数地址 A，所以需要根据操作码的含义确定其具体形态。一地址指令有两种常见的形态：只有目的操作数的单操作数指令和隐含约定目的地址的双操作数指令。

　　（1）只有目的操作数的单操作数指令

　　所谓单操作数指令，是指指令中只需要一个操作数，如加 1、减 1、求反、求补等操作。对于单操作数指令，按地址 A 读取操作数，进行操作码 OP 指定的操作，将运算结果存回原地址。

　　指令功能：OP (A)→A

　　　　　　　(PC) + n→PC

　　（2）隐含约定目的地址的双操作数指令

　　因为指令中只给出了一个操作数地址 A，对于双操作数指令来说，另一个操作数则采用"隐含"方式给出。若操作码含义为加、减、乘、除之类，则说明该指令是双操作数，按指令给出的源操作数地址读取源操作数，目的操作数隐含在累加寄存器 AC 中，运算后的结果存放在 AC 中，替代 AC 中原来的内容。累加寄存器 AC 通常简称为累加器，其功能是当运算器的算术逻辑单元 ALU 执行算术或逻辑运算时，为 ALU 提供一个工作区，暂时存放 ALU 运算的结果信息。

　　指令功能：(A) OP (AC)→AC

　　　　　　　(PC) + n→PC

　　例如，要完成"加"操作(X) + (Y)→Z，使用一地址指令时，可使用下面指令：

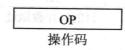

$$LDA \quad X;$$
$$ADD \quad Y;$$
$$STA \quad Z;$$

4. 零地址指令格式

指令格式如下：

OP
操作码

　　零地址指令中，只有操作码，而没有显地址。可能使用零地址指令的情况有以下 3 种。

　　（1）不需要操作数的指令

　　不需要操作数的指令如停机指令和空操作指令。执行空操作指令的目的是消耗时间以达到延时的目的，本身并没有实质性的运算操作，所以不需要操作数。

（2）单操作数指令

对于单操作数指令，采用零地址指令格式时，可以隐含约定操作数在累加器 AC 中，即对累加器 AC 的内容进行操作。

指令功能：OP (AC) → AC

（3）双操作数指令

对于双操作数指令，可将操作数事先存放在堆栈中，由堆栈指针 SP 隐含指出。由于堆栈是一种按照"先进后出"的顺序进行存取的存储组织，所以每次存取的对象都是栈顶单元的数据，因此这种指令只对栈顶单元中的数据进行操作，运算结果仍然存回堆栈中。

例如，要完成"加"操作(X) + (Y)→Z，使用零地址指令时，可使用下面指令：

$$PUSH \quad X;$$

$$PUSH \quad Y;$$

$$ADD \quad ;$$

$$POP \quad Z;$$

通过以上各指令的分析可以看出，采用隐地址可以减少显地址的个数，简化指令的地址结构。一般来说，指令中的显地址数目较多，则指令的字长较长，所需存储空间较大，读取时间较长，但是使用较为灵活；反之，若指令中的显地址数目较少，采用隐地址，则指令的字长较短，所需存储空间较小，读取时间较短，但是使用隐地址的方式对地址选择有一定的限制，所以说二者各有利弊，设计者往往采用折中的办法。

3.1.4　指令的操作码

机器执行什么样的操作由操作码来指示。目前，在指令操作码设计上主要有定长操作码、变长操作码、单功能型操作码或复合型操作码。

1. 定长操作码、变长指令码

这种设计操作码的长度及位置固定，集中放在指令字的第一个字段中，指令的其余字段均为地址码。该格式常用于指令字较长，或是采用可变长指令格式的情况，如 PC 系列机中。一般 n 位操作码的指令系统最多可以表示 2^n 条指令，如操作码的长度为 8 位，则可以表示 256 种不同的操作。

由于操作码的位数及位置固定，对于指令的读取和识别较为方便。因为所读取的指令代码的第一个字段即操作码，所以可以判断出该指令的类型及相应的地址信息组织方法。又由于不同的操作码涉及的地址码的个数不同，采用这种格式的指令，可以使指令的长度随着操作码的不同而变化。如加、减指令可以有三个地址码（两个操作数地址和结果存放地址），传送指令有两个地址码（源地址和目的地址），加 1 指令只需一个地址（操作数的地址），返回指令不涉及操作数，所以没有地址码。

采用定长操作码、变长指令码方式的指令操作码字段规整，有利于简化操作码译码器的设计。因为字长较长的机器不是十分在意每位二进制的编码效率，所以广泛被用于指令字长较长的大、中、超小型机中。精简指令系统计算机 RISC 中的指令较少，相应地，所需的操作码也较少，因而也常用定长操作码的指令。

2. 变长操作码、定长指令码

变长操作码、定长指令码是一种操作码长度不定，但指令字长固定的设计方法。这种方式可以在指令字长有限的前提下仍然保持较丰富的指令种类。由于不同的指令需要的操作码位数不同，所以为了有效利用指令中的每一位二进制位，可采用扩展操作码的方法，即操作码和地址码的位数不固定，操作码的位数随着地址码位数的减少而增加。采用该方法时，在指令字长一定时，对于地址数少的指令可以允许操作码长些，对于地址数多的指令可以允许操作码短些。

【例 3-1】 设某机器指令长度为 16 位，包括 1 个操作码字段和 3 个地址码字段，每个字段长度均为 4 位，格式如图 3-2 所示。现在要求扩展为 15 条三地址指令、15 条二地址指令、15 条一地址指令及 16 条零地址指令。试给出扩展操作码的方案。

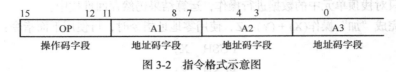

图 3-2　指令格式示意图

解： 4 位操作码有 2^4=16 种组合（0000—1111），如果全部用来表示三地址的指令，只能表示 16 条不同的指令。若只取其中的 15 条指令（操作码为 0000—1110）作为三地址指令，则可以将剩下的一组编码（1111）作为扩展标志，把操作码扩展到 A1，即操作码从 4 位扩展为 8 位（11110000—11111111），可表示 16 条二地址指令。同理，若只取其中的 15 条指令（操作码为 11110000—11111110）作为二地址指令，则可以将剩下的一组编码（11111111）作为扩展标志，把操作码扩展到 A2，即操作码扩展为 12 位，又可表示 16 条一地址指令。采用同样的方法继续向下扩展，即可得到 16 条零地址指令。该扩展方案的示意图如图 3-3 所示。

15　　　12	11　　　8	7　　　4	3　　　0	
OP	A1	A2	A3	
0　0　0　0	A1	A2	A3	
...	...	...	...	15 条三地址指令
1　1　1　0	A1	A2	A3	
1　1　1　1	0　0　0　0	A2	A3	
...	...	...	...	15 条二地址指令
1　1　1　1	1　1　1　0	A2	A3	
1　1　1　1	1　1　1　1	0　0　0　0	A3	
...	...	...	...	15 条一地址指令
1　1　1　1	1　1　1　1	1　1　1　0	A3	
1　1　1　1	1　1　1　1	1　1　1　1	0　0　0　0	
...	...	...	...	16 条零地址指令
1　1　1　1	1　1　1　1	1　1　1　1	1　1　1　1	

图 3-3　扩展方案的示意图

除了以上扩展方法之外，还可以有很多的扩展方法，如形成 14 条三地址指令、30 条二地址指令、31 条一地址指令及 16 条零地址指令等。实际设计指令系统的时候，应该根据各类指令的条数采用更为灵活的扩展方式。

使用操作码扩展技术的另一种考虑是霍夫曼原理，根据在程序中出现的概率大小来分配操作码，即出现概率大的指令（也就是使用频率高的指令）分配较短的操作码，而出现概率小的指令（也就是使用频率低的指令）分配较长的操作码，以此来减少操作码在程序中的总位数。所以说，操作码扩展技术是一种重要的指令优化技术，可以缩短指令的平均长度，且增加指令字表示的操作信息，广泛应用于指令字长较短的微、小型机中。

3. 单功能型或复合型操作码

多数指令常采用单功能型操作码，即操作码只表示一种操作含义，以便能够快速地识别操作码并执行操作。有的计算机指令字长有限、指令的数量也有限，为了使一条指令能够表示更多的操作信息，常采用复合型的操作码，也就是说将操作码分为几个部分，表示多种操作含义，使操作的含义比较丰富。

3.1.5　指令系统设计

指令系统的设计是计算机系统结构设计的首要任务。计算机所有硬件的结构与组成的设计都是围绕指令系统展开的，以实现指令系统为目的。

1. 指令系统的设计原则

一个合理而有效的指令系统，对于提高机器的性价比有很大影响。在设计指令系统时，应特别注意如何支持编译系统能高效简易地将源程序翻译成目标程序。为达到这一目的，应遵循以下原则。

① 完备性：指任何运算都可以通过指令编程实现，要求所设计的指令系统要指令丰富、功能齐全、使用方便，具有所有的基本指令。

② 正交性：又称为分离原则或互不相干原则，即指令中表示不同含义的各字段，如操作类型、寻址方式、数据类型等，在编码时应互相独立、互不相关。

③ 有效性：指用这些指令编写的程序运行效率高、占用空间小、执行速度快。

④ 规整性：就是指令系统应具有对称性、适应性、指令与数据格式的一致性。其中，对称性要求指令要将所有寄存器和存储单元同等对待，使任何指令都可以使用所有的寻址方式，减少特殊操作和例外情况；适应性要求一种操作可以支持多种数据类型，如字节、字、双字、十进制数、浮点数等；指令与数据格式的一致性要求指令长度与机器字长和数据长度有一定的关系，便于指令和数据的存取及处理。

⑤ 兼容性：为满足软件兼容的要求，系列机的各种机型之间应该具有基本相同的指令集，即指令系统应该具有一定的兼容性，至少要做到向后兼容。

⑥ 可扩展性：一般来讲，后推出的机型中总要添加一些新的指令，所以要保留一定余量的操作码空间，以便日后进行扩展所用。

2. 指令系统的设计步骤

设计一个全新的指令系统，可根据以下基本步骤完成。

① 根据应用，初步拟出指令的分类和具体的指令，确定这些指令的功能、基本格式和字长；

② 规定指令操作码和地址码的格式，也就是用二进制数来表示每一条指令，并定义各二进制位的具体意义；

③ 确定操作数的类型（数据表示）和获取操作数的方法（寻址方式）；

④ 试编出用该指令系统设计的各种高级语言的编译程序；

⑤ 用各种算法编写大量测试程序进行模拟测试，看各指令效能是否达到要求。

⑥ 将程序中高频出现的指令串复合改成一条新指令，即用硬件实现；而将频度很低的指令取消，其操作改成用基本的指令组成的指令串来完成，即用软件实现。

⑦ 重复②～⑥步，直至指令系统的效能达到要求为止。

3.2 指令和数据的寻址方式

所谓寻址方式，是指寻找指令或是操作数的有效地址的方式，它是指令系统设计的重要内容。从计算机硬件设计者的角度来看，它与计算机硬件结构密切相关；从程序员角度来看，它不但与汇编语言程序设计有关，而且与高级语言的编译程序也有密切联系。因为存储器可以用来存放数据，也可以用来存放指令，所以寻址包括对指令的寻址和对操作数的寻址。相比较而言，对操作数的寻址方式较指令的寻址方式更为复杂。

3.2.1 指令的寻址方式

指令寻址是指找出下一条将要执行的指令在存储器中的地址。一般来说，指令寻址的方式有两种：一种是顺序寻址方式，另一种是跳跃寻址方式。

1. 顺序寻址方式

计算机的工作过程是"先取指令，再执行指令"。指令在存储单元中被按顺序存储，所以当执行一段程序时，通常是一条指令接一条指令地按顺序进行。也就是说，从存储器中取出第一条指令，然后执行该指令；接着从存储器中取出第二条指令，再执行第二条指令；然后取第三条指令……直至该段程序的指令都读取执行结束，这种程序顺序执行的过程即为顺序寻址方式。在该过程中，可用程序计数器 PC 来指示指令在存储器中的地址。

程序计数器 PC 是指令寻址的焦点，用来存储指令寻址的结果。PC 具有自动修改（+1）功能，可用于执行非转移类指令；还有接收内部总线数据的功能，可用于执行转移类指令或中断处理时的转移类操作，所以改变 PC 的内容就会改变程序执行的顺序，多种寻址方式的实质是改变 PC 的内容。

在顺序寻址方式中，在执行指令时 PC 会自动修改其内容，为下一条指令的读取做准备，这样周而复始地进行就可以完成顺序执行的程序。示意图如图 3-4 所示。

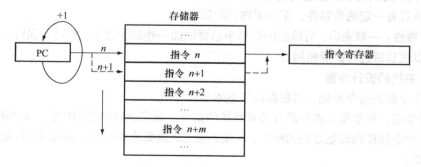

图 3-4 顺序寻址方式示意图

2. 跳跃寻址方式

当程序转移执行的顺序时，如执行了转移类指令或有外部中断发生时，要按照新的指令地址开始执行，所以 PC 的内容必须发生相应的改变，以便及时跟踪新的指令地址。这种情况下，指令的寻址采取跳跃寻址方式。所谓跳跃，是指下一条指令的地址码不是由 PC 给出，而是由本条指令给出。采用指令跳跃寻址方式，可以实现程序转移或构成循环程序，从而能缩短程序长度，或将某些程序作为公共程序引用。指令系统中的各种条件转移或无条件转移指令，就是为了实现指令的跳跃寻址而设置的。示意图如图 3-5 所示。

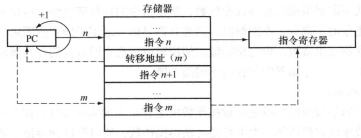

图 3-5　跳跃寻址方式示意图

3.2.2　操作数的寻址方式

操作数不像指令那样按顺序存储在主存中，有些公用的操作数会集中存放在某一区域，而大多数操作数的存放没有规律，这就给操作数的寻址带来一定的困难。又由于程序设计技巧的发展，提出了很多操作数的设置方法，所以出现了各种各样的操作数寻址方式。

操作数可能被放在指令中，或是某个寄存器中，抑或是主存的某个单元中，也有可能在堆栈或 I/O 接口中。当操作数存放在主存的某个存储单元时，若指令中的地址码不能直接用来访问主存，则这样的地址码被称为形式地址；对形式地址进行一定计算后得到的存放操作数的主存单元地址，即存放操作数的内存实际地址被称为"有效地址"。操作数寻址方式就是由指令中提供的形式地址演变为有效地址的方法，也就是说，寻址方式是规定如何对地址做出解释以找到所需的操作数的方式。

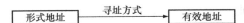

若在指令中设置寻址方式字段，由寻址方式字段不同的编码来指定操作数的寻址方式，则称之为"显式"寻址方式；若是由操作码决定有关的寻址方式，则称为"隐式"寻址方式。可将众多的寻址方式归纳为以下 4 种基本方式或是它们的变型组合。

① 立即寻址：指令中直接给出操作数。读取指令时，可直接从指令中获得操作数。

② 直接寻址类：在指令中直接给出存放操作数的主存单元的地址或者寄存器号。通过访问存储器或寄存器即可获得操作数。

③ 间接寻址类：指令中所给的主存单元或寄存器中存放的是操作数的地址。先取出操作数的地址，然后根据该地址访问主存单元获得操作数。

④ 变址类：指令中所给的是形式地址，依照寻址方式得到有效地址后，再根据有效地址访问主存单元获得操作数。

下面介绍一些常用的基本寻址方式。

1. 立即寻址

在指令中给出操作数，操作数占据一个地址码部分，在取出指令的同时取出可以立即使用的操作数，所以该方式称为立即寻址，该操作数被称为立即数。立即寻址方式示意图如图 3-6 所示，图中 OP 为操作码字段，用以指明操作种类，M 为寻址方式字段，用以指明所用的寻址方式。

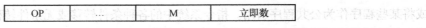

图 3-6　立即寻址方式示意图

立即寻址方式不需要根据地址寻找操作数，所以指令的执行速度快。但是由于操作数是在指令中给出的，是指令的一部分，不能修改，因此立即寻址只适用于操作数固定的情况，通常用于为主存单元和寄存器提供常数，设定初始值。使用时应注意立即数只能作为源操作数。其优点是立即数的位置随着指令在存储器中位置的不同而不同。

2. 存储器直接寻址

指令中的地址码字段所给的就是存放操作数的主存单元的实际地址，即有效地址 EA。按照指令中所给的有效地址直接访问一次主存便可获得操作数，所以称这种寻址方式为存储器直接寻址或直接寻址。其寻址方式示意图如图 3-7 所示，图中有效地址 EA 为主存储器的单元地址。

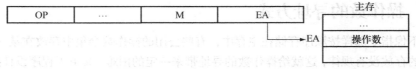

图 3-7　存储器直接寻址方式示意图

直接寻址方式较为简单，无须做任何寻址计算。由于指令中给出了操作数的有效地址，是指令中的一部分，所以不能进行修改，因此只能用于访问固定的存储单元或者外部设备接口中的寄存器。此外，因为存储单元的地址位数较多，所以包含在指令中时，指令字长会较长。如果减少指令中有效地址的位数，则会限制访问主存的范围。

【例 3-2】指令中所给的地址码 EA 为"2001H"，按照存储器直接寻址方式读取操作数。主存中部分地址与相应单元存储的操作数之间的对应关系如下。

地址	存储内容
2000H	3BA0H
2001H	1200H
2002H	2A01H

解： 因为存储器直接寻址方式中，指令中的有效地址即主存中存储操作数的地址，所以地址为"2001H"的存储单元中的内容"1200H"即操作数。

3. 寄存器直接寻址

一般计算机中都设置有一定数量的通用寄存器，用以存放操作数、操作数地址及运算结果等。指令中地址码部分给出某一通用寄存器的寄存器号，所指定的寄存器中存放着操作数，这种寻址方式称为寄存器直接寻址，也称为寄存器寻址。其寻址方式示意图如图 3-8 所示，图中 Rx 为寄存器号。

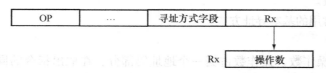

图 3-8　寄存器直接寻址方式示意图

采用寄存器寻址方式具有以下特点。

① 与立即数寻址方式相比，寄存器寻址中的操作数是可变的。

② 由于寄存器的数量较少，地址码的编码位数比主存单元地址位数短很多，所以可以有效缩短指令长度，减少取指令的时间，如指令中只需要 3 位编码就可以表示 8 个寄存器，如"000"表示 R0，"001"表示 R1，…，"111"表示 R7。

③ 与直接寻址相比，寄存器存取数据的速度比主存快得多，所以可以加快指令的运行速度。

④ 用寄存器存放基址值、变址值可派生出其他更多的寻址方式，使编程更具有灵活性。

【例 3-3】指令中所给的寄存器号为"001"，按照寄存器寻址方式读取操作数。CPU 中寄存器的内容如下：

R0——2101H，R1——2A01H，R2——3BA0H，R3——1200H，…。

解：因为寄存器直接寻址方式中，所给出的寄存器中所存放的就是所需操作数，所以编码为"001"的寄存器 R1 中的内容"2A01H"即操作数。

4. 存储器间接寻址

如果指令中地址码 A 给出的不是操作数的直接地址，而是存放操作数地址的主存单元地址（简称为操作数地址的地址），这种寻址方式称为存储器间接寻址或间接寻址。其寻址方式示意图如图 3-9 所示，字段 A 中存放的是操作数的有效地址 EA 在主存中的地址。

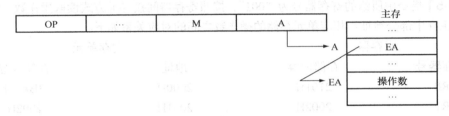

图 3-9　存储器间接寻址方式示意图

通常将主存单元 A 称为间址单元或间址指示器。间接地址 A 与有效地址 EA 的关系是 EA=(A)，即 EA 为地址 A 所对应存储单元中的内容。采用间址方式可将主存单元 A 作为操作数地址的指针，用以指示操作数的存放位置，只要修改指针的内容就修改了操作数的地址，而无须修改指令，所以该方式较为灵活，便于编程。除此之外，采用间接寻址可以做到用较短的地址码来访问较大的存储空间。指令中给出的形式地址字段 A 虽然较短，只能访问到主存的低地址部分，但是存储在这些单元中的操作数的地址可以访问到整个主存空间。

应注意：间接寻址至少要访问两次主存才能取出操作数，所以指令执行的速度较慢。

【例 3-4】指令中所给的地址码 A 为"2001H"，按照存储器间接寻址方式读取操作数。主存中部分地址与相应单元存储的操作数之间的对应关系如下。

地址	存储内容
2000H	3BA0H
2001H	2002H
2002H	2A01H

解：因为存储器间接寻址方式中，指令中的形式地址 A 是操作数地址的地址，所以地址为"2001H"的存储单元中的内容"2002H"即操作数地址的地址；再根据地址"2002H"访问一次主存，可得到操作数"2A01H"。

5. 寄存器间接寻址

为了克服直接寻址中指令过长及间接寻址中访问主存次数多的缺点，可以采用寄存器间接寻址，即指令中给出寄存器号，被指定的寄存器中存放操作数的有效地址，根据该有效地址访问主存获得操作数。其寻址方式示意图如图 3-10 所示，寄存器 Rx 中存放着操作数的有效地址 EA，EA=(Rx)。

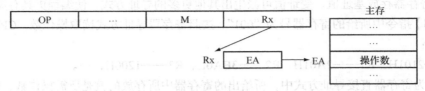

图 3-10　寄存器间接寻址方式示意图

寄存器间接寻址方式的指令较短，在取指令后只需一次访存便可得到操作数，因此指令执行速度比存储器间接寻址快。由于寄存器中存放着操作数的地址，所以在编程时常用某些寄存器作为地址指针，在程序运行期间修改间址寄存器的内容，可使同一条指令访问不同的主存单元，为编程提供了方便。

【例 3-5】指令中所给的寄存器号为"001"，按照寄存器间接寻址方式读取操作数。各寄存器的内容及主存中部分地址与相应单元存储的操作数之间的对应关系如下。

寄存器		主存单元	
寄存器号	存储内容	地址	存储内容
R0	2101H	2000H	3BA0H
R1	2002H	2001H	2002H
R2	3BA0H	2002H	2A01H

解：按照寄存器间接寻址的定义，指令指定的寄存器号为"001"，即寄存器 R1，其中的内容"2002H"为操作数的地址，根据该地址访问相应的主存单元，得到操作数"2A01H"。

6. 变址寻址

在指令中指定一个寄存器作为变址寄存器，并在指令地址码部分给出一个形式地址 D，将变址寄存器的内容（称为变址值）与形式地址相加可得操作数的有效地址，这种寻址方式称为变址寻址。其寻址方式示意图如图 3-11 所示，寄存器 Rx 为变址寄存器，D 为形式地址，有效地址 EA=(Rx)+D。

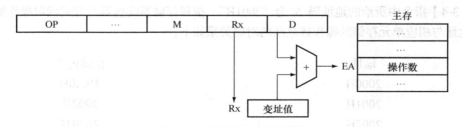

图 3-11　变址寻址方式示意图

变址寻址常用于字符串处理、数组运算等成批数据处理中。典型用法是将指令中的形式地址作为基准地址，将变址寄存器的内容作为修改量。如有一字符串存储在以地址 A 为首地址的连续主存单元中，只需让首地址 A 作为指令中的形式地址，在变址寄存器中指出字符的序号，即可利用变址寻址访问该字符串中的任意一个字符。再如，连续存放的数据块要在两个存储区间进行传送，则可以指明这两个存储区的首地址 A1 和 A2，用同一变址寄存器提供修改量 N，即可实现传送操作。

在某些计算机中，变址寄存器还具有自增自减的功能，即每存取一个数据，它就根据该数据的长度自动增量或自动减量，以便指向下一个数据的主存单元地址，为存取下一个数据做准备。这就形成了自动变址方式，可以进一步简化程序，用于需要连续修改地址的场合。此外，变址还可以与间址相结合，形成先变址后间址或先间址后变址等更为复杂的寻址方式。

【例 3-6】指令中所给的寄存器号为 "001"，形式地址为 "1000H"，按照变址寻址方式读取操作数。各寄存器的内容及主存中部分地址与相应单元存储的操作数之间的对应关系如下。

寄存器		主存单元	
寄存器号	存储内容	地址	存储内容
R0	2101H	2000H	3BA0H
R1	1002H	2001H	2002H
R2	3BA0H	2002H	2A01H

解：按照变址寻址的定义，指令指定的寄存器号为 "001"，即寄存器 R1，其中的内容 "1002H" 为变址量，形式地址为 "1000H"，所以有效地址 EA=1002H+1000H=2002H，所以操作数为 "2A01H"。

7. 基址寻址

基址寻址方式中，指令中给出一个形式地址 D 作为修改量，给出一个基址寄存器 Rb，其内容作为基准地址，将基准地址与形式地址相加便可得到操作数的有效地址，即 EA=(Rb)+D。其寻址方式示意图如图 3-12 所示。

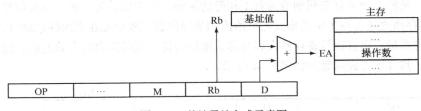

图 3-12 基址寻址方式示意图

由上可见，基址寻址与变址寻址在形成有效地址的方法上类似，但是二者的具体应用不同。在使用变址寻址时，由指令提供形式地址作为基准量，其位数足以指向整个主存，变址寄存器提供修改量，其位数可以较短。而在使用基址寻址时，由基址寄存器提供基准量，其位数应足以指向整个主存空间，而指令中所给的形式地址作为位移量，其位数往往较短。从应用的目的来看，变址寻址面向用户，可用于访问字符串、数组等成批数据的处理；而基址寻址面向系统，可用来解决程序在主存中的重定位问题，以及在有限的字长指令中扩大寻址空间等。

基址寻址原是大型计算机中常采用的一种技术，用来将用户编程时所用的逻辑地址转换为程序在主存中的实际物理地址。在多用户计算机系统中，由操作系统为多道程序分配主存空间，当用户程序装入主存时，需要进行逻辑地址向物理地址的转换，即程序重定位。操作系统给每个用户程序一个基地址，并放入相应的基址寄存器中，在程序执行时以基址为基准自动进行从逻辑地址到物理地址的转换。

由于多数程序在一段时间内往往只是访问有限的一个存储区域，这被称为 "程序执行的局部性"，可利用该特点来缩短指令中地址字段的长度。设置一个基址寄存器存放这一区域的首地址，而在指令中给出以首地址为基准的位移量，二者之和为操作数的有效地址。因为基址寄存器的字长可以指向整个主存空间，而位移量只需要能覆盖本区域即可，所以利用这种寻址方式既能缩短指令的地址字段长度，又可以扩大寻址空间。

8. 相对寻址

相对寻址可作为基址寻址的一个特例。若由程序计数器 PC 提供基准地址，指令中给出的形式地址 D 作为位移量（可正可负），则二者相加后的地址为操作数的有效地址 EA。这种方式实际上是以现行指令的位置为基准，相对于它进行位移定位（向前或先后），所以被称为相对寻址。其寻址方式示意图如图 3-13 所示，EA=(PC)+D。

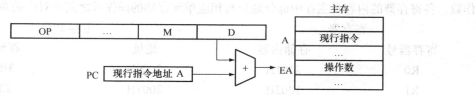

图 3-13　相对寻址方式示意图

在相对寻址中，PC 指示的是当前指令的地址，而指令中的位移量 D 指明的是操作数存放单元或转向地址与现行指令的相对距离。当指令地址由于程序安装于主存的不同位置而发生变化时，操作数存放地址或程序转向地址将随之发生变化，由于两者的位移量不变，使用相对寻址仍然能保证操作数的正确获得或程序的正确转向。这样整个程序模块就可以安排在主存中的任意区间执行，可以实现"与地址无关的程序设计"。

9. 页面寻址

页面寻址是将整个主存空间划分为若干相等的区域，每个区域为一页，由页面号寄存器存放页面地址（内存高地址），指令中的形式地址给出的是操作数存放单元在页内的地址（内存低地址），相当于页内位移量。将页面号寄存器内容与形式地址拼接形成操作数的有效地址，这种寻址方式为页面寻址。其寻址方式示意图如图 3-14 所示。

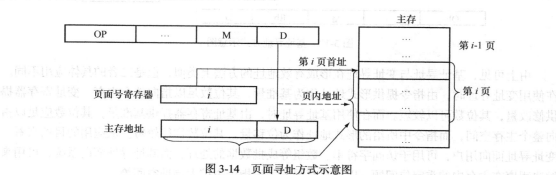

图 3-14　页面寻址方式示意图

由上可看出，页面寻址的有效地址是由两部分拼接而成的，高位部分为现行指令的高位段，低位部分为指令中给出的形式地址，所以有效地址 $EA=(PC)_H \| D$。

【例 3-7】从"2000H"单元中取出一条指令，该指令按照页面寻址方式读取操作数，形式地址为"01H"。各寄存器的内容及主存中部分地址与相应单元存储的操作数之间的对应关系如下。

寄存器		主存单元	
寄存器号	存储内容	地址	存储内容
PC	2000H	2000H	3BA0H

R1	1002H	2001H	20A2H
R2	3BA0H	2002H	2A01H

解：按照页面寻址的定义，操作数有效地址的高位部分为$(PC)_H = 20H$，低位部分为 D=01H，将两部分拼接即得到操作数的有效地址 "2001H"，所以操作数为 "20A2H"。

10. 其他寻址

除了以上几种寻址方式之外，还有位寻址、块寻址及堆栈寻址等方式。

位寻址方式指能寻址到位，要求对存储器不仅按字节编址，还要按位进行编址。一般计算机是通过专门的位操作指令实现的，即由操作码隐含指明进行的是位操作。块寻址方式是对连续的数据块进行寻址，对于连续存放的操作码进行相同的操作。使用块寻址方式可以有效地压缩程序的长度，加快程序的执行速度。采用块寻址方式时，必须指明块的首地址和块长度，或者指明块的首地址或末地址。使用堆栈指令对堆栈进行操作时，操作数的地址由堆栈指针 SP 隐含指定，这种寻址方式称为堆栈寻址方式。应注意的是，SP 始终指向栈顶单元，对栈顶单元的操作数处理完后，SP 的值会及时修改以指向新的栈顶元素。

对于一台具体的机器来说，它可能只采用其中的一些寻址方式，也可能将上述基本的寻址方式稍加变化形成某个新的变种，或者将两种或几种基本的寻址方式相结合，形成特定的寻址方式。

3.3　指令类型

计算机的指令系统根据指令格式可分为双操作数指令、单操作数指令、无操作数指令等；根据寻址方式可分为 RR 型（寄存器-寄存器型）、RX 型（寄存器-变址存储器型）、RS 型（寄存器-存储器型）、SI 型（存储器-立即数型）、SS 型（存储器-存储器型）等；根据功能还可分为传送类指令、输入/输出(I/O)类指令、算术逻辑运算类指令、程序控制类指令、串操作类指令、处理机控制类指令等。

下面以 Intel 80x86 指令集为基础，对常用的指令类型加以介绍。

3.3.1　数据传送类指令

数据传送类指令是计算机中最基本的指令，实现数据的传送操作，即从一个地方传送到另一个地方，一般以字节、字、数据块为单位进行传送，特殊情况下可以以位为单位进行传送，所以传送类指令应该以某种方式指明数据传送的单位。该类指令有传送指令（如 MOV）、交换指令（如 XCHG）、入栈指令（如 PUSH）、出栈指令（如 POP）等。

① 传送指令：用来实现数据的传送。需要指明的是，数据从源地址被传送到目的地址时，源地址中的数据保持不变，实际上是"复制"操作。传送指令中需要源地址和目的地址这两个操作数地址。在 Intel 80x86 指令集中，传送数据的指令有 MOV（字或字节传送）、MOVSX（先符号扩展，再传送）、MOVZX（先零扩展，再传送）等，传送地址的指令有 LEA（装入有效地址）、LDS（把指针内容装入 DS）、LES（把指针内容装入 ES）、LFS（把指针内容装入 FS）、LGS（把指针内容装入 GS）、LSS（指针内容装入 SS），传送标志的指令有 LAHF（把标志寄存器内容装入 AH）和 SAHF（把 AH 内容装入标志寄存器）。其中，DS、ES、FS、GS、SS 分别表示数据段寄存器、扩展段寄存器、标志段寄存器、全局段寄存器、堆栈段寄存器。

② 数据交换指令：可看作双向的数据传送。它与传送指令相同，也需要源地址和目的地址这两个操作数地址。在 Intel 80x86 指令集中，数据交换指令包括 XCHG（字或字节交换）、CMPXCHG（比较并交换）、XADD（先交换再累加）和 BSWAP（交换 32 位寄存器里字节的顺序）等。

③ 入栈/出栈指令：专门用于堆栈操作的指令，只需要指明一个操作数地址，另一个隐含的是堆栈的栈顶单元数据。在 Intel 80x86 指令集中，入栈和出栈指令包括 PUSH（入栈）、POP（出栈）、PUSHA（把 AX、CX、DX、BX、SP、BP、SI 和 DI 的内容依次压入堆栈）、POPA（把堆栈中的内容依次送 DI、SI、BP、SP、BX、DX、CX、AX）、PUSHAD（把 EAX、ECX、EDX、EBX、ESP、EBP、ESI、EDI 的内容依次压入堆栈）、POPAD（把堆栈中的内容依次送 EDI、ESI、EBP、ESP、EBX、EDX、ECX、EAX）、PUSHF（标志入栈）、POPF（标志出栈）、PUSHD（32 位标志入栈）、POPD（32 位标志出栈）等。

3.3.2　算术逻辑运算类指令

早期计算机采用"硬件软化"和计算机分档的方式来降低成本。"硬件软化"即 CPU 只设置一些如加减定点运算的基本运算指令，复杂的运算则通过程序来实现；将计算机分为几个档次，最基本的 CPU 只执行基本的运行指令，档次较高的 CPU 配备一些"扩展运算器"，可通过调用扩展运算器来实现复杂运算操作。现代计算机由于超大规模集成技术的成熟，硬件成本已大大下降，为了获得更高的运算效率，指令中包含了更多的运算功能，但对于更为复杂的运算仍然沿用扩展运算器的方法，即采用"协处理器"。

基本算术运算通常包括实现定点数的加、减、求补、自增（加 1）、自减（减 1）、比较、求反等，基本逻辑运算通常包括与、或、非、异或、左移、右移、位测试等。对于性能较强的计算机，还具有功能更强的运算指令，例如：定点运算的乘、除、浮点运算指令及十进制数运算指令等。在大、巨型机中还设置有向量运算指令，可同时对组成向量或矩阵的若干个标量进行求和、求积等运算。

在 Intel 80x86 指令集中，算术运算指令包括：ADD（加）、ADC（带进位加）、INC（加 1）、AAA（加法的 ASCII 码调整）、DAA（加法的十进制调整）、SUB（减）、SBB（带借位减）、DEC（减 1）、NEC（求反）、CMP（比较）、AAS（减法的 ASCII 码调整）、DAS（减法的十进制调整）、MUL（无符号乘）、IMUL（整数乘）、AAM（乘法的 ASCII 码调整）、DIV（无符号除）、IDIV（整数除）、AAD（除法的 ASCII 码调整）、CBW（字节转换为字）、CWD（字转换为双字）等。逻辑运算指令包括：AND（与）、OR（或）、XOR（异或）、NOT（非）、TEST（位测试）、SHL（逻辑左移）、SAL（算术左移）、SHR（逻辑右移）、SAR（算术右移）、ROL（循环左移）、ROR（循环右移）、RCL（带进位的循环左移）、RCR（带进位的循环右移）。

3.3.3　程序控制类指令

程序控制类指令用来控制程序的执行顺序和方向，主要包括转移指令、循环控制指令、子程序调用指令、返回指令及程序自中断指令等。

（1）转移指令

多数情况下，一段程序中的指令是按顺序执行的。但是有些情况下，需要根据某种状态或条件来决定程序该如何执行。程序执行顺序的改变可以通过转移指令实现，所以转移指令可以实现程序分支，其中应该包括转移地址。根据转移的性质，转移指令分为无条件转移指令和条件转移指令。

无条件转移指令是指现行指令执行结束后，要无条件地（强制性地）转向指令中给定的转移地址，也就是说，将转移地址送入 PC 中，使 PC 的内容变为转移地址，再往下继续执行。在 Intel 80x86 指令集中，无条件转移指令是 JMP 指令。

条件转移指令中包含转移条件和转移地址，若满足转移条件，则下条指令转向条件转移指令中所给出的转移地址；否则，按照原来的顺序继续往下执行。所谓转移条件，是指上条指令执行后结果的某些特征（也称为标志位），如进位标志 C、正负标志 N、溢出标志 V、奇偶标志 P、结果为零标志 Z 等。

进位位 C—运算后若有进位，则 C=1，否则 C=0；

正负位 N—运算后若结果为负数，则 N=1，否则 N=0；

溢出位 V—运算后若有溢出发生，则 V=1，否则 V=0；

奇偶位 P—代码中有奇数个 "1" 时，P=1，否则 P=0；

零标志 Z—运算后结果若为 "0"，则 Z=1，否则 Z=0。

在 Intel 80x86 指令集中，条件转移指令包括：JA/JNBE（不小于或不等于时转移）、JAE/JNB（大于或等于时转移）、JB/JNAE（小于时转移）、JBE/JNA（小于或等于时转移），这四条测试无符号整数运算的结果（标志 C 和 Z）；JG/JNLE（大于时转移）、JGE/JNL（大于或等于时转移）、JL/JNGE（小于时转移）、JLE/JNG（小于或等于时转移），这四条测试带符号整数运算的结果（标志 S，O 和 Z）；JE/JZ（等于时转移）、JNE/JNZ（不等于时转移）、JC（有进位时转移）、JNC（无进位时转移）、JNO（不溢出时转移）、JNP/JPO（奇偶性为奇数时转移）、JNS（符号位为 "0" 时转移）、JO（溢出时转移）、JP/JPE（奇偶性为偶数时转移）、JS（符号位为 "1" 时转移）。

（2）循环控制指令

可将循环控制指令看作特殊的条件转移指令，但为了提高指令系统的效率，有的机器专门设置了循环控制指令（LOOP）。指令中给出要循环执行的次数，或指定某个计数器作为循环次数控制的依据，可设置计数器的初始值为循环的次数，每执行一次，其内容自动减 "1"，直至减为 "0" 时，循环停止。因此循环指令的操作中包括了对循环控制变量的操作和脱离循环条件的控制，是一种具有复合功能的指令。

在 Intel 80x86 指令集中，循环控制指令包括 LOOP（CX 不为零时循环）、LOOPE/LOOPZ（CX 不为零且标志 Z=1 时循环）、LOOPNE/LOOPNZ（CX 不为零且标志 Z=0 时循环）、JCXZ（CX 为零时转移）、JECXZ（ECX 为零时转移）。

（3）子程序调用指令与返回指令

在程序编写过程中，某些具有特定功能的程序段会被反复使用，为了避免程序的重复编写、减少存储空间，可将这些被反复调用的程序段设定为独立且可以公用的子程序。程序执行过程中，需要执行子程序时，在主程序中发出子程序调用指令（如 CALL），给出子程序的入口地址，控制程序从主程序转入子程序中执行；子程序执行结束后，利用返回指令（如 RET）使程序重新返回主程序中继续往下执行。

子程序调用指令是用于调用子程序、控制程序的执行从主程序转向子程序的指令。为了能正确调用子程序，子程序调用指令中必须给出子程序的入口地址，即子程序的第一条指令的地址。子程序结束后，为了能够正确地返回主程序，子程序调用指令应该具有保护断点的功能（断点是主程序中子程序调用指令的下一条指令的地址，也是返回主程序的返回地址）。将子程序返回主程序的指令称为返回指令，返回指令不需要操作数。

执行子程序调用指令时，首先将断点压栈保存，再将程序的执行由主程序转向子程序的入口地址，执行子程序；子程序执行结束后，返回指令从堆栈中取出断点地址并返回断点处继续执行。

（4）程序自中断指令

程序自中断指令是有的机器为了在程序调试中设置断点或实现系统调用功能等而设置的指令，是程序中安排的，所以也称为软中断指令。执行该类指令时，按中断方式将处理机断点和现场保存在堆栈中，然后根据中断类型转向对应的系统功能程序入口开始执行。执行结束后，通过中断返回指令返回原程序的断点处继续执行。

在 Intel 80x86 指令集中，软中断指令包括 INT（中断）、INTO（溢出中断）和 IRET（中断返回）。

3.3.4　输入/输出类指令

输入/输出（I/O）类指令完成主机与各外设之间的信息传送，包括输入/输出数据、主机向外设发出的控制命令或是了解外设的工作状态等。输入是指由外设将信息送入主机，输出是指由主机将信息送至外设，输入/输出均以主机为参考点。从功能上讲，I/O 指令属于传送类指令，有的机器就是由传送类指令来实现 I/O 操作的。通常，I/O 指令有以下三种设置方式。

① 设置专用的 I/O 指令：将主存与 I/O 设备接口寄存器单独编制，即分为主存空间和 I/O 空间两个独立的地址空间。用 IN 表示输入操作，用 OUT 表示输出操作，以便区分是对主存的操作还是对外设接口中的寄存器的操作。在这种方式下，使用专门的 I/O 指令，指令中必须给出外设的编号（端口地址）。Intel 80x86 指令集就使用专用的 IN 和 OUT 指令实现输入和输出。

② 用传送类指令实现 I/O 操作：有的计算机采用主存单元与外设接口寄存器统一编址的方法。因为将 I/O 接口中的寄存器与主存中的存储单元同样对待，任何访问主存单元的指令均可访问与外设有关的寄存器，所以可以用传送类指令访问 I/O 接口中的寄存器，而不必专门设置 I/O 指令。

③ 通过 IOP 执行 I/O 操作：在现代计算机系统中，外设的种类和数量都越来越多，主机与外部的通信也越来越频繁。为了减轻 CPU 在 I/O 方面的工作负担，提高 CPU 的工作效率，常设置一种管理 I/O 操作的协处理器，在较大规模的计算机系统中甚至设置了专门的处理机，简称为 IOP。在这种方式中，I/O 操作被分为两级，第一级中主 CPU 只有几条简单的 I/O 指令，负责这些 I/O 指令生成 I/O 程序；第二级中 IOP 执行 I/O 程序，控制外设的 I/O 操作。

3.3.5　串操作类指令

为了便于直接用硬件支持实现非数值型数据的处理，指令系统中设置了串操作类指令（字符串处理指令）。字符串的处理一般包括字符串的传送、比较、查找、抽取、转换等。在需要对大量的字符串进行各种处理的文字编辑和排版时，字符串处理指令可以发挥很大的作用。

字符串传送指令是用于将数据块从主存的某一区域传送到另一区域的指令；字符串比较指令用于两个字符串的比较，即把一个字符串和另一个字符串逐个字符进行比较；字符串查找指令用于在一个字符串中查找指定的某个字符或字符子串；字符串抽取指令是用于从一个字符串中提取某个子串的指令；字符串转换指令是用于将字符串从一种编码转换为另一种编码的指令。

在 Intel 80x86 指令集中，串操作类指令包括 MOVS（串传送）、MOVSB（传送字符）、MOVSW（传送字）、MOVSD（传送双字）、CMPS（串比较）、CMPSB（比较字符）、CMPSW（比较字）、SCAS（串扫描）、LODS（装入串）、LODSB（传送字符）、LODSW（传送字）、LODSD（传送双字）、STOS（保存串）等。此外，还提供一系列重复串操作的指令，包括 REP（当 CX/ECX<>0

时重复）、REPE/REPZ（当 ZF=1 或比较结果相等且 CX/ECX<>0 时重复）、REPNE/REPNZ（当 ZF=0 或比较结果不相等且 CX/ECX<>0 时重复）、REPC（当 CF=1 且 CX/ECX<>0 时重复）、REPNC（当 CF=0 且 CX/ECX<>0 时重复）。

3.3.6 其他指令

1. 处理机控制类指令

处理机控制类指令用于直接控制 CPU 实现特定的功能，如 CPU 程序状态字 PSW 中标志位（如进位位、溢出位、符号位等）的清零、设置、修改等指令，开中断指令、关中断指令、空操作指令 NOP（没有实质性的操作，只是为了消耗执行时间）、暂停指令 HLT、等待指令 WAIT、总线锁定指令 LOCK 等。

在 Intel 80x86 指令集中，控制类指令包括 WAIT（当芯片引线 TEST 为高电平时使 CPU 进入等待状态）、ESC（转换到外处理器）、LOCK（封锁总线）、NOP（空操作）、STC（置进位标志位）、CLC（清进位标志位）、CMC（进位标志取反）、STD（置方向标志位）、CLD（清方向标志位）、STI（置中断允许位）、CLI（清中断允许位）。

2. 特权指令

所谓特权指令，是指具有特殊权限的指令，只能用于操作系统或其他的系统软件，一般不直接提供给用户使用。通常在多用户、多任务计算机系统中必须设置特权指令，而在单用户、单任务的计算机中不需要设置特权指令。特权指令主要用于系统资源的分配和管理，如检测用户的访问权限，修改虚拟存储管理的段表、页表，改变工作模式，创建和切换任务等。为了统一管理各外围设备，有的多用户计算机系统将 I/O 指令也作为特权指令，所以用户不能直接使用，需要通过系统调用来实现。

3.4 CISC 与 RISC

为了使计算机系统具有更强的功能、更高的性能、更好的性价比和更贴近用户的需求，在指令系统的设计、发展和改进上有两种不同的方案。一种是从加强指令功能的角度考虑，希望一条指令包含的操作命令信息尽可能多，整个指令系统包括的功能也尽可能多，这样就形成了 CISC（Complex Instruction Set Computer，复杂指令系统计算机）。另一种是从指令执行效率的角度考虑，希望指令比较简单。因为通过对程序实际运行情况的分析统计，发现机器所执行的指令中只有小部分是复杂指令，而大部分则是简单指令，所以采取较为简单而有效的指令构成指令系统，这样就形成了 RISC（Reduced Instruction Set Computer，精简指令系统计算机）。

3.4.1 按 CISC 方向发展与改进指令系统

对已有指令系统分析哪些功能仍用程序实现、哪些功能改用新指令实现，以提高计算机系统的效率。这样既减少目标程序占用的存储空间，减少程序执行中的访存次数，缩短指令的执行时间，提高程序的运行速度，又使实现更为容易。按 CISC 发展和改进指令系统通常采用以下三种具体方案。

1. 面向目标程序优化实现改进

第一种思路是通过对大量已有机器语言程序及其执行情况统计各种指令和指令串的使用频度

来加以分析和改进。对程序中统计出的指令及指令串使用频度称为静态使用频度，按静态使用频度改进指令系统着眼于减少目标所占用的存储空间。在目标程序执行过程中对指令和指令串统计出的使用频度称为动态使用频度，按动态使用频度改进指令系统着眼于减少目标程序的执行时间。

对高频指令可增强其功能，加快其执行速度，缩短其指令字长；而对低频指令，可考虑将其功能合并到某些高频的指令中去，或在设计新系列机时，将其取消。对高频指令串可增设新指令取代，这不但减少了目标程序访存取指令的次数，加快目标程序的执行，还有效地缩短了目标程序的长度。

例如，随着计算机应用的发展，信息处理成为计算机的主要应用目标。结合 IBM 公司曾经对 19 个典型程序进行的统计结果——最常用的指令是存、取和条件转移，Intel 80x86 指令集增加了 MOVS、MOVSB、MOVSW、MOVSD、CMPS、CMPSB、CMPSW、SCAS、LODS、LODSB、LODSW、LODSD、STOS、REP、REPE、REPZ、REPNE、REPNZ 等指令，以增强对字符串的操作。

第二种思路是增设复合指令来取代原来由常用宏指令或子程序（如长整型运算、双精度浮点运算、三角函数、开方、指数、二十进制转换等）实现的功能，由微程序解释实现。这不仅大大提高了运算速度，减少了程序调用的额外开销，还减少了子程序所占的主存空间。例如，Intel 80x86 指令集于 1997 年增加了 MMX（MultiMedia eXtensions，多媒体扩展）指令集，于 1999 年增加了 SSE（Streaming SIMD Extensions，数据流单指令序列扩展指令）集，以增强多媒体信息处理和浮点运算能力，从而提升 3D 游戏性能。

指令系统的改革是以不删改原有指令系统为前提的，通过增加少量强功能指令代替常用指令串，既保证了软件向后兼容，又使得那些按新的指令编制的程序有更高的效率。这样易于被用户接受，也是计算机软、硬件厂商所希望的。

2. 面向高级语言优化实现改进

面向高级语言优化实现改进就是尽可能缩短高级语言和机器语言的语义差距，支持高级语言编译，缩短编译程序的长度和编译时间。

第一种思路是通过对源程序中各种高级语言语句的使用频度进行统计来分析改进。对高频语句增设新指令，使语句和指令之间的语义差距缩小。例如，在 Intel 80x86 指令集中，因为大多数的高级语言都支持数组和堆栈操作，因此特别设置了高级语言类指令 BOUND（边界检测）、ENTER（建立堆栈，保护子程序的局部变量）和 LEAVE（释放堆栈）。但不同用途的高级语言，其语句使用频度有较大差异，指令系统很难做到对各种语言都是优化的。所以这种优化最终只能是面向应用的优化。

第二种思路是如何面向编译，优化代码生成来改进。从优化代码生成上考虑，应当增设系统结构的规整性，尽量减少例外或特殊的情况和用法，让所有运算都对称、均匀地在存储单元或寄存器间进行，对所有存储单元或寄存器同等对待，不论是操作数还是运算结果都可以存放在任意单元中。否则，为优化管理通用寄存器的使用，需要增加很多额外开销。但是，优化代码生成是很复杂的，其效率也是很低的，主要原因是高级语言（包括编译过程中产生的中间语言）与机器语言之间存在很大的语义差距，至今又难以统一出一种或少数几种通用的高级语言。如果系统结构过分优化于一种高级语言实现，就会降低与其语义结构有较大差别的其他高级语言的实现效率。所以，往往把指令系统设计成基本的和通用的，对每种语言可能都不是优化的，只要通过编译能实现高效就可以了。

第三种思路是设法改进指令系统，使它与各种语言间的语义差距都有同等的缩小。例如，首先把指令系统与各种高级语言的语义差距用系统结构点之间的"路长"表示，如图 3-15 所示，只要把系统结构点向右移，即可缩短指令系统与各种语言间的语义差距。

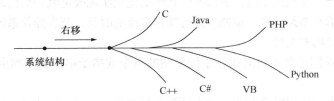

图 3-15　高级语言与指令系统的语义差距

既然各种高级语言所要求的优化指令系统并不相同，就提出了第四种思路，让机器具有分别面向各种高级语言的多种指令系统和系统结构。通过微程序来解释面向这些语言的机器指令系统和数据表示格式，让系统结构成为一种动态结构，这样计算机系统就由"以指令系统为主、高级语言为从"演变成"以高级语言为主、指令系统为从"，显然这是一种面向问题自动寻优的计算机系统。

如图 3-16 所示，通常，高级语言程序首先通过编译变成机器语言程序，然后在传统机器级和微程序机器级由控制器解释执行指令序列，完成程序的运行。由于指令系统与高级语言的语义差距很大，采用上述各种面向编译缩小语义差距的思想改进指令系统后，使得编译比重显著增大，硬件级的解释比重显著减小。如果进一步增大解释的比重，直至让机器语言和高级语言之间几乎没有语义差距，这样就不需要编译了。为此，第五种思路就是发展高级语言计算机。

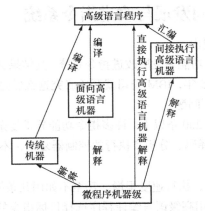

图 3-16　各种机器的语义差距

高级语言计算机的基本特点是没有编译。它有两种形式：一种是让高级语言直接成为机器语言的汇编语言，通过汇编把高级语言程序翻译成机器语言目标程序，这种高级语言机器称为间接执行的高级语言机器；另一种是让高级语言本身作为机器语言，由硬件逐条进行解释执行，既不用编译，也不用汇编，这种高级语言机器称为直接执行的高级语言机器。

发展高级语言计算机的思路早在 20 世纪 60 年代就提出了，但由于高级语言种类繁多，开发能解释高级语言程序的 VLSI 器件性能价格比太高，因此至今很少有实际的产品出现。

3. 面向操作系统优化实现改进

操作系统为整个计算机系统提供进程管理、存储管理、存储保护、设备管理、文件管理、系统工作状态的建立和切换、人机交互界面等功能。没有操作系统的优化，计算机系统就很难有发展。

然而，操作系统的实现不同于高级语言的实现，它更深地依赖于系统结构所提供的硬件支持，同时也全面依赖于指令系统的支持。面向操作系统的优化实现改进就是如何缩短操作系统与计算机系统结构之间的语义差距，进一步减少运行操作系统的时间、节省操作系统软件所占用的存储空间或提高操作系统的安全性。

第一种改进思路同样是通过对操作系统常用的指令或指令串的使用频度进行统计分析来改进，但效果有限。

第二种思路是考虑如何增设专用于操作系统的新指令。例如，Intel 80x86 指令集提供了近 20 条系统控制指令，并根据 CPU 的 4 个特权级别——RING0（系统级）、RING1、RING2 和 RING3（用户级），将大多数的系统控制指令设为 RING0，只允许 Windows 操作系统使用。如果普通应用程序企图执行 RING0 指令，则 Windows 会显示"非法指令"错误信息。

第三种思路是把操作系统中频繁使用的、对速度影响大的某些软件子程序硬化或固化，改为直接用硬件或微程序解释实现，在尽量缩小语义差距的前提下，充分发挥软、硬件实现各自的特长。硬件实现用于提高系统的执行速度和效率，减少操作系统的时间开销，软件实现用于提供系统应有的灵活性。联系到操作系统的具体功能，适于固化实现的应该是基本、通用的功能，例如进程切换、进程状态的保存和恢复、信息保护和存储管理等；对于进程优先级确定、作业排队、用户标识、资源管理、上机费用计算等与具体用户有关的功能，就不适合固化。

第四种思路就是发展分布处理系统结构，在这种结构中由专门的处理机来执行操作系统的功能。

3.4.2　按 RISC 方向发展与改进指令系统

1. 精简指令系统思想的提出

CISC 通过强化指令系统的功能来发展改进指令系统，其结果必然导致机器的结构，特别是指令系统越来越复杂。因此，1975 年，IBM 公司就开始研究这么做是否合理。1979 年，D. Patterson 等人经研究认为 CISC 存在以下问题。

① 指令系统庞大，通常在 200 条以上。许多指令功能异常复杂，需要用多种寻址方式、指令格式和指令长度。完成指令的译码、分析和执行的控制器复杂，不利于自动化设计，不利于成本控制。

② 由于许多指令操作复杂，执行速度很慢，甚至不如用几条简单基本的指令组合实现。

③ 由于指令系统庞大，使用高级语言编译程序选择目标指令的范围太大，难以优化生成高效机器语言程序，编译程序也太长、太复杂。

④ 由于指令系统庞大，各种指令的使用频度都不高，且差别很大，其中相当一部分指令的利用率很低。有 80% 的指令仅在 20% 的运行时间里用到，不仅增加了机器设计人员的负担，也降低了系统的性能价格比。

2. 设计 RISC 的原则

针对 CISC 的上述问题，Patterson 等人提出了精简指令系统计算机的设想。通过精减指令来使计算机结构变得简单、合理、有效，并克服 CISC 结构的不足。他们提出了设计 RISC 机器应当遵循的以下原则。

① 确定指令系统时，只选择使用频度很高的那些指令，在此基础上增加少量能有效支持

操作系统和高级语言实现及其他功能的最有用的指令，让指令的条数大大减少，一般不超过100 条。

② 大大减少指令系统可采用的寻址方式的种类，一般不超过两种。简化指令的格式，使其也限制在两种之内，并让全部指令都具有相同的长度。

③ 让所有指令都在一个机器周期内完成。

④ 扩大通用寄存器的个数，一般不少于 32 个寄存器，以尽可能减少访存操作。所有指令中只有存、取指令才可访存，其他指令的操作一律都在寄存器间进行。

⑤ 为提高指令执行速度，大多数指令都采用组合逻辑控制实现，少数指令采用微程序实现。

⑥ 通过精简指令和优化设计编译程序，以简单有效的方式来支持高级语言的实现。

3. RISC 结构采用的基本技术

（1）遵循 RISC 的原则设计技术

在确定指令系统时，通过指令使用频度的统计，选取常用的基本指令，并增设一些对操作系统、高级语言、应用环境等支持最有用的指令，使指令数精简。在指令的功能、格式和编码上尽可能简化规整。让所有指令尽可能等长，寻址方式尽量统一成 1、2 种，指令的执行尽量安排在一个机器周期内完成。

（2）逻辑实现用组合逻辑和微程序结合的技术

用微程序解释机器指令有较强的灵活性和适应性，只要改写控制存储器内的微程序，就可以增加或修改机器指令。但是，反复从控制存储器取微指令是需要时间的，甚至无法满足 RISC 在一个时间周期内完成指令执行的要求。因此，让大多数的简单指令用组合逻辑实现、少数功能复杂的指令用微程序解释实现，是比较适合的。

（3）采用重叠寄存器窗口的技术

重叠寄存器窗口的基本思想是，在处理机中设置一个数量比较大的寄存器组，并把它划分成很多个窗口。每个子程序使用其中相邻的 3 个窗口和一个公共的窗口，而在这些窗口中，有一个窗口是与前一个子程序共用的，还有一个窗口是与下一个子程序共用的。与前一个子程序共用的窗口可以用来存放前一个子程序传送给本子程的参数，同时也存放本子程序传送给前一个子程序的计算结果。同样，与下一个子程序共用的窗口可以用来存放本子程序传送给下一个子程序的参数和存放下一个子程序传送给本子程序的计算结果。

图 3-17 是 RISC Ⅱ 中采用的重叠寄存器窗口，共有 138 个寄存器，分成 17 个窗口。其中，有一个由 10 个寄存器组成的窗口，是全局窗口，能被所有子程序访问；另外有 8 个窗口，每个窗口各 10 个寄存器，分别作为 8 个子程序的局部寄存器；还有 8 个窗口，每个窗口各有 6 个寄存器，是相邻两个子程序公用的，称为重叠寄存器窗口。每个子程序均可以访问 32 个寄存器，其中，10 个是所有子程序公用的全局寄存器，有 10 个是只供本子程序使用的局部寄存器，有 6 个是与上一个子程序公用的寄存器，还有 6 个是与下一个子程序公用的寄存器。

重叠寄存器窗口技术尽量让指令的操作在寄存器间进行，其好处是减少了访存操作，提高了指令执行速度，缩短了指令周期，简化了寻址方式和指令格式，减少了子程序切换过程中为保存调用方的现场、建立被调方新的现场以及返回时恢复调用方的现场等所需的辅助操作。

（4）指令的执行采用流水和延迟转移技术

RISC 的每条指令都安排在一个机器周期内完成，一条指令的所有操作都在寄存器间进行，因此可将本条指令的执行和后继指令的预取在时间上重叠，将从源寄存器读数、运算及运算结果打入目的寄存器三者之间用流水实现，这样可大大加快程序的执行速度。

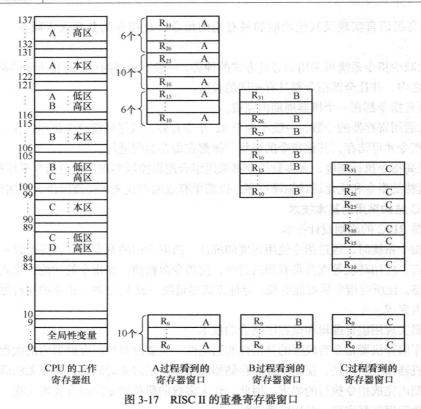

图 3-17　RISC Ⅱ 的重叠寄存器窗口

但是，一旦正在执行的指令是无条件转移指令或者是条件转移指令且转移成功，则重叠方式预取的后继指令就应作废。这实际上浪费了存储器的访问时间，相当于转移需要 2 个机器周期，增大了辅助开销。为此，可采用延迟转移的思想。其方法是将转移指令与其前面的一条指令对换位置，让成功转移总是在紧跟的指令被执行之后发生，从而使预取的指令不作废，可以节省一个机器周期。

（5）优化设计编译系统

由于 RISC 大量使用寄存器，因此编译程序必须尽可能地进行优化，以合理地分配寄存器，减少访存次数，提高寄存器的使用效率。常规的优化手段包括消去公用的子表达式、将常数移到循环体外，简化局部变量和工作变量的中间传递，调整指令的执行顺序，等等。

例如，假设 A、A+1、B、B+1 为主存单元，以下指令序列：

MOV AX, A

MOV B, AX

MOV AX, A+1

MOV B+1, AX

实现的是将 A 和 A+1 单元的内存分别转存到 B 和 B+1 单元。设 1 个机器周期只能完成 1 次访存操作，由于上述指令序列取、存交替，无法流水，以及寻址方式不允许在两个主存单元之间直接传送数据，因此只能借助寄存器，用 4 个机器周期来完成上述操作。

如果通过编译调整其指令序列成为：

MOV AX, A

MOV BX, A+1

MOV B, AX

MOV B+1, BX

则将这 4 条指令流水执行，显然速度将提高一倍。

4. RISC 技术的优势与不足

采用 RISC 结构后可以带来如下明显的好处。

① 简化指令系统设计，适合 VLSI 实现。由于指令数少，寻址方式简单，指令格式规整划一，与 CISC 结构相比，控制器的译码和执行硬件相对简单，因此在 VLSI 芯片中用来实现控制器这部分所占的比例显著减小，从而可以扩大寄存器数或 Cache，提供芯片性能，增强芯片的规整性。

② 提高机器的执行速度和效率。指令系统的精简可加快指令的译码。控制器的简化可以缩短指令的执行延迟。访存次数的减少可以提高程序执行的速度。采用重叠寄存器窗口技术减少和避免了子程序调用时参数的保存和传递。指令字长规整统一，适合流水处理。所有这些都可以提高机器的速度。

③ 降低设计成本，提高了系统的可靠性。采用相对精简的控制器，缩短了设计周期，减少了设计错误和产品设计被作废的可能性，这些都会使设计成本降低，系统的可靠性提高。

④ 可以提供直接支持高级语言的能力，简化编译程序的设计。指令总数的减少，缩小了编译过程中对功能类似的机器指令进行选择的范围，减少了对各种寻址方式的选择、分析和变换的负担，不用进行指令格式的转换，易于更换或取消指令，所有指令等长且在一个机器周期内完成，使得编译程序易于调整指令顺序，有利于代码优化，简化编译，缩短编译程序的长度。

RISC 结构也存在某些不足和问题，主要是：

① 由于指令少，使原在 CISC 上由单一指令完成的某些复杂功能现在需要用多条 RISC 指令才能完成，这实际上加重了汇编语言程序员的负担，增加了机器语言程序的长度，从而占用了较大的存储空间，加大了指令的信息流量。

② 对浮点运算和虚拟存储器的支持虽有很大加强，但仍不够理想。

③ 相对来说，RISC 机器上的编译程序要比 CISC 机器上的难写。

3.4.3　Intel 80x86 指令集的发展

Intel 80 × 86 指令集只定义了一系列基本指令，包括数据传送类、算术逻辑运算类、程序控制类、输入/输出类、串操作类等指令。这些指令只能满足基本的应用需求。为了增强 CPU 的多媒体及 Internet 等的处理能力，Intel 不断地扩展指令集。经过几十年的发展，目前已经形成了 MMX、SSE、SSE2、SSE3 及 SSE4 等扩展指令集。我们通常将它们合称为 "Intel 80x86 指令集"。

1. MMX 指令集

MMX（Multi Media eXtension，多媒体扩展指令集）指令技术是 Intel 公司于 1996 年推出的一项多媒体指令增强技术，该指令集中有 57 条多媒体指令，包括算术指令、比较指令、转换指令、逻辑指令、移位指令、数据传送指令及清除 MMX 状态指令等。通过这些指令可以一次处理多个数据，在处理结果超过实际处理能力的时候也能进行正常处理，在软件的配合下，可以得到更高的性能。MMX 指令通过共享浮点运算部件完成多媒体信息的处理，通过使用别名的办法借用浮点运算单元的 8 个 64 位宽的浮点寄存器来存放多媒体数据，有效地增强了 CPU 处理音频、图像和通信等多媒体应用的能力。但是 MMX 指令集与 x87 浮点运算指令不能够同时执行，必须做密集式的交错切换才可以正常执行，这种情况会造成整个系统运行质量的下降。

2. SSE 指令集

SSE（Streaming SIMD Extensions，单指令多数据流扩展）指令集是 Intel 在 Pentium III 处理器中率先推出的。SSE 指令集中包括了 70 条指令，其中包含提高 3D 图形运算效率的 50 条 SIMD（单指令多数据技术）浮点运算指令、12 条 MMX 整数运算增强指令、8 条优化内存中连续数据块传输指令。理论上这些指令对图像处理、浮点运算、3D 运算、视频处理、音频处理等诸多多媒体应用起到全面强化的作用。SSE 指令与 AMD 的 3DNow! 指令互不兼容，但 SSE 包含了 3DNow! 技术的绝大部分功能，只是实现的方法不同。SSE 兼容 MMX 指令，它可以通过 SIMD 和单时钟周期并行处理多个浮点数据来有效地提高浮点运算速度。

3. SSE2 指令集

SSE2（Streaming SIMD Extensions 2，SIMD 流技术扩展 2 或数据流单指令多数据扩展指令集 2）指令集是 Intel 公司在 SSE 指令集的基础上发展起来的。相比于 SSE，SSE2 使用了 144 个新增指令，扩展了 MMX 技术和 SSE 技术，这些指令提高了广大应用程序的运行性能。随 MMX 技术引进的 SIMD 整数指令从 64 位扩展到了 128 位，使 SIMD 整数类型操作的有效执行率成倍提高。双倍精度浮点 SIMD 指令允许以 SIMD 格式同时执行两个浮点操作，提供双倍精度操作支持，有助于加速内容创建、财务、工程和科学应用。除 SSE2 指令之外，最初的 SSE 指令也得到增强，通过支持多种数据类型（例如，双字和四字）的算术运算，支持灵活且动态范围更广的计算功能。SSE2 指令可让软件开发人员极其灵活地实施算法，并在运行诸如 MPEG-2、MP3、3D 图形等相关软件时增强性能。Intel 是从 Willamette 核心的 Pentium 4 开始支持 SSE2 指令集的，而 AMD 则是从 K8 架构的 SledgeHammer 核心的 Opteron 才开始支持 SSE2 指令集的。

4. SSE3 指令集

SSE3（Streaming SIMD Extensions 3，SIMD 流技术扩展 3 或数据流单指令多数据扩展指令集 3）指令集是 Intel 公司在 SSE2 指令集的基础上发展起来的。相比于 SSE2，SSE3 在 SSE2 的基础上又增加了 13 个额外的 SIMD 指令，主要是对水平式暂存器整数的运算，可对多笔数值同时进行加法或减法运算，令处理器能大量执行 DSP 及 3D 性质的运算。此外，SSE3 更针对多线程应用进行最佳化，使处理器原有的 Hyper-Theading 功能获得更佳的发挥。这些新增指令强化了处理器在浮点数转换至整数、复杂算法、视频编码、SIMD 浮点寄存器操作以及线程同步等五个方面的表现，最终达到提升多媒体和游戏性能的目的。Intel 是从 Prescott 核心的 Pentium 4 开始支持 SSE3 指令集的，而 AMD 则是从 2005 年下半年 Troy 核心的 Opteron 才开始支持 SSE3 的。但是需要注意的是，AMD 所支持的 SSE3 删除了针对 Intel 超线程技术优化的部分指令。

5. SSE4 指令集

SSE4 指令集是自最初 SSE 指令集架构（ISA）推出以来添加的最大指令集，扩展了 Intel64 指令集架构，提升了英特尔处理器架构的性能，被视为自 2001 年以来最重要的多媒体指令集架构改进。SSE4 指令集除了将延续多年的 32 位架构升级至 64 位之外，还加入了图形、视频编码处理、三维成像及游戏应用等众多指令，使得处理器在音频、图像、数据压缩算法等多方面的性能大幅度提升。与以往不同的是，Intel 将 SSE4 分为了 4.1 和 4.2 两个版本。

SSE 4.1 版本的指令集增加了 47 条指令，主要针对向量绘图运算、3D 游戏加速、视频编码加速及协同处理的加速。在应用 SSE4 指令集后，45 纳米 Penryn 核心额外提供了 2 个不同的 32 位向量整数乘法运算支持，并且在此基础上还引入了 8 位无符号最小值和最大值以及 16 位、32 位有符号和无符号的运算，能够有效地改善编译器编译效率，同时提高向量化整数和单精度运算的能力。另外，SSE 4.1 还改良了插入、提取、寻找、离散、跨步负载及存储等动作，保证了向量运算的专一化。SSE 4.1 还加入了 6 条浮点型运算指令，支持单、双精度的浮点运算及浮点产生操作。其中 IEEE 754 指令可实现立即转换运算路径模式，大大减少延迟，保证数据运算通道的畅通。而这些改变，对于进行 3D 游戏和相关的图形制作具有相当深远的意义。除此之外，SSE 4.1 指令集还加入了串流式负载指令，可提高图形帧缓冲区的读取数据频宽，理论上可获取完整的缓存行，即一次性读取 64 位而非原来的 8 位，并可保持在临时缓冲区内让指令最多带来 8 倍的性能提升。对于图形处理器与中央处理器之间的数据共享起到重要作用。

Intel 从 LGA 1366 平台的 Core i7-900 系列处理器开始支持 SSE 4.2 指令集，主要针对字符串和文本处理指令应用。新增的 7 条指令中有面向 CRC-32 和 POP Counts，也有特别针对 XML 的流式指令。SSE 4.2 指令集可以将 256 条指令合并在一起执行，让类似 XML 的工作性能得到数倍的性能提升。SSE 4.2 指令集可再细分为 STTNI 及 ATA 2 个组别。STTNI 主要是加速字符串及文本处理，例如 XML 应用进行高速查找及对比，相较于以软件运算，SSE 4.2 提供约 3.8 倍的速度，节省 2.7 倍指令周期，对服务器应用有显著的效能改善。而 ATA 则用作数据库中加速搜索和识别，其中 POPCNT 指令对于提高快速匹配和数据挖掘上有很大帮助，能应用于 DNA 基因配对及语音辨识等。此外，ATA 亦提供硬件的 CRC32 硬件加速，可用于通信应用上，支持 32 Bit 及 64 Bit，较软件运算高出至少 6 倍。Intel 发布的 Lynnfield 核心 i7、i5 处理器依然保留了完整的 SSE 4.2 指令集，使 CPU 在多媒体应用和 XML 文本的字符串操作、存储校验 CRC32 等方面有明显的性能提升，并没有因为市场定位而对指令集进行缩减。

3.5 本章小结

指令系统是软、硬件的主要界面，是计算机组成与结构都必须重点研究的内容。本章详细介绍了指令系统的设计原则、步骤和具体的方法，包括指令的功能分配、指令字长和格式设计。寻址方式是理解本章的关键，因此本章深入介绍了常用的 10 多种寻址方式，包括立即寻址、存储器直接寻址、存储器间接寻址、寄存器直接寻址、寄存器间接寻址、变址寻址、基址寻址、相对寻址、页面寻址等。在此基础之上，本章以 Intel 80x86 指令集为蓝本，分门别类地介绍了各种常用的指令。最后，本章深入讨论了指令系统的两种不同的改进方案——CISC 和 RISC，这将更有助于读者对指令系统的重要性的理解。

习 题 3

1. 选择题

（1）程序员编写程序时使用的地址是（　　　）。

    A. 有效地址　　　　B. 逻辑地址　　　　　C. 辅存实地址　　　　D. 主存地址

（2）指令系统中采用不同寻址方式的目的主要是（　　　）。

    A. 降低指令译码难度

    B. 缩短指令字长，扩大寻址空间，提高编程灵活性

    C. 实现程序控制

    D. 降低控制器的设计难度

（3）下列数据存储空间为隐含寻址方式的是（　　）。

　　　A. CPU 中的通用寄存器　　　　　　　　B. 主存储器

　　　C. I/O 接口中的寄存器　　　　　　　　D. 堆栈

（4）零地址运算指令在指令中不给出操作数地址，它的操作数来自（　　）。

　　　A. 立即数　　　　B. 暂存器　　　　C. 堆栈　　　　D. 输入设备

（5）二地址指令中，操作数的物理位置可安排在（　　）。（本题是多项选择题）

　　　A. 两个主存单元　　　　　　　　　　　B. 两个寄存器

　　　C. 一个主存单元和一个寄存器　　　　　D. 栈顶和次栈顶

（6）操作数在寄存器中的寻址方式称为（　　）寻址。

　　　A. 直接　　　　B. 寄存器直接　　　　C. 寄存器间接　　　　D. 基址

（7）寄存器间接寻址中，操作数在（　　）中。

　　　A. 通用寄存器　　　B. 堆栈　　　　C. 主存单元　　　　D. 指令

（8）变址寻址主要的作用是（　　）。

　　　A. 支持程序的动态再定位　　　　　　　B. 支持访存地址的越界检查

　　　C. 支持向量、数组的运算寻址　　　　　D. 支持操作系统中的程序调试

（9）基址寻址方式中，操作数的有效地址是（　　）。

　　　A. 基址寄存器的内容+形式地址

　　　B. 程序计数器的内容+形式地址

　　　C. 变址寄存器中的内容+形式地址

　　　D. 基址寄存器的内容，不加形式地址

（10）在堆栈寻址方式中，设 AX 为累加器，SP 为堆栈指针寄存器，Msp 为 SP 指向的栈顶单元，如果入栈操作的动作顺序是(SP)-1→SP, (AX)→Msp，那么出栈操作的动作顺序应为（　　）。

　　　A. (Msp)→AX, (SP)+1→SP　　　　　　B. (SP)+1→SP, (AX)→Msp

　　　C. (SP)-1→SP, (AX)→Msp　　　　　　D. (Msp)→AX, (SP)-1→SP

（11）程序控制类指令的功能是（　　）。

　　　A. 进行主存和 CPU 之间的数据传送

　　　B. 进行 CPU 与外部设备之间的数据传送

　　　C. 改变程序执行的顺序

　　　D. 控制硬件的启停顺序

（12）指令的寻址方式有顺序和跳跃两种，采用跳跃寻址方式可以实现（　　）。

　　　A. 程序从外存装入内存

　　　B. 程序从物理内存转换到虚拟内存

　　　C. 程序的条件转移和无条件转移

　　　D. 以上全部不正确

（13）指令执行时所需的操作数不可能来自（　　）。

　　　A. 控制存储器 CM　　　B. 指令本身　　　C. 寄存器　　　D. 主存储器

（14）如果采用一地址格式来表示双操作数运算指令，那么另一个操作数通常隐含在（　　）中。

　　　A. 累加器　　　　B. 通用寄存器　　　C. 暂存器　　　　D. 堆栈的栈顶单元

（15）（　　）方式有利于编制循环程序。

　　A．基址寻址　　　　　B．相对寻址　　　　C．变址寻址　　　　D．寄存器间址

（16）堆栈指针 SP 的内容是（　　　）。

　　A．栈顶地址　　　　　B．栈顶内容　　　　C．栈底地址　　　　D．栈底内容

（17）一地址格式的指令（　　　）。

　　A．只能对单操作数进行加工处理

　　B．只能对双操作数进行加工处理

　　C．既能对单操作数进行加工处理，也能对双操作数进行运算

　　D．无双操作数的加工功能

（18）零地址格式的指令可选的寻址方式是（　　　）。

　　A．立即寻址　　　　　B．间接寻址　　　　C．堆栈寻址　　　　D．寄存器寻址

（19）在 Intel 80x86 指令集中，（　　　）指令不是数据传送指令。

　　A．MOV　　　　　　B．XCHG　　　　　C．PUSH　　　　　D．ADD

（20）在 Intel 80x86 指令集中，（　　　）指令是单操作数运算指令。

　　A．NOT　　　　　　B．AND　　　　　　C．OR　　　　　　D．XOR

（21）以下有关精简指令系统计算机（RISC）的描述，不正确的是（　　　）。

　　A．RISC 在确定指令系统时，只选择使用频度很高的那些指令

　　B．RISC 大大减少指令的寻址方式种类，一般不超过两种

　　C．RISC 让所有指令都在若干个机器周期内完成

　　D．RISC 大多数指令都采用组合逻辑控制实现，只有少数指令采用微程序实现

（22）动态使用频度是指（　　　）。

　　A．源程序中指令或指令串使用频度

　　B．目标程序执行中指令或指令串的使用频度

　　C．程序中指令或指令串使用频度

　　D．源/目标程序执行中指令或指令串的使用频度

（23）按使用频度思想改进指令系统，对高频指令串应（　　　）。

　　A．取消　　　　　　　　　　　　　B．用新指令取代

　　C．用新指令串取代　　　　　　　　D．合并到其他指令串中去

（24）在 CISC 方向上，面向操作系统 OS 优化指缩短（　　　）的语义差距。

　　A．操作系统与汇编程序　　　　　　B．操作系统与编译程序

　　C．操作系统与硬件系统　　　　　　D．操作系统与系统结构

（25）在以下选项中，（　　　）不属于 RISC 的技术。

　　A．把使用频度较低的指令（约 20%）改用基本指令编程实现

　　B．指令的执行采用重叠寄存器窗口技术，减少访存操作

　　C．指令的执行采用流水和延迟转移技术

　　D．增设复合指令且由微程序解释实现，以取代原来由子程序实现的功能

2．判断题

要求：如果正确，请在题后括号中打"√"，否则打"×"。

（1）所谓指令系统，就是一台计算机所能执行的各种不同类型的指令的总和，即一台计算机所能执行的全部操作。　　　　　　　　　　　　　　　　　　　　　　（　　　）

（2）在指令系统中，不同功能的指令的操作码是允许相同的。　　　　　　（　　　）

（3）指令字长与机器字长通常是相等的。　　　　　　　　　　　　　　（　　）

（4）每条指令都要隐含约定或明确指出后续指令地址，除非是主程序最后一条指令。（　　）

（5）一地址格式的指令只给出了一个操作数地址，因此只能表示单操作数运算。（　　）

（6）在立即寻址方式中，指令中的立即数表示操作数的值，不表示存放位置。（　　）

（7）如果一条指令是双操作数指令，则其中的两个操作数必须采用相同的寻址方式。（　　）

（8）在一条双操作数指令中，源操作数和目的操作数都可以是立即数。　（　　）

（9）在存储器间接寻址方式中，至少要访问两次主存才能获得一个操作数的值。　（　　）

（10）在变址寻址方式中，指令中的形式地址提供基准量，其位数足以指向整个主存，而变址寄存器只提供修改量，其位数可以较短。　　　　　　　　　　　　　　　　　　　（　　）

（11）在基址寻址方式中，由基址寄存器提供基准量，其位数应足以指向整个主存，而指令中的形式地址提供位移量，其位数往往较短。　　　　　　　　　　　　　　　　　　（　　）

（12）相对寻址方式可以实现"与地址无关的程序设计"。　　　　　　　　（　　）

（13）Intel 8086 使用传送类指令 MOV 实现输入/输出操作。　　　　　　（　　）

（14）CISC 通过强化指令系统的功能来发展和改进指令系统，它带来的好处是使得机器的结构，特别是指令系统越来越简单。　　　　　　　　　　　　　　　　　　　　　（　　）

（15）所谓特权指令，是指具有特殊权限的指令，只能用于操作系统或其他的系统软件，一般不直接提供给用户程序使用。　　　　　　　　　　　　　　　　　　　　　　　（　　）

3．应用题

（1）已知某计算机的指令字长为 16 位，其中操作码为 4 位，地址码为 6 位，有二地址和一地址两种格式。试问：① 二地址指令最多可以有多少条？② 一地址指令最多可以有多少条？

（2）假设某台计算机的指令字长为 20 位，有双操作数、单操作数和无操作数 3 类指令形式，每个操作数地址均为 6 位。已知现在有 m 条双操作数指令、n 条无操作数指令，试问：最多可以设计出多少条单操作数指令？（给出计算公式）

（3）依据操作数所在的位置，指出所采用的寻址方式：

① 操作数在寄存器中；

② 操作数的地址在通用寄存器中；

③ 操作数在指令中；

④ 操作数的地址在指令中；

⑤ 操作数的地址的地址在指令中；

⑥ 操作数为栈顶元素；

⑦ 操作数的地址为寄存器的内容与位移量之和，其中寄存器分别为基址寄存器、变址寄存器和程序计数器。

（4）指定寄存器 R_0 的内容为 2001H，已知某主存储器部分单元的地址码与存储单元的内容对应关系如下。

地址	存储内容
2000H	3BA0H
2001H	1200H
2002H	2A01H
2003H	1005H
2004H	A236H

① 若采用寄存器间址方式读取操作数，则操作数为多少？

② 若采用自减型寄存器间址方式读取操作数，则操作数为多少？指定寄存器中的内容为多少？

③ 若采用自增型寄存器间址方式读取操作数，则操作数为多少？指定寄存器中的内容为多少？

④ 指令中给出形式地址 D=3H，若采用变址寻址方式读取操作数，则操作数为多少？

（5）已知堆栈指针寄存器 SP 的内容是 100H，栈顶内容是 1000H，一条采用直接寻址的双字长子程序调用指令位于存储器地址 2000H 和 2001H，2001H 的内容是地址字段，内容为 3000H。求出以下情况下，PC、SP 和栈顶内容。

① 子程序调用指令读取之前；

② 子程序调用指令执行之后；

③ 从子程序返回之后。

第 4 章
控制器

总体要求

- 掌握控制器的基本功能、组成及分类
- 理解时序系统及其控制方式
- 理解 CPU 内外数据通路结构
- 理解 CPU 内外的信息传送过程及其微命令设置
- 理解指令执行的基本步骤和指令周期的概念
- 理解指令流程
- 掌握组合逻辑控制器和微程序控制器的基本原理及其组成
- 了解微指令的编码方式、微地址的形成方式及微指令格式
- 了解 CPU 的内部组成发展历程

相关知识点

- 熟悉计算机的五大功能部件及其关系
- 熟悉指令的功能与类型
- 熟悉各种寻址方式

学习重点

- 时序控制与信息传送
- 指令的执行流程
- 两种控制器的基本原理及其组成

控制器是计算机硬件系统的指挥中心，其作用是向整机每个部件（包括控制器本身）提供协同工作所必需的控制信号。其功能和组成将主要体现在指令的执行过程之中。因此，要想全面理解控制器的组成和实现原理，就必须首先了解计算机各部件的连接方式，特别是 CPU 内外的数据通路结构，然后从信息传送的角度去理解指令和数据在计算机各功能部件之间的流动的时空关系，之后还要深入理解指令的执行步骤。

4.1　控制器的功能、组成及类型

4.1.1　控制器的功能

计算机硬件系统由运算器、控制器、存储器、输入设备和输出设备共 5 个部件组成，最核心

的功能就是提供连续执行程序指令的能力。其中，控制器是整个硬件系统的指挥中心，其基本功能是向整机系统的每个部件（包括控制器本身）提供它们协同工作所必需的控制信号，它必须依据当前正在执行的指令和该指令所处的执行步骤来形成控制信号，并把这些控制信号定时传送给相关部件。

这些控制信号用来控制各种信息（包括指令本身、操作数、状态数据、控制命令等）在 CPU、总线、内存、I/O 接口等设备之间传递，完成指令的读取、分析和执行处理，完成操作数、操作数的地址、运算结果、状态数据等信息的读取、传送、写入、输入和输出等操作。

4.1.2　控制器的组成

控制器由寄存器、指令译码器、地址形成部件、微命令产生部件、时序系统和中断控制逻辑部件等 6 部分组成，如图 4-1 所示。其中，指令译码器 ID 对来自指令寄存器 IR 中的操作码进行分析、解释，产生相应的译码信号。地址形成部件根据指令的不同寻址方式，形成操作数的有效地址并送入地址寄存器 MAR。中断控制逻辑用来控制中断处理。下面着重介绍寄存器、微命令产生部件和时序系统的相关情况。

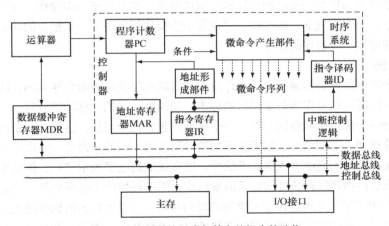

图 4-1　控制器的组成与其在整机中的地位

1. 寄存器

控制器使用的寄存器都是专用寄存器，由指令寄存器 IR、程序计数器 PC、地址寄存器 MAR 等组成。

其中，指令寄存器 IR 用来存放当前正在执行的指令，它的输出包含操作码信息、地址信息等，是产生微命令的主要逻辑依据。为了提高读取指令的速度，常在主存的数据缓冲寄存器和指令寄存器之间建立直接传送通路，指令从主存取出后经数据寄存器，沿直接通路快速送往 IR。为了提高读指令的衔接速度，支持流水线操作，现代计算机都将指令寄存器扩充为指令队列或指令栈，允许预取若干条指令。

程序计数器 PC 用来指示指令在存储器中的存放位置，当程序按顺序执行时，每次从主存取出一条指令，PC 内容就增量计数，指向下一条指令的地址。增量值取决于现行指令在主存中所占用的存储单元数，如果现行指令只占一个存储单元，则 PC 内容加 1；若占两个存储单元，则 PC 内容加 2。因此，当现行指令执行完时，PC 中存放的总是后继指令的地址。当程序不是按顺序执行时，若现行指令是跳转指令，则该指令一定包含了跳转之后将要执行的指令地址，直接将该地址送入 PC，即可指向跳转之后将要执行的目的指令。

地址寄存器 MAR 用来存放 CPU 要访问的主存单元的地址。当需要读取指令时，CPU 先将程序计数器 PC 的内容送入 MAR，再由 MAR 将指令地址送往主存。当需要读取或存放操作数时，CPU 也要先将该数据的有效地址送入 MAR，再送往主存。

2. 微命令产生部件

从用户的角度来看，计算机的工作体现为指令序列的连续执行；从内部实现机制来看，指令的读取和执行又体现为信息的传送，相应地，在计算机中形成控制流与数据流这两大信息流。实现信息传送要靠微命令的控制。微命令是最基本的控制信号，是直接作用于部件或控制门电路的控制信号。

因此，在 CPU 中设置微命令产生部件，根据控制信息产生微命令序列，对指令功能所要求的数据传送进行控制，在数据传送至 ALU 时控制完成运算处理。

由于一条指令往往需要分步执行，例如一条定点乘法指令就划分为取指令、取源操作数（被乘数）、取目的操作数（乘数）、执行运算操作、存放运算结果等几个操作阶段；每个阶段又可再划分成若干步操作，这就要求微命令也能分步产生。

因此微命令产生部件在一段时间内发出一组微命令，控制完成一步操作，在下一段时间内又发出一组微命令，控制完成下一步操作。完成若干步操作便实现了一条指令的功能，而实现若干条指令的功能即完成一段程序的任务。

3. 时序系统

因为微命令产生部件是根据指令的操作步骤按时间顺序发送微命令序列的，因此，计算机系统必须设置统一的时间信号作为分步执行的标志，如周期、节拍、脉冲信号等。

节拍是执行一步操作所需要的时间，一个周期可包含几个节拍。这样，一条指令在执行过程中，根据不同的周期、节拍信号，就能在不同的时间发出不同的微命令，完成不同的操作。

脉冲是代表二进制的高电平或低电平信号，通常规定高电平表示"1"，低电平表示"0"。由于脉冲信号可能会因物理线路长度的延长而衰减或因周围环境的干扰而失真，因此可以用脉冲的有无来表示"1"和"0"。又因脉冲信号维持的时间很短，所以经常利用脉冲的上升边沿或下降边沿来表示某一时刻，可用来实现那些需要严格的定时控制操作。例如，在某个时刻将数据打入某个寄存器；或者在某个时刻结束当前周期的操作，转入下一个周期。

周期、节拍、脉冲等信号称为时序信号，产生时序信号的部件称为时序信号发生器或时序系统。它由一个振荡器和一组计数分频器组成。振荡器是一个脉冲源，输出频率稳定的时钟脉冲，为 CPU 提供时钟基准信号。时钟脉冲经过一系列计数分频，产生所需要的节拍信号或持续时间更长的工作周期（机器周期）信号。

4.1.3　控制器的类型

控制器的主要任务是根据不同的指令代码（如操作码、寻址方式、寄存器号）、不同的状态条件（如 CPU 内部的程序状态字、外部设备的状态），在不同的时间（如周期、节拍、脉冲等时序信号），产生不同的控制信号，以便控制计算机的各部件协调地进行工作。控制器的核心是微命令产生部件。按照该部件形成微命令方式的不同，控制器通常分为组合逻辑型、存储逻辑型及组合逻辑与存储逻辑结合型三种。

1. 组合逻辑型

采用组合逻辑控制方式的控制器称为组合逻辑控制器，该方式采用组合逻辑技术实现。因为每个微命令的产生都需要一定的逻辑条件和时间条件，将条件作为输入，产生的微命令作为输出，则二者之间可用逻辑表达式进行表示，且可用逻辑电路实现。对于每种微命令都需要一组逻辑电路，将所有微命令所需的逻辑电路联合在一起就构成了组合逻辑型的微命令形成部件；当执行指令时，该组合逻辑电路在相应时间发出微命令来控制相应的操作。这种方式即为组合逻辑控制方式。

组合逻辑控制器具有速度快的优势，但是微命令发生器的结构不规整，使得设计、调试、维修较困难，难以实现设计自动化。该方式控制器受到微程序控制器的强烈冲击，但是为了追求高速度，目前一些巨型机和 RISC 机仍采用组合逻辑控制器。

2. 存储逻辑型

采用微程序控制方式的控制器称为微程序控制器，该方式采用存储逻辑实现。一条机器指令执行时往往会分成几步，将每一步操作所需的若干微命令以编码形式编入一条微指令中，若干条微指令组成一段微程序，对应一条机器指令。在设计 CPU 时，根据指令系统的需要，事先编制好各段微程序，将它们存放在控制存储器 CM 中，微命令则由微指令译码而成，这种方式即为微程序控制方式。

微程序控制方式与组合逻辑控制方式不同，不是由组合逻辑电路产生的，它增加了一级控制存储器，每条指令的执行都意味着若干次存储器的读操作，所以指令的执行速度较组合逻辑控制器慢。对于不同的指令系统，对应的各段微程序不同，但是只需改变 CM 的内容和容量即可，无须改变结构，所以它具有设计规整，易于调试、维修以及更改、扩充指令方便的优势，易于实现自动化设计。因而，微程序控制器成为当前控制器的主流。

3. 组合逻辑与存储逻辑结合型

采用组合逻辑与存储逻辑结合方式的控制器称为 PLA 控制器。这种控制器是通过吸收组合逻辑控制方式和微程序控制方式这两种方式的设计思想实现的。PLA 控制器实际上也是一种组合逻辑控制器，但是与常规的组合逻辑控制器不同，它采用可编程逻辑阵列 PLA 实现。PLA 电路是由一个"与"门阵列和一个"或"门阵列构成的，可以实现一个多变量组合逻辑电路。指令译码、时序信号及各部件的反馈信息作为 PLA 的输入，PLA 的某一输出函数即为对应的微命令。

4.2　时序控制与信息传送

微命令产生部件根据时序系统生成的时序信号，定时地送出微命令序列，以控制计算机的各部件协同工作，实现各种信息流（包括指令、操作数、地址、状态码等）在各部件之间传送。因此，如何使用时序信号对信息传递过程进行控制是实现控制器的关键。本节将重点介绍时序控制方式和信息传送过程。

4.2.1　时序系统的组成

典型的时序系统是由晶体振荡器、启停控制逻辑、工作脉冲信号发生器、时钟周期信号发生器及工作周期信号发生器等组成的，如图 4-2 所示。

其中，晶体振荡器是整个时序系统的脉冲源，输出频率稳定的主振脉冲，也称为时钟脉冲，为 CPU 提供时钟基准信号。时钟脉冲经过一系列计数分频处理，产生所需的工作周期信号或时钟周期信号。时钟脉冲与周期、节拍信号及有关控制条件相结合，可以产生所需的各种工作脉冲。

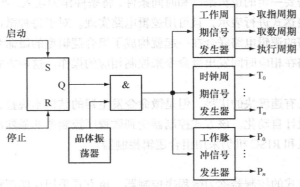

图 4-2　时序系统组成框图

因为机器加电后振荡器开始振荡，但当 CPU 启动或停机时有可能与振荡器不同步，导致产生的脉冲信号不完整，因此有必要设置一套启停控制逻辑，保证可靠地送出完整的脉冲信号。启停控制逻辑在加电时产生一个复位信号（RESET），对计算机中的有关部件进行初始化。

工作周期信号发生器根据指令执行的操作步骤产生工作周期信号。一条指令的执行过程通常划分为取指令、取操作数和执行等步骤，因此一条指令的工作周期就划分为取指令周期、取操作数周期和执行周期三个周期。在一个工作周期内，机器硬件能完成一个完整的操作任务，因此工作周期也常称为机器周期。

时钟周期信号发生器根据硬件完成一个最基本的操作所需的时间来产生时钟周期信号，该信号也称为节拍周期信号。例如，把 CPU 内部某个寄存器的内容传送给另一个寄存器所需的时间作为时钟周期。为了让机器硬件有足够的时间来完成一些复杂的操作任务，我们可以定义一个工作周期为若干时钟周期的总数。

工作脉冲信号发生器通常在时钟周期结束时产生工作脉冲信号，该信号也称为节拍脉冲，通常作为触发器的打入脉冲与时钟周期相配合完成一次数据传送。

【例 4-1】设 A 机器的主频为 8 MHz，每个机器周期包含 4 个时钟周期，且该机的平均指令执行速度是 0.4 MIPS，试求该机的机器周期为多少 μs，平均指令执行时间为多少 μs，每个指令周期含几个机器周期。

解：根据 A 机器的主频为 8 MHz，得时钟周期为 1/8M=0.125（μs）。

（1）机器周期=0.125×4=0.5（μs）。

（2）平均指令执行时间是 1÷0.4M=2.5（μs）。

（3）每个指令周期含 2.5÷0.5=5 个机器周期。

4.2.2　时序控制方式

在微命令的形成逻辑中引入时序信号之后，当指令的执行需要分步进行时，控制器只需要按时序信号定时地送出微命令序列，就可以使指令的各步操作在不同的时间段中有序地完成。时序控制方式就是指机器操作与时序信号之间的关系。根据是否有统一的时钟信号，时序控制方式分为同步控制方式、异步控制方式及联合控制方式。

1. 同步控制方式

所谓同步控制方式，就是在指令执行过程中各步微操作的完成都由统一基准时序信号来控制，也就是说，系统中有一个统一的时钟，所有的控制信号均来自这个统一的时钟信号。一个时序信号结束就意味着所对应操作完成，当下一个时序信号来临时即意味着开始执行下一步的对应操作或自动转向下条指令的运行。

由于指令的繁简程度不同，完成功能不同，所对应的微操作序列的长短及各微操作执行的时间也会有差异，所以典型的同步控制方式以最复杂的指令和执行时间最长的微操作的时间作为统一的时序标准，将一条指令执行过程划分为若干相对独立的阶段（工作周期或机器周期），每个阶段再划分成若干个节拍（时钟周期），采用完全统一的周期或节拍来控制各条指令的执行。

采用同步控制方式，时序关系简单，划分规整，控制不复杂，控制部件在结构上易于集中，设计方便，但是在时间上安排不合理，对时间的利用不经济，因为对于较为简单的指令，将有很多节拍处于等待状态，并没有利用。因此，同步控制方式主要应用于 CPU 内部、其他部件或设备内部、各部件或设备之间传送距离不长、工作速度差异不大或传送所需的时间较为固定的场合。

在实际应用中，通常采用某些折中方案，常见的有以下几种。

（1）采用中央控制与局部控制相结合的方法

根据大多数指令的微命令序列的情况，设置一个统一的节拍数，使大多数指令均能在统一的节拍内完成，将这个统一的节拍称为中央控制。对于少数在统一节拍内不能完成的指令，则采用延长节拍或增加节拍数，使操作在延长的节拍内完成，执行完毕后再返回中央控制。我们将在延长节拍内的控制称为局部控制。如图 4-3 所示，假设有 8 个中央节拍，T_7 结束之前，若相应的操作还未结束，则在 T_7 和 T_8 之间加入延长节拍 T_7'，直到操作结束。

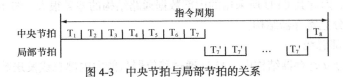

图 4-3　中央节拍与局部节拍的关系

（2）采用不同机器周期和延长节拍的方法

将一条指令的执行过程划分为若干个机器周期，如取指令周期、取数周期、执行周期等，根据执行指令的需要，选取不同的机器周期数。在节拍的安排上，每个周期划分为固定的节拍，每个节拍可根据需要延长一个节拍。采用这种方式可以解决执行不同指令所需时间不统一的问题。

（3）采用分散节拍的方法

所谓分散节拍，是指运行不同指令的时候，需要多少节拍，时序部件就产生多少节拍。采用这种方法的优点是可以完全避免节拍轮空，是提高指令运行速度的有效方法。但是该方法会使时序部件复杂化，同时还不能解决节拍内简单的微操作因等待而浪费时间的问题。

2. 异步控制方式

所谓异步控制方式，是指按照指令所对应的操作数目及每个操作的繁简来分配相应的时间，即需要多少时间就分配多少时间，而不采用统一的周期、节拍等时序信号控制。各操作之间采用应答方式进行衔接，通常由前一个操作完成时产生的"结束"信号或者是由下一个操作的执行部件产生的"就绪"信号作为下一个操作的"起始"信号。由于异步控制方式没有集中统一的时序信号形成和控制部件，有关的"结束"、"就绪"等信号的形成和控制电路是分散在各功能部件中的，所以该方式也被称为分散控制方式、局部控制方式或可变时序控制方式。

异步控制方式没有固定的周期和节拍及严格的时钟同步，完全按照需要进行时间的分配，解决了同步控制方式中时间利用不合理的缺点，所以具有时间利用率高、机器效率高的优点。但是采用这种方式实现起来非常复杂，很少在 CPU 内部或设备内部完全采用该方式实现。异步控制方式主要应用于控制某些系统总线操作的场合，如系统总线所连接的各设备工作速度差异较大，各设备之间的传送时间差别较大，所需时间不固定而不便事先安排时间时都可采用该方式。

3. 联合控制方式

现代计算机中大多数采用的都是联合控制方式，即将同步控制方式和异步控制方式相结合的方式。对于不同指令的操作序列以及每个操作，实行部分统一、部分区别对待的方式，将可以统一起来的操作采用同步控制方式进行控制；对难以实现统一甚至执行时间都难以确定的操作采用异步控制方式。

通常的设计思想是在功能部件内部采用同步控制方式，按照大多数指令的需要设置周期、节拍或脉冲信号。对于复杂的指令，如果固定的节拍数不够，采用延长节拍等方式来满足；而在功能部件之间采用异步控制的方式，如 CPU 和主存、外设等交换数据的时候，CPU 只需给出起始信号，主存或外设即可按照自己的时序信号去安排操作，一旦操作结束，则向 CPU 发送结束信号，以便 CPU 再安排它的后续工作。

4.2.3　数据通路结构

1. CPU 内部的数据通路结构

CPU 内部各部件之间需要传送信息，这就涉及 CPU 内部的数据通路结构。不同的计算机由于目标和定位不同，因此其 CPU 所采用的内部数据通路结构的差异很大。图 4-4 展示了一种最简单的单组内总线、分立寄存器结构。

（1）CPU 的内部总线

在单组总线、分立寄存器结构中，ALU 通过移位器只能向内部总线发送数据，而不能直接从内总线接收数据；各寄存器能从内总线上接收数据，但是不能直接向内总线发送数据，若寄存器间要传送数据，必须通过 ALU 传送。在 ALU 的输入端设置了两个多路选择器，每次最多可以选择两个寄存器的内容送入 ALU 进行运算，或者只选择一个寄存器的内容，经过 ALU 送至另外一个寄存器。所以 ALU 既是运算处理部件，也是 CPU 内数据传送通路的中心；各寄存器的内容不管是需要进行运算处理还是简单的传输，都要通过 ALU 后再分配至目的寄存器。

在单组总线、分立寄存器结构中，一个寄存器（源）如果要向另一个寄存器（目标）传送数据，则必须先将源寄存器的输出送至 ALU 的输入选择器，ALU 的输出经移位器后送至内总线，最后数据在 CP 脉冲的控制之下送入目标寄存器。可见，控制器只向需要接收数据的寄存器发同步打入脉冲即可接收数据。

这种总线结构把 CPU 内部各逻辑部件连接成一个通路，具有简单、规整、控制集中、便于设置微命令的优点。但是由于只有一组基本数据通路，一次只能传送一个信息，因此并行程度较低。

（2）相关寄存器

在单组总线、分立寄存器结构中，每个寄存器都由 CP 端控制同步打入代码。

其中，R_0、R_1、R_2、R_3、SP、PSW 及 PC 为通用寄存器，用于提供操作数、存放运算结果，或用作地址指针、变址寄存器等。在程序状态寄存器 PSW 中，可保存以下状态标志位：进位位、溢出位、结果为 0 位、结果为负位、允许中断位等。这些标志位由 R、S 端置入，系统总线对 MDR 和 IR 的输入也可以由 R、S 端置入。

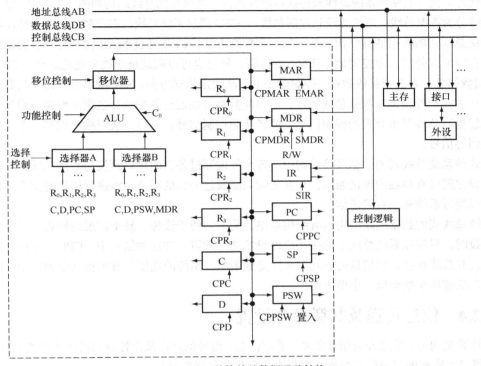

图 4-4　一种简单的数据通路结构

暂存器 C 用来存放从主存中读取的源操作数或源操作数的地址。暂存器 D 用来存放从主存中读取的目的操作数、目的操作数的地址或中间运算结果。

指令寄存器 IR 用来保存从主存中读取的经过总线直接置入的指令。

地址寄存器 MAR 提供 CPU 访问主存的地址，它通过三态门与地址总线连接。当微命令 EMAR 为高电平时，MAR 中的地址送往地址总线 AB；当微命令 EMAR 为低电平时，MAR 的输出为高阻态，与地址总线断开。

数据缓冲寄存器 MDR 既可以与 CPU 内部的部件交换数据——接收来自内总线的代码，或者将代码送入 ALU 的 B 输入门，也可以与系统总线双向传送数据——在某些时钟周期将 CPU 输出的代码送往数据总线，或者接收来自数据总线的代码。MDR 的输出级也采用三态门控制，控制命令与操作的关系如表 4-1 所示。

表 4-1　　　　　　　　　　　　　　MDR 的控制命令与操作的关系

CPMDR	写命令（W）	读命令（R）	操作
上升沿	X	X	将内总线数据打入 MDR 中
0	0	0	MDR 输出为高阻态
0	0	1	数据总线数据置入 MDR 中
0	1	0	向数据总线输出数据

2. CPU 外部的数据通路结构

设计 CPU 时，除了考虑内部的信息传送外，还要考虑 CPU 与主存以及外设之间的信息传送。这就涉及 CPU 外部的数据通路结构问题。不同的设计方法，CPU 外部的数据通路结构是不同的。

现代计算机一般使用系统总线来连接各硬件部件。最简单的总线结构如图 4-4 所示，该结构将系统总线分为数据总线、地址总线和控制总线， CPU 通过系统总线与主存和 I/O 接口同时连接。

系统总线式的数据通路结构一般采用同步控制方式，CPU 通过 MAR 向地址总线提供地址以选择主存单元或外设，由控制命令 EMAR 控制；外设也可以向地址总线发送地址码。CPU 通过 MDR 向数据总线发送或接收数据，控制命令 R、W 决定传送方向，SMDR 决定 MDR 与数据总线的通断；主存和外设也与数据总线相连，可以向数据总线发送数据或从数据总线接收数据。CPU 及外设想控制总线发出有关的控制信号，或者接收控制信号；主存一般只接收控制命令，但也可以提供回答信号。

在这种系统总线式的数据通路结构中，各个外设通过各自的接口直接与系统总线相连接，主机和外设之间没有单独的连接通道，相互之间只能通过公共的系统总线进行信息的交换。外设之间也可以通过系统总线直接通信。

系统总线式的数据通路结构具有结构规整、简单、便于管理、易于扩展的特点。当需要增加新的外设时，只需在系统总线上挂接相应外设的接口即可。在这种结构中，CPU、主存与外设共享一组公共总线相连，其信息的吞吐量必然受到限制，系统的规模和效率也会受到影响。因此这种结构广泛应用于微型机、小型机中。

4.2.4　信息传送及其微命令设置

在计算机内部，信息分为指令信息、数据信息、地址信息以及由控制器所产生的微命令序列。下面以图 4-4 所示的通路结构为例，分析有关信息的传送路径。

1. 指令信息的传送

指令从主存 M 中读取后，通过数据总线置入 IR 中，可表示为：M→数据总线→IR。

2. 数据信息的传送

数据信息可以在寄存器、主存、外设之间相互进行传送。

（1）寄存器 R_i 与寄存器 R_j 之间

　　R_i→数据选择器 A 或 B→ALU→移位器→内总线→R_j

（2）主存与寄存器之间

① 主存 M 向寄存器 R_i 传送：

　　M→数据总线→MDR→数据选择器 B→ALU→移位器→内总线→R_i

② 寄存器 R_i 向主存 M 传送：

　　R_i→数据选择器 A 或 B→ALU→移位器→内总线→MDR→数据总线→M

（3）寄存器与外设之间

① 寄存器 R_i 向外设传送：

　　R_i→数据选择器 A 或 B→ALU→移位器→内总线→MDR→数据总线→I/O 接口

② 外设向寄存器 R_i 传送：

　　I/O 接口→数据总线→MDR→数据选择器 B→ALU→移位器→内总线→R_i

（4）主存单元之间

在主存单元之间进行数据传送时，会涉及寻找目的地址的问题，所以一般需要分为两个阶段实现传送：第一个阶段是将从主存中读出的数据暂存于暂存器 C 中，第二个阶段是形成目的地址后再将 C 中的内容写入目的单元中。

第一阶段：M（源单元）→数据总线→MDR→数据选择器 B→ALU→移位器→内总线→C

第二阶段：C→A/B→ALU→移位器→内总线→MDR→数据总线→M（目的单元）

（5）主存与外设之间

主存与外设之间的数据传送有以下两种实现方式。

① 由 CPU 执行通用传送指令，以 MDR 为中间缓冲：

M←→数据总线←→MDR←→数据总线←→I/O 接口

② DMA 方式，由 DMA 控制器控制，通过数据总线实现二者之间的传送：

M←→数据总线←→I/O 接口

3．地址信息的传送

地址信息包括指令地址、顺序执行的后继指令地址、转移地址及操作数地址四类。

（1）指令地址——指令地址从 PC 中取出后，送入 MAR 中。

PC→数据选择器 A→ALU→移位器→内总线→MAR

（2）顺序执行的后继指令地址——现行指令的地址加"1"后即可得到后继指令地址：

PC→数据选择器 A→ALU→移位器→内总线→PC

$$C_0 \nearrow$$

其中的 C_0 为进位初值，可置为"1"。

（3）转移地址——按照寻址方式形成相应的转移地址，并将地址送入 PC 中。对于不同的寻址方式，其传送路径也不同。

如寄存器寻址：

R_i→数据选择器 A 或 B→ALU→移位器→内总线→PC

如寄存器间址：

R_i→数据选择器 A 或 B→ALU→移位器→内总线→MAR→地址总线→M；

M→数据总线→MDR→数据选择器 B→ALU→移位器→内总线→PC

（4）操作数地址——按照寻址方式形成相应的操作数地址，并送入 MAR 中。对于不同的寻址方式，其传送路径也不同。

如寄存器间址：

R_i→数据选择器 A 或 B→ALU→移位器→内总线→MAR

如变址寻址：由于形式地址放在紧跟现行指令的下一个存储单元中，并由 PC 指示，所以先要取出形式地址，将其暂存于暂存器 C 中，再计算有效地址。传送路径如下：

第一步取形式地址：

PC→数据选择器 A→ALU→移位器→内总线→MAR→地址总线→M→数据总线→MDR→数据选择器 B→ALU→移位器→内总线→C

第二步计算有效地址：

变址寄存器→数据选择器 A→ALU→移位器→内总线→MAR

$$C→数据选择器 B \nearrow$$

4．微命令的设置

上述信息的传送过程可进一步归结为两大类操作：内部数据通路操作和外部访存操作。假设 ALU 是由多个 Intel SN74181 芯片构成的，则对于图 4-4 所示的通路结构来说，为了确保传送操作顺序进行，控制器必须定时送出以下微命令。

（1）有关数据通路操作的微命令

① ALU 输入选择——如选择寄存器 R_0 经 A 门送入 ALU 的微命令为 R_0→A；选择暂存器 C

经 B 门送入 ALU 的微命令为 C→B……

② ALU 功能选择——如选择工作方式的微命令为 S_0、S_1、S_2、S_3；控制算术运算还是逻辑运算的微命令为 M……

③ 移位器功能选择——选择输出方式微命令如直传 DM、左移、右移……

④ 结果分配——如选择所需寄存器时的打入脉冲命令 CPR_0、CPMDR、CPPSW……

（2）有关访存操作所需微命令

将 MAR 中的内容送入地址总线的地址使能信号 EMAR、控制数据传送方向的读写信号 R 和 W、将主从中取出的数据置入 MDR 中的置入命令 SMDR……

当拟定指令的执行流程后，就可以依据指令功能在以上微命令中选择相应的微命令，从而形成微操作命令序列，以实现指令功能。

【例 4-2】设 MOV 指令的源操作数为寄存器间接寻址，设寄存器为 R_i，请分析读取源操作数的信息传送过程。

解：因为源操作数为寄存器间接寻址，因此其信息传送过程首先是将 R_i 的内容送入地址寄存器 MAR，然后从内存读出源操作数经数据总线进入 CPU 内的暂存器 C。详细过程如下：

第一步：R_i→数据选择器 A 或 B→ALU→移位器→内总线→MAR

第二步：M（主存）→数据总线→MDR→数据选择器 B→ALU→移位器→内总线→C

4.2.5　信息传送控制方式

1. 直接程序传送方式

直接程序传送方式中信息的交换完全由主机执行程序来实现。当外设启动后，其整个工作过程都在 CPU 的监控下，所以此时 CPU 只为外设服务，不再处理其他事务。

若有多台中低速外设同时工作时，CPU 可以采用对多台外设轮流查询的方式。如有 A、B、C 三台外设，若查询某台外设工作已经完成，则转入为该外设服务的子程序，执行服务程序完成后查询下一台外设；若该外设工作尚未完成，则查询下一台外设。查询完最后一台外设再返回第一台重新开始查询，不断循环，以 CPU 的高速度实现为多台外设同时服务。

2. 程序中断方式

在程序查询方式中，当外设速度较低时，CPU 大量的时间都用于无效的查询，不能处理其他事务，也不能对其他突发事件及时做出反应。为了解决这一问题，提出了中断控制方式。所谓中断，是指 CPU 在执行程序的过程中，出现了某些突发事件等待处理，CPU 必须暂停执行的当前程序，转去处理突发事件，处理完毕后再返回原程序被中断的位置并继续执行。由于处理突发事件是以 CPU 执行中断处理程序的方式进行的，所以也称之为"程序中断方式"，简称为"中断方式"。

中断方式具有程序切换和随机性这两个特征。从处理的过程看，中断的程序切换类似于子程序的调用，但存在很大的区别：子程序调用与主程序有必然的联系，它是为了完成主程序要求的特定功能而由主程序安排在特定位置上的；而中断处理程序与主程序没有任何直接联系，它是随机发生的，可以在主程序的任一位置进行切换。

采用中断控制方式，当外设处于数据传送之前的准备阶段时，CPU 仍可以执行原来的程序，所以效率得到提高。但是当进入数据传送阶段时，CPU 必须执行相应的处理程序，对输入输出操作进行具体管理。中断控制方式可应用于 I/O 设备的管理控制及随机事件的处理。

程序中断控制方式的程序组织如图 4-5 所示。图中左边虚线表示当前程序的执行过程，右边虚线表示中断服务程序的执行过程。中断方式的处理过程如下。

① 在 CPU 中设置一个允许中断标志，用以决定是否响应外设提出的中断请求。若该标志为"1"，表示 CPU 处于"开中断"状态，可以响应所提出的中断请求；若标志为"0"，则表示 CPU 处于"关中断"状态，不能响应中断请求。在程序中，CPU 为了能够响应中断请求，首先应该执行一条开中断指令，将允许中断标志置为"1"。

② 当需要调用某个外设时，CPU 通过 I/O 指令发出启动外设的命令，然后继续执行程序。

③ 外设被启动后，经过一段时间准备好数据或者完成一次操作时可向 CPU 提出中断请求。CPU 响应该中断请求，暂停当前处理的程序，转入中断服务程序。注意：为了能够在执行完中断服务程序后返回原程序，此时应该将返回地址和有关的状态信息压入堆栈保存。

④ 在 CPU 执行中断服务程序过程主机与外设进行数据传送。数据传送完毕后，从堆栈中取出保存的返回地址和有关状态信息，并返回原程序被中断的位置继续执行原程序。

由于每一次中断都要去执行保护 CPU 现场、设置有关状态寄存器、恢复现场及返回断点等操作，大大增加了 CPU 额外的时间开销，因此中断方式适合于低速外部设备。

3. DMA 方式

DMA 控制方式是一种在专门的控制器——DMA 控制器的控制之下，不通过 CPU，直接由外设和内存进行数据交换的工作方式，即输入时直接由外设写入内存，输出时由内存送至外设，所以也称之为直接存储器存取方式。

当高速外设需要和内存交换数据时，首先 DMA 控制器通过 DMA 请求获得 CPU 的响应（CPU 暂停使用系统总线和访存），掌握总线控制权；然后，在 DMA 周期中发出命令，实现主存与 I/O 设备间的 DMA 传送。在 DMA 方式中，CPU 仅仅是暂停当前执行的程序，而不是切换程序，所以不用进行保护 CPU 现场、恢复 CPU 现场等繁琐的操作，响应的速度大大提高；同时，在 DMA 控制器管理 DMA 传送期间，CPU 可以继续执行除了访存之外的任何操作，因而 CPU 的效率大大提高。

应该注意的是，采用 DMA 方式传送数据时，有些相关的控制信息无法用硬件解决，如从哪个主存单元开始传送、传送量有多大、传送的方向（是主存送往外设，还是外设送往主存）等，需要由程序事先准备（这称为 DMA 的初始化操作）。此外，数据传送后要通过中断方式进行判断传送是否正确，所以 DMA 方式只是在传送期间不需要 CPU 的干预，但是在传送前和传送后需要 CPU 干预。

DMA 控制方式的程序组织如图 4-6 所示。

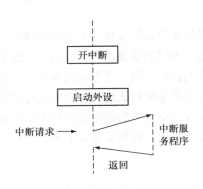

图 4-5　程序中断控制方式的程序组织

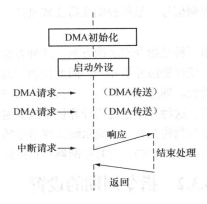

图 4-6　DMA 控制方式的程序组织

在图 4-6 中，响应 DMA 请求后的 DMA 传送操作是在 DMA 控制器的控制下完成的，并不执行程序指令，加以括号来表示这些操作是硬件隐指令操作，程序中并不存在，编制程序时也无须考虑。DMA 方式适合于高速外设（如磁盘）。

4.3 指令的执行流程

4.3.1 指令执行的基本步骤

一条指令往往需要划分成若干步骤执行。如何划分指令的执行步骤，与指令的功能、字长、格式以及计算机硬件的组成有直接关系。例如，一条定点加法指令就分为取指令、取源操作数、取目的操作数、ALU 执行运算并存放运算结果等 4 个步骤，如图 4-7 所示。

图 4-7　指令的执行步骤

其中，取指令的步骤是每一条指令都必须执行的，所完成的功能对所有指令都相同。对于取操作数来说，需要执行的具体操作与指令类别、寻址方式、隐含约定机制密切相关。例如，若是单操作数指令，可省略取目的操作数这一步骤；若是零操作数指令，则这两个步骤都需要省略。同样，第 4 步对不同指令也会有所区别。

当然，并不是所有指令都必须经过上述 4 个步骤。从如何处理这 4 个步骤的衔接关系，以及控制器如何向整机系统提供全部微命令序列（控制信号）来区别，有 3 种可行方案。

第一种是单周期方案。全部指令都必须经过这 4 个步骤并将其安排在一个长的时钟周期内依次完成。各寄存器的内部只在时钟周期结束的时刻发生变化，控制器在取出指令之后一次提供全部控制信号，并在整个时钟周期不改变。其优点是控制简单，但资源利用率和系统运行效率很低，并不实用。

第二种是多周期方案。这种方案根据指令类别为不同类别的指令设置不同的执行步骤，例如功能简单的指令只需要 2 个步骤，而有的指令则需要 3 个步骤。无论如何，每一个步骤的执行功能在一个较短的时钟周期内完成。为此，控制器需根据指令及其所处的执行步骤向各部件发送不同的控制信号。虽然控制变得比较复杂，但资源利用率和系统运行效率明显提高，具备较好的实用性。

第三种是指令流水线方案。这种方案让全部指令都经历 4 个执行步骤。由于不同执行步骤所占用的硬件资源并不相同，因此让相邻的几条指令同时进入不同的步骤执行，以同时完成不同的操作功能。理想情况是每一个执行步骤都能结束一条指令的执行过程，资源利用率和系统运行效率最高。这种方案在现代计算机中被普遍应用。前两种方案都是串行执行的，指令执行过程中彼此不存在制约关系，而流水线实现指令的并行执行，处在并行执行中的指令之间可能出现制约关系，需要妥善解决。此时控制器是直接针对各部件提供控制信号，控制要复杂很多。

4.3.2 指令周期的设置

由于引入了中断控制方式或 DMA 控制方式，因此在指令执行过程中，若外设提出了中断请求或 DMA 请求，则必须进行响应或处理。又由于中断请求或 DMA 请求具有随机性，因此在当前指令执行结束后不能安排执行当前程序的下一条指令，而必须安排中断响应或 DMA 响应操作。这样，一条指令的执行过程最多包含 6 个操作步骤，可设置为 6 个工作周期——取指令周期、源周期、目的周期、执行周期、DMA 周期及中断周期。注意，由于 DMA 周期实现的是高速的数据传送，所以应先判断有无 DMA 请求，如果有 DMA 请求，则插入 DMA 周期；否则，再判断有无中断请求，若有，则进入中断周期，完成相应操作后，转向新的 FT，开始中断服务程序的执行；若无，则中断请求，返回 FT，从主存中读取后续指令，如图 4-8 所示。

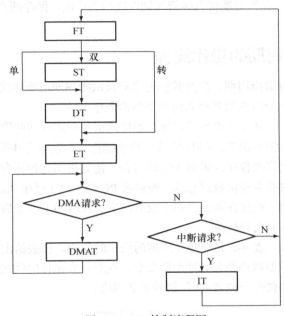

图 4-8 CPU 控制流程图

1. 取指令周期（FT）

该周期中包括从主存中取指令送入指令寄存器 IR 以及修改程序计数器 PC 的操作。由于这些操作与指令的操作码无关，是每条指令都必须经历的，所以称之为公共性操作。应注意的是，取指令周期结束后将进入哪个工作周期，与指令的类型及所涉及的寻址方式有关。

2. 源周期（ST）

若需要从主存中读取源操作数，则需要进入源周期（ST）。也就是说，源操作数是寄存器寻址时，不需要进入该周期。在源周期（ST）中，将依据源地址字段的信息进行操作，形成源地址，再根据得到的地址取出操作数，将操作数暂存于暂存器 C 中。

3. 目的周期（DT）

若需要从主存中读取目的操作数或目的地址(寻址方式为非寄存器寻址)，则要进入目的周期。在该周期将依据目的地址字段的信息进行操作，形成目的地址放在 MAR 中（如传送类指令中只需要形成目的地址即可），或者根据得到的地址取出目的操作数并存放于暂存器 D 中（如双操作数指令中需要取出目的操作数）。

4. 执行周期（ET）

执行周期 ET 是各指令都需要进入的最后一个工作阶段，在该阶段依据指令的操作码进行相应的操作。此外，为了为下一个指令周期读取新指令做准备，在 ET 中还要将后续指令地址送入

MAR 中。

5. DMA 周期（DMAT）

CPU 在相应 DMA 请求之后进入 DMA 周期（DMAT）。在该周期中，CPU 将交出系统总线的控制权，由 DMA 控制器控制系统总线，以此实现主存与外设之间的数据传送。因此，对于 CPU 来说，DMA 周期是一个空操作周期。

6. 中断周期（IT）

当外部有请求时，在响应中断请求之后，到执行中断服务程序之前，需要一个过渡阶段，该阶段即为中断周期（IT）。在该周期将直接依靠硬件进行关中断、保存断点、转服务子程序入口等操作。

4.3.3 取指令周期的操作流程

由于每一种指令都有取指周期，因此我们先来分析取指周期的操作流程；同时，结合时序系统和信息传送过程，深入分析控制器是如何发送微命令序列的。

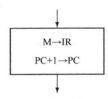

图 4-9 取指令流程图

图 4-9 给出了以寄存器传送语句形式描述的取指令的流程图。在一个时钟周期中，CPU 完成了两步操作——从主存中取出指令放入 IR 中，以及修改程序计数器 PC 的内容，使其指向现行指令的下一个单元。因为读取指令经由数据总线，而修改 PC（PC+1）经由 ALU 与内部总线，所以这两步操作在数据通路上没有冲突、在时间上不矛盾，因而可以在一个时钟周期内并行执行。

表 4-2 是取指令周期的操作时间表。该表给出实现取指令流程所需要的微命令序列，包括电位型微命令和脉冲型微命令。注意：在操作时间表中只列出在本节拍内有效的微命令即可，无效的微命令或者"0"信号不必列出。

表 4-2　　　　　　　　　　　取指令周期操作时间表

左栏（节拍序号）	中栏（电位型命令）	右栏（脉冲型微命令）	
FT_0	EMAR		
	R		
	SIR		
	PC→A		
	$S_3\bar{S}_2\bar{S}_1S_0\overline{MC_0}$	P	
	DM		
	1→ST（逻辑表达式 1）	CPPC	
	1→DT（逻辑表达式 2）	CPT（$\bar{P}$）	
	1→ET（逻辑表达式 3）	CPFT（$\bar{P}$）	
		CPST（$\bar{P}$）	
		CPDT（$\bar{P}$）	
		CPET（$\bar{P}$）	

在表 4-2 中，左栏可将工作周期与节拍序号综合标注，可标为 T_0，T_1 等形式，或者 FT_0 形式；中栏列出的是需要同时发出的电位型微命令，必须维持一个时钟周期；右栏所给的是脉冲型微命令，这些脉冲型微命令在时钟周期的末尾发出，由工作脉冲 P（或 $\bar{P}$ 进行定时）。注意：有些微命

令只在满足某些逻辑条件下才能送出，所以要进一步标注其补充逻辑条件。可以先注明逻辑式的序号，当能够完全确定全部的逻辑条件时再补充相应的逻辑式。可见，在指令的执行过程中，有3 种操作受微命令的控制——访存操作、CPU 内部数据通路操作及时序切换操作。

1. 控制访存操作的微命令

EMAR——地址使能命令，使 MAR 输出有效，经地址总线送往主存；

R——读命令，送至存储器，读取指令；

SIR——置入命令，指令寄存器 IR 置入的开门命令，若读出的信息为 1，则 IR 中对应的位被置为"1"。注意：只有在取指令周期（FT）中才会发出 SIR 命令，将读出的指令代码直接送往 IR。

2. 控制 CPU 内部数据通路操作的微命令

PC→A——选择命令，使多路选择器 A 选择 PC 送至 ALU，封锁 B 选择器；

C_0——以初始进位形式提供数值"1"；

$S_3\bar{S}_2\bar{S}_1S_0\bar{M}$——控制 ALU 实现带进位加法功能，由于 B=0，所以实际操作为 A+1；

DM——对移位器所发的直传命令；

CPPC——打入 PC 的同步定时命令，只有当该脉冲前沿到来时，PC 内容才会被修改。

3. 控制时序切换的微命令

由于 FT 只占用一个时钟周期，所以完成 FT 操作之后，依据 FT 中读取的指令，决定应该进入哪个新的工作周期状态，节拍状态又从"0"开始。因此，在操作时间表中列出了 1→ST(逻辑表达式 1)、1→DT(逻辑表达式 2)、1→ET(逻辑表达式 3)这 3 种可能建立的状态。结合图 4-8，它们表达的逻辑意义如下：当 FT 结束后，对于双操作数指令，若数均在主存单元中，则依次进入 ST、DT及 ET 中；若操作数均在寄存器中，则进入 ET 中。对于单操作数指令，若数在主存中，则进入 DT及 ET 中；若数在寄存器中，则进入 ET 中。对于转移指令，则在 FT 之后直接进入 ET 中。

在 FT 的末尾同时发出了 4 个打入脉冲：CPFT、CPST、CPDT、CPET，以 $\bar{P}$ 脉冲同步定时。由于 1→ST、1→DT、1→ET 中只有一个为"1"，所以在取指令周期（FT）结束后，只有一个工作周期状态触发器会为"1"，而 FT=0，从而实现了周期切换。在操作时间表中未发出 T 计数器的计数命令，即 T+1=0，所以维持 T_0 状态。

4.3.4 指令执行流程设计举例

下面以 MOV、ADD、JMP/RST、JSR 等指令为例，展示指令的详细执行流程。

1. MOV 指令的执行流程

MOV 指令的流程图如图 4-10 所示。该指令流程图中包含了各种寻址方式的组合，流程分支的逻辑依据就是寻址方式字段编码。其中，X 表示变址寻址，寻址方式字段编码为 101；SR 表示源操作数采用寄存器方式寻址；DR 表示目的地址采用寄存器方式寻址；$\overline{SR}$ 表示源操作数采用非寄存器寻址方式；$\overline{DR}$ 表示目的地址采用非寄存器方式寻址。下面通过对 MOV 指令流程进行分析，了解各种寻址方式的具体实现过程，以此作为剖析整个指令系统执行流程的突破口。

（1）取指令周期（FT）

FT 周期中的操作为公共操作。在 FT 结束时根据源寻址方式做出判别与选择，决定是否进入源周期 ST。如果源寻址方式为非寄存器寻址，则进入源周期 ST。

（2）源周期（ST）

在源周期（ST）中，根据源寻址方式来决定在该周期中的分支情况。注意：在 ST 中需要暂存的信息，一般都暂存于 C 中。

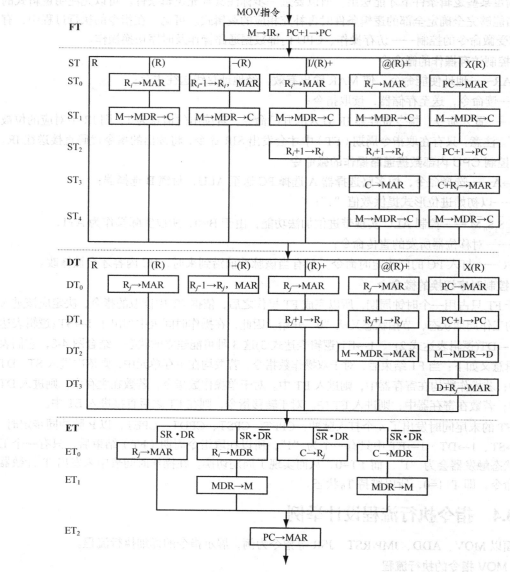

图 4-10 MOV 指令流程图

① R 型——寄存器寻址。

源操作数采用寄存器寻址，即源操作数存放在指定寄存器中，在执行周期（ET）中直接送往 ALU 即可，所以不需要经过源周期（ST）取源操作数。

② (R)型——寄存器间址寻址。

源操作数采用寄存器间址寻址，即操作数地址存放在指定的寄存器中，操作数存放在该地址所指示的存储单元中，所以要先按照寄存器的内容进行访存，再从主存单元读取操作数。

该分支中包括两个节拍：第一节拍 ST_0 从指定的寄存器 R_i 中取得地址；第二节拍 ST_1 访存读取操作数，经过 MDR 送入暂存器 C 中暂存。

③ -(R)型——自减型寄存器间址寻址。

源操作数采用自减型寄存器间址寻址。该寻址方式中将指定寄存器的内容减"1"后作为操作数地址，再按照地址进行访存，从主存中读取操作数。

该分支中包括两个节拍：第一节拍 ST_0 先修改地址指针内容，即指定寄存器 R_i 的内容减 "1"，所得结果同时打入该寄存器 R_i 与 MAR 中，形成源地址；第二节拍 ST_1 访存读取操作数并暂存于暂存器 C 中。

④ I/(R)+型——立即/自增型寄存器间址寻址。

操作数采用自增型寄存器间址寻址时，操作数地址在指定寄存器中，访存取得操作数，然后将寄存器的内容加 "1" 作为新的地址指针。若指定的寄存器是 PC，则为立即寻址，立即数存放在紧跟指令的单元中，取指令后修改 PC 的内容即可得到立即数的地址，根据该地址访存读取操作数。

该分支中包括三个节拍：第一节拍 ST_0 取得地址；第二节拍 ST_1 读取操作数；第三节拍 ST_2 修改地址指针（ R_i 的内容加 "1"）。其中，第二节拍与第三节拍的操作可交换，但是为了使各种寻址方式在第二节拍中的操作相同，便于简化微命令的逻辑条件，采用流程图中的安排。

⑤ @(R)+型——自增型双间址寻址。

自增型双间址寻址是将指定寄存器的内容作为操作数的间接地址（间址单元地址），根据该地址访存后寄存器的内容加 1，指向下一个间址单元。双间址需两次访存操作，第一次访存是从间址单元中读取操作数地址，第二次访存再从操作数地址单元中取得操作数。

该分支中包括五个节拍：在 ST_0 取得间址单元地址，在 ST_1 从间址单元中读取操作数地址，在 ST_2 修改指针，在 ST_3 将操作数地址送往 MAR，在 ST_4 读取操作数。注意：从时间优化的角度考虑，可将 ST_1 和 ST_3 操作合并在一拍中完成；从保持 ST_1 操作统一的角度考虑，在流程图分成两个节拍。

⑥ X(R)型——变址寻址。

源操作数采用变址寻址，形式地址存放在紧跟指令的存储单元中，所指定的变址寄存器内容作为变址量，将形式地址与变址量相加，其结果即为操作数地址，然后根据该地址访存读取操作数。该寻址方式中需要两次访存，第一次在 PC 指示下读取形式地址，第二次访存读取操作数。

该分支中包括五个节拍：在 ST_0 将 PC 中的内容送入 MAR（因为取指后 PC 已经修改，所以此时的 PC 指向紧跟现行指令的下一单元，即形式地址的存放单元）；在 ST_1 进行访存读取形式地址并将其暂存于 C 中；在 ST_2 修改 PC 指针；在 ST_3 将变址寄存器中的变址量与暂存器 C 中的形式地址相加，完成变址计算，获得操作数地址；在 ST_4 读取操作数。

（3）目的周期（DT）

各分支与源周期（ST）的操作相似，但是对于 MOV 指令，在目的周期只需要找到目的地址即可，所以不需要取目的操作数这个步骤。

（4）执行周期（ET）

在执行周期（ET）中实现操作码所要求的传送操作。进入执行周期（ET）时，根据 SR 和 DR 的状态可形成 4 个分支：

- $SR \cdot DR$ 表示源操作数存放在寄存器中、结果送往寄存器中；
- $SR \cdot \overline{DR}$ 表示源操作数存放在寄存器中、结果送往主存单元中；
- $\overline{SR} \cdot DR$ 表示源操作数存放在暂存器中、结果送往寄存器中；
- $\overline{SR} \cdot \overline{DR}$ 表示源操作数存放在暂存器中、结果送往主存单元中。

当现行指令结束后，在 ET_2 中执行 PC→MAR，即将后续指令地址送入 MAR 中，以便下一个指令周期的 FT 中可以直接读取指令。

指令流程图中所反映的是正常执行程序的情况，实际上，在最后一拍还需要判别是否响应 DMA 请求与中断请求，即是否发 1→DMAT 或 1→IT 命令。若不发上述命令，则建立 1→FT，从而转入后续指令的执行过程。

【例 4-3】 写出指令 MOV (R₀),@(R₁)+;的完整执行流程。

解： @(R₁)+表示源操作数的寻址方式为自增型双间址寻址，(R₀)表示目的地址的寻址方式为寄存器间址寻址。因此，根据图 4-10 可知该指令的完整执行流程如下。

FT	$M \rightarrow IR$
	$PC+1 \rightarrow PC$
ST_0	$R_1 \rightarrow MAR$
ST_1	$M \rightarrow MDR \rightarrow C$
ST_2	$R_1+1 \rightarrow R_1$
ST_3	$C \rightarrow MAR$
ST_4	$M \rightarrow MDR \rightarrow C$
DT_0	$R_0 \rightarrow MAR$
ET_0	$C \rightarrow MDR$
ET_1	$MDR \rightarrow M$
ET_2	$PC \rightarrow MAR$

2. ADD 指令的执行流程

ADD 指令流程图如图 4-11 所示，其取指令周期（FT）和源周期（ST）与 MOV 指令相同，但是其目的周期（DT）比 MOV 指令多一步操作——访存读取目的操作数并将操作数送入暂存器 D 中。

注意
ADD 是双操作数指令，其他的双操作数指令，包括 SUB（减）、AND（与）、OR（或）及异或（EOR）等，与 ADD 指令的执行流程几乎相同，只需视情况改变 ET0 送出的微命令序列即可。

而对于单操作数指令，包括 COM（求反）、NEG（求补）、INC（加 "1"）、DEC（减 "1"）、SL（左移）、SR（右移）等，因为只有一个操作数，所以不需要进入源周期（ST），取指令周期（FT）之后直接进入目的周期（DT）中，其目的周期（DT）情况与双操作数中的相同，执行周期（ET）只有两类情况——若操作数采用寄存器寻址，则将结果送回寄存器中；若操作数采用非寄存器寻址，则将暂存于结果 D 先送到 MDR，再传送到主存的原存储单元中即可。

【例 4-4】 写出指令 ADD (R₀), (R₁);的完整执行流程。

解： (R₁)表示源操作数是寄存器间址寻址，(R₀)表示目的地址也是寄存器间址寻址。因此，根据图 4-11 可知该指令的完整执行流程如下。

FT	$M \rightarrow IR$
	$PC+1 \rightarrow PC$
ST_0	$R_1 \rightarrow MAR$
ST_1	$M \rightarrow MDR \rightarrow C$
DT_0	$R_0 \rightarrow MAR$
DT_1	$M \rightarrow MDR \rightarrow D$
ET_0	$C \ ADD \ D \rightarrow MDR$

$$ET_1 \qquad MDR \rightarrow M$$

$$ET_2 \qquad PC \rightarrow MAR$$

3. 转移指令 JMP 及返回指令 RST 的执行流程

转移指令 JMP 和返回指令 RST 的主要任务是获得转移地址或返回地址,安排在执行周期(ET)中完成, 返回指令 RST 是转移指令 JMP 的一种特例。指令流程图如图 4-12 所示, 在取指令周期(FT)结束后直接进入执行周期(ET)中, 不需要进入源周期(ST)和目的周期(DT)。是否发生转移依据指令规定的转移条件与 PSW 相应位的状态, 相应地, 有 NJP(转移不成功)和 JP(转移成功)两种可能。

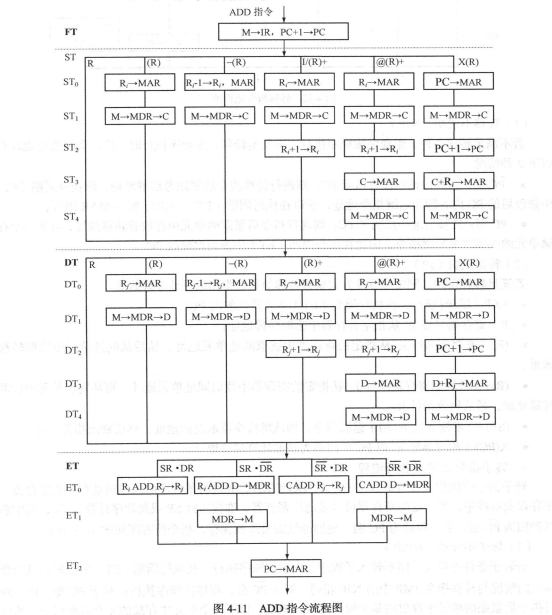

图 4-11 ADD 指令流程图

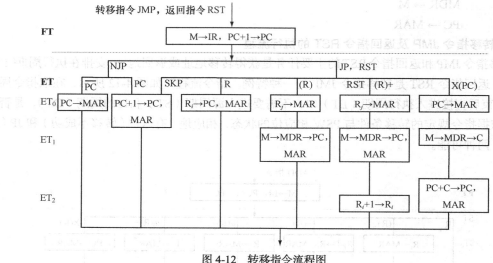

图 4-12 转移指令流程图

（1）转移不成功（NJP）

若不满足转移条件，则程序按顺序执行，不发生转移。按顺序执行时，决定后继指令地址有以下 2 种情况。

- $\overline{PC}$ 型：转移地址中没有指明 PC，则现行转移指令后紧跟着后继地址，取指令周期（FT）中修改后的 PC 内容即为后继指令地址，所以在执行周期（ET）中执行 PC→MAR 即可；
- PC 型：转移地址中指明了 PC，则现行指令后紧跟的单元中存放着转移地址，再下一个存储单元的内容才是后继指令，因此在执行周期（ET）中要再次修改 PC。

（2）转移成功（JP）

若满足转移条件，则按照寻址方式获得转移地址，常用的寻址方式如下。

- SKP（跳步执行）：在执行周期（ET）中要再次修改 PC；
- R（寄存器寻址）：从指定寄存器中读取转移地址；
- (R)（寄存器间址）：从指定的寄存器中读取间址单元地址，然后从间址单元中读取转移地址；
- (R)+（自增型寄存器间址）：从指定的寄存器中读取间址单元地址，再从间址单元中读取转移地址，最后修改指针 R；
- (SP)+（堆栈寻址）：用于返回指令，即从堆栈中读取返回地址，然后修改指针 SP；
- X(PC)（相对寻址）：以 PC 的内容为基准计算转移地址。

4. 转子指令 JSP 的执行流程

转子指令可使用 3 种寻址方式——R、(R)和(R)+，允许将子程序的入口地址存放在寄存器、主存以及堆栈中，所指定的寄存器可以是通用寄存器、堆栈指针 SP 或是程序计数器 PC，其中前两种归为 $\overline{PC}$ 型，后一种称为 PC 型。返回地址需要压栈保存，指令流程图如图 4-13 所示。

（1）转子不成功（NJSR）

若转子条件不满足，则不转入子程序，程序按顺序执行。在执行周期（ET）中获得后继指令地址的情况与转移指令 JMP 中的 NJP 相同。对于 $\overline{PC}$ 型，程序按顺序执行；对于 PC 型，由于现行指令后紧跟的单元中存放的是子程序的入口地址，再下一个单元中存放的才是后继指令，所以要跳步执行。

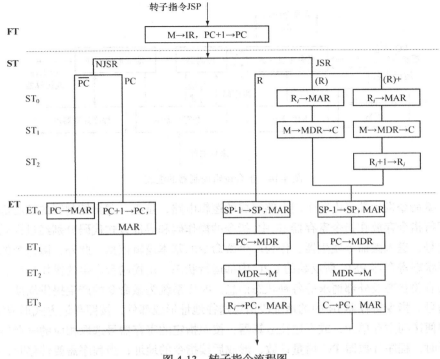

图 4-13 转子指令流程图

（2）转子成功（JSR）

若转子指令采用 R 型，则直接进入执行周期（ET）中；若是(R)和(R)+型，则要进入源周期（ST），从主存中读取转移地址（子程序入口地址），将获得的子程序入口地址暂存于暂存器 C 中。在执行周期（ET）中，要先保存返回地址，即修改堆栈指针，将 PC 的内容（返回）经过 MDR 压栈保存，然后将子程序入口地址送入 PC 和 MAR 中。

4.4 组合逻辑控制器

4.4.1 组合逻辑控制器的组成与运行原理

组合逻辑控制器又称硬联控制器或硬连线控制器，是早期计算机唯一可行的方案。当前在 RISC 结构的计算机或追求高性能的计算机中也普遍选用。其基本原理是使用大量的组合逻辑门电路，直接提供控制计算机各功能部件协同运行所需要的控制信号。这些门电路的输入是指令操作码、指令执行步骤编码和控制条件，输出就是微命令序列。

组合逻辑控制器的优点是形成微命令序列所必需的信号传输延迟时间短，对提高系统运行速度非常有利。缺点是形成控制信号的电路设计比较复杂，使用与、或、非等逻辑门电路实现时工作量较大，尤其是要修改一些设计时非常困难。随着 VLSI 的发展，特别是各种不同类型的现场片的出现以及性能杰出的辅助设计工具软件的应用，这一矛盾在很大程序上得到缓解。

组合逻辑控制器主要包括微命令发生器、译码器、指令寄存器 IR、程序计数器 PC、状态寄存器 PSW、时序系统、地址形成部件等，如图 4-14 所示。

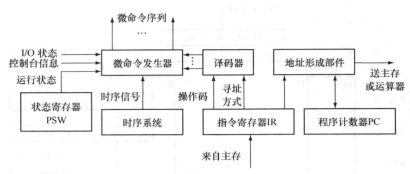

图 4-14 组合逻辑控制器的组成

其中，微命令发生器是由若干门电路组成的逻辑电路，是组合逻辑控制器的核心部件。从主存读取的现行指令存放在指令寄存器 IR 中，指令的操作码和寻址方式代码分别经过译码电路形成相关逻辑信号，送入微命令发生器，作为产生微命令的基本逻辑依据。此外，微命令的产生还需要考虑程序状态寄存器 PSW 所反映的 CPU 内部运行状态、由控制台产生的操作员控制命令、外设与接口的有关状态及外部请求等各种状态信息。时序系统为微命令的产生提供周期、节拍、脉冲等时序信号。指令寄存器 IR 中的地址段信息送往地址形成部件，按照寻址方式形成实际地址，送往主存以便访问主存单元，或者送往运算器，按照指定的寄存器号选取相应的寄存器。当程序按顺序执行时，程序计数器 PC 增量计数，形成后续指令的地址；当程序需要转移时，指令寄存器 IR 中的地址段信息经地址形成部件产生转移地址，送入 PC 中，使程序发生转移。

4.4.2　组合逻辑控制器的设计

在组合逻辑控制器中，微命令是由组合逻辑电路产生的，所以要将全机在各种工作状态下所需要的所有的微命令列出、归并、优化，并用相应的逻辑器件实现。将有关的逻辑条件（如操作码、寻址方式、寄存器号等）与时间条件（如工作周期名称、节拍序号、定时脉冲等）作为组合逻辑电路的输入，便可通过逻辑电路产生相应的电位型微命令和脉冲型微命令。

因此，组合逻辑控制器在设计实现时必须按照以下步骤进行。

① 根据 CPU 的结构图写出每条指令的操作流程图并分解成微操作序列。

② 选择合适的控制方式和控制时序。

③ 为微操作流程图安排时序，列出微操作时间表。

④ 根据操作时间表写出微操作的表达式，并对表达式进行化简。

⑤ 根据微操作的表达式画出逻辑电路并实现。

其中，为了简化电路，常将各种输入条件综合为一些中间逻辑变量来使用。因为很多微命令会在操作中多次出现，所以要将这些出现的相同信号按照其产生条件写出综合逻辑表达式，即微命令的产生条件会以"与或"表达式的形式出现。可用下式表示：

$$\text{微命令}=\text{周期 }1\cdot\text{节拍 }1\cdot\text{脉冲 }1\cdot\text{指令码 }1\cdot\text{其他条件 }1+\cdots+$$

周期 n · 节拍 n · 脉冲 n · 指令码 n · 其他条件 n

以上微命令逻辑表达式可以作为初始形态，可对其进一步化简。化简时，可以提取公共逻辑变量，减少引线，减少元器件数以便降低成本，或者使逻辑门级数尽可能少，减少命令形成的时间延迟以便提高速度。

4.4.3 组合逻辑控制器的时序系统

在组合逻辑控制器中，时序信号划分为指令周期、工作周期、时钟周期和工作脉冲等几种。指令周期是执行一条指令所需要的时间，从取指令开始到执行结束。由于指令的功能不同、格式不同，所需的执行时间也不尽相同，所以指令周期不是固定的，是随着指令的不同而变化的。因而，一般不将指令周期作为时序系统的一级。

组合逻辑控制器依据不同的时间标志，控制 CPU 进行分步工作。一条指令从取指令到执行结束，可以划分为若干工作周期；在每个工作周期中按照不同的分步操作划分为若干个时钟周期；在每个时钟周期中再按照所需的定时操作设置相应的工作脉冲，所以对于组合逻辑控制器来说，采用的是工作周期、时钟周期、工作脉冲三级时序。

对工作周期来说，有些计算机将 CPU 周期的长短定义为一次内存的存取周期，如取指令周期、取操作数周期都是一次主存的读操作，而执行周期可能是一次主存的写操作，这些都是一次系统总线的传送操作，称为总线周期。所以，在这种情况下，有工作周期=主存存取周期=总线周期。但是有些计算机系统的 CPU 周期是根据需要而设定的，取操作数周期会因寻址方式的不同而不同，执行周期也会因指令功能的不同而不同。在这种情况下，CPU 周期不是一个常量，与主存存取周期和总线周期就不会存在等量关系。

对于时钟周期来说，为了简化时序控制，可将主存访问周期所需的时间作为时钟周期的宽度。由于访问主存的时间较长，所以对于 CPU 内部操作来说，在时间上比较浪费。在任何一个计算机系统，时钟周期是一个常量。对于工作周期固定的计算机系统，每个工作周期包含的时钟周期数是固定的，在工作周期不固定的计算机系统中，每个工作周期包含的时钟周期数不固定，但是时钟周期数是可变的。

当一个工作周期包含了若干个时钟周期时，可设置一个时钟周期计数器 T。若本工作周期应当结束，则发命令 T=0，计数器 T 复位，从 T=0 开始新的计数循环，进入新的工作周期；若本工作周期还需要延长，则发命令 T+1，计数器 T 将继续计数，出现新的时钟周期。

对于工作脉冲来说，有些计算机系统中的工作脉冲与时钟周期是一一对应的，当时钟周期确定后，工作脉冲的频率便唯一地确定了。这些计算机系统中工作脉冲的频率就是脉冲源的频率。但有的计算机系统时钟周期包含若干工作脉冲，在一个时钟周期中实现的操作也相应地要多一些。

图 4-15 展示了一个简化了的采用同步控制方式的组合逻辑控制器的时序关系图。在该图中，一个指令周期包含 3 个 CPU 周期，每个 CPU 周期又包含 4 个时钟周期，每个时钟周期末尾有一个工作脉冲。各时序都是由系统时钟分频变化得到的，之间没有重叠交叉，也没有间隙。

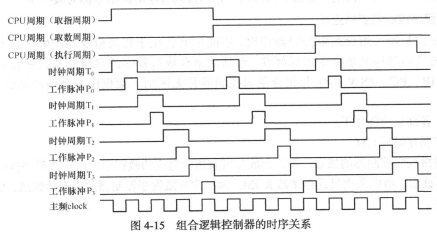

图 4-15 组合逻辑控制器的时序关系

4.5 微程序控制器

微程序控制的概念最早是由英国剑桥大学的 Wlekes 教授于 1951 年提出的。微程序控制是将程序设计的思想引入硬件逻辑控制，把控制信号进行编码并有序地存储起来，将一条指令的执行过程替换为多条微指令的执行过程，从而使控制器的结构变得十分规整；当要扩充指令功能或增添新的指令时，只需要修改被扩充的指令的微程序或重新设计一段微程序即可。本节中将介绍有关微程序控制的基本思想、微程序控制器的逻辑组成、微程序的执行过程，以及有关模型机中微程序的设计问题。

4.5.1 微程序控制的基本原理

1. 基本思想

由于指令的执行具有很强的阶段性，即一条指令的执行要多个工作周期，每个工作周期中又要经过几个时钟周期，因此可根据这种阶段性，将所有微命令以二进制编码的形式存储在存储器中，然后按顺序一个个读出，进而控制指令各步骤的操作，最终完成一条指令的执行。也就是说，可将一步操作所需的微命令以编码的形式编在一条微指令中，且将微指令事先存放在由 ROM 构成的控制存储器中，在 CPU 执行程序时，从控制存储器中取出微指令，译码后产生所需的微命令来控制相应的操作。一条机器指令需要执行若干步操作，每步操作用一条微指令进行控制，相应地，对于一条机器指令，就需要编制若干条微指令。这些微指令组成一段微程序，执行完一段微程序也就意味着完成了一条机器指令的执行。这就是微程序控制思想。

请读者注意以下几个与微程序控制有关的术语。

① 微操作——由微命令控制实现的最基本的操作称为微操作。

② 微指令——体现微操作控制信号及执行顺序的一串二进制编码称为微指令。其中，将体现微操作控制信号的部分称为微命令字段；另一部分体现微指令的执行顺序，称为微地址字段。

③ 微程序——用以控制一条指令执行的一系列排列有序的微指令称为微程序。

2. 微程序控制器逻辑组成

微程序控制器与组合逻辑控制器相比，不同之处就在于其微命令的产生方式不同。微程序控制器的核心部件是微命令形成部件，包括用来存放微程序的存储器及其配套逻辑，其他逻辑（如 IR、PC、PSW 等）与组合逻辑控制器并无区别。微程序控制器的组成如图 4-16 所示。

其中，各部件功能如下。

（1）控制存储器 CM

CM 是微程序控制器的核心，用以存放与所有指令对应的微程序。由于微程序执行时不能写入，只需要读出，所以采用只读存储器 ROM。为了弥补微程序控制器速度慢的缺点，CM 通常选用高速器件。

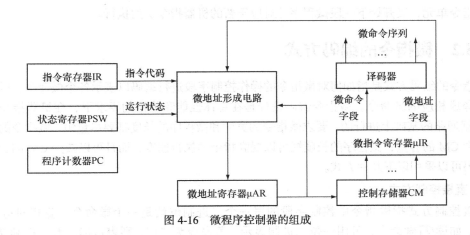

图 4-16　微程序控制器的组成

（2）微地址寄存器 μAR

读取微指令时，用来存放其地址（相当于 MAR）。从 CM 中读取微指令时，μAR 中保存微地址，指向相应的 CM 单元。当读出微指令后或者完成一个微指令周期操作后，微地址形成电路将后续微地址打入 μAR 中，以便做好下一条微指令的准备。

（3）微指令寄存器 μIR

用来存放由 CM 中读出的微指令（相当于控制器中的 IR）。微指令可分为两部分：一部分是提供微命令的微命令字段（也称为微操作控制字段），这部分可以不经过译码直接作为微命令，或者分成若干小字段经过译码后产生微命令；另一部分给出后续微指令地址的有关信息，用以指明后续微指令地址的形成方式，用以控制微程序的连续执行，这部分被称为微地址字段（也称为顺序控制字段）。微指令寄存器 μIR 将微命令字段送往译码器，产生相应的微命令；将微地址字段送往微地址形成电路，以便产生后续微地址。

（4）微地址形成电路

依据指令寄存器 IR 中的操作码和寻址方式、微指令寄存器 μIR 的微地址字段、程序状态寄存器 PSW 等有关信息产生微指令的地址。在逻辑实现时采用 PLA 电路较为理想。

3. 微程序的执行过程

微程序的执行过程实际上是读取微指令并由微指令控制计算机工作的过程。

① 取指令阶段——取指令是公用操作，任何指令的执行都是从取指令开始的。因此与所有指令对应的微程序的首地址都相同，都是从 CM 的固定单元读取"取指微指令"（第一条用于取指令的微指令）。

② 取数阶段——大多数指令会涉及操作数，而操作数的寻址方式不同，相应地，获取操作数所需要的微操作不同，所需的微指令也不同。因此，在微程序的取数阶段要依据寻址方式来确定微程序的流向。

③ 执行阶段——因为指令的操作码不同，所以执行阶段所需的微操作不同，微指令也随之不同。因此在微程序的执行阶段，应该根据操作码通过微地址形成电路，确定与该指令所对应的微程序的入口地址，逐条取出并执行对应的微指令。当执行完一条微指令时，根据微地址形成方法产生后续微地址，读取下一条微指令。

④ 经过上述几个阶段的操作，对应于一条机器指令的一段微程序执行结束后，返回"取指微指令"，开始新的机器指令的执行。也就是说，微程序的最后一条微指令的微地址字段指向 CM 固

定的取指令单元，又开始下一段微程序（对应于新的机器指令）的执行。

4.5.2　微指令的编码方式

微指令的编码方式是指如何对微指令的操作控制字段进行编码以表示各个微命令，以及如何把编码译成相应的微命令。微指令编码设计是在总体性能和价格的要求下，在机器指令系统和CPU数据通路的基础上进行的，要求微指令的宽度和微程序的长度都要尽量短。微指令的宽度短可以减少 CM 的容量；微程序的长度短可以提高指令的执行速度，而且可以减少 CM 的容量。微指令编码可以采用以下几种方式。

1.　直接控制方式

直接控制方式指微指令中控制字段的每一个二进制位就是一个微命令，直接对应于一种微操作。如读/写微命令，可用一位二进制表示，若命令为"1"，则表示读，为"0"则表示写。这种方式具有简单直观的优点，只要读出微指令，即可得到微命令，不需要译码（也称为不译法）。此外，由于多个微命令位可以同时有效，所以并行性好。但是，这种方式最致命的一个缺点就是信息效率太低，若不采取补充措施，将会使微指令变得过宽，造成资源浪费。因而这种不译法只能在微指令编码中被部分采用。示意图如图 4-17所示。

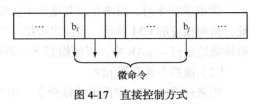

图 4-17　直接控制方式

2.　分段直接编码方式

分段直接编码方式也称为显式编码、单重定义方式，将整个操作控制字段分成若干个小字段（组），每个字段定义相应一组微命令，每个字段经过译码给出该组的一个微命令。采用该方式时，应遵循基本的分段原则：在组合微命令时，须将相斥性微命令组合在同一字段内，将相容性命令组合在不同字段内。所谓相斥性微命令，是指在同一个微周期中不能同时出现的微命令；相容性微命令是指同一个微周期中可以同时出现的微命令。所谓微周期，是指从 CM 中读取一条微指令并执行相应的微操作所需的时间。应注意，将相斥性微命令集中起来进行同时译码，只能有一个入选，才符合互斥的要求，即在某一时刻只有一个微命令有效，而相容性微命令要分别进行译码。示意图如图 4-18 所示。

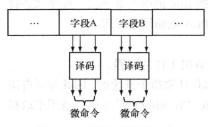

图 4-18　分段直接编码方式

例如，用一个 3 位的小字段 A 表示运算器 A 输入端的选择，编码 000 表示发送微命令 R0→A，编码 001 表示发送微命令 R1→A，等等；用另外一个 2 位的小字段 B 表示移位功能的选择，编码 00 表示直传，编码 01 表示左移，等等。可以看出，在这两个字段中各自所包含的微命令均为互斥的，不会在微指令中同时出现；而它们各表示的是同一类型的操作，这两个字段的命令可以同时出现。

采用分段直接编码方式可以有效地缩短微指令的字长，而且可以根据需要保证微命令间相互配合和一定的并行控制能力，是一种最基本、应用最广泛的微命令编码方式。

3. 分段间接编码方式

分段间接编码方式是指在分段直接编码的基础上，进一步压缩微指令宽度的一种编码方式。这种编码方式中，一个字段的含义不仅取决于本字段的编码，还需由其他字段来加以解释才能形成最终的微命令（这就是间接的含义），即一种字段编码具有多重定义，也被称为隐式编码或多重定义方式。示意图如图 4-19 所示。

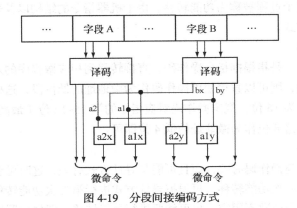

图 4-19　分段间接编码方式

如图 4-19 所示，字段 A 中发出微命令 a1，其确切含义经字段 B 的 bx 解释为 a1x，经 by 解释为 a1y，分别代表两个不同的微操作命令；同理，字段 A 中发出微命令 a2，其确切含义经字段 B 的 bx 解释为 a2x，经 by 解释为 a2y，又分别代表两个不同的微操作命令，这些微命令之间都是互斥的。

分段间接编码方式常用来将属于不同部件或不同类型但是互斥的微命令编入同一字段中，这样可以有效减少微指令字长的宽度，使得微指令中的字段进一步减少，编码的效率进一步得到提高。但是采用这种方式可能会使微指令的并行能力下降，并增加译码线路的复杂性，这将会导致执行速度的降低。因此，分段间接编码方式通常用作分段直接编码的一种辅助手段，对那些使用频率不高的微指令采用此方式。

4. 其他编码方式

除了以上几种基本编码方式外，还有一些编码方式，如在微指令中设置常数字段，为某个寄存器或某个操作提供常数，由机器指令的操作码对微命令做出解释或由寻址方式编码对微命令进行解释，由微地址参与微命令的解释等。

无论采用何种编码方式，微指令在设计时追求的目标都应有以下几个方面：提高编码效率，有利于缩短微指令的宽度；有利于减少控制存储器的容量；保持微命令必需的并行性，有利于提高微程序的执行速度；有利于对微指令进行修改；有利于微程序设计的灵活性；硬件线路尽可能简单。

4.5.3　微地址的形成方式

在微程序控制的计算机中，机器指令通过一段微程序解释执行，每一条指令都对应一段微程序，不同指令的微程序存放在 CM 的不同存储区域中。通常把指令所对应的微程序的第一条微指令在 CM 中的单元地址称为微程序的初始微地址，也称微程序的入口地址。执行微程序的过程中，当前正在执行的微指令被称为现行微指令，现行微指令在 CM 中的单元地址为现行微地址。现行微指令执行完毕后，下一条要执行的微指令被称为后续微指令，后续微指令在 CM 中的单元地址被称为后续微地址。

1. 初始微地址的形成

由于每条机器指令的执行都必须首先从取指令操作开始，所以要有"取指令"微操作控制，从主存中取出一条指令。这段由一条或几条微指令组成的微程序是公用的，一般可以从 0 号或其他特定的单元开始。取出机器指令后，根据指令代码转换为该指令所对应的微程序段的入口地址（形成初始微地址），这个过程被称为功能转移。由于机器指令的结构以及采取的实现方法不同，功能转移有以下 3 种方式。

（1）一级功能转移

所谓一级功能转移，是指根据指令操作码，直接转移到相应微程序的入口。若指令操作码的位置与位数均为固定的，则可以直接使用操作码作为微地址的低位段，这样的功能转移很容易实现。例如，设指令字长为 16 位，规定操作码对应指令的第 15~12 位（最高 4 位，有 16 条指令），当取出指令后，直接将这 4 位作为微地址的低 4 位即可。

（2）二级功能转移

由于指令功能不仅与操作码有关，而且可能与寻址方式有关，这时可能需要进行分级转移，如先根据操作码进行第一次功能转移，再根据寻址方式进行第二次功能转移。若采用扩展操作码方式时，操作码的位置与位数不固定，也可能要进行分级转移，即先按照指令类型标志转移，区分出是哪一类指令。由于每一类指令中操作码的位置与位数一般是固定的，所以第二级即可按照操作码区分出具体是哪条指令，以便转移到相应的微程序入口。

（3）用 PLA 电路实现功能转移

可编程逻辑阵列 PLA 实质上是一种译码—编码阵列，具有多个输入和输出，可将各种转移依据（如操作码、寻址方式等）作为其输入代码，对应的输出即为相应的微程序入口地址。采用 PLA 电路实现功能转移时，虽然在原理上常需要多级转移才能找到相应的微程序段，但是在 PLA 技术成熟后，就可实现快速的一级转移。因此，对于变长度、变位置的操作码来说，采用这种方式尤为有效，且转移速度较快。

2. 后续微地址的形成

在找到微程序入口之后，开始执行相应的微程序。每条微指令执行完毕后，都要依据其顺序控制字段的规定形成后续微地址。后续微地址的形成方式对于微程序编制的灵活性影响极大，主要有增量方式和断定方式两种。

（1）增量方式

所谓增量方式，是指当微程序按地址递增顺序一条条地执行微指令时，后续微地址是现行微地址加上一个增量得到；当微程序转移或调用微子程序时，由微指令地址控制字段产生转移微地址。常见增量方式如下。

① 顺序执行：微地址增量为 1。

② 跳步执行：微地址增量为 2。

③ 无条件转移：由现行微指令给出转移微地址。或者给出全字长的微地址，或者给出微地址的低位部分，而高位部分与现行微地址相同。

④ 条件转移：现行微指令的顺序控制字段以编码方式表明转移条件，以及现行微指令的哪些位是转移微地址。

⑤ 转微子程序与返回：常将微程序中可公用的部分（如取源操作数、目的地址等）编制成微子程序，相应地，在微程序中就存在转子和返回等形态。当执行转微子程序的转子微

指令时，把现行微指令的下一微地址送入返回地址寄存器中，然后将转移地址字段送入微程序计数器中；当执行返回微指令时，将返回地址寄存器中的返回地址送入微程序计数器中，返回微主程序。

采用增量方式具有直观、与常规工作程序形态相似、容易编制调试的优点，但是不易直接实现多路转移。当需要进行多路转移时，通常采用断定方式。

（2）断定方式

断定方式是一种直接给定微地址与测试判定微地址相结合的方式，后续微地址可由设计者指定或由设计者指定的测试判定字段控制产生。在微指令中给出的信息包括直接给定的微地址高位部分和断定条件。其中，断定条件只是指明低位微地址的形成条件，而不是低位微地址本身。所形成的后续微地址就由设计者直接指定的高位部分和由判定条件产生的低位部分组成，如图 4-20 所示。

图 4-20　微指令与微地址的组成示意图

例如，设微地址共 10 位，微指令的断定条件 A 字段有两位，给定部分 D 字段的位数由断定条件确定（可变的），则在不同断定条件下可实现以下不同分支。

① A=01 时，若微地址低位段为 4 位操作码，则给定的高位部分有 6 位，可实现 16 路（2^4）分支；

② A=10 时，若微地址低位段为 3 位源寻址方式编码，则给定的高位部分有 7 位，可实现 8（2^3）路分支；

③ A=11 时，若微地址低位段为 3 位目的寻址方式编码，则给定的高位部分有 7 位，可实现 8（2^3）路分支。

采用断定方式可以实现快速多路分支，适合于功能转移的需要。但是在编制微程序中，地址安排比较复杂，微程序执行顺序不直观。因此在实际的机器中，常将增量方式和断定方式混合使用，以使微程序的顺序控制更加灵活。

4.5.4　微指令格式的设计

微指令格式的设计直接影响微程序控制器的结构和微程序的编址，也影响着机器的处理速度及控制存储器 CM 的容量，所以是微程序设计的主要部分。微指令格式设计除了要实现计算机的整个指令系统外，还要考虑具体的数据通路、CM 的速度以及微程序编制等因素。在进行微程序设计的时候，为提高微程序的执行速度，应尽量缩短微指令字长，减少微程序的长度。微指令的编址方式是决定微指令格式的主要因素，微指令格式有以下三种。

1. 水平型微指令

水平型微指令是指一次能定义多个微命令的微指令，一般由控制字段、判别测试字段及下地址字段构成，格式如下。

控制字段	判别测试字段	下地址字段

一般来说，水平型微指令具有以下特点：微指令字长较长；微操作并行能力强；微指令编码简单；一般采用直接控制方式和分段直接编码方式，微命令与数据通路各控制点间有较直接的对应关系。因为这种微指令格式的字长较长，明显增长了 CM 的横向容量，又由于微指令中定义的

微命令较多,使得微程序的编制较困难、复杂,也不易实现设计自动化。

采用水平型微指令来编制微程序称为水平型微程序设计。这种设计方法由于微指令的并行能力强,效率高,编制的微程序短,所以微程序的执行速度快,CM 的纵向容量小。

2. 垂直型微指令

在微指令中设置微操作码字段,采用微操作码编译法,由微操作码规定微指令的功能,这类微指令被称为垂直型微指令。垂直型微指令与机器指令格式类似,即每条机器指令有操作码 OP,而每条微指令有微操作码 μOP,通过微操作码字段译码,一次只能控制从源部件到目的部件的一两种信息的传送过程。也就是说,垂直型微指令不强调实现微指令的并行处理能力,通常一条微指令只要求实现一两种控制即可。

垂直型运算操作的微指令格式如下。

μOP	源寄存器 I	源寄存器 II	目的寄存器	其他	

垂直型微指令具有如下特点:微指令字长较短;并行处理能力弱;采用微操作码规定微指令的基本功能和信息传送路径;微指令编码复杂,微操作码字段需要经过完全译码产生微命令,微命令的各个二进制位与数据通路的各个控制点之间不存在直接对应关系。因为微指令字长短,含有的微命令少,所以微指令并行操作能力弱,编制的微程序较长,要求 CM 的纵向容量较大。另外,采用垂直型微指令的执行效率较低,执行速度慢。

采用垂直型微指令来编制微程序称为垂直型微程序设计,具有直观、规整、易于编制微程序和实现设计自动化的优点;又由于微指令字长短,所以 CM 的横向容量小。垂直型微程序设计主要是面向算法的描述,所以也被称为软方法。

3. 毫微程序设计

所谓毫微程序设计,就是用水平型的毫微指令来解释垂直型微指令的微程序设计。它采用两级微程序设计方法:第一级采用垂直型微程序设计,第二级采用水平型微程序设计。当执行一条指令的时候,首先进入第一级微程序,由于是垂直型微指令,并行能力较弱,当需要时可由它调用第二级微程序(毫微程序),执行完毕后再返回第一级微程序。毫微程序控制器中有两个控制存储器:一个用来存放垂直型微程序,被称为微程序控制存储器 μCM;另一个用来存放毫微程序,被称为毫微程序控制存储器 nCM。

在毫微程序控制的计算机中,垂直型微程序是根据指令系统和其他处理过程的需要而编制的,具有严格的顺序结构。水平型微程序由垂直型微指令调用,具有较强的并行操作能力,若干条垂直型微指令可以调用同一条毫微指令,因此在 nCM 中的每条毫微指令都不相同,也无顺序关系。当从 μCM 中读出一条微指令时,除了可以完成自己的操作外,还可以给出一个 nCM 地址,以便调用一条毫微指令来解释该微指令的操作,实现数据通路和其他处理过程的控制。

毫微程序设计具有以下优点:利用较少的 CM 空间可达到高度的操作并行性;用垂直型微指令编制微程序易于实现微程序设计自动化;并行能力强,效率高,可充分利用数据通路;独立性强,毫微程序间没有顺序关系,对毫微指令做修改不会影响毫微程序的控制结构;若改变机器指令的功能,只需修改垂直微程序,无须改变毫微程序,所以具有很好的灵活性,便于指令系统的修改和扩充。采用毫微程序设计时,由于在一个微周期中要访问 μCM 和 nCM,即需要两次访问控制存储器,所以速度将受到影响。此外,增加了硬件成本,所以一般不在微、小型机中使用。

【例 4-5】设微指令字长为 27 位,为了满足图 4-4 的数据通路结构的需要,请完成水平型微指令格式的定义。

解：为了满足图 4-4 的数据通路结构的需要，可采用直接控制和分段编码相结合的方式，将微指令划分为基本数据通路控制字段、访问主存控制字段、辅助操作控制字段及顺序控制字段几部分，共 11 个微命令字段，如图 4-21 所示。各字段详细定义如下。

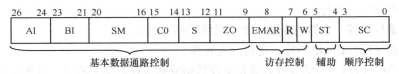

图 4-21　微指令格式及字段定义

（1）基本数据通路控制字段

① AI 表示 ALU 的 A 输入端选择字段（3 位）。

000：无输入；　　001：Ri→A；　　010：C→A；　　011：D→A；　　100：PC→A。

其中，001 编码时，由指令中的寄存器号具体指明 Ri 是哪个寄存器（R0~R3、SP、PC）；100 编码的命令用于取指，001 编码中的 PC→A 是用于指定的寄存器为 PC 的寻址方法。

② BI 表示 ALU 的 B 输入端选择字段（3 位）。

000：无输入；　　001：Ri→B；　　010：C→B；　　011：D→B；　　100：MDR→B。

其中，001 编码时，由指令中的寄存器号具体指明 Ri 是哪个寄存器（R0~R3、SP、PSW）。

　　　　AI 和 BI 中有一些编码组合未被定义，可用来扩充微命令。

③ SM 表示 ALU 功能选择信号字段（$S_3S_2S_1S_0M$），共 5 位，采用直接控制法。

④ C0 表示初始进位设置字段（2 位）。

00：0→C0；　　01：1→C0；　　10：PSW0（进位位）→C0。

⑤ S 表示移位器控制字段（2 位）。

00：DM（直传）；　　01：SL（左移）；　　10：SR（右移）；　　11：EX（高低字节交换）。

⑥ ZO 表示内总线输出分配字段（3 位）。

000：无输出，不发打入脉冲；　　001：CPRi；　　010：CPC；　　011：CPD；

100：CPIR；　　　　　　　　　　101：CPMAR；　　110：CPMDR；　　111：CPPC。

（2）访问主存控制字段

该控制字段包括 3 个一位的小字段，均采用直接控制方式。

EMAR 表示地址使能信号字段，为"0"时表示 MAR 与地址总线断开，为"1"时表示由 MAR 向地址总线提供有效的地址。若 EMAR 为"0"，则 CPU 不访存，但是可以由 DMA 控制器提供地址。

R 表示读控制信号字段，为"1"时表示读主存，同时作为 SMDR；

W 表示写控制信号字段，为"1"时表示写入主存，为"0"时表示 MDR 与数据总线断开。

　　　　当 R 和 W 均为"0"时，主存不工作。

（3）辅助操作控制字段 ST（2 位）

将前面基本操作中未能包含的其他操作归为一类，称为辅助操作，如开中断、关中断等。

00：无操作；　　01：开中断；　　　10：关中断；　　　11：SIR。

（4）顺序控制字段 SC（4 位）

在顺序控制字段 SC 中只是指出了形成后续微地址的方法，其本身并不是微地址。例如，可规定以下编写分别表示：

0000：微程序顺序执行；

0001：无条件转移，由微指令的高 8 位提供转移微地址；

0010：按指令操作码 OP 断定，进行分支转移；

0011：按 OP 与 DR（目的寻址方式是寄存器型或非寄存器型）断定，分支转移；

0100：按 J（是否转移成功）与 PC（指令中指定的寄存器是否为 PC）断定，分支转移；

0101：按源寻址方式断定，分支转移；

0110：按目的寻址方式断定，分支转移；

0111：转微子程序，将返回微地址存入一个专设的返回微地址寄存器中，由微指令的高 8 位提供微子程序入口；

1000：从微子程序返回，由返回微地址寄存器提供返回地址。

其余编码可用来扩充断定条件。

4.5.5 微程序设计

编制微程序时，要注意编写顺序、实现微程序分支转移等问题。依照前面所指定的指令流程可以进行微程序的编制。编制微程序时，可采取以下编制顺序：先编写取指段；然后按机器指令系统中各类指令的需要，分别编写其对应的微程序；之后编写压栈、取源操作数、取目的地址等可公用的微子程序。

表 4-3 中给出了一部分微程序示范。其中，第一栏提供有关微程序段含义的标注；第二栏是微地址；第三栏列出该微指令所实现的微操作；第四栏中标明该微指令所包含的微命令，包括电平型微命令和脉冲型微命令、顺序控制字段代码等。为了便于阅读和理解，采用文字方式对微程序转移和分支情况进行说明。

表 4-3   部分微程序示范

	微地址	微操作	微命令序列
取指	00H	M→IR	EMAR，R，SIR，SC=0000
	01H	PC+1→PC	PC→A，$S_3S_2S_1S_0\overline{M}$，C_0=1，DM，CPPC，SC=0000
	02H		按操作码 OP 分支，SC=0010
MOV	03H		转"取源操作数"微程序入口 4CH，SC=0111
	04H		转"取目的地址"微程序入口 60H，SC=0111
	05H		按 OP·DR 分支，SC=0011
MOV·$\overline{DR}$	06H	C→MDR	C→A，$S_3S_2S_1S_0M$，DM，CPMDR，SC=0000
	07H	MDR→M	EMAR，W，SC=0000
	08H	PC→MAR	PC→A，$S_3S_2S_1S_0M$，DM，CPMAR，SC=0000
	09H		转"取指"入口 00H，SC=0001
MOV·DR	0AH	C→R_j	C→A，$S_3S_2S_1S_0M$，DM，CPR_j，SC=0000
	0BH		转 08H，SC=0001

续表

	微地址	微操作	微命令序列
双操作数	0CH		转 "取源操作数" 微程序入口 4C H, SC=0111
	0DH		转 "取目的地址" 微程序入口 60 H, SC=0111
	0EH	M→MDR→D	EMAR, R, MDR→B, $S_3\bar{S}_2S_1\bar{S}_0M$, DM, CPD, SC=0000
	0FH		按 OP·DR 分支, SC=0011
ADD·$\overline{DR}$	10H	C+ D→MDR	C→A, D→B, $S_3\bar{S}_2\bar{S}_1\bar{S}_0\overline{M}$, PSW_0→C_0, DM, CPMDR, SC=0000
	11H		转 07H, SC=0001
ADD·DR	12H	C + R_j→R_j	C→A, R_j→B, $S_3\bar{S}_2\bar{S}_1\bar{S}_0\overline{M}$, PSW_0→C_0, DM, CPR_j, SC=0000
	13H		转 08H, SC=0001
SUB·$\overline{DR}$	14H	C-D→MDR	C→A, D→B, $\bar{S}_3S_2S_1\bar{S}_0\overline{M}$, 1→$C_0$, DM, CPMDR, SC=0000
	15H		转 07H, SC=0001
SUB·DR	16H	C-R_j→R_j	C→A, R_j→B, $\bar{S}_3S_2S_1\bar{S}_0\overline{M}$, 1→$C_0$, DM, CP$R_j$, SC=0000
	17H		转 08H, SC=0001
AND·$\overline{DR}$	18H	C∧D→MDR	C→A, D→B, $S_3S_2S_1\bar{S}_0M$, DM, CPMDR, SC=0000
	19H		转 07H, SC=0001
AND·DR	1AH	C∧R_j→R_j	C→A, R_j→B, $S_3S_2S_1\bar{S}_0M$, DM, CPR_j, SC=0000
	1BH		转 08H, SC=0001
OR·$\overline{DR}$	1CH	C∨D→MDR	C→A, D→B, $S_3\bar{S}_2S_1S_0M$, DM, CPMDR, SC=0000
	1DH		转 07H, SC=0001
OR·DR	1EH	C ∨R_j→R_j	C→A, R_j→B, $S_3\bar{S}_2S_1S_0M$, DM, CPR_j, SC=0000
	1FH		转 08H, SC=0001
EOR·$\overline{DR}$	20H	C ⊕ D→MDR	C→A, D→B, $S_3\bar{S}_2\bar{S}_1S_0M$, DM, CPMDR, SC=0000
	21H		转 07H, SC=0001
EOR·DR	22H	C ⊕R_j→R_j	C→A, R_j→B, $S_3\bar{S}_2\bar{S}_1S_0M$, DM, CP$R_j$, SC=0000
	23H		转 08H, SC=0001
单操作数	24H		转 "取目的地址" 微程序入口 60 H, SC=0111
	25H	M→MDR→D	EMAR, R, MDR→B, $S_3\bar{S}_2S_1\bar{S}_0M$, DM, CPD, SC=0000
	26H		按操作码 OP 分支, SC=0010
COM·$\overline{DR}$	27H	$\overline{D}$→MDR	D→A, $\bar{S}_3\bar{S}_2\bar{S}_1\bar{S}_0M$, DM, CPMDR, SC=0000
	28H		转 07H, SC=0001
COM·DR	29H	$\overline{R_j}$→R_j	R_j→A, $\bar{S}_3\bar{S}_2\bar{S}_1\bar{S}_0M$, DM, CP$R_j$, SC=0000
	2AH		转 08H, SC=0001
NEG·$\overline{DR}$	2BH	$\overline{D}$+1→MDR	D→B, $\bar{S}_3S_2S_1\bar{S}_0\overline{M}C_0$, DM, CPMDR, SC=0000
	2CH		转 07H, SC=0001
NEG·DR	2DH	$\overline{R_j}$+1→R_j	R_j→B, $\bar{S}_3S_2S_1\bar{S}_0\overline{M}C_0$, DM, CP$R_j$, SC=0000
	2EH		转 08H, SC=0001
INC·$\overline{DR}$	2FH	D+1→MDR	D→A, $S_3S_2S_1S_0\overline{M}C_0$, DM, CPMDR, SC=0000
	30H		转 07H, SC=0001
INC·DR	31H	R_j+1→R_j	R_j→A, $S_3S_2S_1S_0\overline{M}C_0$, DM, CP$R_j$, SC=0000
	32H		转 08H, SC=0001

	微地址	微操作	微命令序列
DEC·$\overline{\text{DR}}$	33H	D-1→MDR	D→A，$\overline{S}_3\overline{S}_2\overline{S}_1\overline{S}_0\overline{M}$，DM，CPMDR，SC=0000
	34H		转 07H，SC=0001
DEC·DR	35H	R_j-1→R_j	R_j→A，$\overline{S}_3\overline{S}_2\overline{S}_1\overline{S}_0\overline{M}$，DM，CP$R_j$，SC=0000
	36H		转 08H，SC=0001
SL·$\overline{\text{DR}}$	37H	D 左移后→MDR	D→A，$S_3S_2S_1S_0M$，SL，CPMDR，SC=0000
	38H		转 07H，SC=0001
SL·DR	39H	R_j左移后→R_j	R_j→A，$S_3S_2S_1S_0M$，SL，CPR_j，SC=0000
	3AH		转 08H，SC=0001
SR·$\overline{\text{DR}}$	3BH	D 右移后→MDR	D→A，$S_3S_2S_1S_0M$，SR，CPMDR，SC=0000
	3CH		转 07H，SC=0001
SR·DR	3DH	R_j右移后→R_j	R_j→A，$S_3S_2S_1S_0M$，SR，CPR_j，SC=0000
	3EH		转 08H，SC=0001
JMP 或 JSR	3FH		按 J 和 PC 分支，SC=0100
NJ·$\overline{\text{PC}}$	40H		转 08H，SC=0001
	41H	PC+1→PC	PC→A，$S_3S_2S_1S_0\overline{M}$ C_0，DM，CPPC，SC=0000
NJ·PC	42H		转 08H，SC=0001
JP	43H		转 "取源操作数" 微程序入口 4C H，SC=0111
	44H	C→PC	C→A，$S_3S_2S_1S_0M$，DM，CPPC，SC=0000
	45H		转 08H，SC=0001
JSR	46H		转 "压栈" 微子程序入口 48H，SC=0111
	47H		转 43H，SC=0001
压栈	48H	SP-1→SP	SP→A，$\overline{S}_3\overline{S}_2\overline{S}_1\overline{S}_0\overline{M}$，DM，CPSP，SC=0000
	49H	SP→MAR	SP→A，$S_3S_2S_1S_0M$，DM，CPMAR，SC=0000
	4AH	PC→MDR	PC→A，$S_3S_2S_1S_0M$，DM，CPMDR，SC=0000
	4BH	MDR→M	EMAR，W，返回，SC=1000
取源操作数	4CH		按源寻址方式分支，SC=0101
R	4DH	R_i→C	R_i→A，$S_3S_2S_1S_0M$，DM，CPC，返回，SC=1000
(R)	4EH	R_i→MAR	R_i→A，$S_3S_2S_1S_0M$，DM，CPMAR，SC=0000
	4FH	M→MDR→C	EMAR，R，MDR→B，$S_3\overline{S}_2S_1\overline{S}_0M$，DM，CPC，返回，SC=1000
-(R)	50H	R_i-1→R_i	R_i→A，$\overline{S}_3\overline{S}_2\overline{S}_1\overline{S}_0\overline{M}$，DM，CP$R_i$，SC=0000
	51H		转 4EH，SC=0001
(R)+	52H	R_i→MAR	R_i→A，$S_3S_2S_1S_0M$，DM，CPMAR，返回，SC=0000
	53H	R_i+1→R_i	R_i→A，$S_3S_2S_1S_0\overline{M}$ C_0，DM，CPR_i，SC=0000
	54H		转 4FH，SC=0001
@(R)+	55H	R_i→MAR	R_i→A，$S_3S_2S_1S_0M$，DM，CPMAR，SC=0000
	56H	R_i+1→R_i	R_i→A，$S_3S_2S_1S_0\overline{M}$ C_0，DM，CPR_i，SC=0000
	57H	M→MDR→MAR	EMAR，R，MDR→B，$S_3\overline{S}_2S_1\overline{S}_0M$，DM，CPMAR，SC=0000
	58H		转 4FH，SC=0001
X(R)	59H	PC→MAR	PC→A，$S_3S_2S_1S_0M$，DM，CPMAR，SC=0000
	…	…	…
取目的地址	60H	…	…

【例 4-6】按照例 4-5 的微指令格式，用二进制代码写出“取指令”操作的微程序段。

解：根据表 4-3，可知取指令操作可使用 3 条微指令来实现，这 3 条微指令分别存放在 CM 的 00、01 和 02 号单元中。按照例 4-1 的微指令格式，该微程序段对应的代码如图 4-22 所示。

		微指令										
		26 24	23 21	20 16	15 14	13 12	11 9	8	7	6	5 4	3 0
分步操作	微地址	AI	BI	SM	C0	S	ZO	EMAR	R	W	ST	SC
M→IR	00H	000	000	00000	00	00	000	1	1	0	11	0000
PC+1→PC	01H	100	000	10010	01	00	111	0	0	0	00	0000
按 OP 分支	02H	000	000	00000	00	00	000	1	1	0	11	0010

图 4-22 “取指令”操作的微程序代码

其中，第一条微指令存放在 00 号单元中，用来控制完成 M→IR 操作，因为是访存操作，所以数据通路操作字段编码均为“0”；ST 字段为“11”，表示将读出的指令置入 IR 中；SC 字段为“0000”，表示顺序执行微程序，即顺序执行 01 号单元的微指令。

第二条微指令在 01 号单元中，AI 字段编码为“100”，表示选择 PC，BI 字段为“000”，C0 为“1”；SM 字段为“10010”，实现 PC+1 操作；ZO 字段编码为“111”，表示将结果送至 PC 中；因为完成的是一次内部数据通路操作，所以访存操作字段均为“0”。

第三条微指令在 02 号单元中，该微指令控制要按照操作码 OP 进行分支，所以 SC 字段为“0010”。

4.6 Intel CPU 内部组成的发展

设计控制器的目的是控制指令的执行流程，让计算机系统自动工作。但要注意，控制器的组成与工作机制并不是一成不变的，往往因系统结构而异，并且还在不断发展之中。为了便于理解，本章前文选取的是一种最简单的 CPU 内部总线结构和最简单的系统总线结构。实际的 CPU 数据通路结构要复杂得多。为此，本节将全面介绍 Intel CPU 内部组成的发展情况，希望读者能对控制器的工作原理或 CPU 组成原理加深理解。

4.6.1 Intel 8086 的内部组成

Intel 公司在 1978 年推出 8086 芯片。该芯片的内部数据总线和外部数据总线都是 16 位，地址总线为 20 位，最大可寻址 1 MB 的存储空间，其内部组成如图 1-4 所示。

Intel 8086 没有被简单地划分为运算器和控制器，而是被划分为总线接口部件 BIU（Bus Interface Unit）和执行部件 EU（Execution Unit）。

其中，BIU 由段寄存器（CS、DS、SS、ES）、指令指针 IP、指令队列和地址加法器组成。CS 代码段寄存器用来存放程序代码段起始地址的高 16 位，DS 数据段寄存器用来存放数据段起始地址的高 16 位，SS 堆栈段寄存器用来存放堆栈段起始地址的高 16 位，ES 扩展段寄存器用来存放扩展数据段起始地址的高 16 位。指令指针 IP 相当于前文的程序计数器 PC，用于存放后继指令的偏移地址。指令队列用于存放预取的指令。地址加法器负责把段地址与偏移地址合成为 20 位的物理地址，然后送到地址总线。因此，BIU 的主要任务是取指令、传送数据和形成物理地址。

EU 由通用寄存器、标志寄存器 FLAGS 和 EU 控制系统组成。通用寄存器共 8 个，分别为 AX（累加器）、BX（基址寄存器）、CX（计数器）、DX（数据寄存器）、BP（基址指针）、SP（堆栈指针）、SI（源变址寄存器）和 DI（目标变址寄存器）。标志寄存器 FLAGS 就是前文的程序状态寄存器，用来保存 ALU 所处的状态。EU 控制系统是一个微程序控制器，它先将指令翻译成可直接执行的微指令代码，再输出相应的微命令序列，协同相关部件完成指令的执行。因此，EU 的主要任务是指令译码、执行指令、向 BIU 传送偏移地址信息、管理通用寄存器和标志寄存器。

4.6.2　Intel 80286 的内部组成

80286 是 Intel 公司于 1982 年推出的高性能 16 位微处理器。与 8086 相比，80286 的地址线增加到 24 根，可直接寻址 2^{24} 字节=16 MB；时钟频率最高达 16 MHz，比 8086 高 4 倍。

80286 把 8086 的总线接口部件 BIU 分成了地址部件 AU 和总线部件 BU，把 8086 的执行部件 EU 分成指令部件 IU 和新的执行部件 EU，因此 80286 包括 4 个功能部件，如图 4-23 所示。

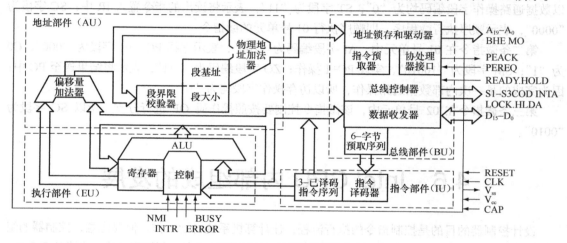

图 4-23　80286 的内部组成

总线部件 BU 由地址锁存和驱动器、指令预取器、协处理器接口、总线控制器、数据收发器以及预取队列组成。地址锁存和驱动器将 24 位地址锁存并加以驱动；指令预取器负责从存储器取指令并放到 6 个字节的预取队列中。协处理器接口是专门负责 80287 协处理器的接口，以便扩展浮点运算功能。总线控制器产生有关外部控制信号并送到外部的总线控制器 82288，以便组合产生存储器或 I/O 人读/写控制信号。数据收发器根据指令要求负责控制数据的传送方向。

地址部件 AU 负责物理地址的生成，80286 的物理地址生成方法根据其工作方式的不同而完全不同。在实地址方式下，物理地址的形成与 8086 相同，寻址空间最多 1 MB；在保护模式下，通过描述符的数据结构寻找 24 位段基址，寻址空间达 16 MB。

指令部件 IU 负责从预取队列中取代码并进行译码，然后放入指令队列，这样在指令队列中存放的就是已经译码的指令，可以立即执行。

执行部件 EU 负责指令的执行，即从译码后的指令队列中取出来直接执行。

80286 支持并行流水线。只要 6 个字节的预取队列不空，BU 就会不断地从存储器中取指令放入预取队列，IU 把预取队列中的指令译码后放入指令队列，EU 不断取已译码的指令并立即执行指令。在执行的过程中，若需要传送数据，则 EU 会发送寻址信息（逻辑地址）给 AU，AU 计算出物理地址送给 BU，BU 指示存储单元读/写数据。

80286 的 4 个部件既相互独立，又相互配合，并行有序地工作，大大提高了 CPU 的效率。

4.6.3 Intel 80386 的内部组成

80386 是 Intel 公司在 1985 年推出的第一个 32 位微处理器，它的寄存器、数据总线和地址总线都是 32 位，最大寻址可达 4 GB 的内存空间。80386 增强内存管理功能，不但支持分段管理，还增加了分页存储功能。

80386 内部增加分页部件，为了进一步增强并行操作功能，将 80286 的总线部件分成总线接口部件和预取部件，同时改进了执行部件和地址部件。因此，80386 包括 6 个关键部件，如图 4-24 所示。

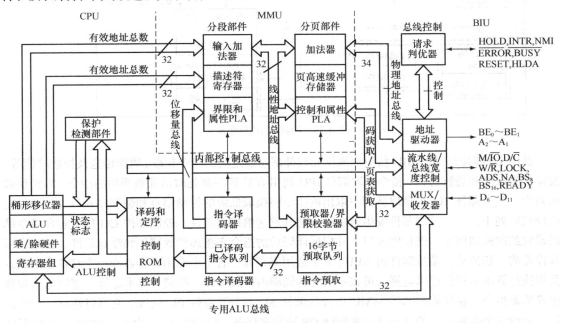

图 4-24　80386 的内部组成

其中，总线接口部件 BIU 提供与外部存储器或 I/O 的接口环境（地址线、数据线和控制线的驱动等）。其他部件要使用总线，必须先发出总线周期请求。BIU 根据优先级进行仲裁，从而有序地产生相应的总线操作所需要的信号，包括地址信号和读/写控制信号等。

指令预取部件 IPU 通过 BIU 按顺序向存储器取指令并放到 16 字节的预取指令列队中，为指令译码部件提供有效的指令。指令译码部件 IDU 从预取指令队列中取出原代码后进行译码，并送到已译码的指令队列中，再传送给执行部件。

执行部件 EU 从 IDU 中取出已译码的指令后，立即通过控制电路产生各种控制信号并送给相关部件，从而执行该指令。在执行指令的过程中，向分段部件 SU 发出逻辑地址信息并通过 BIU 与外部交换数据。SU 将 EU 送来的逻辑地址通过描述符的数据结构形成 32 位的线性地址。分页部件 PU 接收到线性地址后，通过分页转换将其变换为实际的 32 位物理地址。

4.6.4 Intel 80486 的内部组成

80486 是 Intel 公司于 1989 年推出的微处理器。该处理器首先吸取 RISC 技术，可在一个时钟周期内完成一条简单指令的执行，该处理器首次集成了 Cache 和浮点运算部件 FPU，提高了微处理器的处理速度。

80486 的内部组成如图 4-25 所示。

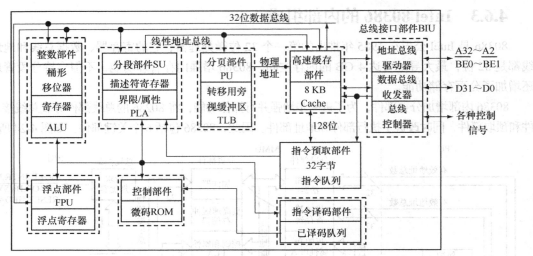

图 4-25 80486 的内部组成

其中，总线接口部件 BIU 负责内部单元与外部总线之间的指令预取、数据传送及控制功能等，安排优先次序和进行协调。指令预取部件 IPU 利用 BIU 顺序预先取出几条要用的指令，放到预取队列中。指令部件 IU 把预取队列中取出的指令转换成低级的控制信号和微程序入口，并存放在已译码队列中，一旦控制部件发生请求，就将其发送给控制部件。控制部件 CU 负责解释指令译码器收到的控制信号和微程序入口，并根据译码后的指令来指挥整数部件和浮点部件、存储管理部件等的一切活动。整数部件由 ALU、8 个通用寄存器、若干个专用寄存器和一个移位器组成，负责执行算术运算和逻辑运算，可在一个时钟周期内完成加载、存储、算术运算、逻辑运算和移位等单条指令。存储管理部件 MMU 由分段部件 SU 和分页部件 PU 组成，它通过建立一个简化的、运行多个应用程序的寻址环境来帮助 OS 执行多任务。SU 和 PU 的功能同 80386，存储器的地址空间也同 80386。

4.6.5 Intel Pentium 的内部组成

Pentium（奔腾）是 Intel 在 1993 年推出的全新超标量指令流水线结构，它将 CISC 和 RISC 结合。它采用双重分离式高速缓存，将指令高速缓存与数据高速缓存分离，各自拥有独立的 8 KB 高速缓存，而数据高速缓存采用回写方式，以适应共享主存的需要，抑制存取总线次数，使其能全速执行、减少等待及传送数据时间。它使用 64 位的数据总线，大幅度地提高数据传输速度。它的内部采用分支预测技术，引入分支目标缓冲器 BTB（Branch Target Buffer）预测分支指令，这样可在分支指令进入指令流水线之前预先安排指令的顺序，而不致使用指令流水线的执行产生停滞或混乱。同时，它将常用的指令（如 MOV、INC、DEC、PUSH 等）改用组合逻辑方式实现，不再使用微程序方式，使指令执行速度进一步提高。

Pentium 的内部组成主要包括总线接口部件、指令高速缓存器、数据高速缓存器、指令预取部件（指令预取高速缓冲器）、分支目标缓冲器、寄存器组、指令译码部件、具有两条流水线的超标量整数处理部件（U 流水线和 V 流水线）、拥有加、乘、除运算的浮点运算部件 FPU 等，如图 4-26 所示。

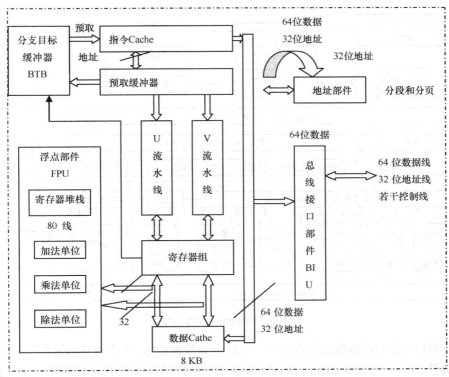

图 4-26　Pentium 的内部组成

所谓超标量，是指至少有两条及其以上指令流水线，每个流水线有多级。Pentium 采用两条指令流水线：U 和 V。其中，U 可执行 x86 指令集中的所有指令，采用与 80486 相同的 5 级整数流水线，指令在其分级执行。这个流水级分别为指令预取（IP）、指令译码（ID）、地址生成（AG）、指令执行（IE）和回写（WB）。V 只能执行简单指令。Pentium 的整数处理部件一次取两条整数指令并译码，然后检测它能否并行执行这两条指令，如果能，这两条指令分别进入流水线 U 和 V 之中同时执行。

Pentium 的浮点部件 FPU 拥有专门的加法单元、乘法单元和除法单元，加法和乘法都能在 3 个时钟周期完成，除法单元可在每个时钟周期内产生 2 位的商数。FPU 借助两条整数流水线 U 和 V，在一个时钟周期内取得 64 位的浮点操作数，浮点运算在流水线 U 可执行。FPU 采用 8 级超级流水线技术，前 4 级与整数流水线合用。所谓超级流水线技术，是指将微处理器内部流水线进一步分割成若干个小而快的级段，使指令流在其中以更快的速度通过。每一个超级流水线级段都以数倍于时钟周期的速度运行。

4.6.6　Intel Pentium 4 的内部组成

1993 年之后，Intel 相继推出了 Pentium 2、Pentium 3 和 Pentium 4 微处理器。其中，Pentium 4 于 2000 年发布，它采用 NetBurst 结构，为终端用户提供功能强大的服务，包括 Internet 音频视频流、图形图像处理、3D、CAD、游戏、多媒体以及多任务用户环境等。

Pentium 4 内部由总线接口部件、整数组件、浮点组件、指令组件、分支目标缓冲器组件、Cache 组件、队列组件等构成，如图 4-27 所示。

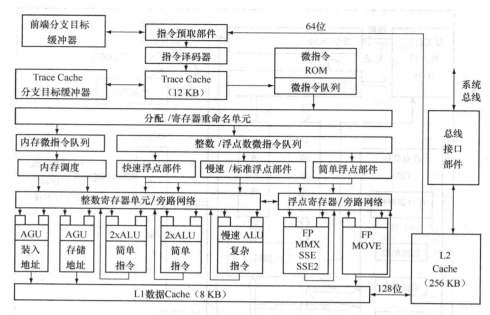

图 4-27　Pentium 4 的内部组成

其中，整数组件包括整数寄存器单元、ALU 复杂指令部件、2 个双倍速简单指令部件、1 个装入地址部件、1 个存储地址部件。浮点组件包括快速浮点部件、慢速浮点部件、简单浮点部件、浮点寄存器和浮点扩展指令（MMX、SSE 和 SSE2）部件和浮点 MOVE 部件。分支目标缓冲器组件包括前端分支目标缓冲器、Trace Cache 分支目标缓冲器。指令组件包括指令预取部件、指令译码器。队列组件包括分配/寄存器重命名单元、微指令队列、内存微指令队列、整数/浮点型微指令队列。Cache 组件包括 12 KB 的 Trace、8 KB 的 L1 Cache 和 256/512 KB 的 L2 Cache。

在 Pentium 4 的算术逻辑部件 ALU 中添加了快速执行引擎 REE，其运行速度是处理器主频的 2 倍，这样 3 GHz 的 Pentium 4 处理器的 ALU 运行速度是 6 GHz。ALU 部分电路在一个处理器时钟周期的上升沿和下降沿都可进行同频运算，因此在 0.5 个时钟周期内，ALU 就可以完成一条算术逻辑指令。

在 Pentium 4 内部，集成了 4 KB 大小的分支目标缓存器 BTB 来存储分支预测运算单元前几次所做的分支预测的跳转操作结果，而普通的 Pentium 3 处理器 BTB 容量只有 512 字节。同时，Intel 还加入了"高级分支预测运算单元"，使分支预测的正确率达到 93%左右，超过 Pentium 3 分支预测能力的 33%。

Pentium 4 首次采用了 12 KB 的 Trace Cache 来存储解码单元送出来的微指令，以解决一旦预测错误后的微指令重新获取问题。Trace Cache 位于指令解码器和内核第一层计算管线之间，指令在解码单元内获取和解码之后，微指令首先要经过 Trace Cache 的存储和输出，才能到达内核第一层计算管线并被执行，Trace Cache 最多可存储 1 200 条微指令。

高端的 Pentium 4 还引入了超线程技术（HT）。超线程技术是指一个物理处理器能够同时执行两个独立的代码流（称为线程）。过去的处理器只能运行单个线程，但 Pentium 4 通过超线程技术，可以同时处理两个线程。对于支持多处理器功能的应用程序来说，超线程处理器被视为 2 个分离的逻辑处理器，应用程序不需要修正就可以使用这 2 个逻辑处理器，每个线程允许共享处理器的执行资源，方法是使每个逻辑处理器拥有自己的体系结构，如通用寄存器和控制寄存器等。这样，逻辑处理器便可共享包括调整缓存、执行部件和总线在内的其他物理资源，因此这将大大提升 Pentium 4 的硬件资源的使用率。

在 Pentium 4 之后，Intel 的 CPU 技术向多核化方向发展，典型的产品就是 Intel Core、Core 2 和 Core 3。对于其相关的详细情况，敬请读者参考其他资源，此处不再一一介绍。

4.7　本章小结

控制器是计算机的指挥控制中心，其主要工作是取指令、分析指令和执行指令。它的核心是微命令产生部件，该部件把指令、时序信号以及控制条件作为输入，把微命令序列作为输出，根据各部件的具体要求，发出各种控制命令，控制计算机自动、连续地进行工作，实现各种信息流在各部件之间传送。如何使用时序信号对信息传递过程进行控制是实现控制器的关键。理解指令的执行流程是掌握控制器工作原理的关键。本章以最简单的 CPU 内部总线结构和最简单的系统总线结构为例，深入讨论了在这种数据通路结构之上的控制器（包括组合逻辑控制器和微程序控制器）的工作原理、内部组成及其实现方法。当然，实际的控制器要复杂得多。为了理论联系实际，本章最后一节介绍了 Intel CPU 内部组成的发展过程。

习　题　4

1．单项选择题

（1）微指令由（　　）直接执行。
　　A．运算器　　　　　　B．控制器　　　　　　C．主存储器　　　　　D．总线控制器

（2）控制器不包括（　　）。
　　A．地址寄存器（MAR）B．指令寄存器　　　　C．指令译码器　　　　D．地址译码器

（3）对机器语言程序员透明的是（　　）。
　　A．中断字　　　　　　　　　　　　　　　　B．地址寄存器（MAR）
　　C．通用寄存器　　　　　　　　　　　　　　D．程序状态字（条件码）

（4）在 CPU 中跟踪指令后继地址的寄存器是（　　）。
　　A．MAR　　　　　　　B．IR　　　　　　　　C．PC　　　　　　　　D．MDR

（5）从取指令开始到指令执行完成所需的时间，称为（　　）。
　　A．时钟周期　　　　　B．机器周期　　　　　C．总线周期　　　　　D．指令周期

（6）下列说法中（　　）是正确的。
　　A．指令周期=机器周期　　　　　　　　　　B．机器周期=工作周期
　　C．机器周期=时钟周期　　　　　　　　　　D．机器周期=节拍周期

（7）程序计数器 PC 的位置取决于（　　）。
　　A．存储器的容量　　　　　　　　　　　　　B．指令字长
　　C．机器字长　　　　　　　　　　　　　　　D．地址总线的线数

（8）程序计数器 PC 属于（　　）。
　　A．运算器　　　　　　B．控制器　　　　　　C．存储器　　　　　　D．时序系统

（9）在 CPU 内部的寄存器中，（　　）对用户是完全透明的。

  A. 指令寄存器   B. 程序计数器   C. 状态寄存器   D. 通用寄存器

（10）同步控制是（　　）。

  A. 只适用于 CPU 控制的方式   B. 由统一时序信号控制的方式

  C. 所有指令执行时间都相同的方式 D. 适用于 I/O 设备控制的方式

（11）异步控制常用于（　　）。

  A. CPU 访问外部设备时   B. 微程序控制器中

  C. 微型机的 CPU 控制中   D. 组合逻辑控制的主机中

（12）计算机操作的最小单位时间是（　　）。

  A. 时钟周期   B. 机器周期   C. 存储周期   D. 指令周期

（13）由于 CPU 内部操作的速度较快，而 CPU 访问一次存储器的时间较长，因此机器周期通常由（　　）来确定。

  A. 时钟周期   B. 指令周期   C. 存取周期   D. 间址周期

（14）在取指令操作之后，程序计数器 PC 中存放的是（　　）。

  A. 当前指令的地址   B. 操作数的地址

  C. 下一条指令的地址   D. 程序中指令的数量

（15）转移指令的主要操作是（　　）。

  A. 改变程序计数器 PC 的内容   B. 改变地址寄存器的内容

  C. 改变椎栈指令 SP 的内容   D. 改变数据缓冲寄存器的内容

（16）子程序调用指令完整的功能是（　　）。

  A. 改变程序计数器 PC 的内容   B. 改变地址寄存器的内容

  C. 改变程序计数器和椎栈指令 SP 的内容 D. 改变指令寄存器的内容

（17）以下叙述中错误的是（　　）。

  A. 指令周期的第一个操作是取指令

  B. 为了进行取指令操作，控制器需要得到相应的指令

  C. 取指令操作是控制器自动进行的

  D. 取指令操作是控制器固有的功能，需要在操作码的控制下完成

（18）在微程序控制器中，机器指令与微指令的关系是（　　）。

  A. 每一条机器指令由一条微指令来执行

  B. 若干条机器指令组成一个微程序来执行

  C. 一段微程序由一条机器指令来执行

  D. 每一条机器指令由若干条微指令组成的微程序来解释执行

（19）微指令执行的顺序控制问题，实际上是如何确定下一条微指令地址的问题，通常采用断定方式，其基本思想是（　　）。

  A. 由设计者在微指令代码中指定，或者由指定的判别测试字段控制产生后继微指令地址

  B. 在指令中指定一个专门字段来产生后继微指令地址

  C. 由微程序计数器 μPC 来产生后继微指令地址

  D. 用程序计数器 PC 来产生后继微指令地址

（20）在微程序控制器中，一段微程序的首条微指令地址是如何得到的？（　　）

  A. 程序计数器 B. 前条微指令 C. μPC+1 D. 指令操作码映射

（21）在微程序控制器中，控制部件向执行部件发出的某个控制信号称为（　　）。

    A. 微指令　　　　B. 微操作　　　　C. 微命令　　　　D. 微程序

（22）下列叙述中，（　　）是正确的。

    A. 控制器产生的所有控制信号称为微指令

    B. 微程序控制器比组合逻辑控制器更加灵活

    C. 微处理器正在运行的程序称为微程序

    D. 在一个 CPU 周期中，可以并行执行的微操作称为互斥性微操作

（23）在微指令中，操作控制字段的每一位代表一个控制信号，这种微程序的控制编码方式称为（　　）。

    A. 字段直接编码　　B. 直接编码　　C. 最短字长编码　　D. 字段间接编码

（24）微程序存放在（　　）中。

    A. 内存储器　　　　B. 控制存储器　　C. 通用寄存器　　D. 指令寄存器

（25）直接寻址的无条件转移指令功能是将指令中的地址码送入（　　）。

    A. 地址寄存器 MAR　　　　　　　　B. 累加器 AX

    C. 状态寄存器 PSW　　　　　　　　D. 程序计数器 PC

2. 判断题

要求：如果正确，请在题后括号中打"√"，否则打"×"。

（1）控制器的基本功能是向其他部件（不包括自身）发送控制信号。　　　　（　　）

（2）控制器使用的寄存器都是专用寄存器。　　　　　　　　　　　　　　（　　）

（3）微命令是直接作用于部件或控制门电路的最基本的控制信号。　　　　（　　）

（4）典型的时序系统由晶体振荡器、启停控制逻辑、工作脉冲信号发生器、时钟周期信号发生器及工作周期信号发生器等组成。　　　　　　　　　　　　　　　　（　　）

（5）典型的同步控制方式以最简单的指令和执行时间最短的微操作的时间作为统一的时序标准。　　　　　　　　　　　　　　　　　　　　　　　　　　　　　　（　　）

（6）在单总线、分立寄存器的结构中，一个寄存器（源）可直接向另一个寄存器（目标）传送数据。　　　　　　　　　　　　　　　　　　　　　　　　　　　　　　（　　）

（7）中断方式的程序切换类似于子程序的调用，二者的区别是子程序调用与主程序有必然的联系，而中断方式具有随机性。　　　　　　　　　　　　　　　　　　　　（　　）

（8）对于变字长格式的所有指令，它们的取指令操作所需的时钟周期个数都是相同的。（　　）

（9）指令周期最多只包括 4 个工作周期：取指令周期、源周期、目的周期、执行周期，而不需要包含其他工作周期。　　　　　　　　　　　　　　　　　　　　　　　（　　）

（10）无论哪一种寻址方式，当取指周期结束之后，程序计数器 PC 都保存下一条指令的存储地址。　　　　　　　　　　　　　　　　　　　　　　　　　　　　　　　（　　）

3. 问答题

（1）试比较组合逻辑控制器和微程序控制器的优缺点及应用场合。

（2）试比较同步控制方式和异步控制方式的特点及应用场合。

（3）试述指令周期、工作周期、时钟周期及工作脉冲之间的关系。

（4）什么是微命令间的相容和互斥？微命令主要有哪几种编码方式，各有什么特点？

（5）试述微命令、微操作、微指令和微程序之间的关系。

4. 应用题

（1）已知某计算机主频为 800 MHz，每个机器周期平均包含 2 个时钟周期，每条指令平均包括 2.5 个机器周期，求该计算机的平均指令执行速度为多少 MIPS。

（2）假设数据通路结构为单组总线、分立寄存器结构，请分析指令 MOV $(R_0), (R_1)$ 在整个指令周期中的各种信息传送过程。

（3）假设数据通路结构为单组总线、分立寄存器结构，针对采用组合逻辑控制器，拟出下列指令在执行时所需的全部微操作命令及节拍安排。

① MOV (R0)+, X(R1)

② ADD R0, X(R1)

③ JSR (R1)

（4*）某机用微程序控制方式，水平型编码控制的微指令格式，断定方式。共有微命令 30 个，构成 4 个互斥类，各包括 5 个、8 个、14 个和 3 个微命令，外部条件共 3 个。

① 若分别采用字段直接编码方式和直接控制方式，微指令的操作控制字段各取几位？

② 假设微指令字长为 24 位，设计出微指令的具体格式。

第5章
主存储器

总体要求

- 了解存储系统的层次结构、存储器的分类，以及主存储器的性能指标及发展
- 掌握存储器的相关概念，包括物理存储器、虚拟存储器、数据传输率、内存的数据带宽、内存的总线频率、随机存取、直接存取、顺序存取等
- 了解动态 MOS 半导体存储器的原理、电路结构、读写原理以及静态 MOS 存储器芯片的内部结构、读写时序和工作过程
- 理解动态存储器需要动态刷新的原因，掌握动态刷新的实现方法
- 了解半导体只读存储器的特性，包括 MROM、PROM、EPROM、FLASH 等
- 理解主存储器的设计原则，初步掌握主存储器的逻辑设计方法、DMA 的硬件组织和 DMA 控制器的设计方法

相关知识点

- 熟悉半导体、二极管、三极管的概念和特性
- 熟悉 MOS 管、CMOS 反相器的概念和特性
- 熟悉微机中常用的硬件产品及其连接

学习重点

- 理解与存储器有关的基本概念
- 掌握动态存储器的工作原理
- 初步掌握主存储器系统的设计方法

在计算机系统的组成结构中，有一个很重要的部分，就是存储系统。存储器是用来存储程序和数据的部件。对于计算机来说，有了存储器，才有记忆功能，才能保证正常工作。存储器的种类很多，按其用途可分为主存储器和辅助存储器。主存储器又叫内存，在计算机中起着举足轻重的作用，通常用半导体材料制造。主存储器通常安装在系统主板上，由只读存储器（ROM）和随机存储器（RAM）组成。外存包括软盘、硬盘、磁带、光盘、U 盘等。

内存是计算机系统的主要部件，而我们平常使用的操作系统、应用软件等主要是安装在外存（硬盘）上的，需要运行时才从外存调入内存。内存的容量和工作速度对计算机系统的性能影响很大。本章将重点介绍主存储器的组成和设计方法。

5.1　存储器系统概述

存储器的种类很多,按其用途可分为主存储器和辅助存储器(也称为内存储器和外存储器)。内存一般采用半导体存储器件构成存储单元。因为 RAM 是内存中最重要的存储器,所以通常我们直接称之为内存。内存就是存储欲运行的程序和数据的地方。如在使用 WPS 处理文稿时,当你在键盘上敲入字符时,所输入的字符就被存入内存中;当你要把内存的信息进行保存时,内存中的数据才会被存入磁盘(如硬盘或 U 盘)。RAM 既可以从中读取数据,也可以写入数据。当机器电源关闭时,存于 RAM 的数据就会丢失。我们通常购买或升级的内存条就用作计算机的内存。内存条就是将若干 RAM 集成块集中在一起的一小块电路板。它插在计算机中的内存插槽上,以减少 RAM 集成块占用的空间。目前市场上单根内存条的容量有 512 MB、1 GB、2 GB、4 GB 等。

通常,一般计算机系统使用的随机存取内存(RAM)可分为动态随机存取内存(DRAM)与静态随机存取内存(SRAM)两种。这两种 RAM 的差异在于,DRAM 需要由存储器控制电路按一定周期对存储器刷新,才能维系数据保存;SRAM 的数据则不需要刷新过程,在上电期间,数据不会丢失。对于在指定功能或应用软件之间共享的存储器来说,如果一个或两个应用软件占用了所有存储器空间,此时将无法为其他应用软件分配存储器空间。例如,日历、短信息和电话簿(或通信录)可能会共享移动设备中的动态存储器。

动态存储器一般采用超大容量的存储技术,但是,其存储组件要求由控制器控制其刷新周期。它与静态存储器等其他存储技术相比,耗电量相对较高。与其他类型的存储器相比,动态存储器的优点是每 GB 的价格最低。

5.1.1　存储器的分类

通常,计算机系统的存储设备可以根据其功能、结构和特性等进行分类。

1.　按存储器的功能划分

存储器的种类很多,按其用途可分为主存储器和辅助存储器,主存储器简称内存。内存一般采用半导体存储单元。因为 RAM 是内存中最重要的存储器,所以通常我们直接称之为内存。根据存储器的功能,可分为主存储器、辅助存储器和高速缓存。

（1）主存储器

主存储器是 CPU 能编程访问的存储器,它存放当前 CPU 正在执行和欲执行的程序和需要处理的数据。主存储器与 CPU 共同组成计算机的主机系统,因为通常安装在主机箱之中,故又称内存储器,简称主存或内存。

主存储器由随机存储器(RAM)、只读存储器(ROM)构成。由于 RAM 的容量远远比 ROM 的容量大,CPU 需要执行的程序和数据主要存放在 RAM 之中,因此人们习惯用由 RAM 构成的"内存条"来代表主存。

（2）辅助存储器

由于主存储器容量有限(主要受地址线位数、成本和存取速度等因素制约),在计算机系统中通过配置更大容量的磁盘、光盘和 U 盘等存储器,作为对主存储器容量不足的补充和后援。这些存储器就统称为辅助存储器。因为它位于主机的逻辑范畴之外,故又称为外存储器,简称为辅存或外存。外存包括软盘、硬盘、磁带、光盘、U 盘等。

外存主要用来存放主机暂时不使用或需要永久保存的程序和数据。例如，计算机操作系统的备份、语言编译系统、应用软件等安装之后存储于硬盘之中，需要时再调入内存执行。

（3）高速缓存（Cache）

CPU 与主存储器之间存在巨大的速度差异，使得 CPU 发出访问主存储器的请求后，可能需要等待多个时钟周期才能读取存储器的内容。为了解决速度匹配问题，可以在 CPU 中设置高速缓存（Cache）。Cache 的速度基本上接近 CPU 的工作速度，专门存放 CPU 即将使用的部分程序和数据，这些程序和数据是主存中正在运行或处理的程序和数据的副本。

当 CPU 访问主存时，同时访问 Cache 和主存。通过对地址码的分析，可以判断所访问物理地址区间的内容是否已复制在 Cache 中。如果所要访问的内容已经复制在 Cache 中（称为 Cache 命中），则直接从 Cache 中快速地读取；如果没有在 Cache 中找到所需的程序和数据，称为 Cache 不命中；否则，从主存中读取。

Cache 通常由存取速度较快的同步突发静态随机存储器（BSRAM）或者由最先进的 DRAM 组成。出于兼顾成本和性能的考虑，现代计算机中的 Cache 通常采用分级设计。例如，主频为 2.93 GHz、采用 45 nm 制造工艺和 4 核技术的 Intel Core i7 940 CPU 的 Cahce 就为分以下三级：L1 Cache 4×64 kB、L2 Cache 4×256 kB、L3 Cache 4×2 MB。当 L1 Cache 没有命中时，立即访问 L2 Cache；当 L2 Cache 没有命中时，立即访问 L3 Cache；当 L3 Cache 没有命中时，再访问内存单元。

目前，在微型机领域，CPU 的领先产品是 Intel 的 Core 系列芯片。该系列芯片内部集成了不同容量的一级、二级和三级缓存。为了占有市场，Intel 还在继续不断地推出新的产品，引领 IT 行业的发展。

（4）辅助存储器

辅助存储器也称为外存储器，包括软盘、硬盘、磁带、光盘、U 盘等。其作用主要有：一是弥补内存容量的不足，二是长期保存信息。它是计算机系统存储信息的主要部件。

2. 按存储介质划分

根据存储介质的不同，存储器可分为半导体存储器、磁表面存储器和光盘存储器等。

（1）半导体存储器

采用大规模集成电路或超大规模集成电路（VLSI）技术，把数百万只晶体管集成在一个只有几平方毫米的晶片上，构造存储芯片。这就是现代计算机系统的内存储器。半导体存储器的速度非常快，既可以用作高速缓存和主存，又可以在外部设备中发挥重要作用。例如，在微机中，为了提高计算机系统的整体速度，就经常把半导体存储器用作磁盘、显卡等外设的缓冲存储器，并置于外设与主存储器之间。采用缓冲存储器结构后，可以大大降低外部设备的平均响应时间。

根据制造工艺或集成电路类型，半导体存储器可以分为双极型和 MOS 型两大类。其中，双极型又可以分为 TTL 型和 ECL 电路。由于双极型的电路具有速度快、容量小、功耗大等特点，适合于小容量快速存储器，如用作寄存器组或高速缓存 Cache。MOS 型按电路结构又可划分为 PMOS、NMOS、CMOS 三种。它们具有功耗小、容量大（除静态 MOS 外）等特点，适合于主存储器。

（2）磁表面存储器

磁表面存储器利用磁层上不同方向的磁化区域来存储信息。磁表面存储器在金属或塑料基体上涂抹或电镀一层很薄的矩磁材料，构成连续的记录信息的磁介质，也称为记录载体，在磁头的作用下使记录介质的各局部区域产生相应的磁化状态或形成相应的磁化状态变化规律，用以记录信息 0 或 1。由于磁记录介质是连续的磁层，在磁头的作用下才划分为若干磁化区，所以称为磁表面存储器。

磁表面存储器作为程序和数据的永久性存储器。通常，它以文件的形式存储程序或数据，实际存储时通常以块为单位，块的大小一般为 512 B。一个文件根据大小可分为若干个数据块。在磁盘存储器中，一个数据块称为一个扇区。CPU 在调用外存的程序或数据时，可以数据块为单位进行调用。

根据形状，磁表面存储器可分为磁卡、磁鼓、磁盘、磁带等。目前，在微机中，主要使用磁盘存储器。有关磁盘的详细内容见第 6 章。

（3）光盘存储器

顾名思义，光盘就是利用光来存储信息。其基本原理是用激光束对记录膜进行扫描，让介质材料发生相应的光效应或热效应，通过激光照射使一个微小区域的光反射率发生变化，或者出现烧孔（也称为融坑），或者结晶状态发生变化，或磁化方向反转等，用以表示 0 或 1。

根据读写方式，光盘又可分为只读光盘、只能写入一次的光盘和可擦除/可重写型光盘等。

（4）U 盘存储器

U 盘原理的结构基本上由五部分组成：USB 端口、主控芯片、Flash（闪存）芯片、PCB 底板、外壳封装。通常，U 盘主要包括三块：①PEDA（主板+主控芯片 IC）；②Flash（闪存）芯片；③外壳。USB 端口负责连接电脑，是数据输入或输出的通道；主控芯片负责各部件的协调管理和下达各项动作指令，并使计算机将 U 盘识别为"可移动磁盘"；Flash 芯片与电脑中内存条的原理基本相同，是保存数据的实体，其特点是断电后数据不会丢失，能长期保存；PCB 底板是负责提供相应处理数据平台，且将各部件连接在一起。当 U 盘被操作系统识别后，使用者下达数据存取的动作指令后，USB 移动存储盘的工作便包含了这几个处理过程。更详细内容见第 6 章有关小节。

3．按存取方式划分

根据存取方式，存储器还可以分为随机存储器（RAM）、只读存储器（ROM）、顺序存取存储器（SAM）和直接存取存储器（DAM）。

（1）随机存储器（Random-Access Memory，RAM）

随机存取意味着：第一，可按地址随机访问任一存储单元（例如，可直接访问 11223 单元，也可访问 FF8890 单元的内容），CPU 可以按字或字节读写数据，进行处理；第二，访问各存储单元所需的读/写时间相同，与地址无关，可用读/写周期（存取周期）表明 RAM 的工作速度。

内存和高速缓存是 CPU 可以直接编址访问的存储器，通常以随机存取方式工作。随机存储器又分为静态随机存储器（SRAM）、动态随机存储器（DRAM）。

① 静态随机存储器（SRAM）：静态随机存储器利用双稳态触发器的两个稳定状态保存信息。将每个位存储在一个双稳态的存储器单元里，每个单元是用六个晶体管电路来实现的。由于 SRAM 存储器单元的双稳态特性，只要有电，它就会永久地保持它的值；即使有干扰，例如电子噪声，当干扰消除时，电路也就会恢复到稳定值。

每个双稳态电路存储一位二进制代码 0 或 1，一块存储芯片包含许多个这样的双稳电路。双稳电路是有源器件，需要电源才能工作。只要电源正常，就能长期稳定地保存信息，所以称为静态随机存储器。如果断电，保存在该存储芯片中的信息就会丢失，这种存储器属于挥发性存储器。正是由于这个原因，它才在 20 世纪 70 年代取代了磁芯存储器。在静态随机存储器中比较常见的是静态随进存储器（SDRAM）。

② 动态随机存储器（DRAM）：动态随机存储器依靠电容上所存储的电荷来暂存信息。存储单元的基本工作方式是通过 MOS 管向电容充/放电完成信息的读/写。充有电荷的状态为 1，放电后的状态为 0。虽然电容上的电荷泄漏很少，但生产工艺无法完全避免泄漏；时间一长，电荷就会泄漏，依靠电荷表示的信息就可能要发生变化，因而就需要定期向电容充电（也称为定时刷新内容），即对存 1 的电容补充电荷。由于需要动态刷新，所以称为动态随机存储器。动态随机存储器结构简单。在各类半导体存储器中，它的集成度最高，适合于做大容量的主存储器。

也就是说，必须对每个存储单元的电容充电，与 SRMA 不同，DRMA 对干扰非常敏感；当电容的电压被扰乱之后，它就永远不会恢复了。存储器必须周期性地通过读出然后写回来刷新存储器的每个位。有些系统也使用错误纠正码。

如果断电，SRAM 和 DRAM 会丢失它们的信息，从这个意义上说，它们是易失的（volatile）；相反，非易失性存储器（nonvolatile memory）即使是在关电后，仍然保持着信息。有很多种非易失性存储器，整体上都称为 ROM（Read-only Memory，只读存储器）。

（2）只读存储器（Read-Only Memory，ROM）

只读存储器是一种只能读取信息的内存。在制造过程中，将信息以一特制光罩（mask）烧录于线路中，其信息内容在写入后就不能更改，所以有时又称为"光罩式只读内存"（mask ROM）。此内存的制造成本较低，常用于计算机系统中存储启动机器的有关信息。只读存储器在正常工作时，只能读出而不能写入。只读存储器既可用作主存，又可用在 CPU 和其他外部设备中。ROM 用作主存时，通常固化在主板上，可以存放操作系统的核心部分（例如，不被普通用户轻易改变的汉字库、DOS 操作系统中的 BIOS 程序、UNIX 操作系统的内核程序 Kernel 等）。ROM 用在 CPU 中时，可以存放用来解释执行机器指令的微程序。ROM 用在外部设备中时，通常用来固化控制外部设备操作的程序。注意，ROM 虽然也采用了随机访问的方式，但只能进行读操作，不进行写操作。

只读存储器可划分为掩膜型只读存储器（MROM）、可编程只读存储器（PROM）、紫外线擦除可编程只读存储器（EPROM）、电擦除可编程只读存储器（E²PROM）、闪速存储器（Flash Memory）等。

只读内存是一种半导体内存，其特性是一旦储存信息，就无法再将其改变或删除。它通常用在不需要经常变更信息的电子或计算机系统中，并且信息不会因为电源关闭而消失。例如早期的PC 机，如 Apple II 或 IBM PC XT/AT 的开机程序（操作系统）或是其他各种微计算机系统中的固体（Firmware）。

通常，ROM 有多种类型。

① PROM：可编程只读内存（Programmable ROM，PROM）的内部有行列式的镕丝，视需要利用电流将其烧断，写入所需的信息，但仅能写录一次。

② EPROM：可抹除可编程只读内存（Erasable Programmable Read Only Memory，EPROM）可利用高电压将信息编程写入，抹除时将线路曝光于紫外线下，则信息可被清空，并且可重复使用。通常在封装外壳上会预留一个石英透明窗以方便曝光。

③ OTPROM：一次编程只读内存（One Time Programmable Read Only Memory，OTPROM）的写入原理同 EPROM，但是为了节省成本，编程写入之后就不再抹除，因此不设置透明窗。

④ E²PROM：电子式可擦除可编程只读内存（Electrically Erasable Programmable Read Only Memory，E²PROM）的运作原理类似 EPROM，但是抹除的方式是使用高电场来完成，因此不需要透明窗。

⑤ 快闪存储器：快闪存储器（Flash memory）的每一个记忆胞都具有一个"控制闸"与"浮

动闸"，利用高电场改变浮动闸的临限电压即可进行编程动作。从游戏机主存储器里或者正版游戏卡带提取的游戏主文件，可以在各类模拟器上使用，例如街机模拟器、GBA 模拟器的 ROM。现在应用最为广泛的数码照相机的存储卡、U 盘等均采用快闪存储器。

（3）顺序存取存储器（SAM）

顺序存取存储器的信息实际上是按记录块组织、顺序存放的，访问时间与信息的存放位置有关。磁带存储器就是顺序存取存储器。

（4）直接存取存储器（DAM）

直接存取存储器在读/写信息时，先将读/写部件直接指向某个小存储区域，再对该区域进行顺序查找，访问时间与数据所在的位置有关。磁盘就是直接存取方式的存储器。

4．按系统组织划分

根据计算机操作系统的组织管理方式，存储器还可以分为物理存储器和虚拟存储器。其中，虚拟存储器是依靠操作系统提供的存储器管理功能的支持而实现的。使用虚拟存储器技术的计算机系统的内存让用户感觉比实际要大很多。虚拟存储的主要思想是把地址空间和物理内存区域分开，即可寻址的字的数量只依赖于地址位的数量，而实际可用的内存字的数量可能远远小于实际可寻址的空间。例如，PC 机的地址线为 32 线时，其实际寻址空间可高达 4 GB，而多数 PC 机的主存储器容量为 512 MB 或 1 GB，基本上低于计算机系统的最大寻址空间，这就给用户提供了扩展内存的空间（还有很大的寻址空间可以利用）。这样，在操作系统的支持下，通过某种技术，可使用户访问存储器的编址范围远比实际的主存物理地址大很多。用户感到自己可编程访问一个很大的存储器，但实际的内存容量并没有这么大。通常，把这个提供给用户编程的存储器，即在软件编程上使用的存储器称为虚拟存储器。它的存储容量，即虚拟存储空间被称为虚拟空间，而面向虚拟存储器的编程地址称为虚拟地址，也称为逻辑地址。在物理上存在的主存储器被称为物理存储器，其地址称为物理地址。

除了可寻址空间远大于实际内存容量外，在物理实现上，还需要磁盘存储器提供硬件支持，这样就可将暂时不用的信息存放在磁盘上。在软件方面，是靠操作系统提供的功能来实现内存与磁盘之间的信息更换的，只让当前要运行的信息调入内存。这一更换过程对用户是透明的，所以，用户感觉到所使用的编程空间很大。为了实现虚拟存储器，需要将虚拟存储空间与物理实存空间按一定格式分区组织，例如页式管理、段式管理、段页式管理等。计算机系统提供虚拟地址与物理地址的自动转换，即将用户编程中提供的虚拟地址（逻辑地址）自动快速地转换为物理地址，根据此物理地址去访问内存储器，完成对内存的读/写操作。

在现代操作系统（例如 UNIX、Windows）中，都具有管理存储器、支持虚拟存储器的功能，都支持大程序在小内存中运行（例如，用户所要运行的程序大于计算机系统的实际内存容量）。它们所完成的就是把内存中暂时不运行的信息（程序和数据）以"页"为单位换出到硬盘上，再把要运行（指还没有装入内存，或曾被装入内存而因某种原因又被换到磁盘的"页"）的信息调入内存，实现信息的换进换出（UNIX 系统中设置一个专门服务于对换操作的对换进程）。由于计算机系统的运行速度非常快，用户程序换进换出操作非常快，用户运行的程序又远远大于内存实际容量，也就说，大程序装在小内存中。所以用户感觉计算机系统运行程序的存储器容量远比实际配置的存储器容量大很多。

虚拟存储器是从用户界面上可见的和可用的编程空间，并不是真实物理结构中的一体，也不是磁盘与内存的简单拼合。从编程的角度看，用户使用虚拟存储空间来编程就如同使用内存一样，而计算机系统中的信息调度和管理则是由操作系统来实现的。

5.1.2　存储系统的层次结构

存储系统，特别是主存储器与 CPU 之间有大量的信息输入/输出操作。这就要求存储器的存储容量大、存取速度快、成本低。因为存储器的容量越大，可存储的信息就越多，计算机的处理能力就越强。由于计算机系统的大量处理功能都是通过执行指令完成的。因此，CPU 需要频繁地从主存储器中读取指令和数据，并存放所处理的结果。如果存储器不具备快速存取的特性，势必会影响计算机系统的整体性能。所以，一般都要求计算机系统的主存储器容量要大。

通常，在同样的技术条件下，存储器在价格、容量、存取时间上存在如下关系。

- 存取速度越快，则每位的价格越高。
- 存储容量越大，则每位的价格就越低。
- 存储容量越大，则存取速度越慢。

因此，存储器技术的发展分为两个方向：一是努力改进制造工艺，寻找新的存储机理，以提高存储器的性能；二是采用分层结构来满足计算机系统中各部件对存储器的不同要求，而不只是依靠单一的存储部件或技术。

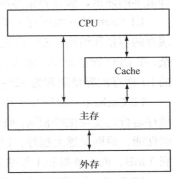

图 5-1 所示的是一个非常典型的三级存储体系结构，分为高速缓冲存储器（Cache）、主存储器、外存储器 3 个层次。在这种分层存储体系结构中，对于 CPU 直接访问的存储器，其速度尽可能快，而容量相对有限；作为后援的一级，则容量要大，而其速度就可能慢些。这样的合理搭配，对用户来讲，整个存储器系统既可提供大容量的存储空间，又可有较快的存取速度。

图 5-1　分层存储体系结构示意图

在单片机中，仅有一级半导体存储器与 CPU 相配；而在早期的 Intel 80286、Intel 80386 机，只有主存储器与外存储器两个层次。

目前，计算机存储技术还在不断飞速发展中，主要呈现如下特征（见图 5-2）。

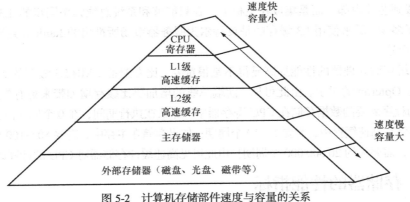

图 5-2　计算机存储部件速度与容量的关系

- 存储器每位的价格逐渐降低；
- 存储容量逐渐增大；

● 存取速度加快。

从不同的角度来分析计算机系统中的存储器，可以得到不同的特性。如果从物理构成的角度看，则着重点是整个存储器系统的分级组成；如果从用户的角度来看，则需了解存储器有几种存取方式；如果从存储原理（物理机制）的角度看，则需要讨论各类存储器的工作原理。

CPU 寄存器保存着最常用的数据，靠近 CPU 的小的快速的高速缓存存储器作为存储在相对慢速的主存储器中数据和指令子集的缓冲区域。主存暂时存放来自较大的慢速磁盘上的数据，当然这些磁盘也是数据的缓冲，可通过网络连接其他计算机，实现数据共享。

缓存大小也是 CPU 的重要指标之一，而且缓存的结构和大小对 CPU 速度的影响非常大，CPU 内缓存的运行频率极高，一般是和处理器同频运作，工作效率远远大于系统内存和硬盘。实际工作时，CPU 往往需要重复读取同样的数据块，而缓存容量的增大，可以大幅度提升 CPU 内部读取数据的命中率，而不用再到内存或者硬盘上寻找，以此提高系统性能。但是由于 CPU 芯片面积和成本的因素，缓存容量都很小。

L1 Cache（一级缓存）是 CPU 第一层高速缓存，分为数据缓存和指令缓存。内置的 L1 高速缓存的容量和结构对 CPU 的性能影响较大，不过高速缓冲存储器均由静态 RAM 组成，结构较复杂，在 CPU 管芯面积不能太大的情况下，L1 级高速缓存的容量不可能做得太大。一般服务器 CPU 的 L1 缓存的容量通常为 32～256 KB。

L2 Cache（二级缓存）是 CPU 的第二层高速缓存，分内部和外部两种芯片。内部的芯片二级缓存运行速度与主频相同，而外部的二级缓存则只有主频的一半。L2 高速缓存容量也会影响 CPU 的性能，原则是越大越好，以前家庭用 CPU 容量最大的是 512 KB，现在笔记本电脑中也可以达到 2 MB，而服务器和工作站上用 CPU 的 L2 高速缓存更高，可以达到 8 MB 以上。

L3 Cache（三级缓存），分为两种，早期的是外置的，现在的都是内置的。而它的实际作用是 L3 缓存的应用可以进一步降低内存延迟，同时提升大数据量计算时处理器的性能。降低内存延迟和提升大数据量的计算能力对游戏都很有帮助。而在服务器领域增加 L3 缓存在性能方面仍然有显著的提升。具有较大 L3 缓存的配置利用物理内存会更有效，故它比较慢的磁盘 I/O 子系统可以处理更多的数据请求。具有较大 L3 缓存的处理器提供更有效的文件系统缓存行为及较短消息和处理器队列长度。

其实最早的 L3 缓存被应用在 AMD 发布的 K6-III 处理器上，当时的 L3 缓存受限于制造工艺，并没有被集成到芯片内部，而是集成在主板上。在只能够和系统总线频率同步的 L3 缓存与主内存其实差不了多少。后来使用 L3 缓存的是英特尔为服务器市场所推出的 Itanium 处理器以及后来的 Core 系列产品。

由于 L3 缓存对处理器的性能提高显得不是很重要，比方配备 1 MB L3 缓存的 Xeon MP 处理器却仍然不是 Opteron 的对手，由此可见，前端总线的增加要比缓存增加带来更有效的性能提升。

如果你的程序需要的数据存储在 CPU 寄存器中，那么在执行期间，在 0 个周期内，就能访问到它们。如果存储在高速缓存中，需要 1～10 个周期；如果存储在主存中，需要 50～100 个周期；如果存储在磁盘上，需要大约 20 000 000 个周期！由此可见高速缓冲存储器对 CPU 的计算速度的影响。

5.1.3 存储器的性能指标

通常，在描述存储器的性能时，对内存和外存分别进行阐述。

1. 内存的性能

采用如下参数来衡量内存储器的性能。

（1）总线频率

平常我们所说的 DDR 333、DDR 400，其中的数值含义就是它的内存总线频率是 333 MHz、400 MHz。内存总线频率是选择内存的重要参数之一，因为内存总线频率与主板的前端总线频率直接相关。主板前端总线是指它的总线频率最高能达到多少，而它的大小是根据内存的频率来决定的。也就是说，主板的前端总线频率应该与内存相同。

例如，要用 DDR 333 内存，那么主板的前端总线也只能到 333 MHz；如果是双通道，那么就是两条内存频率之和，主板前端的总线频率应该是 666 MHz。

（2）内存速度

内存的速度一般取决于存取一次数据所需的时间（单位为纳秒，记为 ns）。作为性能指标，时间越短，速度越快。只有当内存、主板和 CPU 三者速度匹配时，计算机的效率最大。目前，DDR 内存的存取时间为 6 ns，而用于诸如显示卡上的显存更快，有 5 ns、4 ns、3.3 ns、2.8 ns 等。

（3）内存的数据带宽

内存容量的大小决定了计算机工作时存放信息的多少，而内存的数据带宽决定了进、出内存的数据的快慢。

一般在选购内存时，要根据 CPU 的前端总线频率来选择，内存的带宽和 CPU 的总线带宽一致。内存带宽取决于内存的总线频率。其计算公式为内存的数据带宽=（总线频率×带宽位数）/ 8。以 DDR 400 为例，其数据带宽 =（400 MHz × 64 bit）/8 = 3.2 GB/s。双通道 DDR 400 的数据带宽= 3.2 GB/s × 2 = 6.4 GB/s。

（4）延迟时间 CAS

CAS 是指从读命令有效开始，到输出端可以提供数据为止的这段时间，一般为 2～3 个时钟周期，它决定了内存的性能。在同等工作频率下，CAS 时间为 2 的芯片比 CAS 为 3 的芯片速度更快、性能更好。

（5）访问时间

把信息存入存储器的操作称为写入，从存储器中取出信息的操作称为读出。读/写统称为"访问"或"存取"。从存储器收到读/写申请命令后，再从存储器中读出/写入信息所需的时间称为存储器访问时间（Memory Access Time），用 TA 表示。存取时间 TA 反映了存储器的读/写速度指标。TA 的大小取决于存储介质的物理特性和访问机制的类型。TA 决定了 CPU 进行一次读/写操作必须等待的时间。

（6）存取周期

与"存取时间"相近的速度指标是"存取周期"（Memory Cycle Time），用 TM 表示。TM 是指存储器连续访问操作过程中一次完整的存取所需的全部时间。这个特性主要是针对随机存储器的。TM 是指本次存取开始到下一次存取开始之间所需的时间。存取周期的全部时间是指存储器进行连续访问所允许的最小时间间隔。TM > TA 。

TM 是反映存储器的一个重要参数。这个参数通常被印制在 IC 芯片上。例如 "-7"、"-15"、"-45"，分别表示 7 ns、15 ns、45 ns。这个数值越小，表示内存芯片的存取速度越快。

（7）内存容量

内存容量用字节来表示。目前，常用的单个内存条的容量为 512 MB、1 GB、2 GB、4GB 等。例如，DDR II 的单条容量最小为 512 MB，也有 2 GB 的 DDR II 内存条。在选配内存时，可尽量使用单条容量大的内存芯片，这样有利于内存的扩展。

注意　　　与容量有关的另一个概念就是传输单位,内存的传输单位是指每次读出/写入存储器的"位数",就是字长,而外存储器(如磁盘)的传输单位是"块"。

2. 内存技术的发展

为了提升内存的性能,在市场的推动下,内存技术迅速发展,出现了多种不同技术。

（1）FPM

FPM（Fast Page Mode,快页模式）是较早的 PC 机使用的内存,现在已经淘汰。它每隔 3 个时钟周期传送一次数据。

（2）EDO

EDO（Extended Data Out,扩展数据输出）是普通的 DRAM 的改进型,取消了与主存两个存储周期之间的时间间隔,每隔两个时钟周期传输一次数据,大大缩短了存取时间,使存取速度提高 30%,可以达到 60 ns。EDO 内存主要用于 72 线的 SIMM 内存条,以及采用 EDO 内存芯片的 PCI 显示卡。EDO 主要用于 486 芯片及以前的 PC 机中。EDO 采用 5 伏电压。

（3）SDRAM

SDRAM（Synchronous DRAM,同步动态随机存储器）是 Intel Pentium 机普遍使用的内存。SDRAM 将 CPU 与 RAM 通过一个相同的时钟锁在一起,使 RAM 和 CPU 能够共享一个时钟周期,以相同的速度同步工作。它比 EDO 内存速度提高 50%。

SDRAM 与系统总线速度同步,也就是与系统时钟同步,这样就避免了不必要的等待时间,减少了数据存储时间。SDRAM 内存条采用 64 位数据读/写形式,其引脚为 168 线,采用双列直插式的 DIMM 内存条,其读/写速度最高可达 10 ns,是 Inter Pentium 系列的首选内存条。

SDRAM 不仅可以做内存用,还可以用于显示卡的缓冲存储器。

（4）DDR SDRAM

DDR SDRAM（Double Data Rage,双数据率）又称 SDRAM II,是 SDRAM 的更新换代产品。它允许在时钟脉冲的上升沿和下降沿传输数据,这样,不需要提高时钟频率就可加倍提高 SDRAM 的速度。例如,266 MHz DDR SDRAM 内存条带宽达 2.12 GB/s。

通常,按内存接口的标准来划分,目前 DDR 内存芯片分为 DDR、DDR II 和 DDR III 三种,基本上都使用 4～6 层印制电路板,实际上都是在早期 SDRAM 内存的基础上发展起来的。

① DDR 内存

DDR SDRAM 内存就是平常说的 DDR 内存。它最早是由三星公司提出的,最终得到了 AMD、VIA 和 SiS 等主要芯片组厂商的支持。它是 SDRAM 的升级版本,也称为 SDRAM II。

在接口方面,与 SDRAM 内存相比,DDR 内存改为 184 针,内存电压为 2.5V 的 SSTL2 标准,仍采用 TSOP/TSOP II 封装。

DDR 的数据传输速率的单位为 MB/s。数据传输量为 64 Bit × 133 MHz × 2 /8 =2 128 MB/s。

目前,DDR 内存的主要规格有 DDR 266、DDR 333 和 DDR 400 三种。每一种都保持向下兼容。

② DDR II 内存

DDR II 的速度比 DDR 快两倍。从技术上讲,DDR II 仍然是一个 DRAM 核心,可以并行存取,在每次中处理 4 个数据。

DDR II 的引脚为 240,内存电压为 1.8 V。这样比 DDR 降低了能耗和散热等棘手问题。DDR II 采用 FBDA 封装。与 TSOP 封装相比,FBDA 提供了更好的电气性能和散热性。

DDR II 与 DDR 的物理规格不兼容。

目前，DDR II 内存的主要规格有 DDR II 533、DDR II 667、DDR II 800 三种。高频率向下兼容。

③ DDR III 内存

DDR III 保持与 DDR 的引脚为 240 的特点，但电压降为 1.5 V，其数据传输率和散热性进一步增强。目前，DDR III 内存的主要规格有 DDR III 1066、DDR III 1333、DDR III 1600、DDR III 2000 四种。

（5）RDRAM

RDRAM（Rambus DRAM，存储器总线式动态随机存储器）是 Rambus 公司开发的具有系统带宽、芯片到芯片接口设计的新型 DRAM。它能在很高的频率范围下通过一个简单的总线传输数据，同时使用低电压信号，在高速同步时钟脉冲的两边沿传输数据。

（6）Flash Memory

Flash Memory（闪速存储器）是一种新型半导体存储器，其主要特点就是在不加电的情况下，可以长期保存信息。Flash Memory 属于 E^2PROM（电擦除可编程只读存储器）类型，既有 ROM 的特点，又有很快的存取速度，而且可以擦除和重写，功耗很小。由于这一特点，它在较新的主板上被普遍采用，以使 BIOS 升级方便。

（7）Shadow RAM

Shadow RAM（影子内存），是为了提高计算机系统效率而采用的一种新技术。所使用的物理芯片仍然是 DRAM（动态随机存取存储器）芯片。Shadow RAM 占用系统主存一部分地址空间。其编址范围是 C0000—FFFFF，即 1 MB 主存的 768—1 024 KB 区域。通常，这个区域被称为内存保留区，用户程序不能直接访问。Shadow RAM 主要存放各种 ROM BIOS 的内容，也就是复制 ROM BIOS 的内容。故把 Shadow RAM 称为影子内存。对 PC 机来说，只要一开机，BOIS 的内容就会被装入 Shadow RAM 中指定的区域内。由于 Shadow RAM 的物理地址与对应的 RAM 相同，所以当需要访问 BIOS 时，只需访问 Shadow RAM，而不必再访问 ROM，这就能大大地加快计算机系统的运算时间。通常，访问 ROM 的时间约为 200 ns，访问 DRAM 的时间小于 60 ns。

计算机工作时，调用 BIOS 中的信息非常频繁；由于采用了 Shadow RAM 技术，这样就提高了计算机系统的效率。

（8）ECC 内存

ECC（Error Correction Coding 或者 Error Cheching and Correcting）是一种具有自动纠错功能的内存。由于该内存成本较高，一般家用计算机很少采用。

（9）CDRAM

CDRAM（Cached DRAM，高速缓存动态随机存储器）是日本三菱电气公司开发的专有技术，通过在 DRAM 芯片上集成一定数量的高速 SRAM 作为高速缓存和同步控制接口来提高存储器性能。它采用单一的+3.3V 电源、低压 TTL 输入输出电平。

（10）DRDRAM

DRDRAM（Direct Rambus DRAM，接口动态随机存储器）是 Rambus 在 Intel 支持下制定的新一代 RDRAM 标准。与传统 DRAM 的区别在于，引脚定义会随命令而变，同一组引脚可以被定义为地址，也可以被定义为控制线；其引脚数量仅为正常 DRAM 的 1/3。当需要扩充芯片容量时，只需改变命令即可。

（11）SLDRAM

SLDRAM（Synchnonous Link DRAM，同步链接动态存储器）是由 IBM、惠普、苹果、NEC、富士通、东芝、三星和西门子等大公司联合制定的一种原本最有希望成为标准高速 DRAM 的存储器，是在原 DDR DRAM 基础上发展起来的高速动态读写存储器。

（12）VCM

VCM（Virtual Channel Memory，虚拟通道存储器）是由 NEC 公司开发的一种新的缓冲式 DRAM，可用于大容量的 SDRAM。此技术集成了"通道缓冲"功能，由高速寄存器进行配置和控制。实现高速数据传输、让带宽增大的同时，还维持与传统 SDRAM 的高度兼容性，所以把 VCM 内存称为 VCM SDRAM。

（13）FCRAM

FCRAM（Fast Cycle RAM，快速循环动态存储器）是由富士通、东芝联合开发的内存技术，数据传输速度超过 DRAM/SDRAM 4 倍，能应用于需要极高内存带宽的系统中，例如服务器、3D 图形、多媒体处理等。

5.2 动态存储单元与存储芯片

静态 MOS 存储器依靠双稳态电路的两种不同状态来存储 1 或 0，其电路结构本身就决定了它的不足：生产成本高、芯片集成度低。为了能有效地降低成本和提高芯片集成度，人们不得不想办法简化其电路结构，寻找新的存储方法。动态 MOS 存储器（DRAM）就是基于这样的目的而设计的。本节将详细介绍动态 MOS 存储器的存储原理。

5.2.1 动态 MOS 存储单元

1. 动态 MOS 四管单元

早期的动态 MOS 存储器是从静态六管单元电路简化而来的，采用四管单元电路结构，如图 5-3 所示。T1 和 T2 组成了存储单元的记忆管，T3 和 T4 组成了控制门管，C1 和 C2 组成了栅极电容，Z 为字线，W 和 $\overline{W}$ 是位线。

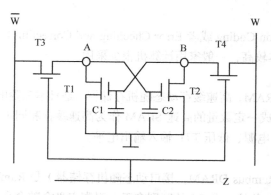

图 5-3 动态 MOS 四管存储单元

动态 MOS 四管存储单元依靠 T1、T2 的栅极电容存储电荷来保存信息。若 C1 充电到高电平使 T1 导通，而 C2 放电到低电平使 T2 截止，则存储信息为 0；若 C1 放电到低电平使 T1 截止，而 C2 充电到高电平使 T2 导通，则存储信息为 1。

控制门管 T3、T4 由字线 Z 控制其通断。读/写时，字线加高电平，T3、T4 导通，存储单元与位线 $\overline{W}$、W 连接。保存信息时，字线加低电平，T3、T4 断开，位线与存储单元隔离，依靠 C1 或 C2 存储电荷暂存信息。刷新时，T3、T4 导通。

可见，在这种电路结构中，当信号为"0"时，T1 导通，T2 截止（C1 有电荷，C2 无电荷）；当信号为"1"时，T1 截止，T2 导通（C1 无电荷，C2 有电荷）。与静态 MOS 六管存储单元电路比较，四管存储单元少了两个负载管。当 T3、T4 断开后，T1、T2 之间并无交叉反馈，因此这种电路结构并非双稳态电路。

这种电路结构的工作过程如下。

（1）写入信号

当写入时，字线 Z 加高电平，选中该单元，使 T3、T4 导通。

如果要写 0，则在 $\overline{W}$ 上加低电平，W 加高电平。W 通过 T4 对 C1 充电到高电平，使 T1 导通。而 C2 通过两条放电回路放电。一条是 C1 通过 T1 放电，另一条则是通过 T3 对 $\overline{W}$ 放电。C2 放电到低电平，T2 截止。

如果要写 1，则在 $\overline{W}$ 上加高电平，W 加低电平。$\overline{W}$ 通过 T3 对 C2 充电到高电平，使 T2 导通。而 C1 通过两条放电回路放电。一条是 C1 通过 T2 放电，另一条则是 C1 通过 T4 对 W 放电。C1 放电到低电平，T1 截止。

（2）保持信息

字线 Z 加低电平，表示该单元未选中，使 T3、T4 截止，由于仅存在泄漏电路，基本上无放电回路，保持原状态，信息可暂存数毫秒，需定期向电容补充电荷（称为动态刷新），因此称为动态 MOS 存储器。

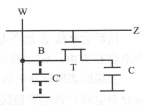

图 5-4 单管 MOS 存储电路

（3）读出

读出时，先对位线 $\overline{W}$ 和 W 预充电，也就是对位线的分布电容充电到高电平，然后断开充电回路，使 W 和 $\overline{W}$ 处于可浮动状态。再对字线 Z 加高电平，使 T3、T4 导通，W 和 $\overline{W}$ 此时成为读出线。

如果原先所保存的信息为 0，即 C1 上有电荷、为高电平，则 T1 导通。这样 $\overline{W}$ 通过 T3、T1 对地放电，$\overline{W}$ 电平下降，$\overline{W}$ 上有电流流过，经过放大后作为 0 信号，称为"读 0"。与此同时，W 通过 T4 对 C1 充电，补充泄漏的电荷。

如果原先所保存的信息为 1，即 C2 上有电荷为高电平，则 T2 导通。这样 W 通过 T4、T2 对地放电，W 电平下降，W 上将有电流流过，经过放大后作为 1 信号，称为"读 1"。与此同时，$\overline{W}$ 通过 T3 对 C2 充电，补充泄漏的电荷。

可见，四管单元电路仍然保持互补对称结构，读/写操作可靠，外围电路简单，读出过程为非破坏性读出，读出过程就是刷新过程。但是，从工艺上讲，每个单元电路所使用的元件还是较多，这样使每片的元器件集成度受限，结果是每片的容量较小。当每片容量在 4 KB 以下时，可采用这种电路结构。

2. 单管电路

由于材料、制造工艺等的发展，动态 MOS 电路从四管进一步简化为单管电路结构。图 5-4

给出了单管 MOS 存储电路。

该电路由记忆电容 C、控制门管 T、字线 Z 和位线 W 构成的，是最简单的存储单元电路。

当电路中的信息为 "0" 时，C 无电荷，电平 V0（低）；当电路中信息为 "1" 时，C 有电荷，电平 V1（高）。

该电路的工作过程如下。

（1）写入

首先字线 Z 加高电平，控制门管 T 导通。如果要写入 0，则 W 线上加低电平，电容 C 通过控制管 T 对 W 放电，电容状态为低电平 V0。

如果要写入 1，则 W 线上加高电平，W 通过 T 对电容 C 充电，通过控制管 T 对 W 放电，电容状态为高电平 V1。

（2）保持信息

字线 Z 加低电平，控制门管 T 断开，使电容 C 基本上无放电回路，电容 C 上的电荷可暂时存放数毫秒或者维持无电荷的 0 状态。但由于无电源供电，时间一长，电容电荷会泄漏，需定期向电容补充电荷，以保持信息不变。

（3）读出

先对位线 W 预充电，使分布电容 C′上充电到 V_B，其电平值为

$$V_B = \frac{V_1 + V_0}{2}$$

然后对字线 Z 加高电平，使控制门管 T 导通。如果原来所保存的信息为 0，则 W 将通过 T 向电容 C 充电，W 本身的电平将下降，按 C 与分布电容 C′的电容值决定新的电平值。

如果原来所保存的信息为 1，则电容 C 将通过 T 向位线 W 放电，W 本身的电平将上升，按 C 与分布电容 C′的电容值决定新的电平值。

根据 W 线电平变化的方向和幅度，可确定原来所保存的信息是 0 还是 1。很显然，读操作后 C 上的电荷将发生变化，这属于破坏性读出，需要读后重写。这一过程由芯片内的外围电路自动实现。

可见，单管存储电路结构简单，具有很高的集成度，但需要有片内的外围电路支持。因此，当容量大于 4 KB 时，基本上都采用单管存储电路模式。

通过上面的分析可以得出，动态存储器的基本存储原理是依靠电容电荷存储信息。这种电容可以是 MOS 管栅极电容或专用的 MOS 电容。当电容充电到高电平（有电荷）时，为 1；放电到低电平（无电荷）时，为 0。

动态 MOS 存储器暂存信息时无电源供电，MOS 管断开后电容总存在泄漏电路，时间一长，电容上的电荷必然会通过泄漏电路放电，这就会使电容上的电荷减少。信息是靠电荷来表示的，电荷没有了，当然信息也没有了。因此，当信息保存一定时间后，为了保持信息的稳定，就必须对存储信息为 1 的电容重新进行充电（通常把这一过程称为刷新）。

相对静态 MOS 存储器而言，动态 MOS 存储器具有以下两点优势。

① 因为不需要双稳态电路而简化了电路结构，尤其是采用单管结构，能够提高芯片的集成度。在相同水平的半导体芯片工艺条件下，每片 DRAM 的最大容量比 SRAM 芯片容量约大 16 倍。

② 在暂存信息时无需电源供电，在 MOS 管断开后电容电荷能维持数毫秒，因此又能大大降低芯片的功耗，降低芯片工作时的发热温度。

5.2.2　动态存储器的刷新

由于 DRAM 芯片是依靠电容上的存储电荷来暂时保存信息的，电容上所存储的电荷会随时间而泄漏。因此就需要对电容进行定期充电，即对原来所保存信息为"1"的电容补充电荷，人们把这种定期补充电荷的过程称为"刷新"。电荷泄漏程度取决于 DRAM 的制造工艺。目前，多数 DRAM 芯片需要在 2 ms 内全部刷新一遍，即全部刷新一遍所允许的最大时间间隔为 2 ms。否则，超过 2 ms 就会丢失信息。

1．动态刷新的实现方法

对于整个存储器来说，通常由多个存储芯片组成，各芯片可以同时刷新。对单个芯片来说，则是按行刷新。每次刷新一行，所需要的时间为一个刷新周期。例如，在某个存储器中，容量最大的一种芯片为 128 行，就需要在 2 ms 内至少应该安排 128 个刷新周期。

我们已经知道，四管动态存储单元在读出时可以自动补充电荷，而单管动态存储单元虽然在读出时破坏性读出，但依靠外围电路而具有读后重写的再生功能。因此，无论是四管结构还是单管结构，只要按行读一次，就可实现对该行的刷新。

为了实现动态刷新，可在刷新周期中用一个刷新地址计数器来记录刷新行的行地址，然后发出行选信号和读命令，此时列选信号 $\overline{CAS}$ 为高（无效），便可以刷新一行，这时数据输出呈高阻抗。每刷新一行后，刷新地址计数器加 1。在 2 ms 内，应该保证对所有行至少刷新一次。

因此，在计算机工作时，动态存储器呈现为两种基本状态。一种是读/写/保持状态，由 CPU 或其他控制器提供地址进行读/写，或者不进行读/写，对存储器的读/写是随机的，有些行可能长期不被访问；另一种状态是刷新状态，由刷新地址计数器提供行地址，定时刷新，保证在 2 ms 周期中不能遗漏任何一行。

2．刷新周期的安排方式

实现动态刷新的关键是如何安排刷新周期，通常有三种刷新方式。

（1）集中刷新

集中刷新就是在 2 ms 内集中安排所有刷新周期，其余的时间为正常的读/写和保持时间，如图 5-5 所示。刷新周期数为最大容量芯片的行数。在逻辑实现上，可采用一个定时器每 2 ms 请求一次，然后由刷新计数器控制实现逐行刷新一遍。

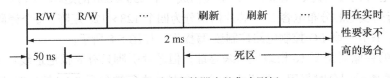

图 5-5　动态存储器中的集中刷新

集中刷新的优点是主存利用率高，控制简单；缺点是在连续、集中的这段刷新期间，不能使用存储器，因而形成一段死区，可用在实时性要求不高的场合。

（2）分散刷新

分散刷新就是将每个存取周期分为两部分，前半部分用于正常的读/写/保持，后半部分则用于刷新。也就是将刷新周期分散地安排在读/写周期之后，如图 5-6 所示。

图 5-6　动态存储器的分散刷新

注：R/W 和刷新所用时间为存取周期。

由于分散刷新增加了主存储器的存取周期（时间），例如 PC 机中的主存储器的存取周期约为 100 ms，如果采用分散刷新，则需要 200 ms。故分散刷新方式仅用于低速系统。

（3）异步刷新

异步刷新就是按行数来决定所需的刷新周期数，各刷新周期分散地安排在 2 ms 内。每隔一段时间刷新一行。

例如，如果最大行为 128，则刷新一行的平均时间间隔为 2 ms/128 ≈ 15.6μs。也就是说，每隔 15.6 微秒提出一次刷新请求，安排一个刷新周期，刷新一行，这样保证在 2 毫秒内刷新完所有行，如图 5-7 所示。在提出刷新请求时，CPU 可能正在访问内存，可能会使刷新请求稍后得到响应，再安排一个刷新周期，故称为异步刷新方式。

图 5-7　动态存储器中的异步刷新

异步刷新方式兼有前面两种方式的优点：对主存速度影响最小，甚至可用不访存的空闲时间进行刷新，而且不存在死区。虽然控制上复杂一些，但可利用 DMA 控制器来控制 DRAM 的刷新。因此，大多数计算机都采用异步刷新方式。

5.2.3　DRAM 动态存储器芯片

Intel 2164 芯片是一种 DRAM 存储芯片，每片容量为 64 K×1 位。早期的 PC 机曾用该芯片做主存储器。现在以该芯片为例，介绍 DRAM 芯片的内部结构、引脚功能以及读/写时序。

1．内部结构

Intel 2164 芯片的容量是 64 K×1 位，本应构成一个 256×256 的矩阵，但为了提高其工作速度（需要减少行列线上的分布电容），在芯片内部分为四个 128×128 矩阵，每个译码矩阵配备 128 个读出放大器，各有一套 I/O 控制电路控制读/写操作，如图 5-8 所示。

64 K 容量的存储器需要 16 根地址线来寻址，但芯片引脚只有 8 根地址线：A7—A0，实际寻址操作中就需要采用分时复用。先送入 8 位行地址，在行选信号 $\overline{RAS}$ 的控制下送入行地址锁存器，锁存器提供 8 位行地址：RA7—RA0，译码后产生 2 组行信号，每组 128 根。然后送入 8 位列地址，在列选信号 $\overline{CAS}$ 的控制下送到列地址锁存器，锁存器提供 8 位列地址：CA7—CA0，译码后产生 2 组列信号，每组 128 根。

行地址 RA7 与列地址 CA7 选择 4 套 I/O 控制电路中的一套和 4 个译码矩阵中的一个。这样，16 位地址是分成两次送到芯片中的。对于某一地址码，只有一个 128×128 矩阵和它的 I/O 控制电路被选中，即可对该地址进行读/写操作。

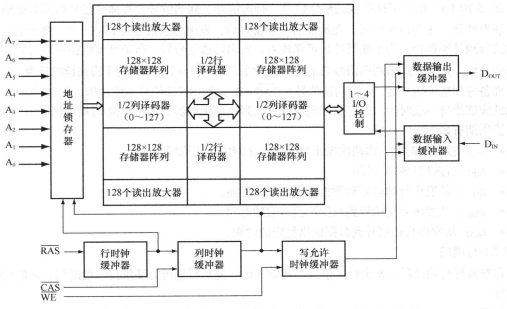

图 5-8　Intel 2164 芯片内部结构

2．芯片引脚

Intel 2164 芯片采用 16 脚封装，如图 5- 9 所示。

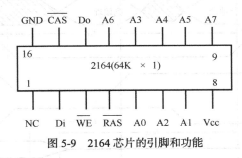

图 5-9　2164 芯片的引脚和功能

各引脚功能如下。

- A7～A0：8 根地址线，通过分时复用提供 16 位地址。
- $\overline{\text{Di}}$：数据输入线。
- $\overline{\text{Do}}$ ：数据输出线。
- $\overline{\text{WE}}$：读/写控制线。为 0（低电平）时，表示写入；为 1（高电平）时，表示读出。
- RAS：行地址选通线。为 0（低电平）时，A7～A0 为行地址（高八位地址）。
- CAS：列地址选通线。为 0（低电平）时，A7～A0 为列地址（低八位地址）。
- Vcc：电源线。
- GND：接地线。
- NC：引脚 1 空闲未用。在新型号中，引脚 1 用作自动刷新。将行选信号送到引脚 1，可在芯片内自动实现动态刷新。

3．读/写时序

（1）读周期

图 5-10（a）给出了读周期的地址信号、行选信号、列选信号、写命令信号以及数据输出信号的波形变化。正如该图所示，在地址信号准备好后，发出行选信号（$\overline{\text{RAS}}=0$）将行地址打入片内的行地址锁存器。为了使行地址可靠输入，发出行选信号后，行地址要维持一段时间才能切换到列地址。如果在发出列选信号之前先发读命令，即 $\overline{\text{WE}}=1$，将有利于提高读的速度。

准备好列地址信号后，发出列选信号（$\overline{\text{CAS}}=0$），此时行选信号不能撤销。发出列选信号后，列地址应该维持一段时间，以完成把列地址打入列地址锁存器，为一个读/写周期做准备。

读周期有如下时间参数。

- t_{RC}：读周期时间，即两次发出行选信号之间的时间间隔。
- t_{RP}：行选信号恢复时间。
- t_{RAC}：从发出行选信号到数据输出有效的时间。
- t_{CAC}：从发出列选信号到数据输出有效的时间。
- t_{RO}：从发出行选信号到数据输出稳定的时间。

（2）写周期

在准备好行地址后，发出行选信号（$\overline{\text{RAS}}=0$），此后行地址需要维持一段时间，才能切换为列地址。

如图 5-10（b）所示，虽然发出了写命令（$\overline{\text{WE}}=0$），但在发出列选信号之前没有列线被选中，因而还未真正写入，只是开始做写前操作的准备工作。

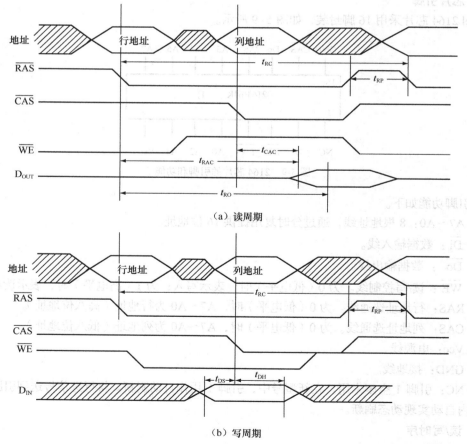

（a）读周期

（b）写周期

图 5-10　2164 芯片的读/写周期波形

在准备好列地址、输入数据后，才能发出列选信号（$\overline{CAS}=0$），此后列地址、输入数据均需要维持一段时间，等待列地址打入列地址锁存器后，才能撤销列地址。等待可靠写入后，才能撤销输入数据信号。

写周期有如下时间参数。

- t_{RC}：写周期时间，在实际系统中读/写周期时间安排相同，所以 t_{RC} 又称为存取周期或读/写周期。
  - t_{RP}：行信号恢复时间，行选信号宽度=t_{RC}-t_{RP}。
  - t_{DS}：从数据输入有效到列选信号、写命令均有效的时间，即写入数据建立的时间。
  - t_{DH}：当写命令、列选信号均有效后，数据的保持时间。

5.3 半导体只读存储器与芯片

只读存储器是计算机系统中的重要存储设备，通常用于存储计算机系统的核心程序和参数，可以作为主存储器使用，也可以作为其他硬件设备的局部存储器使用。本节将针对常见的只读存储器进行简明扼要的介绍。

5.3.1 只读存储器的分类

1. 掩膜型只读存储器（MROM）

最早使用的只读存储器就是掩膜型只读存储器（MROM），这是一种只能由生产工厂将信息写入存储器中的只读存储器。在制造 MROM 芯片之前，先由用户提供所需存储的信息（以 0 或 1 表示）。芯片制造商根据此设计相应的光刻膜，以有无元件来表示 1 或 0。由于这种芯片中的信息固定而不能改变，使用时只能读出，故需要的应用场所不多，通常只应用于打印机、显示器等设备中的字符发生器。

2. 可编程只读存储器（PROM）

由于 MROM 对用户开发来说是很不方便的，因此生产工厂又推出一种用户可以进行一次性写入的只读存储器——PROM。芯片从工厂生产出来时内容为全 0，用户可以利用专门的 PROM 写入器将信息写入，所以称为可编程只读存储器。但这种写入是不能修改的，即当某存储位一旦写入 1，就不能再改变，故称为一次性可编程只读存储器（PROM）。

可编程只读存储器（PROM）的写入原理有两种。一种属于结破坏性，即在行列线交叉处制作一对彼此反向的二极管，由于反向，故不能导通，这时就为 0；如果该位要写入 1，则应该在相应行列线上加高电压，将反向二极管永久性击穿，而留下正向可导通的一只二极管，这时就为 1。显然，这是不可逆转的。另一种属于熔丝型。制造该元件时，在行列交叉点连接一段熔丝，称为存入 0；如果该位要写入 1，则让它通过大电流，使熔丝断开。这显然也是不可逆转的。

图 5-11 给出了熔丝型 PROM 的内部逻辑结构图，它是一个 4×4 的只读存储器，从 0 单元到 3 单元存储的信息分别为 0110、1011、1010、0101。地址输入 A_0 和 A_1 经行译码形成行线，以选中某个存储单元（因此为字线）。列线 $D_0 \sim D_3$ 用来输出信息。

通常，用户可以购买通用的 PROM 芯片，写入前其内容为 0，根据自己的需要写入所需信息，例如可固化的程序、微程序、标准字库等。

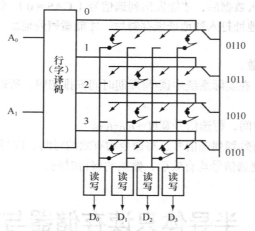

图 5-11　熔丝型 PROM 原理图

3. 可重编程的只读存储器（EPROM）

通常，这种存储器芯片是用专门的写入器在+25 V 的工作电压环境下写入信息的，在+5 V 的正常电压下只能读出信息而不能写入，用紫外线照射一定时间后可擦除芯片中原来所保存的信息，然后重写新的信息。因此，这种芯片称为可重编程（可改写）的只读存储器。目前，市场上的 EPROM 产品可以重写数十次。

例如，2176 芯片是一种 EPROM 存储芯片（见图 5-12），其容量为 2 K×8 位，工作方式如下。

（1）编程写入

将 EPROM 芯片放置在专门的写入器中，由 Vpp 端加入+25 V 高压，$\overline{CS}$ 为高，$A_{10} \sim A_0$ 选择写入单元，$O_0 \sim O_7$ 输入待写数据，编程端 PGM 引入一个正脉冲，该脉冲的宽度为 45～55 ms，幅度为 TTL 高电平，按字节写入 8 位信息。如果编程端 PGM 正脉冲的宽度过窄，就不能可靠写入，但太宽可能会损伤芯片。

（2）读数据

芯片写入后插入存储系统，只引入+5 V 电源，PD/PGM 端为低。如果片选逻辑有效，则可按地址读出，由 $O_0 \sim O_7$ 将信息输出到数据总线。这就是 EPROM 在正常工作时的方式，只读不写。

如果没有选中，也就是片选逻辑为高电位，表明未选中该芯片，输出呈现高阻抗，但这不影响数据总线的状态。

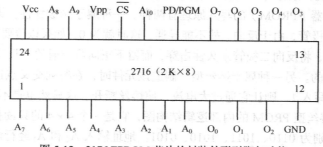

图 5-12　2176 EPROM 芯片的封装外形引脚与功能

（3）功耗

虽然芯片处于+5 V 的正常电源环境下，但它不工作时基本上就不耗电能，这样芯片处于低功耗的备用状态。如果 Vpp 为+5 V（这时不能写入），则芯片输出呈现高阻抗，其功耗从原来的 525 mW 下降到 132 mW。

工作方式	Vcc	Vpp	$\overline{CS}$	O₀~O₇	PD/PGM
编程写入	+5 V	+25 V	高	输入	50 ms 正脉冲
读	+5 V	+5 V	低	输出	低
未选中	+5 V	+5 V	高	高阻抗	无关
功耗下降	+5 V	+5 V	无关	高阻抗	高
程序验证	+5 V	+25 V	低	输出	低
禁止编程	+5 V	=25 V	高	高阻抗	低

表 5-1　　　　　　　　　　　　　2176 芯片的工作方式

EPROM 芯片需要紫外线照射才能擦除，但仍嫌不够方便。

5.3.2　E²PROM 只读存储器

随着存储芯片制造技术的发展，一种可加高压擦除的只读存储器出现了，即电可改写（重编程），编写为 E²PROM。它采用金属-氮-氧化硅（NMOS）集成工艺，仍可实现正常工作中的只读不写，需要擦除时，只需对指单元加高电压产生电流，形成"电子隧道"，将该单元信息擦除，而其他未通电流的单元内容保持不变。因此，E²PROM 使用起来比 EPROM 更为方便，但它仍需要在专用的写入器中擦除改写。

5.3.3　Flash 只读存储器

20 世纪 80 年代中期，存储器种类又增添了一种快擦写型存储器（Flash Memory）。它具备 RAM、ROM 的所有功能，而且功耗低、集成度非常高，发展前景非常好。这种器件沿用 EPROM 的简单结构和浮栅/热电子注入的编程写入方式，既可编程写入，又可擦除，故称为快擦写型电可重编程（Flash E²PROM）。

Flash 的存储单元电路由一个 NMOS 管构成，如图 5-13 所示。其栅极分为控制栅极 CG 和浮空栅极 FG，二者之间填充氧化物-氮-氧化物材料。Flash 存储单元利用浮空栅是否保存电荷来表示信息 0 或 1 的。如果浮空栅上保存电荷，则在源、漏极之间形成导电沟道，为一种稳定状态，即"0"状态；如果浮空栅上没有电荷，则在源、漏极之间无法形成导电沟道，为另一种稳定状态，即"1"状态。

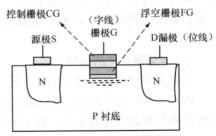

图 5-13　Flash 存储单元结构

上述两种稳定状态可以相互转换。状态"1"到状态"0"的转换过程，就是对浮空栅上充电荷的过程；状态"0"到状态"1"的转换过程，就是将浮空栅上的电荷移走的过程。例如，在栅极与源极之间加一个正向电压 U_{SG}，在漏极与源极之间加一个正向电压 U_{SD}，保证 $U_{SG}>U_{SD}$，来自源极的电荷向浮空栅扩散，使浮空栅上带上电荷，在源、漏极之间形成导电沟道，完成状态"1"到状态"0"的转换。Flash 的转换过程称为对 Flash 编程。进行正常的读取操作时只要撤销 U_{SG}，

加一个适当的 U_{SD} 即可。据测定，正常情况下，在浮空栅上编程的电荷可以保存 100 年不丢失。

由于 Flash 只需单个的 MOS 管就可以保存信息 1 或 0，因此与单管结构的 DRAM 相似，具有很高的集成度；所不同的是，供电撤销后保存在 Flash 的信息不丢失。同时，由于只需在 Flash 存储单元的源、栅极或漏、源极之间加一个适当的正向电压，即可通过改变其状态而实现 0 或 1 的在线擦除与编程，因此 Flash 还具有 E²PROM 的特性。

Flash 是一种高集成度、低成本、高速、能够灵活使用的新一代只读存储器。目前，其应用和发展非常迅速，特别是在手机和数码产品等上被广泛使用。

5.4　主存储器的设计与应用

从计算机组成原理的角度讲，学习计算机硬件的人更为关心的是如何利用存储器芯片组成一个能存储信息的存储器。本节将介绍利用 SRAM 或者 DRAM 芯片设计主存储器的基本方法。

5.4.1　主存储器设计的基本原则

涉及主存储器的组织的问题，包括以下几个方面。

① 存储器的基本逻辑结构已经封装在芯片内部，设计主存储器时首先要设计寻址逻辑，即如何按给出的地址去选择存储器芯片和该芯片内的存储单元。

② 如果采用 DRAM 存储器芯片，还需考虑动态刷新问题。

③ 所要设计的主存储器如何与 CPU 连接和匹配。

④ 主存储器的校验，如何保证所读/写信息的正确性。

因此，设计主存储器时，必须考虑信号线的连接、时序配合、驱动能力等问题。

1．驱动能力

在与总线连接时，先要考虑驱动能力。因为 CPU（或总线控制器）输出线上的直流负载能力是有限的，尽管经过了驱动放大，而且现代存储器都是直流负载很小的 CMOS 或 CHMOS 电路，但是由于分布在总线和存储器上的负载电容的存在，所以，要保证设计的存储器系统稳定工作，就必须考虑输出端能带负载的最大能力。如果是负载太重，就必须放大信号，以增加缓冲驱动能力。

2．存储器芯片的选型

根据主存储器各区域应用的不同，在构成主存储器系统时，就应该选择适当的存储器芯片。

由于 RAM 具有的最大特点是所存储的信息可在程序中用读/写指令以随机方式进行读/写，但掉电时所保存的信息将丢失，故 RAM 一般用于存储用户的程序、程序运行时的中间结果或是在掉电时无须保存的 I/O 数据。

ROM 芯片中的信息在掉电时不丢失，但不能随机写入，故一般用于存储系统程序、计算机系统的初始化参数、无须在线修改的应用（配置）参数。通常把 MROM 和 PROM 用于大批量生产的计算机产品中；当需要多次修改程序或用户自行编程时，应该选用 EPROM 芯片。EEPROM 对用于保存在系统工作过程中被写入而又需要掉电后不影响信息的地方。

3．存储器芯片与 CPU 的时序配合

存储器的读/写时间是衡量其工作速度的重要指标。在选用存储芯片时，必须考虑该芯片的读/写

时间与 CPU 的工作速度是否匹配，即时序配合。

当 CPU 进行读操作时，什么时候送地址信息、什么时候从数据线上读数据，其时序是固定的。存储器芯片从外部得到的地址信息有效，至内部数据送到数据总线上的时序也是固定的。所以，把主存储器与 CPU 连接在一起就必须处理好它们之间的时序的配合问题，即当 CPU 发出读数据信息的时候，主存储器应该把数据输出并且稳定在数据总线上，CPU 的读操作才能顺利进行。

如果主存储器芯片读/写周期的工作速度不能满足 CPU 的要求，则可在主存储器的读/写周期中插入一个或数个 TW 延迟周期，也就是人为地延长 CPU 的读/写周期（时间），使它们匹配。

通常，在设计主存储器时，尽量选择与 CPU 时序相匹配的存储器芯片。

4. 存储器的地址分配和片选译码

通常，在 PC 机中的存储器系统选用 SRAM 类型的 Cache、只读存储器 ROM 存储永久信息和保存大量信息的 DRAM。

按主存储器所存放的内容可以划分为操作系统区、系统数据区、设备配置区、主存储区和存储扩展区。因此，主存储器的地址分配是一个较为复杂而又必须搞清楚的问题。由于工厂生产的单个存储器芯片的容量是有限的，其容量是小于 CPU（或总线控制器）的寻址范围，所以，在计算机系统中，其主存储器是由多片存储器芯片按一定的方式组成的一个整体的存储系统。要组成一个存储系统，就必须明白诸多存储器芯片之间的连接，这些芯片如何分配芯片的存储地址、如何产生片选信号等问题。

5. 行选信号 RAS、列选信号 CAS 的产生

为了减少芯片的引脚数量，DRAM 存储器芯片的地址输入常采用分时复用，这样输入的地址就分成了两部分：高地址部分为行地址，在 $\overline{RAS}$ 的控制下首先送到芯片；低地址部分在 $\overline{CAS}$ 的控制下通过相同的引脚送入存储器芯片。

CPU 发出的地址码是通过地址总线同时送到存储器的。为了达到芯片地址引脚分时复用的目的，需要专门的存储器控制单元来实现。

存储器控制单元从总线接收完整的地址码、控制信号 R/$\overline{W}$，将行、列地址存储到缓冲器中，并且产生 $\overline{RAS}$、$\overline{CAS}$ 信号，由该控制单元提供 RAS、CAS 的时序脉冲、地址复用功能；该控制单元还向存储器发出 R/$\overline{W}$ 信号、$\overline{CS}$ 信号。

对于同步动态存储器芯片，控制单元还需提供时钟信号；对于一般的动态存储器，由于没有自动刷新的能力，该控制单元应该提供诸如地址计数等存储器刷新所需的信号。图 5-14 给出了存储器行、列地址产生的示意图。

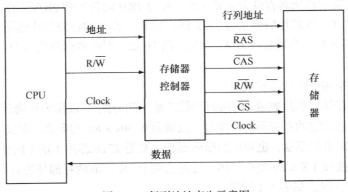

图 5-14 行列地址产生示意图

5.4.2 主存储器的逻辑设计

在设计主存储器时，首先要确定主存储器的总容量，即"字数×位数"，如平常所说的内存是多少 MB 或 GB。字数是指可编程的地址单元数，位数是指每个编址单元的位数。大多数计算机系统允许按字节或按字编址。如果按字节编址，那么每个编址单元有 8 位（一个字节）。如果按字编址，那么每个编址单元为一个字长。然后确定所用的存储器芯片的类型、型号和单片的容量等准备工作。由于单片存储器芯片的容量小于总的存储容量，就需要将若干存储器芯片进行组合，即进行位数、字数的扩展。

1. 位扩展

例如，在早期的 PC/XT 机中，其存储器容量为 $1M \times 8b$。由于当时的存储芯片单片容量仅为 $1M \times 1b$，要满足 PC/XT 机的要求，就得用 8 片存储器芯片拼接而成，即把 8 片存储器芯片拼接起来，这就是位扩展。具体连接就是将各片的数据输入线相连接、输出线相连接，再将每片分别与 1 位数据线连接，拼接为 8 位。

编址空间相同的芯片，地址线与片选逻辑信号分别相同，可将它们的地址线按位并联，然后与地址总线连接，共用一个片选逻辑信号。向存储器送出某个地址码，则 8 块存储器芯片的某个对应单元同时被选中，可向这 8 块芯片被选中的单元各写入 1 或各读出 1 位，再拼接成 8 位。

2. 字扩展

如果每片的字数不够，就需要若干存储器芯片组成能满足容量要求的主存储器，这就是字扩展。为此，将高位地址译码产生若干不同的片选信号，按各片在存储空间分配中所占的编址范围，分别送各芯片。

低位地址线直接送到各芯片，以选择片内的某个单元。而各片的数据线，则按位并联在数据总线上。向存储器送出某个地址码时，则只有一个片选信号有效，选中某个芯片而低位地址在芯片内译码选中某个单元，便可对该芯片进行读/写数据的操作。

位扩展、字扩展可以这样理解：位扩展就是纵向地增加存储器的厚度，而字扩展就是横向地扩大存储器的面积。计算机系统的主存储器位越长，就说明该存储器的厚度越厚，它存储数据的精度就越高（例如某大型计算机的主存储器是 64 位，这就说明一个数据可以用 64 位二进制代码表示）；其主存储器的容量越大，表明该存储器的平面面积越大。

在实际的主存储器中，可能需要位扩展；也可能需要字扩展和位扩展。下面通过一个例子说明主存储器的基本逻辑设计方法。

【例 5-1】假设某主存储器容量为 $4 K \times 8b$，分为 2KB 固化区和 2KB 工作区。2KB 固化区选用 EPROM 芯片 2716，该芯片的容量为 $2K \times 8b$；2KB 工作区的存储芯片选用 RAM 芯片 2114，该芯片的容量为 $1K \times 4b$。地址总线为 $A_{15} \sim A_0$，共 16 根，双向数据总线为 $D_7 \sim D_0$，共 8 根，读/写控制信号为 $R/\overline{W}$。

解：（1）存储空间分配和芯片数量

先确定需要的存储器芯片数量，再进行存储地址空间分配，以作为片选逻辑的依据。根据上面给出的要求和现已确定的存储器芯片型号，要满足该 $4K \times 8b$ 的要求，就要进行位扩展、字扩展，也就是既要纵向增加厚度，也要增加横向面积。共需 2716 芯片 1 块（固化区），把 4 块 2114 芯片中的每 2 块拼接成 $1 K \times 8b$ 的存储体，再把这两个 $1K \times 8b$ 的存储体进行字扩展，组成 $2K \times 8b$ 的存储体作为工作区，如表 5-2 所示。

表 5-2   存储器芯片容量和数量

2716 2K × 8b	
2114 1K × 4b	2114 1K × 4b
2114 1K × 4b	2114 1K × 4b

（2）地址分配与选片逻辑

总容量为 4 KB 的存储单元，地址线就需要 12 根，即 $A_{11} \sim A_0$，而我们设定的是 16 位存储器系统，其地址线为 16 根，现在只有 4 KB 的存储器，也就是说，只用到 12 根地址线就可以实现 4 KB 内存的寻址。地址线高 4 位 $A_{15} \sim A_{12}$ 恒为 0，可以舍去不用。对于 2176 芯片，其容量为 2 KB，就可以将低的 11 位地址 $A_{10} \sim A_0$ 连接到该芯片上，剩下的一高位 A_{11} 作为该芯片的片选控制线。对于两组 2114 芯片，每组（两块纵向拼接）1 KB，可以将低 10 位地址 $A_9 \sim A_0$ 连接到芯片，余下的高两位 A_{11} 和 A_{10} 为片选控制线。然后根据存储空间的分配方案，确定片选逻辑，如表 5-3 所示。

表 5-3   地址分配和片选逻辑

芯片容量	芯片地址	片选信号	片选逻辑
2 KB	$A_{10} \sim A_0$	CS_0	$\overline{A}_{11}$
1 KB	$A_9 \sim A_0$	CS_1	$A_{11} \overline{A}_{10}$
1 KB	$A_9 \sim A_0$	CS_2	$A_{11} A_{10}$

（3）存储器的逻辑图

根据上述设计方案，可画出该主存储器的连接逻辑图，如图 5-15 所示。读写命令 $R/\overline{W}$ 送到每个 RAM 芯片上，为高电平时从芯片读出数据；为低电平时把数据写入芯片。2716 芯片输出 8 位，送到数据总线。每组 2114 芯片中的一片输入/输出高 4 位，另一芯片输入/输出低 4 位，然后拼接成 8 位，再送到数据总线。产生片选信号的译码电路，其逻辑关系应当满足设计时所确定的片选逻辑，片选信号是低电平有效。

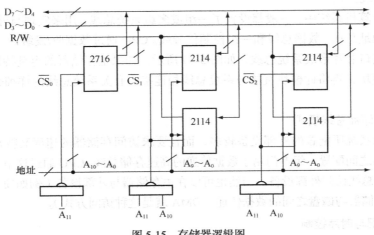

图 5-15 存储器逻辑图

5.4.3 主存储器与 CPU 的连接

通常，主存储器与 CPU 之间有多种连接方式，但从理论上讲，连接应该考虑如下因素。

1. 系统模式

（1）最小系统模式

将微处理器与半导体存储器集成在一块插件上的 CPU 卡，可以作为模块组合式系统中的核心部件，也可以作为多处理机系统中的一个节点。还有一种就是可编程设备控制器（也称为智能型设备控制器）中包含了微处理器和半导体存储器。这些都可以使 CPU 和存储器芯片直接连接，如图 5-16 和图 5-17 所示。

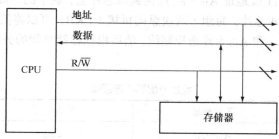

图 5-16　最小系统模式

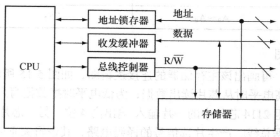

图 5-17　较大系统模式

（2）较大系统模式

在较大的计算机系统中，一般都设置了一组或多组系统总线，用来实现与外部设备的连接。系统总线包含地址总线、数据总线和一组控制信号线。CPU 通过数据收/发缓冲器、地址锁存器、总线控制器等接口芯片形成系统总线，如图 5-17 所示。如果主存储器的容量特别大，就需要有专门的存储器模块，再将此模块直接与系统总线相连接。有关系统总线的详细介绍，请阅读下一章。

（3）专用存储器总线模式

如果计算机系统所配置的外部设备较多，而且要求访问存储器的速度又特别快，就可以在 CPU 与主存储器之间配置一组专门用于数据传递的高速存储总线。CPU 通过这组专用总线访问存储器，通过系统总线访问外部设备。当然也可以在主存储器与外部设备（例如硬盘）之间配置一组专门用于主存储器与磁盘之间的数据传递（DMA 就是这种访问方式）。

2. 速度匹配与时序控制

在早期的计算机系统中，CPU 内部操作与访存操作设置统一的时钟周期，也称为节拍。由于

CPU 速度比主存储器快，这样对 CPU 的内部操作来讲，其时间利用率是比较低的。为此，现在的计算机系统通常为 CPU 内部和访存操作设置不同的时间周期。CPU 内部操作的时间划分为时钟周期，每个时钟周期完成一个通路操作，比如一次数据传递或一次加法运算。CPU 通过系统总线访存一次的时间，称为一个总线周期。

在同步控制方式中，一个总线周期可以由多个时钟周期组成。由于多数系统的主存储器的存取周期是固定的，因此一个总线周期包含的时钟周期数可以是事先确定而不再改变的。当然，在一些特殊情况下，如果访存指令来不及完成读/写操作，则可以插入一个或多个延长（等待）周期。

在采用异步方式的系统中，可以根据实际需要来确定总线周期的时间长短，当存储器完成操作时就发出一个就绪信号 READY，也就是说，总线周期是可变的，它与 CPU 的时钟周期无直接关系（这种时钟安排方式也应用于主机与外部设备之间的数据交换）。

在一些非常高速的计算机系统中，采用了覆盖并行地址传送技术，就是在现行总线周期结束之前，提前送出下一总线周期的地址、操作命令（这点与操作系统中有关磁盘的"提前读、延迟写"相类似）。

3. 数据通道的匹配

数据总线一次能够并行传送的位数，也称为总线的数据通道宽度，通常有 8b、16b、32b 和 64b 几种。主存储器基本上是按字节编址的，每次访问内存读/写 8 位，以适应对字符类信息的处理（因为一个 ASCII 字符用 8 位二进制代码表示）。这就存在一个主存储器与数据总线之间的宽度相匹配的问题。

例如，Intel 8086 芯片是 16 位的 CPU 芯片，该芯片的内部与外部的数据总线通路宽度均是 16 位。采用了一个周期可以读/写两个字节，即先送出偶单元地址（就是地址编码为偶数），然后同时读/写偶单元、奇单元的内容，用低 8 位数据总线传递偶单元的数据，用高 8 位数据总线传递奇单元的数据。这样的字被称为规则字。如果传递的是非规则字，即从奇单元开始的字，就需要安排两个总线周期。

为了实现 8086 中的数据传递，需将存储器分为两个存储体：一个是地址码为奇数的存储体，存放高字节，它与 CPU 的数据总线的高 8 位相连；另一个是地址码为偶数的存储体，存放低字节，它与 CPU 数据总线的低 8 位相连，如图 5-18 所示。

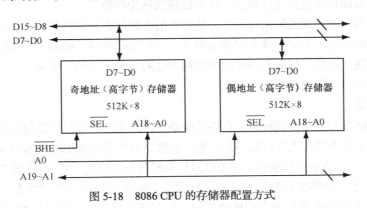

图 5-18　8086 CPU 的存储器配置方式

由于 8086 的内存寻址空间为 1 MB，因此有 20 根地址线。地址线 A19～A1 同时将地址码送到两个存储体。每个存储体均有一个选择信号输入 $\overline{SEL}$，当此信号为低电平时，则被选中。

标志地址码为奇偶的最低位地址 A0 送到偶地址存储体，A0 为 0 时就选中该存储体。CPU 输出一个信号 $\overline{\text{BHE}}$（高字节作用），就选择奇存储体。当存取规则字时，地址线送出偶地址，同时让 $\overline{\text{BHE}}$ 信号有效，这样同时选中两个存储体，分别读出高、低字节（共 16 位），在一个总线周期中同时传送。

这种分配方式可以用于数据通路更宽的计算机系统中，如同时读/写 4 个字节，数据总线一次传送 32 位。在 CPU 中按字处理或按字节处理均可。

4．主存储器的控制信号

要实现对存储器的有序的读/写操作，就需要有相关的控制命令，例如读/写控制命令 $R/\overline{W}$、片选控制信号 $\overline{CS}$，还有分时输入的片选信号 $\overline{RAS}$、$\overline{CAS}$。通常，在 16 位的存储系统中，设置字节控制信号 $\overline{BHE}$，当此控制信号为高电平时，就选中存储器的高字节。

主存储器的读/写周期一般是已知而且固定，因此可以用固定的时序信号完成读/写操作。如果主存储器需要与外部设备之间传送数据，其操作的时间通常是不固定的，那么就设置一个应答信号来解决控制问题，例如就绪信号 READY。

5．主存储器的校验

主存储器的校验是为了确保从内存中读取的信息正确，也是提高计算机系统性能的重要环节。通常，在计算机系统中对从内存储器中读取的信息进行校验。如果发现读取的信息有错，就给出校验出错的指示信息或是再从内存中重读一次或数次所需的信息。如果重读后的信息正确，说明刚发生的错误是偶然发生的（例如受干扰所致）。如果重读后的信息还是有错，说明此错是长期的，例如原保存的信息被破坏或内存储器本身有故障。

现代计算机系统中，内存的校验思想是冗余，所以也称为冗余码校验。由于待读/写的信息是二进制的代码，有各种组合，即全 0 或是全 1。人们通过实践摸索，认为可以在所需的信息中增加部分代码（称为校验位），将待写的有效代码和增加的校验位一起按约定的校验规律进行编码，编码的代码称为校验码，全部存入内存。读出时，对所读的校验码进行校验，看所读出的信息是否还是满足约定的规律。

对计算机系统本身所需的有效代码而言，校验位是为校验所存储信息而增加的额外位，通常就称为冗余位。如果校验规律选择得当，不仅能查明信息是否有错，还可以根据出错特征来判断是哪一位出错，从而将此信息变反纠正，这个过程就称为纠错。

为了判断一种校验码制的冗余程度，并估计它的查错能力和纠错能力，提出了"码距"的概念。由若干位代码组成一个字，这个字称为码字。一种编码体制（码制）中可以有多种码字。将两个不同的码字逐位比较，代码不同位的个数称为这两个码字间的"距离"。

下面介绍两种常用的校验方法。

（1）奇偶校验

大多数主存储器都采用奇偶校验。奇偶校验是一种最简单的也是广泛应用的校验方法。其思想就是根据代码字的奇偶性质进行编码和校验。通常有两种可以选用的校验规律：

- 奇校验：就是使整个校验码（有效信息位和校验位）中的"1"的个数为奇数。
- 偶校验：就是使整个校验码（有效信息位和校验位）中的"1"的个数为偶数。

根据内存按字节编址或是按字编址的不同，以字节或以字为单位进行编码，每个字节（字）配置一个校验位。例如，用 9 片 1 M 位/片的 RAM 芯片组成 1 MB 的内存，增设的 1 位就是校验位。有效信息本身不一定满足约定的奇偶性质，但增设了校验位后可使整个校验码字符合约定的奇偶性质。如果两个有效信息代码之间有一位不同（至少有一位不同），则它们的校验位也应该不同，因此奇偶校验码的码距 $d=2$。从码距来看，能发现一位错，但不能判断是哪位出错，因而没有纠错能力。从所采用的奇偶校验规则看，只要是奇数个代码出错，就将破坏约定规律，因而这种校验方法的查错能力为：能发现奇数个错。若是偶数个错，不影响字的奇偶性质，因而不能发现。

例子 1：

待编码有效信息	100110001
奇校验码（配备校验码后的编码）	1001100011
偶校验码（配备校验码后的编码）	1001100010

例子 2：

待编码有效信息	100110101
奇校验码（配备校验码后的编码）	1001100010
偶校验码（配备校验码后的编码）	1001100011

通过上面的例子可以看出，当用户对所需要校验的编码采用"奇/偶"校验时，是根据待编码信息中"1"的个数来确定是否出错的。当待编码中的"1"的个数为偶数时，如果采用奇校验，结果中的"1"的个数必须是奇数，否则出错。如果采用偶校验，结果中的"1"的个数必须是偶数，否则出错。

（2）海明码校验

这是由 Richard Hamming 提出的一种校验方法，故称为海明码校验。它是一种多重奇偶校验，即把欲校验的代码按照一定规律组织为若干小组，分组进行奇偶校验，各组的检错信息组成一个指错字，这样，不仅能检测是否出错，且在一位出错的情况下，还可以指出哪一位出错，从而把此位自动变反纠错。

海明码校验是为了保证数据传输正确而提出的，本来就是一串要传送的数据，如 D7, D6, D5, D4, D3, D2, D1, D0，这里举的是八位数据，也可以是 n 位数据。就这样传送数据，不知道接收到后是不是正确的。所以，要加入校验位数据才能检查是否出错。这里涉及一个问题：要多少位校验数据才能查出错误呢？

我们只要能检测出一位出错，则对于 8 位信息数据，校验位为 4 位。满足下列条件：2 的 k 次方大于等于 $n+k+1$，其中 k 为校验位位数，n 为信息数据位位数。验证一下，2 的 4 次方等于 16，$n+k+1$ 等于 $8+4+1$，即 13。8 位信息数据位与 4 位校验位总共有 12 位数据，怎么排列呢？我们先把校验位按 P4, P3, P2, P1 排列，用通式 P_i 表示校验位序列，i 为校验位在校验序列中的位置。送的数据流用 M12, M11, M10, M9, M8, M7, M6, M5, M4, M3, M2, M1 表示，接下来的问题是如何用 D7, D6, D5, D4, D3, D2, D1, D0 与 P4, P3, P2, P1 来表示 M12, M11, M10, M9, M8, M7, M6, M5, M4, M3, M2, M1 了。校验位在传送的数据流中位置为 2 的 $i-1$ 次方，则 P1 在 M1 位，P2 在 M2 位，P3 在 M4 位，P4 在 M8 位。其余的用信息数据从高到低插入。传送的数据流为 D7, D6, D5, D4,P4, D3, D2, D1,P3,D0,P2,P1。接下来，我们要弄明白如何找出错误位的问题。引进 4 位校验和序列 S4, S3, S2, S1。S4, S3, S2, S1 等于 0,0,0,0 表示传送的数据流正确。如 S4, S3, S2, S1 等于 0,0,1,0，则表示传送的数据流中第 2 位出错；又如 S4, S3, S2, S1 等于 0,0,1,1，则表示传送的数据流中第 3 位出错；依此类推。即 S4S3S2S1=0110，此为十进制的 6，说明第 6 位出错，也就是 M6 出错。完全符合。

5.5 本章小结

本章是让读者了解存储器的工作原理、熟悉存储器组成的重要环节。本章首先介绍了存储器的分类、存储系统的层次结构和性能指标，然后按"存储单元→存储器芯片→主存储器"的脉络介绍了存储器的读写和动态刷新原理以及主存储器的设计方法。读者应该掌握静态、动态的存储概念，熟悉日常使用的半导体存储器芯片，掌握描述存储器的各类技术指标。在有可能的情况下，读者应能自己设计一个具有一定容量的存储器，加深对存储器设计中的方法（如位扩展、字扩展等）的理解。

习 题 5

1. 单项选择题

（1）存取周期是指（　　　）。

    A. 存储器的写入时间

    B. 存储器进行连续写操作允许的最短间隔时间

    C. 存储器进行连续读或写操作所允许的最短间隔时间

    D. 存储器完全读或写操作所用的时间

（2）与辅存相比，主存的特点是（　　　）。

    A. 容量小、速度快、成本高   B. 容量小、速度快、成本低

    C. 容量大、速度快、成本高   D. 容量大、速度快、成本低

（3）一个 $16K \times 32$ 位的存储器，其地址线和数据线的总和是（　　　）。

    A. 48   B. 46   C. 36   D. 64

（4）某计算机字长是 16 位，它的存储容量是 64 KB，按字编址，它的寻址范围为（　　　）。

    A. 64K   B. 32 KB   C. 32K   D. 64 KB

（5）某计算机字长是 32 位，它的存储容量是 256 KB，按字编址，它的寻址范围为（　　　）。

    A. 128K   B. 64K   C. 64 KB   D. 128 KB

（6）某一 RAM 芯片，其容量为 $32K \times 8$ 位，除电源和接地端外，该芯片引出线的最小数目是（　　　）。

    A. 25   B. 40   C. 23   D. 32

（7）某存储器为 $32K \times 16$ 位，则（　　　）。

    A. 地址线 16 根，数据线 32 根

    B. 地址线 32 根，数据线 16 位

    C. 地址线 15 根，数据线 16 根

    D. 地址线 16 根，数据线 16 根

（8）下列叙述中正确的是（　　　）。

    A. 主存可由 RAM 和 ROM 组成

    B. 主存只能由 ROM 组成

    C. 主存只能由 RAM 组成

    D. 主存可由 RAM、ROM 和 CMOS 组成

（9）计算机主存储器中存放信息的部件是（　　　）。

    A. 地址寄存器　　　　　　　　　　　　B. 读写线路

    C. 存储体　　　　　　　　　　　　　　D. 地址译码线路

（10）若地址总线为 A15（高位）～A0（低位），若用 2 KB 的存储器芯片组成 8 KB 存储器，则加在各存储器芯片上的地址线是（　　　）。

    A. A11～A0　　　　B. A10～A0　　　　C. A9～A0　　　　D. A8～A0

（11）动态 RAM 的特点是（　　　）。

    A. 工作中存储内容会产生变化

    B. 工作中需要动态地改变访存地址

    C. 每次读出后，需根据原存内容重写一次

    D. 每隔一定时间，需要根据原存内容重写一遍

（12）下列存储器中可在线改写的只读存储器是（　　　）。

    A. E^2PROM　　　　B. EPROM　　　　C. ROM　　　　D. RAM

2. 判断题

要求：如果正确，请在题后括号中打"√"，否则打"×"。

（1）磁盘存储器属于随机存储器。　　　　　　　　　　　　　　　　　（　　　）

（2）内存的数据带宽=（总线频率×带宽位数）/ 8。　　　　　　　　　（　　　）

（3）动态 MOS 存储单元无论是 4 管结构还是单管结构，因为在读数据时都会破坏原数据信息，因此读取数据之后需要动态刷新。　　　　　　　　　　　　　　　　（　　　）

（4）无论是哪一种 ROM，都只能从中读取数据信息，而无法更改其中的数据信息。　　（　　　）

（5）主存储器的总容量=字数×位数，其中字数是指可编程的地址单元数，位数是指每个编址单元的位数。　　　　　　　　　　　　　　　　　　　　　　　　（　　　）

3. 问答题

（1）为什么存储系统要采用分层存储体系结构？列举存储器的不同分类。

（2）指出以下缩略语的中文含义：

ROM、PROM、EPROM、E^2PROM、Flash、RAM、SRAM、DRAM。

（3）名称解释：

数据传输率、内存的数据带宽、内存的总线频率、位扩展、字扩展、随机存取、直接存取、顺序存取。

（4）主存储器与 CPU 和系统总线有几种连接方式？

（5）动态刷新周期的安排方式有哪几种？简述其安排方法。

4. 应用题

（1）设主存容量为 64 KB，用 2164 DRAM 芯片构成。设地址线为 A_{15}～A_0（低），双向数据传输 D_7～D_0（低），R/W 控制读写操作。请设计并画出该存储器的逻辑图。

（2）假设某主存储器容量为 4K×8b，分为 2KB 固化区和 2KB 工作区。2KB 固化区选用 EPROM 芯片 2716，该芯片的容量为 2K×8b；2KB 工作区的存储器芯片选用 RAM 芯片 2114，

该芯片的容量为 1K×4b。地址总线为 A15～A0，共 16 根，双向数据总线为 D7～D0，共 8 根，读/写控制信号为 R/W。

① 根据要求，计算 ROM 区和 RAM 所需存储器芯片数。

② 设计地址分配和选片逻辑，并画出芯片之间的连接框图。

（3）请设计一个 24K×16b 的主存储器。现给出条件：地址线 A15～A0，0000H～0AFFH 为 ROM 区，选用 EPROM 芯片，现有每片容量为 2K×8b 的 EPROM 芯片；RAM 区的地址为 0B00H～7FFFH；现有容量为 8K×8b 的 RAM 芯片。

① 计算 ROM 区和 RAM 区的存储容量分别是多大，求出 ROM 区和 RAM 所需存储器芯片数。

② 写出地址分配和选片逻辑。

（4）请选择当前最常用的一种 DDR 内存芯片，并说明该种芯片的电气特性和各引脚的功能。

第6章
存储器的结构

总体要求

- 了解并行存储的概念，了解常见的几种并行存储技术
- 理解 Cache 的工作原理，掌握 Cache 的地址映像和替换策略
- 了解虚拟存储器的概念，理解页式、段式、段页式虚拟存储器的工作机制
- 熟悉硬盘、光盘、U 盘的技术指标

相关知识点

- 了解存储器的层次结构
- 具备存储器的基本知识
- 熟悉计算机系统的硬件配置和日常操作的基本知识

学习重点

- Cache 的工作原理和替换方法
- 页式、段式、段页式虚拟存储器的工作机制

在讨论存储器时，通常依据其容量、访问速度、性价比等方面以层次结构的方式进行讨论。

一般而言，从高层往底层走，存储设备容量变得越来越大，访问速度越来越慢，价格越来越便宜。最高层是少量的最快速的 CPU 寄存器，CPU 可以在一个时钟周期内访问它们；其次是一个或多个小型/中型的基于 SRAM 的高速缓存，可以在几个时钟周期内访问它们；然后是一个大的基于 DRAM 的主存，可以在几十或者几百个周期内访问它们；接下来是慢速但是容量很大的本地磁盘；最后，有些系统甚至包括了一层附加的远程服务器上的磁盘，可以通过网络来访问它们。图 6-1 给出了存储器的层次结构示意图。

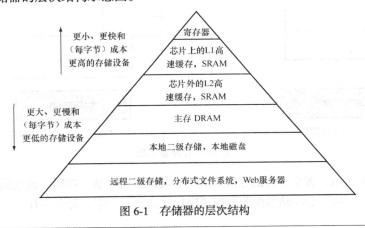

图 6-1 存储器的层次结构

第一层为寄存器组，第二层为指令与数据缓冲栈，第三层为高速缓冲存储器，第四层为主存储器（DRAM），第五层为联机外部存储器（硬磁盘机），第六层为脱机外部存储器（磁带、光盘存储器等），这就是存储器的层次结构，主要体现在访问速度。

由上可知，存储器就具有如下工作特点。

① 设置多个存储器并且使它们并行工作。其本质是增添瓶颈部件数目，使它们并行工作，从而减缓固定瓶颈。

② 采用多级存储系统，特别是 Cache 技术，这是一种减轻存储器带宽对系统性能影响的最佳结构方案。其本质是把瓶颈部件分为多个流水线部件，加大操作时间的重叠，加快速度，从而减缓固定瓶颈。

③ 在微处理机内部设置各种缓冲存储器，以减轻对存储器存取的压力。增加 CPU 中寄存器的数量，也可大大缓解对存储器的压力。其本质是缓冲技术，用于减缓暂时性瓶颈。

6.1 并行主存储器系统

从前面的内容可以得知，存储器系统的速度是影响 CPU 运行速度的一个关键因素。普通的存储器一次只能从存储体读写一个字长的数据；若有多个字长的数据，则需分多次读写，如图 6-2（a）所示。为了提高计算机系统的整体性能，现代大型计算机系统中采用了并行存储技术，可在一个存取周期中并行存取多个字，以提高整体信息的吞吐量来解决 CPU 与内存之间的速度匹配问题。并行存储技术可分为单体多字方式、多体交叉存取方式两种。

6.1.1 单体多字方式的并行主存系统

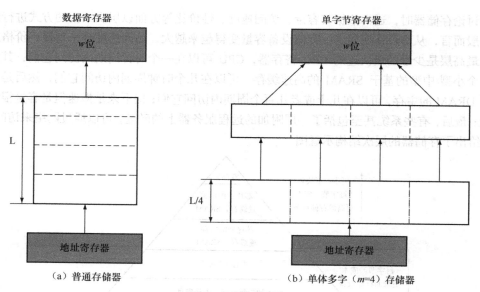

图 6-2 存储器系统

如图 6-2（b）所示，多个并行的存储器共用一套地址寄存器，按同一地址码并行地访问各自的对应单元。例如，从 n 个存储器按照排列顺序依次读出 n 个字，每个字有 w 位。假设送入的地址码为 A，则 n 个存储器同时访问各自的 A 号地址单元。也可以将这 n 个存储器看成一个大存储器，每个编址对应于 n 字 × w 位，因而称为单体多字方式。

这种单体多字结构，通过增加每个主存单元所包括的数据位，来实现同时存储几个主存字，因此每一次读操作就可以同时读出几个主存字。单体多字方式的并行主存系统适合于向量运算类的特定环境。在执行向量运算指令时，一个向量型操作数包含 n 个标量操作数，可按同一地址分别存放在 n 个并行内存中。例如，矩阵运算中的 $a_i b_j = a_0 b_0, a_0 b_1, \cdots$，就适合采用单体多字方式的并行主存系统。

6.1.2 多体交叉存取方式的并行主存系统

采用多体交叉编址技术的存储器在存储系统中采用多个 DRAM，把主存储器分成几个能独立读写的、字长为一个主存字的主体，分别对每一个存储体进行读写，从而使几个存储体能并行工作。多体交叉编址技术因为充分利用了多个存储体潜在的并行性，因此具有比单个存储体更快的读写速度。

在大型计算机系统中通常采用的是多体交叉存取方式的并行内存系统，如图 6-3 所示。一般使用 n 个容量相同的存储器（或称为存储体），各自具有地址线寄存器、数据线、时序信号和读写部件，可以独立编址而同时工作，因而称为多体交叉存取方式的并行内存系统。

各存储体的编址基本上采用交叉编址方式，即采用一套统一的编址，按序号交叉分配给各个存储体。以图 6-3 中的四个存储体为例，M_0 的地址编址序列为 0，4，8，12，$\cdots$，M_1 的地址编址是 1，5，9，13，$\cdots$，M_2 的地址编址是 2，6，10，14，$\cdots$，M_3 的地址编址是 3，7，11，15，$\cdots$。也就是说，一段连续的程序或数据，将交叉地存放在各个存储体中，因此整个并行内存是以 4 为模交叉存取工作的。

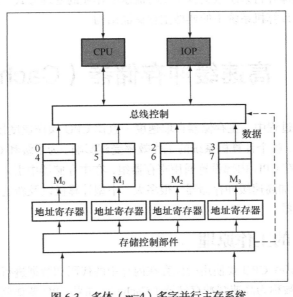

图 6-3 多体（$m=4$）多字并行主存系统

相应地，对四个存储体采用分时访问的时序，如图 6-4 所示。各存储体分时启动读/写，时间错过四分之一的存取周期。启动 M_0 后，经过 $T_M/4$ 启动 M_1，在 $T_M/2$ 时启动 M_2，在 $3T_M/4$ 时启动 M_3。各存储体读出的内容也将分时地送到 CPU 中的指令栈或数据栈，每个存取周期将可访问四次。

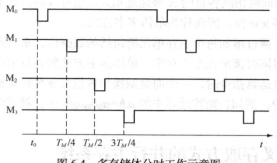

图 6-4　多存储体分时工作示意图

采用多体交叉存取方式，需要一套存储器控制逻辑部件，称为存控部件。它由操作系统设置或控制台开关设置，以确定内存的模式组合，包括：所选取的模是多大；接收系统中各部件或设备的访问请求，按预定的优先顺序进行排队，响应其访问存储器的请求；分时接收各请求源发来的访问存储器地址，转送到相应的存储体；分时收发读/写数据；产生各存储体所需的读/写时序；对读/写数据进行检验处理等。可见，多体交叉存取方式的并行主存系统的控制逻辑是很复杂的。

当 CPU 或其他设备发出访问存储器的请求时，存控部件按优先排队来确定是否响应其请求。响应后按交叉编址关系决定该地址访问哪个存储体，然后查询该存储体的状态寄存器"忙"位是否为"1"，如果为 1，表明该存储体正在进行读/写操作，欲访问该存储体的读/写操作就需要等待；如果该存储体已经完成一次读/写操作，则将"忙"位置为 0，然后响应新的访存请求。当存储体完成读/写操作时，将发出一个回答信号表示读/写操作已经完成，可以响应新的读/写请求。

这种多体交叉存储体并行系统很适合于支持流水线作业的处理方式。因此多体交叉存储体并行系统结构是高速大型计算机系统中的典型主存储器结构。

6.2　高速缓冲存储器（Cache）

在计算机技术发展过程中，主存储器存取速度一直比 CPU 操作速度慢得多，使 CPU 的高速处理能力不能充分发挥，整个计算机系统的工作效率受到影响。为了缓和 CPU 和主存储器之间速度不匹配的矛盾，需要在 CPU 内部设置通用寄存器组，在主存储器中引入多体交叉存取技术，在 CPU 和主存储器之间增加高速缓冲存储器。很多大、中型计算机以及新近的一些小型机、微型机也都采用高速缓冲存储器。

6.2.1　Cache 的工作原理

Cache 的作用是对那些 CPU 要使用的保存在内存中的代码和数据进行缓冲，由于 Cache 的读写速度高于内存，因此被称为高速缓冲存储器（Cache）。如果 CPU 要访问的代码或数据在 Cache 中，则称为"Cache 命中"，否则称为"Cache 未命中"或"Cache 缺失"。

在现代计算机系统中，CPU 把 Cache 分为几层，常见的有 L1Cache、L2Cache、L3Cache。完整的存储系统体现为层次结构，从上往下依次为：寄存器→L1Cache→L2Cache→L3Cache→存储器（内存储器）→大容量存储器（外存储器）。

Cache 结构可为片内 Cache（集成在 CPU 芯片中）和独立于 CPU 的 Cache。例如，Intel 80486 CPU 芯片中有一个 8 KB 的片内 Cache，Intel Pentium 4 片内 Cache 大部分都是 512 KB。但这给设计 CPU 带来了困难，因为要为 Cache 在 CPU 芯片中安排一个大的空间，同时又要考虑和软件的兼容，就导致要设计一个对软件来说是不可见的 Cache，亦即要求硬件必须保证 Cache 与主存储器协调一致工作而无需软件干预。

Cache 通常由高速存储器、联想存储器、替换逻辑电路和相应的控制线路组成，如图 6-5 所示。主存储器就在逻辑上划分为若干行，每行划分为若干存储单元组，每组包含几个或几十个字，Cache 也相应地划分为行和列的存储单元组。二者的列数相同，组的大小也相同，但 Cache 的行数却比主存储器的行数少得多。CPU 存取主存储器的地址划分为行号、列号和组内地址三个字段。联想存储器用于地址联想，具有与 Cache 相同行数和列数的存储单元。当主存储器某一列某一行存储单元组调入 Cache 同一列某一空闲的存储单元组时，与联想存储器对应位置的存储单元就记录调入的存储单元组在主存储器中的行号。

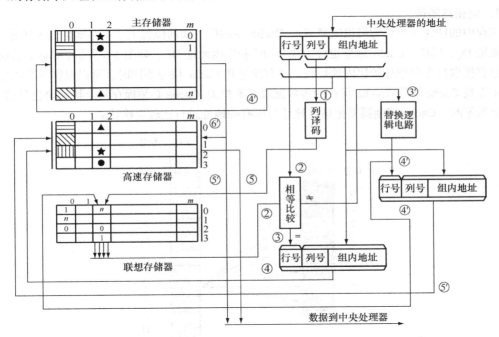

高速缓冲存储器原理图

（操作顺序：命中 ①，②，③，④，⑤；不命中 ①，②，③，④，⑤，⑥）

图 6-5　Cache 的工作原理

当 CPU 存取主存储器时，硬件首先自动对存取地址的列号字段进行译码，以便将联想存储器该列的全部行号与存取主存储器地址的行号字段进行比较：若有相同的，表明要存取的主存储器单元已在 Cache 中，称为命中，硬件就将存取主存储器的地址映射为 Cache 的地址并执行存取操作；若都不相同，表明该单元不在 Cache 中，称为未命中或脱靶，硬件将执行存取主存储器操作并自动将该单元所在的那一主存储器单元组调入 Cache 相同列中空闲的存储单元组中，同时将该组在主存储器中的行号存入联想存储器对应位置的单元内。

当出现未命中而 Cache 对应列中没有空的位置时，便淘汰该列中的某一组以腾出位置存放新调入的组，这称为替换。确定替换的规则叫替换算法。替换逻辑电路就是执行这个功能的。另外，当执行写主存储器操作时，为保持主存储器和高速存储器内容的一致性，对命中和脱靶须分别处理：①写操作命中时，可采用写直达法（同时写入主存储器和 Cache）或写回法（只写入 Cache 并标记该组修改过，淘汰该组时须将内容写回主存储器）；②写操作脱靶时，可采用写分配法（写入主存储器并将该组调入 Cache）或写不分配法（只写入主存储器但不将该组调入 Cache）。

Cache 的性能常用命中率来衡量。影响命中率的因素有 Cache 的容量、存储单元组的大小、组数多少、地址联想比较方法、替换算法、写操作处理方法和程序特性等。采用 Cache 技术的计算机已相当普遍。有的计算机还采用多个 Cache，如系统 Cache、指令 Cache 和地址变换 Cache 等，以提高系统性能。随着主存储器容量不断增大，高速缓冲存储器的容量也越来越大。

6.2.2　Cache 与主存储器的地址映像

把主存地址空间映像到 Cache 地址空间，即按照某种规则把主存的块内容复制到 Cache 的块中。通常，有如下三种映像。

1. 全相连映像

主存中的任何一个块均可以映像装入 Cache 中的任一块的位置上。主存地址分为块号 B_m 和块内地址 D_m。同样，Cache 地址也分为块号 BC 和块内地址 DC，如图 6-6 所示。Cache 的块内地址部分直接取自主存地址的块内地址段。主存块号和 Cache 块号不同时，可以根据主存块号从块号表中查找 Cache 块号。Cache 保存的各数据块互不相关，Cache 必须保存每个块和块自身的地址。当请求数据时，Cache 控制器要把请求地址与所有的地址进行比较以确认。

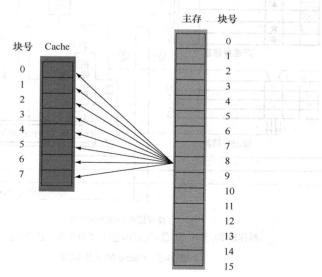

图 6-6　全相连映像示意图

这种映像的特点：灵活、块冲突率低，只有 Cache 中的全部块装满后才会出现块冲突；Cache 利用率高；但其地址变换机构复杂，地址变换速度慢，成本高。

$$主存地址位数 = 块号 + 块内地址$$
$$Cache\ 地址位数 = 块号 + 块内地址$$

2. 直接映像

直接映像把主存划分为若干区，每个区与 Cache 的大小相同，区内分块。主存每个区中块的大小和 Cache 中的块大小相同，主存每个区包含的块的个数与 Cache 中的块的个数相等。任意一个主存块只能映像到 Cache 唯一指定的块中，即相同块的位置。

主存地址分为三部分：区号、块号和块内地址。Cache 地址分为块号、块内地址。在此种映像方式中，数据块只能映像到 Cache 中唯一指定位置，故不存在替换算法的问题。它不同于全相连映像 Cache，地址仅需比较一次。图 6-7 给出了直接映像示意图。

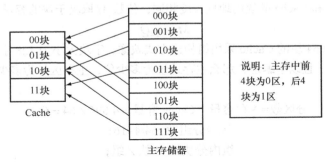

图 6-7　直接映像示意图

特点：地址变换简单，变换速度快，可直接由主存地址提取出 Cache 地址，但不灵活，块冲突率高。

$$主存地址位数=区号+区内块号+块内地址$$
$$Cache 地址位数=块号+块内地址$$

3. 组相连映像

组相连映像是前两种方式的折中。主存按 Cache 容量分区，每个区分为若干组，每组包含若干块。Cache 也进行同样的分组和分块，如图 6-8 所示。主存中一个组内的块数与 Cache 中一个组内的块数相等。组间采用直接方式，组内采用全相连方式。

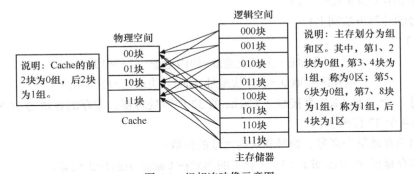

图 6-8　组相连映像示意图

组的容量等于 1 时，即直接映像；组的容量等于整个 Cache 的容量时，即全相连映像。Cache 的存在对于程序员透明，Cache 的地址变换和数据块的替换算法都采用硬件实现。

$$主存地址位数=区号+组号+主存块号+块内地址$$
$$Cache 地址位数=组号+组内块号+块内地址$$

4. 主存地址和 Cache 地址的相关计算

主存地址的位数 A 由主存容量 N 决定：
$$A=\log_2 N=区号位数 + 块号位数 + 块内地址位数$$

Cache 地址的位数 B 由 Cache 容量 H 决定：
$$B=\log_2 H=块号位数 + 块内地址位数$$

区号根据 Cache 容量划分：

$$区号长度=主存地址位数 – Cache 地址位数；$$

主存的块号和 Cache 块号的长度相同，位数 K 取决于 Cache 中能容纳的个数 J：

$$K=\log_2 J$$

主存的块内地址和 Cache 的块内地址长度相同，位数 M 取决于块的容量 Q：

$$M=\log_2 Q$$

【例 6-1】容量为 64 块的 Cache 采用组相连方式映像，字块大小为 128 字节，每 4 块为一组，若主容量为 4 096 块，且以字编址，那么主存地址为多少位，主存区号为多少位？

解：（方法一）

$$分区数=主存容量 / Cache 容量 = 4 096 / 64 = 64；$$

$$区内分组数=64/4=16；$$

$$组内分块数=4 块 / 组；$$

$$块内地址=128 字节；$$

所以根据公式，主存地址位数=6+4+2+7=19；

$$主存区号=6 位。$$

（方法二）

主存地址的位数 A 由主存容量 N 决定：

$$A=\log_2 N =区号位数+块号位数+块内地址位数；$$

所以，$A=\log_2 N=\log_2（4 096 \times 128）=\log_2（2^{12} \times 2^7）=\log_2（2^{19}）=19；$

Cache 地址的位数 B 由 Cache 容量 H 决定：

$$B=\log_2 H=块号位数+块内地址位数，$$

所以，$B=\log_2（64 \times 128）=13$。

主存区号的计算方法同上！

（方法三）

$$主存地址=主存块地址+块内地址=12+7=19；$$

$$主存区号地址=主存块地址-Cache 块地址=12-6=6。$$

【例 6-2】一个具有 4 KB 直接相连 Cache 的 32 位微处理器，主存的容量为 16 MB，假定该 Cache 的块为 4 个 32 位的字。

（1）指出主存地址中区号、块号和块内地址的位数；

（2）求主存地址为 ABCDEF（16 进制）的单元在 Cache 中的什么位置。

分析：Cache 容量：4 KB；主存容量：16 MB；映像方式：直接映像；把主存分成若干区，每区与 Cache 大小相同。区内分块，主存每个区中块的大小和 Cache 中块的大小相等，主存中每个区包含的块的个数与 Cache 中块的个数相等。任意一个主存块只能映像到 Cache 中唯一指定的块中，即相同块号的位置。主存地址分为三部分：区号、块号和块内地址。Cache 地址分为：块号和块内地址。

解：

$$主存地址位数=区号+区内分块号+块内地址；$$

$$Cache 地址位数=块号+块内地址。$$

主存的区号：16 MB/4 KB=2^{12} = 12 位；

主存块号：4 KB/（4×32 bit）=2^8 = 8 位；

块内地址：4×32 bit $=16$ Byte $= 4$ 个字（因为一个字为 32 bit）$=2^2$ 字$=2$ 位。

（1）主存容量为 16 MB$=2^{24}$ 个字节，1 个 32 位字由 4 个字节组成，所以主存字地址为 22 位。

Cache 容量为 4 KB$=2^{12}$ 个字节；同理，Cache 字地址为 10 位。Cache 的块为 4 个 32 位的字，所以块内地址为 2 位。在直接映像中，Cache 地址位数=块号位数+块内地址位数；

块号位数=Cache 地址位数-块内地址位数=10-2=8；

主存地址中的区号=主存地址位数-Cache 地址位数=22-10=12 位。

（2）ABCDEF=1010 1011 1100 1101 1110 1111

该存储单元在 Cache 的位置为：

区号=1010 1011 1100，块号=1101 1110，块内地址=1111 。

这样，在 Cache 中的位置为：块号 1101 1110 ，块内地址 1111。

数据的存储一般以"字"为单位进行。但在计算机系统里可以保留对字节的寻址和编码,不管是 16 位，还是 32 位，抑或是 64 位微处理器。本题主存地址为 ABCDEF（16 进制），这是一个 24 位地址码，而主存字地址为 22 位。计算机系统中只会按字进行操作，即它的传输运算，包括直接相连 Cache 映像。所以只管字，不管字节。

ABCDEF=1010 1011 1100 1101 1110 1111 在 Cache 中的位置：块号 1101 1110，块内地址 11。
注：后两位为字节寻址，这里不用了。（ABCDEC、ABCDED、ABCDEE、ABCDEF 这四个字节地址为同一字地址）在同一个 Cache 块内地址。

6.2.3　Cache 的替换策略

根据程序局部性规律可知,程序在运行中,总是频繁地使用那些最近被使用过的指令和数据。这就提供了替换策略的理论依据。综合命中率、实现的难易程度及速度的快慢各种因素，替换策略可有随机法、先进先出法、最近最少使用法等。

1. 随机法（RAND 法）

随机法是随机地确定替换的存储块。设置一个随机数产生器，依据所产生的随机数，确定替换块。这种方法简单、易于实现，但命中率比较低。

2. 先进先出法（FIFO 法）

先进先出法是选择最先调入的那个块进行替换。最先调入并被多次命中的块，很可能被优先替换，因而不符合局部性规律。这种方法的命中率比随机法好些，但还不满足要求。先进先出法易于实现，例如 Solar – 16/65 机 Cache 采用组相连方式，每组 4 块，每块都设定一个两位的计数器，当某块被装入或被替换时，该块的计数器清为 0，而同组的其他各块的计数器均加 1，当需要替换时就选择计数值最大的块，就是最先进入 Cache 的块，这样此块的内容将被替换掉。

3. 最近最少使用法（LRU 法）

LRU 法是依据各块使用的情况，总是选择那个最近最少使用的块进行替换。这种方法比较好地反映了程序局部性规律。实现 LRU 策略的方法有多种。下面简单介绍计数器法、寄存器栈法及硬件逻辑比较对法的设计思路。

（1）计数器法

缓存的每一块都设置一个计数器，计数器的操作规则是：

① 被调入或者被替换的块，其计数器清"0"，而其他计数器则加"1"。

② 当访问命中时，所有块的计数值与命中块的计数值要进行比较，如果计数值小于命中块的

计数值，则该块的计数值加"1"；如果块的计数值大于命中块的计数值，则数值不变。最后将命中块的计数器清为0。

③ 需要替换时，则选择计数值最大的块进行替换。

例如，IBM 370/65 机的 Cache 用组相连方式，每组 4 块，每一块设置一个 2 位的计数器，其工作状态如表 6-1 所示。

表 6-1 计数器法实现 LRU 策略

主存块地址	块 4		块 2		块 3		块 5	
	块号	计数器	块号	计数器	块号	计数器	块号	计数器
Cache 块 0	1	10	1	11	1	11	5	00
Cache 块 1	3	01	3	10	3	00	3	01
Cache 块 2	4	00	4	01	4	10	4	11
Cache 块 3	空	××	2	00	2	01	2	10
操作	起始状态		调入		命中		替换	

（2）寄存器栈法

设置一个寄存器栈，其容量为 Cache 中替换时参与选择的块数。如在组相连方式中，则是同组内的块数。堆栈由栈顶到栈底依次记录主存数据存入缓存的块号，现以一组内 4 块为例说明其工作情况，如表 6-2 所示，表中 1～4 为缓存中的一组的 4 个块号。

表 6-2 寄存器栈法实现 LRU 策略

缓存操作	初始状态	调入 2	命中块 4	替换块 1
寄存器 0	3	2	4	1
寄存器 1	4	3	2	4
寄存器 2	1	4	3	2
寄存器 3	空	1	1	3

当缓存中尚有空闲时，如果未命中，则可直接调入数据块，并将新访问的缓冲块号压入堆栈，位于栈顶。其他栈内各单元依次由顶向下顺压一个单元，直到空闲单元为止。

当缓存已满时，如果数据访问命中，则将访问的缓存块号压入堆栈，其他各单元内容由顶向底逐次下压，直到被命中块号的原来位置为止。如果访问不命中，说明需要替换，此时栈底单元中的块号即是最久没有被使用的。所以将新访问块号压入堆栈，栈内各单元内容依次下压直到栈底，自然，栈底所指出的块被替换。

（3）比较对法

比较对法是用一组硬件的逻辑电路来记录各块使用的时间与次数。

假设 Cache 的每组中有 4 块，替换时，比较 4 块中哪一块是最久没使用的，4 块之间两两相比可以有 6 种比较关系。如果每两块之间的对比关系用一个 RS 触发器，则需要 6 个触发器（T_{12}，T_{13}，T_{14}，T_{23}，T_{24}，T_{34}）。设 $T_{12}=0$ 表示块 1 比块 2 最久没使用，$T_{12}=1$ 表示块 2 比块 1 最久没有被使用。在每次访问命中或者新调入块时，与该块有关的触发器的状态都要进行修改。按此原理，由 6 个触发器组成的一组编码状态可以指出应被替换的块。例如，块 1 被替换的条件是：$T_{12}=0$，$T_{13}=0$，$T_{14}=0$；块 2 被替换的条件是：$T_{12}=1$，$T_{23}=0$，$T_{24}=0$；等等。

6.2.4 Cache 的性能与结构

1. Cache 的性能

在计算机系统中设计 Cache 的目的就是通过降低 CPU 访存的等待时间来提高计算机的性能。尽管引入 Cache 后，使用 SRAM 技术的 Cache 访问速度与 CPU 的速度相当，可以使计算机系统的整体速度加快，但由于 SRAM 采用的制作工艺和成本比较高，从计算机系统的性价比来考虑，也不可能将整个主存储器更换为 SRAM。从 CPU 的性能方面来讲，增加 Cache 的目的就是使对主存的访问时间接近 Cache 的访问时间。在多级存储器系统中，其平均访存时间 T 定义为：

Cache 的平均访问时间 $\quad T = H T_c + (1 - H) T_{cb}$

其中，H 为命中率（其值等于命中次数/访问总次数）；

T_c 为命中 Cache 时的访问时间；

T_{cb} 为未命中 Cache 时访问主存的时间。

由上式得知，在访问时间与硬件速度有关的情况下，Cache 访问中的命中率是衡量 Cache 效率的重要指标。命中率越高，正确获取数据的机会就越大。所以说，访问 Cache 时的命中率是衡量 Cache 的重要指标。

一般来讲，访问 Cache 的命中率取决于 Cache 的容量、Cache 的结构和访问 Cache 的控制算法。较好的 Cache 命中率基本上在 90%以上。如果 Cache 的命中率高，CPU 就可以经常访问 Cache，而取代访问速度较慢的主存储器，这样可以提高整个计算机系统的性能。

通常，Cache 容量为主存的千分之一；CPU 访问主存的周期为 CPU 指令周期的 10 倍，Cache 命中率基本上在 90%以上。假设 CPU 访问 Cache 的指令时间周期为 T，则 CPU 访问主存的指令时间周期为 $10T$；主存的指令容量为 1 GB，则 Cache 的指令容量为 1 MB。若某一程序具有 1 MB 的指令在内存中，则 Cache 的容量完全可以满足该程序的需要（全部命中）。如果在系统中 Cache 容量不变的情况下，程序有 1 GB 的指令在内存中，则程序在执行中，需要 100 次才能把程序调入 Cache 中，耗时为 $10T$。

由此可见，Cache 的容量相对于程序来讲足够大，计算机系统的整体性能就有很大提高。可以通过如下方法来提高 Cache 的性能。

① 提高 Cache 的容量，提高命中率；其容量越大，命中率就越高。

② 选择较优的 Cache 设计结构，减少不命中率的开销。

③ 采用预取技术，减少 Cache 的命中时间。

④ 采用适当的映射方式来提高命中率。

2. Cache 的结构

通常，Cache 的结构可以分为指令 Cache 结构和数据 Cache 结构。图 6-9 给出了其结构示意图。

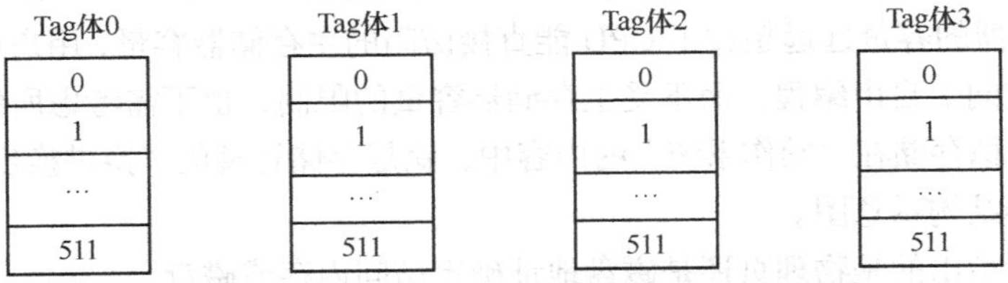

图 6-9　Cache 结构示意图

6.3 虚拟存储器

虚拟存储器源于英国 ATLAS 计算机的一级存储器概念，是由硬件和操作系统自动实现存储信息的调度和管理的。这种系统的主存为 16 千字的磁芯存储器，但中央处理器可用 20 位逻辑地址对主存寻址。到 1970 年，美国 RCA 公司研究成功虚拟存储器系统。IBM 公司于 1972 年在 IBM 370 系统上全面采用了虚拟存储技术。虚拟存储器已成为计算机系统中非常重要的部分。虚拟存储器只是一个容量非常大的存储器的逻辑模型，不是任何实际的物理存储器。它借助于磁盘等辅助存储器来扩大主存容量，使之为更大或更多的程序所使用。它指的是主存—外存层次，以透明的方式给用户提供了一个比实际主存空间大得多的程序地址空间。

虚拟内存用硬盘空间做内存来弥补计算机 RAM 空间的缺乏。当实际 RAM 满时（实际上，在 RAM 满之前），虚拟内存就在硬盘上创建了。当物理内存用完后，虚拟内存管理器选择最近没有用过的，低优先级的内存部分写到交换文件上。这个过程对应用是隐藏的，应用把虚拟内存和实际内存看作是一样的。

在 Windows 2000（XP）目录下有一个名为 pagefile.sys 的系统文件（Windows 98 下为 Win386.swp），它的大小经常自己发生变动，小的时候可能只有几十兆，大的时候则有数百兆，这种毫无规律的变化实在让很多人摸不着头脑。其实，pagefile.sys 是 Windows 下的一个虚拟内存，它的作用与物理内存基本相似，但它是作为物理内存的"后备力量"而存在的。也就是说，只有在物理内存已经不够使用的时候，它才会发挥作用。

根据程序运行的局部性原理，一个程序运行时，在一小段时间内，只会用到程序和数据的很小一部分，仅把这部分程序和数据装入主存储器即可。更多的部分可以在用到时随时从磁盘调入主存。在操作系统和相应硬件的支持下，数据在磁盘和主存之间按程序运行的需要自动成批量地完成交换。如何更加有效地提高计算机系统的整体性能？这是计算机技术发展中面临的主要问题。事实上，计算机的整体性能在很大程序上受制于存储器子系统。根据各种存储器的特性，采取适当的管理措施和技术措施，可以提高计算机系统的整体性能。目前，能够提高存储器系统性能的技术有很多，主要包括高速缓存、虚拟存储器、并行存储等技术。本节将重点介绍虚拟存储器技术和并行存储技术的基本原理。

6.3.1 虚拟存储器概述

在采用了主存储器和辅助存储器的存储器系统结构中，计算机系统的存储容量扩大了很多，用户就可以利用这些硬件功能并在操作系统的存储器管理软件的支持下完成自己的所有操作。这里最为重要的一种是为用户提供了"虚拟存储器"（Virtual Memory，VM）。通常称为虚拟存储技术。这种虚拟存储器的容量远远超过了 CPU 能直接访问的主存储器容量，用户可以在这个虚拟空间（也称为编址空间）自由编程，而不受主存储器容量的限制，也不需考虑所编程序将来装入内存的什么位置（虚拟存储在"操作系统"的内容中，就是存储管理的"换进换出"概念）。图 6-10 给出了虚拟存储器结构示意图。

根据页表中所指出的是物理页还是磁盘地址确定访问内存或磁盘。

在计算机系统中采用了虚拟存储技术后，可以对内存和外存的地址空间统一进行编址，用户

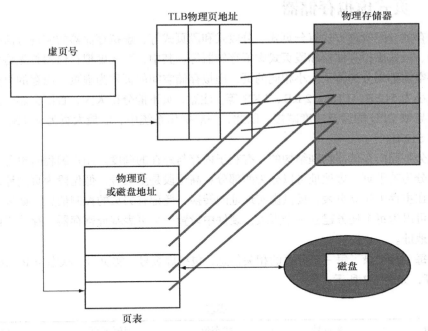

图 6-10　虚拟存储器结构示意图

按其程序需要的逻辑地址（也就是虚地址）进行编程。所编程序和数据在操作系统的管理下先输入外存（一般是在硬盘中），然后由操作系统自动地将当前欲运行的部分程序和数据调入内存，其余暂不运行的部分留在磁盘上。随着程序执行的需要，操作系统自动地按一定替换算法在内存与外存中进行对换，即将内存中暂不运行的部分程序和数据换出到外存，把急需运行的而现在又仍在外存的部分程序和数据调入内存进行执行。这个过程是在操作系统的控制和管理下自动完成的，由于计算机系统的运行速度非常快，用户是感觉不到换进换出的过程的。

CPU 执行程序时，按照程序提供的虚拟地址访问内存。因此，先由存储器管理硬件判断该地址内容是否在内存中（也可以由操作系统的存储器管理软件来完成此任务）。如果已经调入内存，则通过地址变换机制将程序中的虚地址转换为内存中的实地址（称为物理地址或绝对地址），再去访问内存中的物理单元。如果所需程序和数据部分尚未调入内存，则通过中断方式，将所需程序和数据块调入内存或把原内存中暂不运行的部分程序和数据块换出到外存以挪出内存空间，再把所需的部分程序和数据块调入内存。

上述过程对用户程序是透明的，用户看到的只是用数位较长的虚地址编程，CPU 可按虚地址访问存储器，其访问的存储器空间则是内存与外存之和。

可见，虚拟存储器技术是硬件和软件相结合的技术，是通过操作系统提供的请求调入功能和置换功能，能从逻辑上对内存容量加以扩充的一种存储技术。

在虚拟存储器中有三个地址空间：一是虚拟地址空间，也称为虚存空间或虚拟存储器空间，是供应用程序员用来编写程序的地址空间，这个地址空间非常大；二是主存储器的地址空间，也称为主存地址空间（或主存物理空间、实存地址空间）；三是辅存地址空间，也就是磁盘存储器的地址空间。与这三个地址空间相对应的有三种地址：虚拟地址、主存地址（主存实地址、主存物理地址）和磁盘存储器地址。

6.3.2 页式虚拟存储器

由于内存的分配管理方式有分页式、分段式和段页式等，虚拟存储器的实现方法就包括页式虚拟存储器、段式虚拟存储器和段页式虚拟存储器等。其中，页式虚拟存储器首先将虚拟存储器空间与内存空间都划分为若干大小相同的页，虚拟存储空间的页称为虚页，内存的页称为实页。通常页的大小为 512 B、1 KB、2 KB、4 KB 等。注意，页不能分得太大，否则会影响换进换出的速度，从而导致 CPU 的运行速度减慢。因此，一般操作系统中，取最大页为 4 KB，UNIX 操作系统的页为 512 B。

这种划分是面向存储器物理结构的，有利于内存与外存的调度。用户编程时也可以将程序的逻辑地址划分为若干页。虚地址可以分为两部分：高位段是虚页号，低位段为页内地址。

然后，在主存中建立页表，提供虚实地址的转换，登记有关页的控制信息。如果计算机是多任务的，就可以为每个任务建立一个页表，硬件中设置一个页表基址寄存器，存放当前运行程序的页表起始地址。

页表的每一行记录了每一个分页的相关信息，包括虚页号、实页号、状态位 P、访问字段 A、修改位 M 等，如表 6-3 所示。

表 6-3   页表

虚页号	实页号	状态位	访问字段	修改位

其中，虚页号是该页在外存中的起始地址，表明该虚页在磁盘中的位置。实页号登记了该虚页对应的主存页号，表明该虚页已调入主存。状态位，也叫装入位，为 1 表示该虚页已调入主存，为 0 表示该虚页不在主存中。访问字段记录页被访问的次数或最近访问的时间，供选择换出页时参考。修改位指示对应的主存页是否被修改过，为 1 时表明所对应的页在内存中已经被修改，要换出时，就必须将其写回外存。

图 6-11 展示了在访问页式虚拟存储器时虚实地址的转换过程。当 CPU 根据虚地址访存时，先将虚页号与页表起始地址合并，形成访问页表对应行的地址。根据页表内容判断该虚页是否在主存中。如果已调入主存，则从页表中读取相应的实页号，再将实页号与页内地址拼接，得到对应的主存实地址。据此，可以访问实际的主存编地址单元，并从中读取指令或操作数。

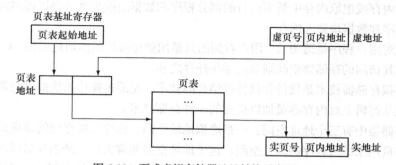

图 6-11 页式虚拟存储器地址转换示意图

在图 6-11 中，虚页号和页内地址所给出的是虚地址（也称为逻辑地址）。如果虚页号为 3，页内地址 W 为 100 B，页表的起始地址为 3 KB；假如根据页表查得实页号为 8（内存的 8 KB

单元），这样就得到实地址（有效地址）：

$$8\text{ KB}+100\text{ B}=8\ 192+100=8\ 292。$$

如果该虚页尚未调入主存，则产生缺页中断，以中断方式将所需的页内容调入主存。如果主存页已全部分配，则需在中断处理程序中执行替换算法（例如，先进先出（FIFO）算法、近期最少使用算法（LRU）等），将可替换的主存页内容写入辅存，再将所需的页内容调入主存。

6.3.3　段式虚拟存储器

在段式虚拟存储器中，将用户程序按其逻辑结构划分为若干段（例如程序段、数据段，主程序段、子程序段等），各段大小不同。相应地，段式虚拟存储器也随程序的需要动态地分段，且将段的起始地址与段的长度填到段表之中。编程时使用的虚地址分为两部分：高位是段号，低位是段内地址。例如，Intel 80386 的段号为 16 位，段内地址为 32 位，可将整个虚拟空间分为 64K 段，每段的容量最大可达 4 GB，使用户有足够大的选择余地。

典型的段表结构如表 6-4 所示。其中，装入位为 1，表示已经调入主存。段起点记录该段在主存中的起始地址。与页不同，段长可变，因此需要记录该段的长度。其他控制位包括读、写、执行的权限等。

表 6-4　　　　　　　　　　　　　　　　　　段表

段号	装入位	段起点	段长	其他控制位

段式虚拟存储器的虚实地址转换与页式地址转换相似，如图 6-12 所示。当 CPU 根据虚地址访存时，先将段号与段表本身的起始地址合成，形成访问段表对应行的地址。根据段表内装入位判断该段是否调入主存。若已调入主存，则从段表读出该段在主存中的起始地址，与段内地址相加，得到对应的主存实地址。

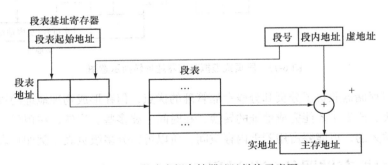

图 6-12　段式虚拟存储器地址转换示意图

图 6-12 中段式地址的换算，类似于页式存储管理的地址换算，较详细的内容在“操作系统”课程的存储管理中阐述。

6.3.4　段页式虚拟存储器

由于分页是固定的，它是面向存储器本身的，计算机系统中只有一种大小的页。程序装入内存的块（页），可能因为某一页装不满内存的一块而剩余一部分不能利用（称为“页内零头”）。如果页内零头太多，就会影响内存的利用率。此外，由于页的划分不能反映程序的逻辑结构，如果离散地给程序分配内存空间，那么一个程序（包括数据）必然存放在不相连的内存中，这样可能会给程序的执行、保护和共享带来不方便。

段式虚拟存储器是面向程序的逻辑结构分段的，一个在逻辑上独立的程序模块可以为一个段，这个段可大可小。因此，有利于对存储空间的编译处理、执行、共享与保护。由于段的长度比页要大很多，不利于存储器的管理和调度。一方面，段内地址必须连续，因各段的首、尾地址没有规律，地址计算比页式存储器管理要复杂。另一方面，当一个段执行完毕后，新调入的程序可能小于现在内存段的大小，这样也会造成零头。

为此，把页式存储管理和段式存储管理结合起来，就形成了段页式虚拟存储管理方式。在这种方式中，先将程序按逻辑分为若干段，每个段再分成相同大小的页，内存也划分为与页大小相同的块。在系统中建立页表和段表，分两级查表实现虚拟地址与物理地址的转换。在多用户系统中，虚地址包括基号、段号、段内页号、页内地址等信息。其中，基号为用户标志号，用于区别每一个用户。

图 6-13 给出了段页式虚拟存储器地址转换示意图。每道程序有自己的段表，这些段表的起始地址在段表基址寄存器组。相应地，虚地址中每道用户程序有自己的基号。根据它选取相应的段表基址寄存器，从中获得自己的段表起始地址。将段表起始地址与虚地址中的段号合成，得到访问段表对应行的地址。从段表中取出该段的页表起始地址，与段内页号合并，形成访问页表对应行的地址。从页表中取出实页号，与页内地址拼接，形成访问主存单元的实地址。

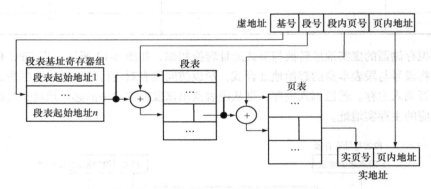

图 6-13 段页式虚拟存储器地址转换示意图

段页式虚拟存储器兼备了分页和分段存储管理的优点，但在形成物理地址的过程中，需要查询两级表（页表、段表）才能完成地址的转换，在时间上要多些。当然，在现代计算机系统中，由于页表是非常大的，可能要占用若干内存空间，所以可以分多级页表（例如页表、快表）。

6.3.5　虚拟存储器的工作过程

前面的内容中，已经涉及了虚拟存储器的工作过程。由于使用了虚拟存储器系统，在程序执行的任何一个时刻，执行程序的某一部分被存放在物理存储器中，其余部分则被交换到磁盘（一般是硬盘）上。

当这个程序运行时，它还要连续不断地访问这个程序其他部分的代码和数据。若所访问的代码和数据在物理存储器中，则这个程序就会连续不断地执行。若所访问的代码和数据不在物理存储器中，此时操作系统的存储器管理程序就必须给以干预，进行适当的控制，把访问的代码和数据引导到物理存储器中（如果需要，这时还要把程序的某一部分交换到磁盘上，即前面提到的"换进换出"）。这样，这个应用程序就可以连续不断地执行。

在使用虚拟存储器时，必须把程序分成若干小块（也称为程序段或页）。各个程序小块此时不在物理存储器内，就一定被交换到了磁盘上。这样，操作系统的存储器管理子系统对每一个程序小块进行跟踪。

通常，程序可以分段，也可以分页，而分页的性能比分段好。大多数商用虚拟存储器系统提供的是请求分页虚拟存储器。"请求分页"就是当需要访问这些页时，就把这些页引导到物理存储器中。这与预先定好的页的大小不同，在这种情况下，虚拟存储器系统预期需要的页总是程序将要使用的页。

目前，能实现虚拟存储的有 UNIX、高版本的 Windows 等操作系统。早期的操作系统（如 UNIX、OS/2 等）也支持请求分页虚拟存储管理。虚拟存储器地址转换的详细过程如图 6-14 所示。

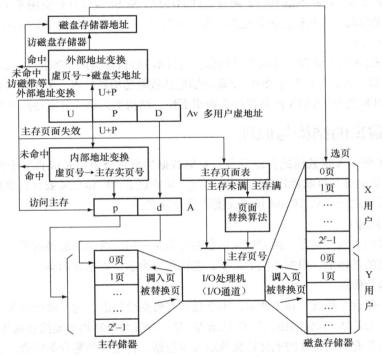

图 6-14　虚拟存储器地址转换的详细过程

6.4　辅助存储器

在计算机系统中，通常把主存储器以外的存储器称为辅助存储器（外存）。外存包括硬盘、软盘、光盘、U 盘和早期的磁鼓、磁带、磁卡等，主要用于保存大量的后备信息。

6.4.1　磁盘存储器分类

根据盘片与磁盘驱动器是否分离，磁盘可分为软盘和硬盘两大类。其中，软盘采用分离原则，把盘片与驱动器独立设计；硬盘则把盘片密封、组装于驱动器之中，不进行分离。组装计算机时，无论是软盘驱动器还是硬盘驱动器，通常都需要安装在主机箱之中。使用时，软盘插入软盘驱动器，使用之后再取出，可带走。因此，软盘又称为可移动的磁盘。相对应地，硬盘又称为固定的磁盘。注意：由于存储容量比较小，因此软盘基本上已经被淘汰了。

根据盘片的直径的尺寸，磁盘又分为 5.25 英寸磁盘、3.5 英寸磁盘、2.5 英寸磁盘等（1 英寸 =2.54 厘米）。其中，软盘通常包括 5.25 英寸和 3.5 英寸两种。硬盘包括 3.5 英寸和 2.5 英寸两种。3.5 英寸的硬盘一般用于台式计算机，2.5 英寸的硬盘一般用于笔记本计算机。

根据所连接的接口，磁盘可分为 IDE 磁盘、SCSI 磁盘、SATA 磁盘以及 USB 磁盘等。

其中，IDE（Integrated Drive Electronics）接口，又称为 ATA（Advanced Technology Attachment）接口，是由 Western Digital 与 COMPAQ 两家公司所共同开发的。IDE 的目标是通过将硬盘控制器与盘片集成于一体，减少硬盘接口的电缆数目与长度，增强数据传输的可靠性。

SCSI（Small Computer System Interface，小型计算机系统接口）是一种广泛应用于小型机上的高速数据传输技术，它并不是专门为硬盘设计的接口。SCSI 接口具有应用范围广、多任务、带宽大、CPU 占用率低，以及热插拔等优点，但价格较高。 SCSI 硬盘也主要应用于中、高端服务器和高档工作站之中。

SATA（Serial ATA）硬盘，又叫串口硬盘，是目前 PC 机硬盘的主流技术。SATA 是由 Intel、Dell、IBM、希捷、迈拓等厂商于 2001 年联合制定的数据传输新技术，采用串行连接方式，具备比 IDE 更强的纠错能力。SATA 的数据传送速率更快，结构更简单，且支持热插拔。

6.4.2　磁盘的结构与原理

磁盘是为了保存大量数据的存储设备，存储数据的数量级可以是成百上千兆字节，而基于 RAM 的存储器只能有几百或者几千兆字节。不过，从磁盘上读取信息需要几百毫秒，是从 DRAM 读取速度的十万分之一、从 SRAM 读取速度的百万分之一。

1．磁盘的构造

磁盘是一种磁表面存储器，用来记录信息的介质是一层非常薄的磁性材料。它需要依附在具有一定机械强度的基体上。根据不同的需要，基体可分为软、硬基体两类。

（1）软基体与磁层

软盘只由一张盘片组成。在工作时，由于盘片与磁头会接触，为了减少磁头磨损，软盘以软质聚酯塑料薄片为基体。软盘的磁层只有 1μm 厚，是一种混合材料均匀地涂在基体上加工而成的。这种混合材料由具有矩磁特性的氧化铁微粒加入少量钴，再用树脂黏合剂混合而成的。

（2）硬基体与磁层

硬盘可以包含多张盘片，其运行方式对基体与磁层的要求很高，一般采用铝合金硬质盘片作为基体。为了进一步提高盘片的光洁度和硬度，通常硬盘的基体采用工程塑料、陶瓷、玻璃等材料，如图 6-15 所示。

硬盘采用电镀工艺在盘上形成一个很薄的磁层，所采用的材料是具有矩磁特性的铁镍钴合金。电镀形成的磁层属于连续非颗粒材料，称为薄膜介质。磁层厚度为 0.1～0.2μm。为了增加抗磨性和抗腐蚀性，在盘体上面再镀一层保护层。

在最新的硬盘中，采用了溅射工艺形成薄膜磁层，即用离子撞击阴极，使阴极处的磁性材料原子淀积为磁性薄

图 6-15　硬盘的盘片与磁头

膜。此工艺生产的硬盘优于镀膜工艺生产的硬盘。

为了增加读出信号的幅度，在选用磁性材料时，最好选剩磁感应强度 B_T 比较大的磁性材料。但 B_T 过大，磁化状态翻转时间增大，这样会影响记录信息的密度。为了提高记录密度，要求磁层尽量薄，以减少磁化所需的时间。当然，磁层薄又使磁通变化量 $\Delta\Phi$ 减小，使读出的信号幅度减小。这就有了高性能的读出放大器。

此外，要求磁层内部应该无缺陷，表面组织致密、光滑、平整，磁层厚薄均匀，无污染，同时对环境温度不敏感，工作性能稳定。

2. 磁头的读/写

磁头是实现读/写操作的关键元件，通常由高导磁材料构成，在上面绕有线圈。由一个线圈兼做写入/读出，或分别设置读/写磁头。写入时，将脉冲代码以磁化电流形式加入磁头线圈，使介质产生相应的磁化状态，即电磁转换。读出时，磁层中的磁化翻转使磁头的读出线圈产生感应信号，即磁电转换。读/写过程如图 6-16 所示。

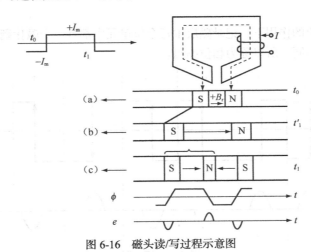

图 6-16　磁头读/写过程示意图

（1）写入

在 $t = t_0$ 时，若磁头线圈中流过正向电流 $+I_m$，则磁头下方将出现一个与之对应的磁化区。磁通进入磁层的一侧为 S 极，离开磁层的一侧为 N 极。如果磁化电流足够大，S 极与 N 极之间被磁化到正向磁饱和，以后将留下剩磁 $+B_r$。由于磁层是矩磁材料，剩磁 B_r 的大小与饱和磁感应强度 B_m 相差不大。

从 t_0 到 t_1，由于记录磁层向左运动，而磁化电流维持 $+I_m$ 不变，相应地出现图 6-16（b）所示的磁化状态，即 S 极左移一段距离 ΔL，而 N 极仍位于磁头作用区右侧不变。

当 $t = t_1$ 时，磁化电流改变为 $-I_m$，相应地，磁层中的磁化状态也出现翻转，如图 6-16（c）所示。移离磁头作用区的 S 极以及一段 $+B_r$ 区，维持原来磁化状态不变。而磁头作用区下出现新的磁化区，左侧为 N 极，右侧为 S 极，N 极与 S 极之间是负向磁饱和区 $-B_r$。

这样，在记录磁层中留下一个对应于 $t_0 \rightarrow t_1$ 的位单元，它的起始处与结束处两侧各有一个磁化状态的转变区。

（2）读出

读出时，磁头线圈不加磁化电流。当磁头经过已经磁化的记录磁层时，如果对着磁头的区域中存在磁化状态的转变区（例如由正向变为负向饱和，或由负向饱和变为正向饱和），则磁头铁芯中的磁通必定发生变化，于是产生感应电势，即为读出信号。感应电势的方向取决于记录磁层转变区的方向（$-B_r$变为$+B_r$，或者$+B_r$变为$-B_r$），幅值大小与B_r值有关。如果记录磁层中没有变化，维护一种剩磁状态，则磁头经过时，磁通不会变化，也就没有读出信号。

3. 磁记录方式

磁记录方式就是采用哪种磁状态变换规律，来完成0和1的编码。目前，磁记录方式有多种，包括归零制（RZ）、不归零制（NRZ）、调相制、调频制、群码制等。其中，前两种及其改进方式主要用于磁带存储，后三种及其改进方式主要用于磁盘存储。下面重点介绍调相制和调频制的写入规则。

（1）调相制（相位编制 PM，相位编码 PE）

如图 6-17 所示，调相制的写入规则是：写0时，在位单元中间位置让写入电流负跳变，由$+I \rightarrow -I$；写1时，则相反，由$-I \rightarrow +I$。可见，当相邻两位相同（同为1，或同为0）时，两位交界处写入电流需要改变方向，才能使相同两位的磁化翻转相位一致；如相邻两位不相同，则交界处没有翻转。

在这样的写入电流的作用下，记录磁层中每个位单元中都有一个磁化翻转，只是0和1的翻转方向不同，即相位不同，所以称为相位编码。

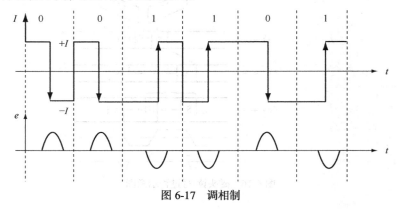

图 6-17 调相制

（2）调频制（FM）

如图 6-18 所示，调频制的写入规则是：每个位单元起始处，写入电流都改变一次方向，留下一个转变区，作为本位的同步信号；在位单元中间记录数据信息，如果写入 0，则位单元中间不变，如果是1，则写入电流改变一次方向。

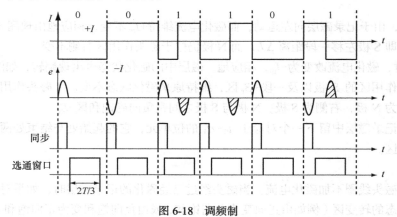

图 6-18 调频制

可见，写 0 时每个位单元只变一次，写入 1 时，每个位单元变化两次，即用变化频率的不同来区分 0 和 1，所以称为调频制（FM）。因为写入 1 的频率是写入 0 的两倍，故又称倍频制或双频制（DM）。

调频制广泛用于早期的磁盘机中，是磁盘记录方式的基础。

（3）改进型调频制（MFM，简写为 M^2F）

为了能够有效提高记录密度，可以采取位间相关型编码方法，对调频制进行改进。如图 6-19 所示，首先对调频制的写入电流波形进行分析，以决定哪些转变区需要保留、哪些可以省略。写 1 时，位单元中间的转变区用来表示数据 1 的存在，应当保留，但位单元交界处的转变区就可以省去。连续两个 0 都没有位单元中间的转变区，因此它们的交界处应当有一个转变区，以产生同步信号。

按照上述改进思路，改进型调频制的写入规则是：写 1 时，在位单元中间改变写入电流方向；写入两个以上 0 时，在它们的交界处改变写入电流方向。

可见，记录相同的代码，M^2F 的转变区数约为 FM 的一半。在相同技术条件下，M^2F 的位单元长度可以缩短为 FM 的一半，因此，M^2F 的记录密度提高近一倍。所以，常称 FM 制为单密度方式，称 M^2F 制为双密度方式。

M^2F 制广泛应用于软盘和小容量硬盘之中。

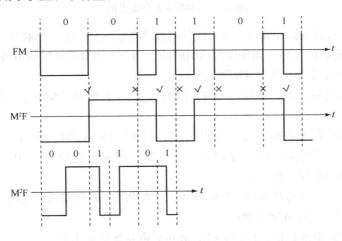

图 6-19　改进型调频制

4. 磁道记录格式

磁盘是一种磁表面存储器，记录信息分布在盘片的两个记录面上，每面分为若干磁道，每道又划分为若干扇区。

（1）磁道

读/写时，盘片旋转而磁头固定不动。盘片旋转一周，磁头的磁化区域形成一个磁道。在磁道内，逐位串行地顺序记录。每当磁头沿径向移动一定距离时，可形成又一磁道。因此盘面上将形成一组同心圆磁道。最外面的磁道为 0 道，作为磁头定位的基准，往内磁道号增加。

沿径向，单位距离的磁道数称为道密度。不同的磁盘，其道密度不同。例如，每片容量为 1.44 MB 的 3.5 英寸双面软盘，每面有 80 道，道密度为 270 Tpi（每英寸磁道数）。

（2）扇区

一个磁道沿圆周又划分为若干扇区，每个扇区内可存放一个固定长度的数据块。例如，在 PC

机中，每个扇区存放的有效数据规定为 512 B。

不同磁盘的每道的扇区数是不相同的。例如，对于 3.5 英寸软盘，每片容量为 1.44 MB 时，每道分为 18 个扇区；每片容量为 2.88 MB 时，每道分为 36 个扇区。

（3）软盘的磁盘格式

以软盘为例，PC 机广泛使用 IBM 34 系列磁道格式。一个磁道被软划分为若干扇区，每个扇区又分为标志区与数据区，各自包含若干项，如图 6-20 所示。记录的有效数据或程序，位于数据区的 DATA 项之中。其他信息则是为了识别有效数据而设置的格式信息。

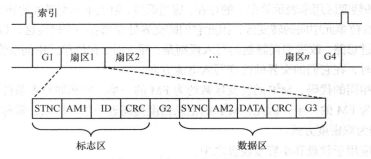

图 6-20　IBM 34 系列磁道格式

① 索引标志：软盘的盘片旋转一周，索引孔通过光电检测产生一个索引脉冲，经整形后，脉冲前沿标志着一个磁道的开始。如果没有索引脉冲，则一个闭合圆环的磁道将无法区分其头尾。

② 间隔：每个磁道包含以下四种间隔项。

- G1：磁道的起始标记，为 16 字节 FF（FM）或 16 字节 4E（M^2F）。 在 G1 之后，将开始第一个扇区。

- G2：作为标志区与数据区之间的间隔，为 11 字节 FF （FM）或 11 字节 4E（M^2F）。

- G3：一个扇区的结束标记，为 27~117 字节 FF （FM）或 11 字节 4E（M^2F）。

- G4：一个磁盘的结束标记。

③ 标志区：每个扇区的开头是一个标志区，用来设置一系列格式信息项，包括以下几项。

- SYNC：同步信号，6 字节 00；

- AM1：标志区地址标记，1 字节 FE，表示后面是扇区标志信息；

- ID：扇区的标志信息 ID，4 字节，由道号 C、磁头号 H、扇区号 R、扇区长度 N 组成（IBM 34 系列磁道格式允许每个扇区的有效数据长度为 128 B、256 B、512 B 和 1 KB 等规格）；

- CRC：标志区循环校验码，2 字节。

④ 数据区：每个扇区的真正有效部分是数据区，包括以下几项。

- SYNC：同步信号，6 字节 00；

- AM2：数据区地址标记，1 字节 F8，表示后面是有效数据；

- DATA：存放有效记录数据，在 DOS 操作系统中长度固定为 512 B。

- CRC：标志区循环校验码，2 字节。

（4）格式化操作

磁盘在出厂时是不存在磁道和扇区这些格式信息的。因此，空白磁盘在使用前必须进行格式化操作。格式化操作命令由操作系统提供。通过磁盘格式化操作，一方面划分磁道和扇区格式，另一方面建立文件目录表、磁盘扇区分配表和磁盘参数表。前者又称为物理格式化，后者又称为逻辑格式化。

硬盘在使用时，允许先划分为若干逻辑驱动器，再进行格式化。例如，在安装 Windows XP 系统时，就可以将一个硬盘划分为两个以上的逻辑驱动器。

磁盘在使用过程中，如果发现有故障或感染了无法杀灭的计算机病毒，也可以通过磁盘格式化操作来清除原有信息，重新建立磁道记录格式或文件目录表。

6.4.3 磁盘性能指标

无论是软盘还是硬盘，其性能指标如下。

1. 磁盘容量

存储容量是磁盘的一项重要技术指标，一般分为非格式化容量和格式化容量。

（1）非格式化容量

$$非格式化容量 = 面数 \times （道数/面） \times 内圈周长 \times 最大位密度$$

其中，位密度是指沿磁道圆周，单位距离可记录的位数。磁盘外圈的位密度小于内圈。最大位密度就是最内圈磁道的位密度。非格式化容量表明一个磁盘所能存储的总位数，包括有效数据和格式信息。

（2）格式化容量

$$格式化容量 = 面数 \times （道数/面） \times （扇区数/道） \times （字节数/扇区）$$

格式化容量是除去各种格式信息之后的可用的有效容量，大约是非格式化容量的三分之二。

例如，3.5 英寸的双面高密度软盘的格式化容量为：

$$容量 = 2 面 \times 80 道/面 \times 18 扇区/道 \times 512 B/扇区 = 1.44 MB。$$

提高磁盘容量的最有效的手段是降低磁盘宽度，通过提高道密度来增加记录密度。例如，希捷公司通过提高道密度，使磁盘的记录密度达到了 421 Gbits/平方英寸，使 3.5 英寸的硬盘容量达到了 2.5 TB。

2. 工作速度

与内存不同，磁盘的存取时间与信息所在磁道、扇区的位置有关。因此，其工作速度可使用以下几个参数来表示。

（1）平均寻道时间或平均定位时间

启动磁盘后，首先寻道，即将磁头直接定位于目的磁道上。每次启动后，磁头首先定位于 0 磁道，并以此为基准开始寻道。如果目的磁道就是 0 道，显示磁头不需要移动；如果目的磁道是最内圈，则所需时间最长。因此，寻道时间是一个不确定的值，只能用平均寻道时间来衡量。

（2）平均旋转延迟时间或平均等待时间

成功寻道之后，还需要寻找扇区。此时磁头不动，盘片在旋转电机的驱动下旋转。如果所要寻找的扇区就在寻道完成时磁头下方，则不需要等待；如果所要寻找的扇区是最后一个扇区，则需要等待盘片旋转一周的时间才能进行读/写操作。因此，只能使用平均旋转延迟时间来衡量在寻道成功之后还需要等待多久才能进行读/写操作。

为了降低平均旋转延迟时间，最有效的手段就是提高驱动器旋转电机的转速（单位：转/分，即 rpm）。例如，IDE 硬盘的转速分为 5 400 rpm 和 7 200 rpm 两种，SATA 硬盘的转速分为 7 200 rpm 和 10 000 rpm 两种，而 SCSI 硬盘的转速最高可达 15 000 rpm。

（3）数据传输率

找到扇区后，磁头开始连续地读/写：以 DMA 方式，从主存获得数据，写入磁盘；或者从磁盘中读出数据，送往主存。因此，数据传输率是衡量磁盘驱动器的读/写速度的可靠指标。

提升数据传输率是硬盘技术的主要发展目标之一。例如，IDE 接口从最初的 ATA-1 的 3.3 MBps，历经七代，包括 ATA-1、ATA-2、ATA-3、Ultra ATA/33、Ultra ATA/66、Ultra ATA/100、Ultra ATA/133。如今，Ultra ATA/133 的数据传输率已达 133 MBps。SATA 是专门为克服 IDE 的不足而诞生的新技术，目前已经制定了三个标准，其中 SATA 1.0 的数据传输率为 150 MBps，SATA 2.0 的数据传输率为 300 MBps，SATA 3.0 的数据传输率为 600 MBps。

上述 3 个指标分别反映了磁盘 3 个工作阶段的速度。用户启动磁盘后，等待多久才能开始真正进行读/写操作，取决于前两项指标。此时，允许 CPU 继续访问主存，执行自己的程序。开始连续读/写后，因为磁盘通常以 DMA 方式与主机交换数据，因此 CPU 在此时不能访问主存，但可以继续执行已经通过预取而存储在高速缓存中的指令。

6.4.4 光盘

在计算机系统中，除经常使用的硬盘外，还有常用的光盘、U 盘等辅助存储器。随着计算机技术的发展，加上光盘的体积大、容量小等缺点，人们更青睐于 U 盘。本小节只对光盘、U 盘做介绍。

作为一种平时非常流行的存储介质，能在生活中的很多方面看见光盘的身影，如电影碟片、音乐碟片、图书中附带的光盘教程，甚至是数码产品的驱动盘使用说明等。

1. 光驱的基础知识

先了解有关光驱的一些概念。首先说说什么是 CLV 和 CAV。光盘和硬盘的工作方式有很大的不同。硬盘的盘片被分成许多同心圆，这些同心圆称为磁道，每个磁道又被分为了若干扇区，文件就被保存在这些扇区内，因此，硬盘的盘片总是以恒定的角速度旋转，这就是 CAV。但是，由于盘片具有一定的半径，这就势必会引起扇区在盘片内外圈的疏密程度不同，对读取数据造成了很大的不便。

CD-ROM 是采用一个连续的旋转形的轨道来存储数据的（有点类似音轨的概念），这些轨道被分成相同尺寸、相同密度的区域，使盘片的利用率得到进一步的提高。由于光盘上的数据是以相同的密度存放的，因此在读取光盘的时候就要采取恒定的线速度，这就是 CLV。恒定线速度带来的直接影响就是光驱在读取内外圈数据时，盘片的旋转速度会大为不同，这就需要光驱的主轴马达不断改变旋转速度以适应读取数据的需要。可以想到，频繁地变换速度势必会引起马达寿命的减少。但由于早期的光驱，主轴马达速度不是很快，因此没有什么大关系。随着光驱速度的不断提高，不断变换马达速度对于光驱寿命影响的问题就日益严重起来，因此，目前的高速光驱都采用了 CAV 技术，即盘片以恒定的线速度转动。虽然这样做延长了光驱的寿命，但在读取内圈数据的时候，实际的传输速度会受到一定的影响，因此，一些高档的光驱又采用了 CAV 和 CLV 结合方式。这种方式在读取内圈数据的时候采用 CAV 方式，而在读取外圈的时候就采用 CLV，这样一来，光驱的性能又得到了进一步的提高。在选购光驱的时候，应当尽量选用采用 CAV/CLV 技术的光驱。

光驱的传输速度是影响其性能的一个重要因素。单倍速光驱的传输率是 150 KB/s，40 倍速的光驱传输速度就是 40×150 KB/s，所以，速度越快的光驱，其传输速度就越快。光驱的传输模式对传输速度也有影响。目前的主要模式有 PIO 和 Ultra MDA/33（UMDA33）两种。相比起来，UMD 模式的光驱，CPU 占有率更低，并且可以提高 I/O 系统的速度，等等。此外，光驱的寻道时间以及缓冲区也影响着光驱的性能。寻道时间就是指激光头在接受读取数据的命令后，将光头调整到技术数据的轨道上方所用的时间。因此，光驱的寻道时间是越短越好。缓冲区对于光驱的性能影响也较大。缓冲区大的光驱在读取文件时，其速度优势明显。在购买的时候应选购 Buffer 较大的产品，不过采用大容量 Buffer 的光驱价格普遍比较昂贵。目前，主流光驱均采用 128KB 的缓冲区。光驱的接口分为 IDE 和 SCSI 两种。采用 SCSI 接口的光驱性能优势明显，它具有更小的 CPU 占用率，更稳定的传输速度等。但 SCSI 接口的光驱价格比较昂贵，因此家庭选购光驱还是选择 IDE 接口为好。

随着万转光驱的出现，光驱主轴马达速度已经达到了非常快的速度。因此在读盘的时候，会产生巨大的震动以及噪声。为了应付这些负面影响，厂商开发自己的防震动技术。橡胶减震支架就是在这样的情况下产生的。橡胶支架将光驱的托盘与前仓盖分割开，减少了震动。这对于降低光驱的噪声作用显著。此外，为了提高光驱激光头的精准度，目前的高档光驱都采用了悬挂式光头结构，使光头的寻址和聚焦时间减少许多，并且大幅提高了光驱的读盘能力。ABS 自动平衡系统也是近期开发的一种先进技术（注意，不是汽车上的 ABS）。ABS 技术在光驱托盘下面放置滚珠以提高光驱读取密度不均的盘片时的性能，这对于中国的光盘市场作用很大。由于盘片的质量参差不齐，因此，ABS 技术就发挥了它的威力。当光驱读取密度不均的盘片时，托盘下的滚珠由于离心力的作用会跑到质量轻的那一边，从而调整平衡。除此以外，像金属机芯、智能控制电路等新技术也被应用在某些品牌的光驱上，它们都可以提高光驱的寿命和读盘能力。

2. 光驱的工作原理

激光头是光驱的心脏，也是最精密的部分。它主要负责数据的读取工作，因此在清理光驱内部的时候要格外小心。激光头主要包括激光发生器（又称激光二极管）、半反光棱镜、物镜、透镜以及光电二极管这几部分。当激光头读取盘片上的数据时，从激光发生器发出的激光透过半反射棱镜，汇聚在物镜上，物镜将激光聚焦成为极其细小的光点并打到光盘上。此时，光盘上的反射物质就会将照射过来的光线反射回去，透过物镜，再照射到半反射棱镜上。此时，由于棱镜是半反射结构，因此不会让光束穿透它并回到激光发生器上，而是经过反射，穿过透镜，到达了光电二极管上面。由于光盘表面是以突起不平的点来记录数据的，所以反射回来的光线就会射向不同的方向。人们将射向不同方向的信号定义为"0"或者"1"，发光二极管接受到的是那些以"0"、"1"排列的数据，并最终将它们解析成为我们所需要的数据。这就是光驱的工作原理。

在激光头读取数据的整个过程中，寻迹和聚焦直接影响到光驱的纠错能力以及稳定性。寻迹就是保持激光头能够始终正确地对准记录数据的轨道。当激光束正好与轨道重合时，寻迹误差信号就为 0，否则，寻迹信号就可能为正数或者负数，激光头会根据寻迹信号对姿态进行适当的调整。如果光驱的寻迹性能很差，在读盘的时候就会出现读取数据错误的现象，最典型的就是在读音轨的时候出现的跳音现象。所谓聚焦，就是指激光头能够精确地将光束打到盘片上并受到最强的信号。当激光束从盘片上反射回来时，会同时打到 4 个光电二极管上。它们将信号叠加并最终形成聚焦的信号。只有当聚焦准确时，这个信号才为 0；否则，它就会发出信号，矫正激光头的位置。聚焦和寻道是激光头工作时最重要的两项性能，我们所说的读盘好的光驱都是在这两方面性能优秀的产品。

3. 光驱的内部结构

本节仅以 Sony CDU511 光驱为例简述如下：①底部结构：用十字螺丝刀拧开光驱底板的四个固定螺丝，压下连在光驱面板上的固定卡，将底板向上抬起，即可将其拆下，可以看到光驱底部固定着机芯电路板，它包括了伺服系统和控制系统等主要的电路组成部分。②机芯结构：用细铁丝插入面板的紧急出盒孔，将光盘托架拉出，压下上盖板两端的固定卡，卸开光驱面板，然后打开上盖板，可以看到整个机芯结构。包括：a. 激光头组件——光电管、聚焦透镜等组成部分，配合运行齿轮机构和导轨等机械组成部分，在通电状态下根据系统信号确定、读取光盘数据并通过数据带将数据传输到系统。b. 主轴马达——光盘运行的驱动力，在光盘读取过程的高速运行中提供快速的数据定位功能。c. 光盘托架——在开启和关闭状态下的光盘承载体。d. 启动机构——控制光盘托架的进出和主轴马达的启动，加电运行时，启动机构将使包括主轴马达和激光的头组件的伺服机构都处于半加载状态中。

4. 光驱的读盘速度

光驱速度的提升发展非常快，目前市面上常见的 DVD-ROM 光驱的 DVD 读盘速度可达 16 倍速，CD 读盘速度可达 48 倍速。光驱的速度都是标称的最快速度，这个数值是指光驱在读取盘片最外圈时的最快速度，而读内圈时的速度要低于标称值，大约在 24X 的水平。现在很多光驱产品在遇到偏心盘、低反射盘时采用阶梯性自动减速的方式。也就是说，从 48X 到 32X，再到 24X/16X，这种被动减速方式严重影响主轴马达的使用寿命。值得庆幸的是，有的光驱提供了"一指降速"的设置功能。例如，按住前控制面板上的 Eject 键 2 秒钟，光驱就会直接从最高速自动减速到 16X，避免了机芯器件不必要的磨损，延长了光驱的使用寿命。同样，再次按下 Eject 键 2 秒钟，光驱将恢复度盘速度，提升到 48X。此外，缓冲区大小、寻址能力同样起着非常大的作用。对光驱速度的要求并不是很苛刻，48X 光驱产品在一段时间内完全能够满足使用需要，因为目前还没有哪个软件要求安装时使用 32X 以上的光驱产品。此外，光盘作为数据的存储介质，使用率远远低于硬盘，总不会有谁会将 Windows 安装在光盘上运行吧？

5. 光驱的容错能力

相对于读盘速度而言，光驱的容错性显得更加重要。或者说，稳定的读盘性能是追求读盘速度的前提。由于光盘是移动存储设备，并且盘片的表面没有任何保护，因此难免会出现划伤或沾染上杂物的情况，这些小毛病都会影响数据的读取。为了提高光驱的读盘能力，"人工智能纠错（AIEC）"是一项比较成熟的技术。AIEC 通过对上万张光盘的采样测试，"记录"下适合的读盘策略，并保存在光驱 BIOS 芯片中，以方便光驱针对偏心盘、低反射盘、划伤盘进行自动的读盘策略的选择。由于光盘的特征千差万别，所以目前市面上以英拓为首的少数光驱产品还专门采用了可擦写 BIOS 技术，使得 DIY 者可以通过在线方式对 BIOS 进行实时的修改，所以说，Flash BIOS 技术的采用，对于光驱整体性能的提高起到了巨大的作用。一些光驱为了提高容错能力，提高了激光头的功率。当光头功率增大后，读盘能力确实有一定的提高，但长时间"超频"使用会使光头老化，严重影响光驱的寿命。一些光驱在使用仅三个月后就出现了读盘能力下降的现象，这就很可能是光头老化的结果。这种以牺牲寿命来换取容错性的方法是不可取的。那么，如何判断购买的光驱是否被"超频"呢？在购买的时候，可以让光驱读一张质量稍差的盘片，如果在盘片退出后表面温度很高，甚至烫手，那就有可能是被"超频"了。不过也不能排除是光驱主轴马达发热量大的结果。

6.4.5 U 盘

所谓"USB 闪存盘"（以下简称"U 盘"），是基于 USB 接口、以闪存芯片为存储介质的无需驱动器的新一代存储设备。U 盘的出现是移动存储技术领域的一大突破，其体积小巧、容量大，特别适合随身携带，可以随时随地、轻松交换资料数据，是理想的移动办公及数据存储交换产品。

U 盘使用标准的 USB 接口，容量较大，能够在各种主流操作系统及硬件平台之间做大容量数据存储及交换。其低端产品的市场价格已与软驱接近，而且现在很多主板已支持从 USB 存储器启动，实用功能更强。总体来说，U 盘有着软驱不可比拟的优势，主要具有体积小、功能齐全、使用安全可靠、在安装驱动程序后能即插即用等优点。

1. U 盘结构

U 盘的结构基本上由五部分组成：USB 端口、主控芯片、Flash（闪存）芯片、PCB 底板、外壳封装。U 盘的基本工作原理也比较简单：USB 端口负责连接计算机，是数据输入或输出的通道；主控芯片负责各部件的协调管理和下达各项动作指令，并使计算机将 U 盘识别为"可移动磁盘"，是 U 盘的"大脑"；Flash 芯片与计算机中内存条的原理基本相同，是保存数据的实体，其特点是断电后数据不会丢失，能长期保存；PCB 底板负责提供相应处理数据平台，且将各部件连接在一起。当 U 盘被操作系统识别后，使用者下达数据存取的动作指令后，USB 移动存储盘的工作便包含了这几个处理过程。

2. U 盘的存储原理

在源极和漏极之间电流单向传导的半导体上形成储存电子的浮动栅。浮动栅包裹着一层硅氧化膜绝缘体。它的上面是在源极和漏极之间控制传导电流的选择/控制栅。数据是 0 或 1 取决于在硅底板上形成的浮动栅中是否有电子。有电子为 0，无电子为 1。闪存就如其名字一样，写入前删除数据进行初始化。具体来说，就是从所有浮动栅中导出电子，即将有所数据归"1"。写入时，只有数据为 0 时才进行写入，数据为 1 时则什么也不做。写入 0 时，向栅电极和漏极施加高电压，增加在源极和漏极之间传导的电子能量。这样一来，电子就会突破氧化膜绝缘体，进入浮动栅。读取数据时，向栅电极施加一定的电压，电流大则为 1，电流小则定为 0。浮动栅没有电子的状态（数据为 1）下，在栅电极施加电压的状态时向漏极施加电压，源极和漏极之间由于大量电子的移动，就会产生电流。而在浮动栅有电子的状态（数据为 0）下，沟道中传导的电子就会减少，因为施加在栅电极的电压被浮动栅电子吸收后，很难对沟道产生影响。U 盘的存储原理：计算机把二进制数字信号转为复合二进制数字信号（加入分配、核对、堆栈等指令），读写到 USB 芯片适配接口，通过芯片处理信号分配给 EPROM2 存储器芯片的相应地址存储二进制数据，实现数据的存储。

3. U 盘的组成

USB（Universal Serial Bus，通用串行总线）是一种新型的外设接口标准。USB 是以 Intel 公司为主，联合 Microsoft、Compaq、IBM 等公司共同开发的，于 1996 年 2 月推出 USB 1.0 版本，目前发展到 3.0 版本。1997 年，MS 公司在 Windows 97 中开始以外挂模块形式提供了对 USB 的支持，随后在 Windows 系统的各版本中内置了 USB 接口的支持模块。

4. USB 的物理接口与电气特性

接口信号线：USB 总线（电缆）为 4 根信号线。图 6-21 给出了 USB 电缆的相关信息。

USB电缆各线的作用：
VBUS（红）：电源
D+（绿）：信号+
D-（白）：信号-
GND（黑）：地

图 6-21　USB 电缆

D+ 与 D- 为信号线，是一对双绞线，其线的颜色分别为绿色和白色；VBUS 线为红色，接电源线；GND 线为黑色，接地。

电气特性：电源为 4.75～5.25V，由主机提供，设备能吸入的最大电流为 500 mA。

6.5 本章小结

本章主要讲述了存储器的结构，读者应该了解单体多字和多体多字存储器的基本结构；掌握 Cache 的工作原理、地址映像、性能与结构；熟悉虚拟存储器的工作原理，掌握实现虚拟存储的方法；掌握分页存储的实现过程；熟悉硬盘、U 盘的工作过程和相关技术指标。

习 题 6

1. 单项选择题

（1）一个四体并行低位交叉存储器，每个存储体的容量是 64K×32 位，存取周期是 200 ns，在下述说法中，（　　　）是正确的。

    A. 在 200 ns 内，存储器能向 CPU 提供 256 位二进制信息

    B. 在 200 ns 内，存储器能向 CPU 提供 128 位二进制信息

    C. 在 200 ns 内，存储器能向 CPU 提供 32 位二进制信息

    D. 在 200 ns 内，存储器能向 CPU 提供 64K 位二进制信息

（2）在主存和 CPU 之间增加高速缓冲存储器的目的是（　　　）。

    A. 解决 CPU 与主存之间的速度匹配问题

    B. 扩大主存容量

    C. 提高主存的读写速度

    D. 既扩大主存容量，又提高存取速度

（3）在程序的执行过程中，Cache 与主存的地址映射是由（　　　）。

    A. 操作系统来管理的

    B. 程序员自己编程管理的

    C. 硬件自动完成的

    D. 机房管理员来管理的

（4）采用虚拟存储器的目的是（　　　）。

    A. 提高主存的速度　　　　　　　　　B. 扩大辅存的存取空间

    C. 扩大存储器的寻址空间　　　　　　D. 扩大物理内容的容量

（5）在虚拟存储器中，当程序正在执行时，由（　　　）完成地址映射。

    A. 程序员　　　　B. 编译器　　　　C. 操作系统　　　D. 硬件自动

（6）程序员编程所用的地址叫作（　　　）。

    A. 逻辑地址　　　　B. 物理地址　　　　C. 真实地址　　　D. 指针地址

（7）磁盘存储器的平均寻址时间是（　　　）。

    A. 平均寻道时间　　　　　　　　　　B. 平均等待时间

    C. 文件目录平均检索时间　　　　　　D. 平均寻道时间+平均等待时间

（8）以下各种存储器读写速度排列正确的是（　　　）。

    A. Cache>RAM>磁盘>光盘　　　　　　B. Cache<RAM<磁盘<光盘

　　C. Cache=RAM=磁盘=光盘　　　　D. Cache=RAM>磁盘=光盘

2. 判断题

要求：如果正确，请在题后括号中打"√"，否则打"×"。

（1）在现代计算机硬件系统中，存储器的层次结构的最顶层是调整缓冲存储器。　　（　　）

（2）单体多字方式的并行主存系统依靠不同的地址码来并行地访问对应存储单元，从而实现并行存取。　　（　　）

（3）虚拟存储器的本质是把硬盘空间当作内存使用，因此物理内存容量并未增加。　　（　　）

（4）在段式虚拟存储器中，每段存储空间的大小是相等的。　　（　　）

（5）在页式虚拟存储器中，页表记录了每一页存储空间的使用状况。由于页表本身需要消耗内容空间，因此页表过长将影响系统性能。　　（　　）

（6）磁盘格式化就是在生产磁盘时由专用设备在磁盘表面上物理地刻上磁道和扇区标志，以方便磁头定位和加快磁盘文件的读写。　　（　　）

3. 问答题

（1）解释下列名词：

Cache 命中、全相连映像、直接映像、组相连映像、替换算法（LRU）、多体交叉存储器。

（2）Cache 替换算法有哪几种？它们各有什么优缺点？

（3）什么是 RAID，怎样划分 RAID 的等级？

（4）在磁盘表面中，怎样划分存储空间？

（5）在 Cache 中，通常有几种地址映射方式？这些方式中各有什么特点？

4. 应用题

（1）设有一个"Cache—主存"，Cache 为 4 块，主存为 8 块；试分别对于以下 3 种情况：全相连、组相连（每组两块）、直接映像，画出其映像关系示意图，并计算访存块地址为 5 时的索引（index）。

（2）某 32 位计算机的 Cache 容量为 16 KB，Cache 块的大小为 16 B。若主存与 Cache 的地址映射采用直接映射方式，则主存地址为 1234E8F8（十六进制）的单元装入的 Cache 地址是多少？

（3）容量为 64 块的 Cache 采用组相连方式映像，字块大小为 128 个字，每 4 块为一组。若主存容量为 4 096 块，且以字编址，那么主存地址应该为多少位？

第7章
系统总线

总体要求

- 掌握系统总线的功能、特性以及分类，了解常见的几种总线标准
- 了解系统总线的设计要素，理解总线带宽、总线宽度、总线频率、总线结构、总线时序控制和总线仲裁等基本概念及其对系统总线的意义
- 了解微型计算机的系统总线结构

相关知识点

- 熟悉CPU、内存、主板的组成及工作原理
- 熟悉微机中常用的硬件产品及其连接

学习重点

- 掌握系统总线的功能、特性、分类
- 掌握总线带宽、总线宽度、总线频率、总线时序控制和总线仲裁等基本概念

系统总线是计算机硬件之间的公共连线，它从电路上将CPU、存储器、输入设备和输出设备等硬件设备连接成一个整体，以便这些硬件之间进行信息交换。本章将围绕计算机各硬件的连接方式和信息交换方式展开讨论，重点介绍系统总线的结构、分类、设计方法等内容。

7.1 总线概述

7.1.1 总线的功能

计算机系统的硬件部分包括CPU、主存储器、辅助存储器、输入和输出设备。这些部件必须在电路上相互连接，才能组成一个完整的计算机系统，才能相互交换信息，协调一致地工作，实现计算机的基本功能。硬件部件之间采用不同的连接结构，其连接方式和信息交换方式也不同。无论采用何种连接结构，都必须实现以下5种传送（其中CPU与主存储器之间的传送被视为主机内部的传送，其他则被视为输入/输出）。

① 主存储器到CPU的传送，即CPU需要从存储器读取指令和数据；

② CPU到主存储器的传送，即CPU需要将程序的运行结果写入主存储器；

③ I/O设备到CPU的传送，即CPU从外部设备读取数据；

④ CPU到I/O设备的传送，即CPU向外部设备发送数据或命令；

⑤ I/O 设备与主存储器的传送，即外部设备通过硬件方式直接与主存储器交换数据。

为了使连接结构更规整、明了、便于管理和控制，目前的计算机系统大多以总线技术来连接各硬件部件。在计算机系统中，各功能部件传递信息的公用通道被称为总线。主机的各个部件通过总线相连接，外部设备通过相应的接口电路再与总线相连接，从而形成计算机硬件系统。

总线实际上是由多个传输线或通路构成的，每条线可以传输一位二进制代码，一串二进制代码可以在一段时间内逐个传输完成。若干条传输线可以同时传输若干位二进制代码。在某一时刻，只允许有一个部件向总线发送信息，而多个部件可以同时从总线接收信息。当总线空闲（其他器件都以高阻态形式连接在总线上）且一个器件要与目的器件通信时，发起通信的器件驱动总线，发出地址和数据。其他以高阻态形式连接在总线上的器件在收到（或能够收到）与自己相符的地址信息后，即接收总线上的数据。发送器件完成通信，将总线让出（输出变为高阻态）。

7.1.2　系统总线的分类

在计算机系统中存在着多种总线，可以从以下不同的角度进行分类。

1. 按总线所处的位置分类

按总线处于系统中的位置，总线可以分为内总线与外总线，也可以分为局部总线和系统总线。其中，内总线通常是泛指计算机系统内部的总线，它实现系统内的 CPU、主存储器、接口与常规的外部设备的连接。注意：内总线概念经常与硬件设备内的总线混淆。例如，CPU 在采用总线结构时，它实现 CPU 内部各逻辑部件之间的连接，称为 CPU 内部的通路结构，因此通常不使用内总线来描述。外总线是计算机系统之间，或计算机系统与其他系统（如通信设备、传感器等）之间的连接总线。内总线与外总线在信号线组成上有很大的差异。

局部总线一般是指直接与 CPU 连接的一段总线，包括连接 CPU 与主存储器的专用存储总线，以及连接 CPU 与 Cache 的总线。系统总线通常位于主板上，又称为板级总线，是经过总线控制器扩充之后的总线，用于实现主机和外部设备的连接，属于内总线。

2. 按功能分类

系统总线，又称内总线或板级总线。因为该总线是用来连接微机的各功能部件而构成一个完整微机系统的，所以称之为系统总线。系统总线是微机系统中最重要的总线。系统总线上传送的信息包括数据信息、地址信息、控制信息，因此，按功能系统，总线可分为数据总线 DB（Data Bus）、地址总线 AB（Address Bus）和控制总线 CB（Control Bus）。

① 数据总线：用于传送数据信息。数据总线是双向三态形式的总线，既可以把 CPU 的数据传送到存储器或 I/O 接口等其他部件，也可以将其他部件的数据传送到 CPU。数据总线的位数是微型计算机的一个重要指标，通常与微处理的字长相一致。例如 Intel 8086 微处理器字长是 16 位，其数据总线宽度也是 16 位。需要指出的是，数据的含义是广义的，它可以是真正的数据，也可以是指令代码或状态信息，有时甚至是一个控制信息，因此，在实际工作中，数据总线上传送的并不一定仅仅是真正意义上的数据。

② 地址总线：是专门用来传送地址的。由于地址只能从 CPU 传向外部存储器或 I/O 端口，所以地址总线总是单向三态的，这与数据总线不同。地址总线的位数决定了 CPU 可直接寻址的内存空间大小。例如，8 位微机的地址总线为 16 位，则其最大可寻址空间为 2^{16}=64 KB；16 位微型机的地址总线为 20 位，其可寻址空间为 2^{20}=1 MB；32 位微型机的地址总线为 32 位，其可以寻

址的内存空间为 $2^{32}=4\ 294\ 967\ 296=4\ GB$。

③ 控制总线：用来传送控制信号和时序信号。控制信号中，有的是 CPU 送往主存储器和 I/O 接口电路的，如读/写信号、片选信号、中断响应信号等；也有的是其他部件反馈给 CPU 的，例如中断申请信号、复位信号、总线请求信号、设备就绪信号等。因此，控制总线的传送方向由具体控制信号而定，一般是双向的，控制总线的位数要根据系统的实际控制需要而定。实际上，控制总线的具体情况主要取决于 CPU。

3. 按时序控制方式分类

时序控制方式决定总线上进行信息交换的方法。经总线连接的 CPU、主存储器和各种外部设备，都有其各自独立的工作时序，如何让它们协调一致地工作，在时间上必须安排得非常精准。由于时序控制方式有同步和异步之分，因此总线也存在同步和异步之分。

① 同步总线：由控制模块提供统一的同步时序信号，控制数据信息的传送操作。

② 异步总线：不采用统一时钟周期划分，根据传送的实际需要决定总线周期长短，以异步应答方式控制总线传送操作。

③ 扩展同步总线：以时钟周期为时序基础，允许总线周期中的时钟数可变。

同步总线的优点是控制比较简单；缺点是时间利用和安排上不够灵活和合理。异步总线的优点是时间选择比较灵活，利用率高；缺点是控制比较复杂。扩展同步总线既保持同步总线的优点，在一定程序上又具有异步总线的优点。

4. 按数据传送格式分类

按数据传送格式，总线可分为并行总线和串行总线。

① 并行总线：它使用多位数据线同时传送一个字节、一节字或多个字的所有位。可以同时传送的数据位数称为总线的数据通路宽度。计算机的 CPU 内部以及 CPU 与主存储器之间的总线大多是并行总线，其数据通路宽度有 8 位、16 位、32 位和 64 位之分。

② 串行总线：它一次只传送数据的一位，即按二进制代码位的顺序逐位传送。串行总线通常用于主机与外设之间或者计算机网络通信之中，一方面可以节约硬件的成本，另一方面可以实现远距离的数据传送。

7.1.3 总线的性能指标

总线的性能指标有多个方面，下面给出几条容易理解且比较重要的指标。

① 总线宽度：总线中数据总线的数量，用 bit（位）表示。总线宽度有 8 位、16 位、32 位和 64 位之分。总线的宽度越宽，每秒钟数据传输率越大，总线的带宽越宽。显然，总线的数据传输量与总线宽度成正比。

② 总线时钟：总线中各种信号的定时标准。一般来说，总线时钟频率越高，其单位时间内数据传输量越大，但不完全成正比例关系。

③ 最大数据传输速率：总线中每秒钟传输的最大字节量，用 MB/s 表示，即每秒多少兆字节。

总线是用来传输数据的，所采取的各项提高性能的措施，最终都要反映在传输速率上，所以在诸多指标中，最大数据传输速率是最重要的。最大数据传输速率也被称为带宽（bandwidth）。

④ 信号线数：总线中信号线的总数，包括数据总线、地址总线和控制总线。信号线数与性能不成正比，但反映了总线的复杂程度。

⑤ 负载能力：总线带负载的能力。该能力强，表明可多接一些总线板卡。当然，不同的板卡对总线的负载是不一样的，所接板卡负载的总和不应超过总线的最大负载能力。

7.2　系统总线的设计

系统总线用于连接计算机系统内部的各硬件设备，实现设备之间的数据传输与通信，其性能的优劣将决定整个计算机系统的性能。纵观计算机技术近几十年的发展，系统总线的优化是其中非常重要的一环。不同的设计方案，形成不同的系统总线类型和标准。不过，无论哪种总线，其设计时都会涉及总线宽度、结构、时序和仲裁等几个方面。本节将重点就这几个问题展开讨论。

7.2.1　系统总线的带宽

1. 总线带宽的决定因素

衡量总线性能的重要指标是总线带宽，它定义为总线本身所能达到的最高传输速率，单位是MB/s（兆字节每秒）。实际的总线带宽会受到总线布线长度、总线通路宽度、总线时钟频率、总线控制器的性能以及连接在总线上的硬件数等因素的影响。但数据传输最大带宽主要取决于所有同时传输的数据的宽度和传输频率，即总线带宽=（总线频率×数据位宽）÷8。

【例 7-1】某总线在一个总线周期中并行传送 4 个字节的数据，假设一个总线周期等于一个总线时钟周期，总线时钟频率为 33 MHz，总线带宽是多少？

解：设总线带宽用 D_r 表示，总线时钟频率用 F 表示，总线时钟周期用 $T=1/f$ 表示，一个总线周期传送的数据量用 D 表示，根据定义可得：$D_r=D/T=D \times (1/F)=D \times F=4 \text{ B} \times 33 \times 10^6/\text{s}=132 \text{ MB/s}$。

这样，总线的带宽应该不小于 132 MB/s。

【例 7-2】如果在一个总线周期之中并行传送 64 位数据，总线时钟频率为 66 MHz，总线带宽是多少？

解：64 位=8 B，$D_r=D \times F=8 \text{ B} \times 66 \times 10^6/\text{s}=528 \text{ MB/s}$。

这样，总线的带宽应该不小于 528 MB/s。

2. 分时复用设计方案

总线宽度是系统总线同时传送的数据位数，它关系到计算机系统数据传输的速率，可管理内存空间的大小、集成度和硬件成本等。为了平衡性能与成本的关系，现代计算机系统通常采用分时复用总线设计技术来代替分立专用总线设计。在分立专用总线方式中，地址线和数据线是独立的。由于在数据传送开始，总是先把地址放到总线上，等地址有效后，才能开始读、写数据，因此，地址和数据信息都可以使用同一组信号线传送。在总线操作开始时，这些线路传送地址信号，随后又传送数据信号。

分时复用的优点是减少了总线的连接数，从而降低了成本，节约了主板的布线空间；缺点是降低了系统的速度，增加了系统连接的复杂度。不过，可通过提高总线的时钟频率来弥补。

7.2.2　系统总线的结构

在系统总线中，数据线和地址线的数目与排列方法，以及控制线的多少及其控制功能，称为总线结构，对计算机的性能来说将起着十分重要的作用。设计系统总线时，必须首先确定总线结构。一个单机系统的总线结构通常有以下几种类型。

1. 单总线结构

在许多单处理器的计算机中，使用一条单一的总线来连接 CPU、内存和 I/O 设备，叫作单总线结构，如图 7-1 所示。在单总线结构中，要求连接到总线的逻辑部件必须高速运行，以便在某些设备需要使用总线时，能迅速获得控制权；当不再使用总线时，能迅速放弃总线的控制权。因为一条总线由多种功能公用，可能导致很大的时间延迟。单总线结构容易扩展成多 CPU 系统，这只要在系统总线上挂接多个 CPU 即可。

图 7-1　单总线结构

2. 二总线结构

单总线系统中，由于所有逻辑部件都挂在同一个总线上，因此总线只能分时工作，即某一时间只能允许一对部件之间传送数据，这就使信息传送的吞吐量受到限制，为此出现了二总线结构，如图 7-2 所示。这种结构保持了单总线结构简单、易于扩充的优点，但又在 CPU 和内存之间专门设置了一组高速的存储总线，使 CPU 可通过专用总线与存储器交换信息，并减轻了系统总线的负担，同时内存仍可通过系统总线与外设之间实现 DMA 操作，而不必经过 CPU。当然，这种二总线结构以增加硬件为代价。

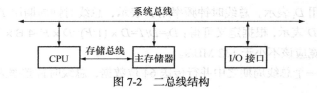

图 7-2　二总线结构

3. 三总线结构

当引入高速缓存 Cache 的同时又希望连接更多的不同种类的外部设备时，就只能采用三总线结构。局部总线连接 CPU 和高速缓存 Cache。系统总线连接 Cache 和主存储器。为了连接更多、更广泛的外部设备，引入扩充总线。外部设备可以直接连接到系统总线，也可通过扩充总线连接到扩充总线接口上，再与系统总线相连。三总线结构如图 7-3 所示。

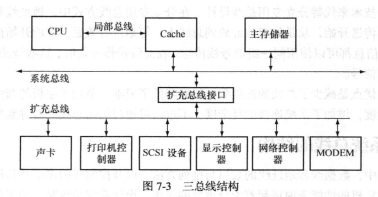

图 7-3　三总线结构

4. 高性能的多总线结构

传统的三总线结构能比较有效地实现数据的传输，但随着外部设备种类的不断增多和性能差异越来越大，有些外部设备（如图形和视频设备、网络接口设备等）的数据传输率增长越来越快，如果把速度不一样的外设全部连接到一条总线上，势必影响整个系统的性能。因此出现了高性能的多总线结构，如图 7-4 所示，这是 Intel Pentium 系统的典型结构。

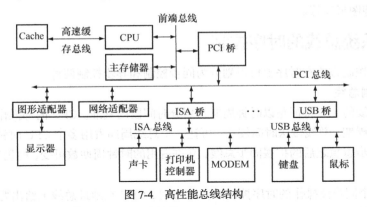

图 7-4　高性能总线结构

在这种结构中，主机内部（包括 CPU、主存储器和 PCI 桥）通过前端总线连接，且使用北桥芯片组来控制它们的通信。PCI 总线实现主机与外部设备之间的连接，使用南桥芯片组来控制它们的通信。为了兼容那些采用 ISA 技术生产的老式设备（如声卡、打印机控制器、MODEM 等），允许这些设备通过 ISA 桥连接到 PCI 总线。对于全新的采用 USB 技术（Universal Serial Bus，通用串行总线）设计的那些设备，则通过 USB 桥与 PCI 总线连接。

5. I/O 通道和 I/O 处理机

对于大、中型计算机系统来说，不但系统规模非常大，而且所连接设备种类和数量都非常多。因此，在这种系统中，CPU 采用多运算处理部件，主存采用多个存储体交叉访问体制，I/O 操作采用通道进行管理，其中通道也称为通道控制器。CPU 启动通道后可继续执行程序，进行本身的处理工作。通道则独立执行由专用的通道指令编写的通道程序，控制 I/O 设备与主存进行数据交换。这样，CPU 中的数据处理与 I/O 操作可以并行执行。

典型的大型系统结构在系统连接上形成主机、通道、I/O 控制器、I/O 设备等四级结构，如图 7-5 所示。CPU 与主存储器使用专门的高速存储总线连接。CPU 与通道之间、主存与通道之间都有各自独立的数据通路。每个通道可以连接若干 I/O 控制器，每个 I/O 控制器又可连接若干相同类别的 I/O 设备，这样整个系统就能够连接许多不同种类的外部设备。

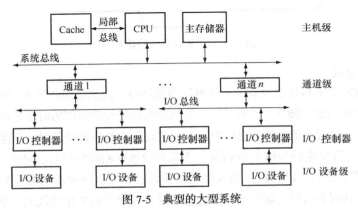

图 7-5　典型的大型系统

对于规模较小的系统，可将通道部件设置在 CPU 内部，组成一种结合型通道；对于较大的系统，则可以将通道设置在 CPU 之外，成为独立的一级；对于更大的系统，可将通道发展成为功能更强的输入/输出处理机，称为 IOP。现在，微机系统就大量借鉴这种设计思想，不但发展出了多核处理器系统，还发展出了诸如 GPU 之类的技术。GPU（Graphics Processing Unit，图形处理器）能辅助 CPU 处理图形运算。

7.2.3 系统总线的时序控制

总线操作的控制方式在时序上可以划分为同步控制和异步控制两种。

1. 同步控制总线

同步控制总线的主要特征是以时钟周期为划分时间段的基准。CPU 内部操作速度较快，通常选择较短的时间周期。总线传送时间较长，可让一个总线周期占用多个 CPU 时钟周期。实用的同步总线是引入异步思想之后的扩展同步总线，允许占用的时钟周期数可变，但仍然以 CPU 时钟周期为基准。

图 7-6 是一个同步读操作的时序控制图。在 T_0 时，CPU 在地址总线上给出要读的内存单元地址，在地址信号稳定后，CPU 发出内存请求信号 $\overline{\text{MREQ}}$ 和读信号 $\overline{\text{RD}}$，表示 CPU 要访问主存进行读操作。由于内存芯片的读写速度低于 CPU，在地址建立后不能立即给出数据，因此内存在 T_1 的起始处发出等待信号 $\overline{\text{WAIT}}$，通知 CPU 插入一个等待周期，直到内存完成数据输出且将 $\overline{\text{WAIT}}$ 信号置反。所插入的等待周期可以是多个。在 T_2 的前半部分，内存将读出的数据放到数据总线，在 T_2 的下降沿，CPU 选通数据信号线，将读出的数据存放到内部寄存器（如 MDR）中。读完数据后，CPU 再将信号 $\overline{\text{MREQ}}$ 和 $\overline{\text{RD}}$ 置反。如果需要，CPU 可以在时钟的下一个上升沿启动另外一个访问内存的周期。

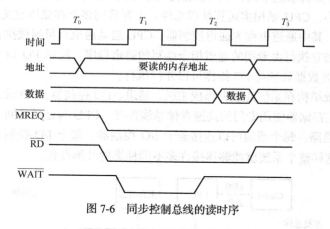

图 7-6　同步控制总线的读时序

2. 异步控制总线

异步控制总线的主要特征是没有统一的时钟周期划分，而是采用应答方式实现总线的传送操作，所需时间视需求而定。图 7-7 展示了异步控制总线在进行读操作的时序控制图。

在异步操作中，负责申请并掌管总线控制权的主设备在给出地址信号、主存请求信号 $\overline{\text{MREQ}}$ 和读信号 $\overline{\text{RD}}$ 后，再发出主同步信号 $\overline{\text{MSYN}}$，表示有效地址和控制信号已经送上系统总线。对应地，从设备得到该信号后，以其最快的速度响应和运行，完成所要求的操作后，发出同步信号 $\overline{\text{SSYN}}$。主设备得到同步信号，就知道数据已准备好，并出现在数据总线上，从而接收数据，并且撤销地址信号，将 $\overline{\text{MREQ}}$、$\overline{\text{RD}}$ 和 $\overline{\text{MSYN}}$ 信号置反。从设备检测到 $\overline{\text{MSYN}}$ 信号置反后，得知主设备接收到数据，一个访问周期已经完成，因此将 $\overline{\text{SSYN}}$ 信号置反。这样就回到原始状态，开始下一个总线周期。

异步控制总线操作时序图中的箭头代表异步应答信号的关系。如 $\overline{MSYN}$ 信号的给出，使数据信号建立，并使设备发出 $\overline{SSYN}$ 信号。反过来，$\overline{SSYN}$ 信号的发出将导致地址信号的撤销以及 $\overline{MREQ}$ 、$\overline{RD}$ 和 $\overline{MSYN}$ 信号的置反。最后，$\overline{MSYN}$ 信号的置反导致 $\overline{SSYN}$ 信号的置反，结束整个操作过程。

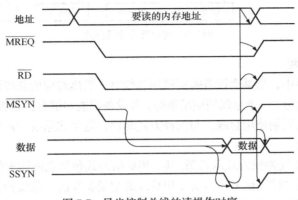

图 7-7　异步控制总线的读操作时序

7.2.4　总线的仲裁

系统总线同时连接了多个部件，在某一时刻有可能出现不止一个部件提出使用总线申请。这样，就会出现总线冲突现象。因此，必须采取措施对总线的使用权进行仲裁。

1. 集中式总线仲裁

在集中式总线仲裁方式中，由总线控制器或仲裁器管理总线的使用。总线控制器可以集成在 CPU 内部，但更多地由专门的部件来担当。连接在总线上的设备都可发出总线请求信号，当总线控制器检测到总线请求后，发出一个总线授权信号。

总线授权信号的传送有多种方式。其一为链式传送（见图 7-8），即总线授权信号被依次串行地传送到所连接的输入/输出设备上。当逻辑上离控制器最近的设备接收到授权信号时，由该设备检测它是否发出了总线请求信号。如果是，则由它接管总线，并停止授权信号继续往下传播；如果该设备没有发出总线请求，则将授权信号继续传送给下一个设备，这个设备再重复上述过程，直到有一个设备接管总线为止。显然，在这种方式中，设备使用总线的优先级由它离总线控制器的逻辑距离决定，越近的优先级越高。

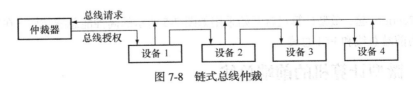

图 7-8　链式总线仲裁

除此之外，集中式总线仲裁还可以根据设备的种类设置多级总线仲裁。每级都有自己的总线请求信号的总线授权信号，如图 7-9 所示。每个设备都接在总线的某级仲裁线上，时间急迫的设备连接在优先级较高的仲裁线上。当多个总线仲裁级别上同时发出总线请求时，总线仲裁器只对优先级最高的请求发出总线授权信号。在同一优先级内使用串行仲裁方式，决定由哪个设备使用总线。

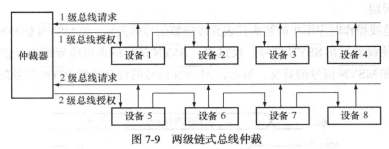

图 7-9　两级链式总线仲裁

2. 竞争式总线仲裁

在竞争式总线仲裁中，当某个设备需要使用总线时，发出对应的总线请求信号。所有设备都监听所有的总线请求信号，一个总线周期结束时，各设备都能知道自己是否为优先级最高的设备，以及能否在下一个总线周期使用总线。与前种方式相比，竞争式总线仲裁要求的总线信号更多，但防止了时间上的浪费。

图 7-10 为竞争式总线仲裁方式示意图，其所用的信号线包括总线请求信号线、总线忙信号线、总线仲裁信号线。总线"忙"信号由当前使用总线的主设备发出。总线仲裁信号线将总线上的所有设备按优先级的高低依次串行连接在一起，优先级最高的一头接+5 V 的电源。

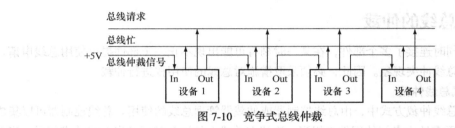

图 7-10　竞争式总线仲裁

当没有设备提出总线申请时，电平为高的总线仲裁信号可以传送到所有的设备。如果某设备需要使用总线，它首先检测总线目前是否空闲，并且检测它接收到的总线仲裁信号（输入端）是否为高电平；如果已经是低电平，则不能得到总线权，把输出端置为低。这样将确保某一时刻就只有一个设备的输入端为高。当这个设备得到总线权，并发出总线忙信号后，开始传送数据。

7.3　微型计算机的系统总线

从 Intel Pentium 起，微型计算机就开始采用如图 7-5 所示的高性能总线结构。在这种结构中，系统总线分为前端总线和 PCI 总线。

7.3.1　微型计算机的前端总线

前端总线（FSB）是 CPU 和外界交换数据的最主要的通道，因此前端总线的数据传输能力对计算机整体性能的作用很大。如果没有足够快的前端总线，即使速度最快的 CPU，也不能明显提高计算机整体速度。目前，PC 机上所能达到的前端总线频率有 266 MHz、333 MHz、400 MHz、533 MHz、800 MHz 几种。前端总线频率越大，意味着有足够的数据供给 CPU，将更佳充分发挥出 CPU 的功能。反之，则无法提供足够的数据给 CPU，这样就限制了 CPU 性能得以发挥，成为系统瓶颈。

微机主板上通常安装了北桥芯片组和南桥芯片组。其中，北桥芯片组是主板上离 CPU 最近的一块芯片，负责联系诸如内存、显卡等数据吞吐量最大的部件，并和南桥芯片连接。它在处理器与 PCI 总线、主存储器、显示适配器和 L2 高速缓存之间建立通信接口，是前端总线的控制中心。南桥芯片组则提供对键盘控制器、USB 控制器、实时时钟控制器、数据传送方式和高级电源管理等的支持。

北桥芯片组提供对 CPU 类型和主频、内存的类型及最大容量、PCI/AGP 插槽等设备的支持。正因为它在微机系统中起着主导的作用，所以人们习惯地称之为主桥（Host Bridge）。

外频与前端总线频率是有区别的。前端总线的速度指的是 CPU 和北桥芯片间总线的速度，是 CPU 和外界数据传输的实际速度。而外频的概念是建立在数字脉冲信号震荡速度基础之上的，也就是说，100 MHz 外频特指数字脉冲信号在每秒钟震荡 100×10^6 次，它代表 PCI 及其他总线的频率。之所以将前端总线与外频这两个概念混淆，主要的原因是在 Intel Pentium 4 出现之前，前端总线频率与外频是相同的，因此往往直接称前端总线为外频，最终造成误解。随着计算机技术的发展，人们发现前端总线频率需要高于外频，因此采用了 QDR（Quad Date Rate）技术，或者其他类似的技术实现这个目的。这些技术的原理类似于 AGP 的 2X 或者 4X，它们使得前端总线的频率成为外频的 2 倍、4 倍甚至更高，从此之后，前端总线和外频的区别才开始被人们重视起来。

微型计算机的系统总线技术的发展与变革都非常迅速，标准总线从早期 ISA 总线（16 位，带宽 8 MB/s）发展到 EISA 总线（32 位，带宽 33.3 MB/s），又发展为 PCI 总线（可进一步过渡到 64 位，带宽 132 MB/s），再发展到 PCI-E 总线。最新的 PCI-E 3.0 总线将带宽最终提高到 32 GB/s。

7.3.2 微型计算机的 PCI 总线

PCI 总线是由 Intel 公司于 1990 年推出的高带宽、独立于 CPU 的总线，通常用作中间层或直接连接外部设备。PCI 总线的频率最早为 33 MHz，后来发展为 66 MHz、100 MHz，目前最高频率可达 133 MHz。PCI 的总线宽度已经从早期的 32 位，扩展到目前的 64 位。

PCI 总线可以直接连接外部设备（例如显卡、网卡、声卡、SCSI 卡等），但通常的连接结构为：一边通过 PCI 桥与前端总线相连接，一边通过 ISA 桥接器与 ISA 总线相连接。这种体系结构的最大优点是，首先确保 CPU 与内存之间的高速通信，其次原来的 ISA 设备照常使用，可降低计算机硬件的总体成本。

PCI 总线是一种同步时序总线，通过分时复用技术实现对地址信号和数据信号的传送，支持 64 位地址和 64 位数据信息，采用集中式的总线仲裁方式，支持 5 V 和 3 V 两种电源电压，支持 32 位和 64 位扩展卡且向后兼容，支持多种处理器，支持单个或多个处理器系统。此外，PCI 总线还定义了一组 50 根必备信号线和一组 50 根可选信号线。

1. 必备信号线

① 系统信号线：包括时钟和复位线。

② 地址和数据信号线：32 根分时复用的地址/数据线。

③ 接口控制信号线：控制数据交换的时序并且提供发送端和接收端的协调。

④ 仲裁信号线：这是非共享的信号线，每一个与 PCI 总线相连的部件都有它自己的一对仲裁线，直接连接到 PCI 仲裁器上。

⑤ 错误报告信号线：用于报告奇偶校验错及其他信号。

表 7-1 给出了必备信号线的说明。其中，IN 表示单向输入信号；OUT 表示单向输出信号；T/S 表示双向三态信号；S/T/S 表示一次只有一个拥有者驱动的持续三态信号；O/D 表示开放漏极信号，允许多个设备共享的一个"或"信号；#表示低电平有效。

表 7-1 必备 PCI 信号线说明

	信号名称	信号线数	类型	说　　明
系统信号	CLK	1	IN	系统时钟信号，支持 33/66/100/133 MHz，在上升沿被所有的输入所采样
	RST#	1	IN	复位信号，强迫所有 PCI 专用的寄存器、定序器和信号复位为初始化状态
地址/数据信号	AD[31～0]	32	T/S	复用的地址/数据信号线
	C/BE[3～0]#	4	T/S	复用的总线命令和字节选定信号。送地址期间，定义总线命令；传数据期间，表示 32 位的 4 个字节通路中的哪一个是有意义的数据，可以表示读/写 1、2、3 字节或整字
	PAR	1	T/S	地址或数据的校验位
接口控制信号	FRAME#	1	S/T/S	帧信号。由当前主设备驱动，表示交换的开始和持续的时间
	IRDY#	1	S/T/S	当前主设备就绪信号。读操作时，表示已准备好接收；写操作时，表示数据已发出
	TRDY#	1	S/T/S	从设备就绪信号
	STOP#	1	S/T/S	停止信号。从设备需要停止当前的信号
	LOCK#	1	S/T/S	锁定信号，表示一个操作可能需要多个传输周期，不能中途中断
	IDSEL	1	IN	初始化设备选择。通过参数配置读/写操作期间的芯片选择
	DELSEL#	1	IN	设备选择。由当前选中的从设备驱动，信号有效时，说明总线上有某个设备被选中
总线仲裁信号	REQ#	1	T/S	总线仲裁信号。向总线仲裁器申请总线使用权
	GNT#	1	T/S	总线仲裁响应信号
错误报行信号	PERR#	1	S/T/S	奇偶校验错。在数据传送时，表示检测到数据校验有错
	SERR#	1	O/D	系统错误，用以报告地址奇偶校验错和其他系统错误

2. 可选信号线

可选信号包括中断信号、高速缓存支持信号和 64 位总线扩展信号等。

（1）中断信号

INTX#：共 4 位，O/D，用于中断请求，X=A、B、C、D，其中 B、C、D 只对多功能设备有意义。

（2）高速缓存支持信号

① SBO#：1 位信号线，IN/OUT，测试返回，信号有效时，针对多处理器监听命中高速缓存

的修改行；

② SDONE#：1 位信号线，IN/OUT，测试完成，针对多处理器指示当前监听状态。

（3）64 位总线扩展信号

① AD[63～32]：32 位信号线，T/S，用于总线扩展为 64 位地址/数据复用线；

② C/BE[7～4]#：4 位信号线，T/S，字节选定的另外 4 位；

③ REQ64#：1 位信号线，S/T/S，用于请求进行 64 位传输；

④ ACK64#：1 位信号线，S/T/S，授权使用 64 位传输；

⑤ PAR64：1 位信号线，T/S，附加的 32 位地址/数据的校验位。

7.4 本章小结

系统总线是连接计算机硬件系统的关键设备，理解系统总线的相关概念和设计思想能有效地促进我们树立起"整机"的概念。因此，本章首先介绍了系统总线的概念、分类和性能指标；然后深入讨论了系统总线的设计要点，包括总线的带宽设计、结构设计、时序控制和总结仲裁方案等；最后以微型计算机为案例展示的前端总线和 PCI 总线的相关情况。本章要求重点掌握系统总线的功能和分类，掌握总线带宽、总线宽度、总线频率、总线时序控制和总线仲裁等基本概念。

习 题 7

1．单项选择题

（1）计算机使用总线结构的主要优点是便于实现积木化，同时（   ）。

    A．减少了信息传输量   B．提高了信息传输的速度

    C．减少了信息传输线的条数   D．加重了 CPU 的工作量

（2）根据传送信息的种类不同，系统总线分为（   ）。

    A．地址线和数据线   B．地址线、数据线和控制线

    C．数据线和控制线   D．地址线、数据线和响应线

（3）信息只用一条传输线，且采用脉冲传输的方式称为（   ）。

    A．串行传输   B．并行传输

    C．并串行传输   D．分时传输

（4）CPU 芯片中的总线属于（   ）总线。

    A．内部   B．局部   C．系统   D．板级

（5）信息可以在两个方向上同时传输的总线属于（   ）。

    A．单工总线   B．半双工总线   C．全双工总线   D．单向总线

（6）在链式查询方式上，越靠近控制器的设备（   ）。

    A．得到总线使用权的机会越多，优先级越高

    B．得到总线使用权的机会越少，优先级越低

    C．得到总线使用权的机会越多，优先级越低

    D．得到总线使用权的机会越少，优先级越高

（7）现代计算机的运算器一般通过总线结构来组织，下述总线结构的运算器中，（　　）的操作速度最快，（　　）的操作速度最慢。

    A. 单总线结构   B. 双总线结构

    C. 三总线结构   D. 多总线结构

（8）同步通信之所以比异步通信具有较高的传输率，是因为（　　）。

    A. 同步通信不需要应答信号

    B. 同步通信的总线长度较短

    C. 同步通信用一个公共时钟信号进行同步

    D. 同步通信中各部件存取时间比较接近

（9）为协调计算机系统各部件工作，需要有一种器件提供统一的时钟标准，这个器件是（　　）。

    A. 总线缓冲器   B. 时钟发生器

    C. 总线控制器   D. 操作命令产生器

（10）总线中地址总线的作用是（　　）。

    A. 选择存储单元

    B. 选择进行信息传输的设备

    C. 指定存储单元和 I/O 设备接口电路的选择地址

    D. 决定数据总线上的数据流方向

2. 判断题

要求：如果正确，请在题后括号中打"√"，否则打"×"。

（1）组成总线不仅要有传输信息的传输线，还应有实现总线传输控制的器件。它们是总线缓冲器和总线控制器。（　　）

（2）内部总线是指 CPU 内部连接各逻辑部件的一组数据传输线，由三态门和多路开关来实现。（　　）

（3）大多数微型机的总线由地址总线、数据总线和控制总线组成，因此，它们是三总线结构的。（　　）

（4）三态缓冲门可组成运算器的数据总线，它的输出电平有逻辑"1"、逻辑"0"、浮空三种状态。（　　）

（5）在单总线计算机系统中，外设可以与主存储器单元统一编址，因此可以不使用 I/O 指令。（　　）

3. 阐述题

（1）系统总线分为几种，分别有什么作用？

（2）系统总线有哪些特性？

（3）怎样计算系统总线的带宽？

第8章
输入/输出子系统

总体要求

- 掌握 I/O 接口的基本功能和分类
- 掌握中断源、中断方式、中断请求、中断响应和中断处理的概念
- 理解中断请求与屏蔽的逻辑设计方法，理解中断请求信号的传送方式以及中断优先级逻辑的设计与实现方法
- 理解中断响应的条件、中断响应和中断处理的过程
- 了解 Intel 8259、8255、8250 等芯片的特性及其内部组成结构
- 掌握 DMA 方式、DMA 初始化、DMA 传送方式的概念
- 掌握 DMA 的硬件组织和 DMA 控制器的设计方法
- 了解 Intel 8237 DMA 控制器芯片的内部结构和 DMA 传送过程
- 掌握通道的概念、功能和类型，理解通道的工作过程

相关知识点

- 熟悉 CPU 和主存的组成及工作原理
- 熟悉指令的工作周期和执行流程
- 熟悉微机中常用的硬件产品及其连接

学习重点

- 掌握中断方式和 DMA 方式的工作原理
- 掌握中断方式和 DMA 方式的相关硬件的组成与设计方法

从硬件逻辑来看，输入/输出系统由接口和外部设备两大部分构成。外部设备包括输入设备、输出设备和外存储器，它们都是相对独立和完整的精密电子或机械装置，具备输入和输出功能。它们种类繁多、功能多样、组成结构各不相同，必须通过接口与主机进行连接。接口一端连接主机的系统总线，另一端连接外部设备。正因为主机提供连接接口，整个计算机系统的所有硬件设备才能相互连接成一个有机的整体。本章将重点介绍接口的逻辑组成和工作机制。

8.1 I/O 接口概述

计算机硬件系统分为主机和外设。外设种类繁多，性能各异，与主机硬件差异太大，因此不能直接与主机的系统总线相连接，而必须通过一个转接电路相连接。这个转换电路就是接口。在系统

总线和外设之间设置接口部件，可解决数据缓冲、数据格式转换、通信控制、电平匹配等问题。

8.1.1　I/O 接口的基本功能

I/O 接口（输入/输出接口）位于系统总线与外设之间，负责控制和管理一个或多个外设，并负责这些设备与主机间的数据交换。一般来说，I/O 接口的基本功能可以概括为以下几个方面。

1.　寻址

信息的传送控制机制不同，在接口的具体构成上可能有所不同。但不管采用何种技术，接口逻辑通常都包括了若干个寄存器，这些寄存器专门用来保存在主机和外设之间交换的数据信息。I/O 接口的寻址功能保证在接口接收到总线送来的寻址信息后能够选择本接口的某个特定寄存器。

2.　数据传送与缓冲

设置接口的主要目的是为主机和外设之间提供数据传送通路。各种设备的工作速度不同，特别是 CPU、内存与外设之间，速度差异较大。为此，在 I/O 接口中设置一个或多个数据缓冲寄存器，甚至局部缓冲存储器（简称缓存），提供数据缓冲，实现速度匹配。注意：有时候将缓存容量（单位为字节数）称为缓冲深度。

3.　数据格式变换、电平转换等预处理

接口与系统总线之间通常采用并行传送；而接口与外设之间有可能采用并行传送，也有可能采用串行传送，视具体的设备类型而定。因此，接口往往需要实现串、并格式之间的转换功能。

即使外设是并行传送设备，其并行传送的数据宽度也可能与主机的并行数据宽度不一致。例如，在当今的 64 位微机中，主机的系统总线为 64 位，而打印机仍然保持以字节为单位的并行数据传送。因此，输入时，接口需要将若干个字节拼装成位数与系统总线宽度一致的字长；输出时，接口需要将位数较长的字分解成若干个字节。

在大多数情况下，主机和外设使用独立的电源，它们之间的信号电平是不相同的。例如主机使用+5 V 电源，而某个外设采用-12 V 电源。此时，接口必须实现信号电平的转换，使采用不同电源的设备之间能够进行信息传送。

有些更为复杂的信号转换，如声、光、电、磁之间的转换，通常由外设本身实现，不属于接口范畴。

4.　控制逻辑

主机通过系统总线向接口传送命令，接口予以解释，发出具体的操作命令给外设。同时，接口收集外设和接口自身的有关状态信息，通过系统总线回传给 CPU 处理。不同接口的控制逻辑是不相同的。

8.1.2　I/O 接口的分类

1.　按数据传送格式分

I/O 接口按数据传送格式可划分为并行接口和串行接口。

其中，并行接口无论在连接系统总线的一端，还是在连接外设的一端，都以并行方式传送数据信息。

串行接口只在连接外设的一端，以串行方式传送数据，而在连接系统总线的一端仍然采用并行方式传送数据。因此，串行接口中一般需要设置移位寄存器以及相应的产生移位脉冲的控制时序，实现串、并转换。

选用哪一种接口，既要考虑设备本身的工作方式是串行传送还是并行传送，又要考虑传送距离的远近问题。当设备本身是并行传送而且传送距离较短时，可采用并行接口。如果设备本身是串行传送，或者传送距离较远，为了降低信息传送设备的成本，可采用串行接口。例如，通过调制解调器 MODEM 的远距离通信，就需要串行接口。

2．按时序控制方式划分

I/O 接口按时序控制方式可划分为同步接口和异步接口。

同步接口是一种与同步总线连接的接口。接口与系统总线间的信息传送由统一的时序信号控制，例如由 CPU 提供的时序信号，或者专门的系统总线时序信号。接口与外设之间，允许独立的时序控制操作。

异步接口是一种与异步总线连接的接口。接口与系统总线间的信息传送采用异步应答的控制方式。

3．按信息传送的控制方式划分

I/O 接口按信息传送的控制方式可划分为中断方式、DMA 方式和通道方式。如果主机与外设之间采用中断方式传送信息，则接口必须提供相应中断系统所需的控制逻辑，这样的接口称为中断接口。如果主机与外设之间采用直接访问方式（DMA 方式）传送信息，则接口必须提供相应的 DMA 控制逻辑，这样的接口就称为 DMA 接口。如果主机使用通道和 I/O 控制器来连接外设，并采用共享直接访问方式传送信息，则称为通道方式。

8.1.3　I/O 接口技术的发展

计算机从产生以来，无论是 CPU、存储器，还是接口，其发展变化都非常迅速，特别是在微机领域，新设备、新技术层出不穷。纵观几十年的发展变化，I/O 接口技术主要体现在以下两个方面。

1．硬件方面

I/O 接口的主要功能是实现信号转换和控制外设工作，因此物理上一个接口由许多逻辑电路组成，包括公共逻辑和专用逻辑。

其中，公共逻辑在早期通常根据其功能设计成逻辑芯片，配置于主板上，例如 Intel 8259 中断控制器芯片、8237 DMA 控制器芯片、8253 定时电路芯片、8050 串行通信接口芯片等。随着集成电路技术的发展，芯片集成度的快速增长，这些由小规模集成电路组成的接口芯片被集成在一起，形成了现代微机中常说的芯片组，不过其控制原理是类似的。所以在介绍中断技术和 DMA 技术时，涉及控制芯片时，仍以单个的芯片功能加以介绍。有关芯片组的相关信息，请读者参考相关书籍。

专用逻辑在过去通常设计成专用接口卡，以板卡的形式直接插入主机箱的总线插槽，例如显示、声卡、网卡等。随着集成电路技术的发展，越来越多的专用接口采用专用芯片设计技术，以替代板卡设计并集成于主板中。例如，现代微机主板通常集成了显卡、网卡以及声卡等接口。与此同时，越来越多的接口采用微处理器、单片机（又称微控制器）、局部存储器（又称缓存）等芯片，可以编程控制有关操作，其处理功能大大超出纯硬件的接口。这样的接口通常称为智能接口。

2．软件方面

在现代计算机系统中，为了实现设备间的通信，不仅需要由硬件逻辑构成的接口部件，还需要相应的软件，从而形成一个含义更广泛的概念（接口技术）。

出于方便地管理和控制外部设备的需要，如今 I/O 接口的软件部分已经演变为多层架构设计，包括设备控制程序、设备驱动程序和用户 I/O 操作程序。

其中，设备控制程序面向最底层，是固化在 I/O 设备控制器中的控制程序，控制外设的具体读、写操作，处理总线的访问信号，如磁盘控制器、打印机控制器等。

设备驱动程序面向操作系统，为用户屏蔽设备的物理细节，用户只需通过设备的逻辑名称即可使用设备。例如，在 DOS 操作系统中，通过引用逻辑设备名 PRN 即可访问打印机。不同的设备具有不同的驱动程序，无论是 Linux 系统，还是 Windows 系统，当添加一个设备时必须为之安装驱动程序，否则该设备不能正常工作。

用户 I/O 操作程序包含在特定的应用程序中，以特定的信息传送控制方式实现主机与外设的信息传送操作，并根据应用程序的需要实现相关的输入/输出操作。例如，采用中断方式，首先编写相应 I/O 接口的中断服务程序，然后在应用程序中调用中断服务程序，实现用户输入/输出处理。

8.2　I/O 接口与中断方式

为了解决 CPU 不能与外设并行工作和不能响应外设随机请求的问题，可以采用程序中断传送方式来控制信息的传送。程序中断传送方式简称中断方式，是一种目前被广泛应用的技术。许多课程都从各自的角度阐述有关中断技术的原理和应用。本节将着重从 CPU 和接口的角度深入探讨中断的组成及工作机制。

8.2.1　中断方式概述

1. 中断方式的定义及特点

所谓中断方式，是指在计算机运行过程中，如果发生某种随机事件，CPU 将暂停执行当前程序，转去执行中断处理程序；当中断处理程序处理完毕后，自动恢复原程序的执行。

其中，随机事件既可能是外设提出的与主机交换数据的请求，也可能是系统出现的故障或者某个当时的信号等。

在主机和外设进行信息传送时，如果采用中断方式，那么完整的控制过程如下：首先 CPU 在执行某个程序时根据需要启动外设，然后 CPU 继续执行该程序的其他操作，当外设就绪后，向 CPU 提出中断请求，CPU 在收到请求后，暂停现行程序的执行，转去执行该外设的中断服务程序，完毕后自动恢复原来程序的执行。由于在 CPU 执行原来的程序期间，外设何时提出请求完全是随机的，因而数据传送操作只能由中断服务程序来处理，而不能预先交由原来的程序处理。

中断方式的中断过程实质上是一种程序切换过程，由原来执行的程序切换到中断处理程序，处理完毕后再由中断处理程序切换为原来暂停的程序，这就决定了中断方式的优势与不足。

中断方式的优势在于，因为中断方式通过中断服务程序来处理中断事件，而中断服务程序可以根据需要进行扩展，因此采用中断方式的系统扩展性较好，能处理较复杂的随机中断事件。

中断方式的不足之处在于，在原程序与中断服务程序之间切换时要花费额外的时间，从而影响中断处理的速度。中断方式通常适合中、低速的 I/O 操作。

2. 中断方式的应用

中断方式的特点决定了它具有极为广泛的用途，可应用于中、低速 I/O 设备管理，实现 CPU 与外设并行工作，也可用于故障处理、实时处理、多机通信或人机对话，甚至以软中断的形式辅助程序的程序调试等。

（1）应用于中、低速 I/O 设备管理，实现 CPU 与外设并行工作

像键盘一类的设备，系统根本就不能确切地知道用户何时按键，如果让 CPU 以程序查询方式管理键盘，CPU 将无法执行其他任何操作，只能长时间等待用户按键，白白浪费时间。但如果让 CPU 以中断方式管理，平时 CPU 执行其程序，当用户按下某个键时，键盘产生一个中断请求，CPU 响应该请求，转入键盘中断服务程序，读取键盘输入的按键编码，根据编码要求做相应处理。

像打印机一类的设备，如果采用中断方式管理，在启动打印机后，CPU 仍可继续执行现行程序，因为打印机启动后还需要一段时间初始化准备过程。当打印机初始化结束、准备接收打印信息时，将提出中断请求，CPU 转入打印机中断服务程序，将一行信息送往打印机，然后恢复执行原程序，同时打印机进行打印。当打印机打印完一行后，再次提出中断请求，CPU 再度转入打印机中断服务程序，送出又一行打印信息。如此循环，直到全部打印完毕。可见，中断方式实现了CPU 和打印机的并行工作。

中断方式用于管理和控制诸如键盘、打印机之类的中、低速 I/O 设备是非常棒的；而对于磁盘一类的高速 I/O 设备来说，因为也包含了中、低速的机电型操作，如寻找磁道，所以磁盘接口一方面使用 DMA 方式实现数据交换，另一方面也使用中断方式，用于寻道判别与结束处理等。

（2）故障处理

计算机运行时可能会出现故障，但在何时出现故障、出现何种故障，显然是不可预知的，是随机的，只能以中断方式处理。为此，需要事先估计有可能出现哪些故障，并编写针对这些故障时的处理程序。一旦发生故障，提出中断请求，CPU 切换到故障处理程序进行处理。

计算机系统故障分为硬件故障和软件故障。常见的硬件故障有掉电、校验错、运算出错等，而常见的软件故障有溢出、地址越界、非法使用特权指令等。

其中，针对电压不足或掉电，一旦被电源检测电路发现，即提出中断请求，利用直接稳压电源滤波电容的短暂维持能力（毫秒级），进行必要的紧急处理，如将电源系统切换到 UPS 电源。针对校验错，一旦发生，即进行中断处理，例如通过重复读取，判断是偶然性错误还是永久性错误，并显示相关错误信息。针对运算出错或溢出，可通过相应的判别逻辑来引发中断，在中断处理中分析错误原因，再重新启动有关运算过程。针对地址越界，如超出数组下标取值范围，可由地址检查逻辑引发中断，提示用户修改。针对特权指令，如为管理计算机系统而专门设计的特殊指令，可由权限检查逻辑检查用户操作权限；一旦用户误用特权指令，即引发中断，阻止特权指令的执行。

（3）实时处理

在实时控制系统中，为了响应那些需要进行实时处理的请求，常常需要设计实时时钟，定时地发出实时时钟中断请求，CPU 根据请求转入相应中断服务程序，进行实时处理。例如，一个自动控制和检测系统进行中断处理时，首先采集有关实时数据，然后与要求的标准值进行比较，当发现存在误差时，按一定控制算法进行实时调整，以保证生产过程按设定的标准流程或优化的流程进行。

（4）软中断

在计算机中设置软中断指令，如 INT n（n 为中断号），CPU 通过执行软中断指令来响应随机中断请求方式，切换到中断服务程序，进行中断处理。

软中断指令与转子指令类似，但也存在着区别。执行转子指令的目的是实现子程序调用，只

能按严格的约定，在特定位置执行。执行软中断指令的目的是实现主程序与中断服务程序的切换，软中断指令允许随机插入主程序的任何位置，以确保对随机事件的响应。

软中断可用来设置程序断点，引出调试跟踪程序，以进一步分析原程序的执行结果，帮助调试。除此之处，软中断还可用于操作系统的功能扩展，例如把诸如打开、复制、显示、打印文件等功能事先编写成若干中断服务程序模块，并允许用户通过执行软中断指令来调用。显然，这些中断服务程序模块将临时性地嵌入主程序中，故又称中断处理子程序。虽然主程序仍然是被打断，以后又自动恢复，广义上还是主程序与子程序的关系，但与指令系统中的转子指令与返回过程是有区别的。

8.2.2　中断请求

1．中断请求与中断源

中断方式具有随机性，无法在主程序的预定位置进行处理，需要独立地编制中断服务程序。为此，必须首先确定计算机系统中存在哪些中断请求，由谁发出这些中断请求。当然，无论哪种计算机系统，其中断请求要么来自内部，要么来自外部。因此，中断源可进一步分为内部中断源和外部中断源。

其中，内部中断源包括掉电中断、溢出中断、校验错中断等。外部中断源包括系统时钟、实时时钟（供实时处理用）、通信中断（组成多机系统或连网时用）、键盘、CRT 显示器、硬盘、软盘、打印机等，可分别表示为 $IREQ_0$、$IREQ_1$、$IREQ_2$、$IREQ_3$、$IREQ_4$、$IREQ_5$、$IREQ_6$、$IREQ_7$ 等。当实时处理的中断源较多时，可通过 $IREQ_1$ 和 $IREQ_2$ 扩展。

2．中断请求逻辑与屏蔽

要形成一个设备的中断请求逻辑，需具备以下逻辑关系。

① 外设有请求的需要，如"准备就绪"或"完成一次操作"，可用"完成"触发器状态 $T_D=1$ 表示。例如，打印机接口，在可接收打印时，T_D 为 1；而键盘接口，则在可输出键码时，$T_D=1$。

② CPU 允许提供中断请求，没有对该中断源屏蔽，可用屏蔽触发器状态 $T_M=0$ 表示。相应地，可将接口与中断有关的逻辑设置为两级。一级是反映外设与接口工作状态的状态触发器，包括"忙"触发器 T_B 和"完成"触发器 T_D，它们共同组成状态字，直接代表具体的中断需求。另一级是中断请求触发器 IRQ，表示最终能否形成中断请求。

中断屏蔽可采用分散屏蔽或集中屏蔽来实现。其中，分散屏蔽是指 CPU 将屏蔽字代码按位分别发送给各中断源接口，接口中各设一位屏蔽触发器 T_M，用来接收屏蔽字的对应位的代码，若代码为 1，则屏蔽该中断源，为 0 则不屏蔽。分散屏蔽的实现方法有两种。一种方法是在中断请求触发器 IRQ 的 D 端进行，若 $T_D=1$，$T_M=0$，则同步脉冲将 1 打入触发器，发出中断请求信号 IRQ，如图 8-1（a）所示。另一种方法是在中断请求触发器的输出端进行，如图 8-1（b）所示。分散屏蔽可以使用同步定时，同步脉冲信号加到中断请求触发器的 C 端，也可以不采用同步定时，何时具备请求条件（如 $T_D=1$），即由 S 端置入 IRQ，立即发出中断请求信号。CPU 最后响应中断请求采取同步控制方式。

集中屏蔽是通过公共的中断控制器来实现的，如图 8-2 所示。首先，在公共接口逻辑中设置一个中断控制器（如使用集成芯片 Intel 8259），内含一个屏蔽字寄存器，CPU 将屏蔽字送入其中。各中断源的接口不需要设置屏蔽触发器，一旦 $T_D=1$，即可提出中断请求信号 IRQ。所有请求信号汇集到中断控制器后，将自动与屏蔽字比较，若未屏蔽，则中断控制器向 CPU 发送一个公共的中断请求信号 INT。

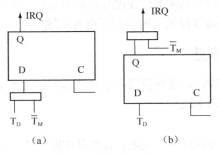

图 8-1 分散屏蔽   图 8-2 集中屏蔽

3. 中断请求信号的传送

当中断源的中断请求经过中断请求逻辑形成中断请求信号时，该信号如何传送给 CPU 呢？一般有 4 种传送模式。

（1）直连模式

如图 8-3（a）所示，各中断源单独设置自己的中断请求线，每个请求信号直接送往 CPU，当 CPU 接到请求时，能直接区分是哪个设备发送的请求。这种传送模式的好处在于可以通过编码电路形成向量地址，有利于实现向量中断。但由于 CPU 所能连接的中断请求线数目有限，特别是微处理器芯片引脚数有限，不可能给中断请求信号分配多个引脚，因此中断源数据难以扩充。

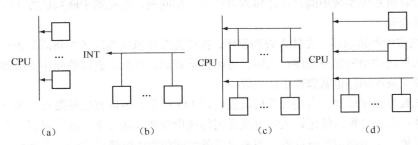

图 8-3 中断请求信号的传送模式

（2）集中连接模式

先将各中断源的请求信号通过三态门汇集到一根公共请求线，再连接到 CPU，如图 8-3（b）所示。这种传送模式的好处在于，只要负载能力允许，挂在公共请求线上的中断源可以任意扩充，而对于 CPU 来说，只需接收一根中断请求线即可。集中连接模式也可以通过集中屏蔽方式来实现，多根请求线 IRQ_i 先输入 Intel 8259 芯片，在芯片内汇集为一根公共请求线 INT 输出。在这种模式中，必须解决中断源的识别问题。有方法两种可以识别：一是由 CPU 通过执行特定逻辑来识别，二是在 8259 芯片内识别。这种传送模式广泛应用于微机系统。

（3）分组连接模式

这是一种折中方案。如图 8-3（c）所示，首先 CPU 设置若干根公共中断请求输入线，然后将所有中断源按优先级别分组，再将优先级别相同的中断请求汇集到同一根公共请求线上。这就综合上面两种模式的优点，既可以根据优先级别来迅速判断中断源，又能随意扩充中断源数目。这种传送模式常应用于小型计算机系统。

（4）混合连接模式

这也是一种折中方案。如图 8-3（d）所示，首先将要求快速响应的 1～2 个中断请求以独立请求线直接连接 CPU，以便快速识别和处理，然后将其余响应速度允许相对低些的中断请求，以集中连接模式，通过公共请求线连接 CPU。这种传送模式有时应用于微机系统中。

8.2.3　中断判优逻辑的设计与实现

当两个以上的中断源同时提出中断请求时，CPU 首先响应哪个中断请求？这就要求中断系统应该具有相应的判优逻辑，以及动态调整优先级的手段。

1. 中断判优逻辑的设计原则

为了实现中断判优逻辑，在设计时首先要解决这样一个问题：在各种中断请求之间根据什么原则来安排中断源的优先级别。

可以根据中断请求的性质来确定中断优先级，一般优先顺序为故障引发的中断请求、DMA 请求、外设中断请求。这样安排是因为处理故障的紧迫性最高，而 DMA 请求是要求高速数据传送，高速操作通常比低速操作优先。

也可以根据中断请求所要求的数据传送方式确定中断优先级，一般原则是让输入操作的请求优先于输出操作的请求。如果不及时响应输入操作的请求，有可能丢失输入信息。输出信息一般存储于主存中，暂时延缓不至于造成信息丢失。

当然，上述原则也不是绝对的，在设计时还要注意具体分析。

2. 中断判优逻辑的实现

不同的计算机系统实现中断判优逻辑的方法是不相同的。常见的中断判优方法有以下几种。

（1）软件查询

CPU 在响应中断请求后，先转入查询程序，按优先顺序依次询问各中断源是否提出请求。如果是，则转入相应的中断服务程序；否则，继续往下查询。可见，查询的顺序直接体现了优先级别的高低，改变查询顺序也就修改了优先级。

为了简化查询程序设计，有些计算机设置查询 I/O 指令，可以直接根据外设接口的状态字进行判别和转移；有些计算机使用输入指令或通用传送指令获取状态字，进行判别；有些计算机在公共接口中设置一个中断请求寄存器，用来存放各中断源的中断请求代码。在查询时先获取中断请求寄存器的内容，按优先顺序逐位判定。

采用软件查询方式判优，不需要硬件判优逻辑，可以根据需要灵活地修改各中断源的优先级。但通过程序逐个查询，所需时间较长，特别是对优先级低的中断源，需要查询多次后才能得到中断响应，因此软件查询必较适合低速的小系统，或者作为硬件判优逻辑的一种补充手段。

（2）并行优先排队逻辑

在并行优先排队逻辑中,各中断源所提供的独立的中断请求线，以改进的直连模式与 CPU 连接，如图 8-4 所示。具体方法是：各中断源的通过中断请求触发器向排优电路传送中断请求信号：INTR'$_0$、INTR'$_1$、INTR'$_2$ 等，再经过排优电路向 CPU 传送中断请求信号：INTR$_0$、INTR$_1$、INTR$_2$ 等。

这种排优电路的工作原理是一目了然的。INTR'$_0$ 的优先级最高，INTR'$_1$ 次之，依此类推。如果优先级高的中断源提出了中断请求 INTR'$_i$，就自动封锁比它优先级低的所有其他请求。仅当优先级高者没有要求中断处理时，才允

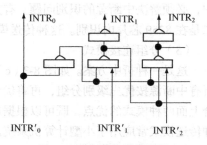

图 8-4　并行优先排队逻辑

许次一级的请求有效。如果同时有几个 INTR'$_i$ 提出，则只有其中优先级最高者能向 CPU 发送有效请求信号 INTR$_i$，其余都将被封锁。

并行优先排队逻辑适合于具有多请求线的系统，速度较快，硬件代价较高。

（3）链式优先排队逻辑

在链式优先排队逻辑中，各中断源通过公共请求线，采用集中模式与 CPU 连接，其判优结果可用不同的设备码或者中断类型码（中断号）来表示，称为优先链，如图 8-5 所示。各中断源提出的请求信号都先送到公共请求线上，在形成公用的中断请求信号 INT 之后送往 CPU。CPU 响应请求时，将向接口发出一个公用的批准信号 INTA。

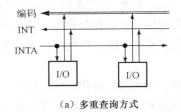 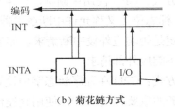

（a）多重查询方式　　　　　　　　　（b）菊花链方式

图 8-5　优先链排队逻辑

在图 8-5（a）所示的结构中，批准信号同时送往所有的中断源，优先链确保优先级最高的中断源可以将自己的编码发送给 CPU。CPU 则根据编码转向对应的中断服务程序。由于批准信号 INTA 起到查询中断源的作用，是同时向所有的中断源发出的，因此这种优先链又称为多重查询方式。

在图 8-5（b）所示的结构中，CPU 发出的批准信号 INTA 首先送给优先级最高的中断源。如果该中断源提出了请求，则在接到批准信号后可将自己的编码发送给 CPU，批准信号的传送就到此为止，不再往下传送；否则，则将批准信号传向下一级设备，检查是否提出请求，依此类推。这种方法使所有可能作为中断源的设备连接成一条链，连接顺序体现优先顺序，而且在逻辑上离 CPU 最近的设备，其优先级最高。这种优先链又称为菊花链，是一种应用最广泛的逻辑结构。

 限于篇幅，有关具体的编码电路以及控制发送编码的优先排队逻辑门电路略去未画，读者可参考相关书籍。

（4）分组优先排队逻辑

如果中断请求信号的传送采用分组连接模式，则优先排队逻辑结构如图 8-6 所示，又称二维结构的优先排队逻辑。各中断源被分成若干个组，每组的请求先汇集到同一根请求线上，与 CPU 相连接。连接到 CPU 的多根公共中断请求线可设置优先级，称为主优先级；连接在同一根公共请求线的中断源也可设置优先级，称为次优先级。针对主优先级，CPU 内部的判优电路只能响应级别最高的请求。而针对次优先级，通常采取菊花链方式的优先链结构。

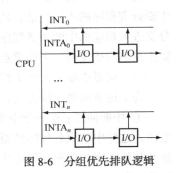

图 8-6　分组优先排队逻辑

 通常也将 DMA 请求纳入分组优先排队逻辑之中，且占有主优先级的最高一级。

8.2.4　中断响应与中断处理

1．中断响应方式与条件

当正在执行一个程序时，CPU 是否响应中断请求，或者当多个中断源同时提出中断请求时，CPU 优先响应哪一个请求，这些问题对 CPU 来说是有控制权的。CPU 可通过以下几种方式来实现响应逻辑控制。

第一种方式：CPU 使用屏蔽字来屏蔽某些中断源。CPU 将屏蔽字送往屏蔽逻辑，如果屏蔽逻辑输出非屏蔽信号，并且外设工作已完成，则可以产生中断请求信号。

第二种方式：CPU 使用中断标志位来启用或禁止中断。CPU 首先在程序状态字 PSW 中设置"允许中断"标志位（又称允许中断触发器 T_{IEN}），然后使用开中断指令和关中断指令来修改 T_{IEN} 的值，以决定是否响应外设中断请求。如果 $T_{\text{IEN}}=1$，则表示开中断，可响应外部请求；否则，表示关中断，不响应外部请求。

第三种方式：CPU 在程序状态字中设置优先级字段，指明现行程序的优先级别，进一步指示现行程序任务的重要程度。CPU 使用直连传送模式，通过多根中断请求输入线来接收外设的中断请求。CPU 设置一个判优逻辑，首先将现行程序和外部请求的优先级别进行比较，只有当后者高于前者时，CPU 才响应中断请求。

因此，针对可屏蔽的中断请求，必须满足以下条件，CPU 才能响应中断。

- 有中断请求信号发生，如 IREQ$_i$ 或 INT；
- 该中断请求未被屏蔽；
- CPU 处于开中断状态，即"允许中断"触发器 $T_{\text{IEN}}=1$ 或程序状态字 PSW 的"中断允许"标志位 IF=1；
- 无更重要的事要处理，如因故障引起的内部中断，或优先级更高的 DMA 请求等；
- 一条指令刚好执行结束且不是停机指令。

2．获取中断服务程序的入口地址

CPU 响应中断后，通过执行中断服务程序进行中断处理。服务程序事先存放在主存中。为了转向中断服务程序，必须获取该程序在主存中的入口地址。可以通过向量中断方式（硬件方式）或非向量中断方式（软件方式）获取其入口地址。

其中，非向量中断方式的工作机制如下：CPU 响应中断时只产生一个固定的地址，由此读取中断查询程序的入口地址，从而转向查询程序；通过软件查询，确定被优先批准的中断源，然后分支进入相应的中断服务程序。这种响应方式的优点是简单、灵活，不需要复杂的硬件逻辑支持；缺点是响应速度慢。下面重点介绍向量中断方式。

（1）向量中断方式的工作机制

为了理解向量中断方式，首先必须明确以下几个概念。

① 中断向量：在一个中断方式系统中，必须为所有中断源编制相应的中断服务程序。在运行之前，这些中断服务程序必须位于主存之中。中断向量就是所有中断服务程序在主存中的入口地址及其状态字的统称。但要注意，在有些计算机（例如微机）中，因为没有完整的程序状态字，因此中断向量仅指中断服务程序的入口地址。

② 中断向量表：就是由所有的中断服务程序入口地址（包括状态字）组成的一个一维表格。中断向量表位于一段连续的内存空间中。例如，假设主存的 0 号和 1 号单元用来存放复位时监控程序入口，则中断向量表可从 2 号单元开始。

③ 向量地址：就是访问中断向量表的地址编码，也称为中断指针。假设地址编码为 16 位并按字编址，则每个中断向量占一个地址单元，每一个向量地址的计算公式就为

$$向量地址=中断号+2$$

例如，$IREQ_0$ 所对应的中断服务程序的入口地址位于（0+2）=2 号单元，而 INT_{11} 所对应的中断服务程序的入口地址则位于（11+2）=13 号单元……

可见，向量中断方式的基本工作机制是：将各个中断服务程序的入口地址组成中断向量表；在响应中断时，由硬件直接产生对应于中断源的向量地址；按该地址访问中断向量表，从中读取中断服务程序的入口地址，由此转向中断服务程序，进行中断处理。这些工作通常在中断周期中由硬件直接实现。

（2）向量中断方式的实现

向量中断方式的特点是根据中断请求信号快速地直接转向对应的中断服务程序。因此现代计算机基本上都具有向量中断功能，其具体实现方法有多种。

例如，在早期的 8086/8088 微机中，中断向量表存放在内存的 0～1023（十进制）单元中，如图 8-7 所示。每个中断源占用 4 字节单元，存放中断服务程序入口地址，其中 2 个字节存放其段地址，2 个字节存放偏移量。因此，整个中断向量表能容纳 256 个中断源，与中断类型码 0～255 相对应。中断向量表分为三部分：第一部分为专用区，对应于中断类型码 0～4，用于系统定义的内部中断源和非屏蔽中断源；第二部分是系统保留区，对应于中断类型码 5～31，用于系统的管理调用和新功能的开发；第三部分是留给用户使用的区域，对应于中断类型码 32～255。

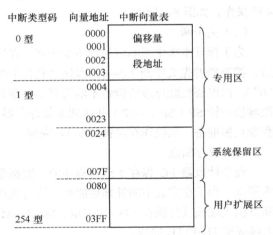

图 8-7 早期微机的中断向量表

当响应外部中断请求时，首先 CPU 向 Intel 8259 中断控制器发送批准信号 INTA；然后通过数据总线从 8259 取回被批准请求源的中断类型码；乘 4，形成向量地址；接着访问主存，从中断向量表中读取服务程序入口地址；之后转向服务程序。例如，如果类型编码为 0，则从 0 号单元开始，连续读取 4 字节的入口地址（包括段基址以及偏移量）；如果类型编码为 1，则从 4 号单元至 7 号单元，读取入口地址；依此类推。

当 CPU 执行软中断指令 INT_n 时，直接将中断号 n 乘 4，形成向量地址，然后访问主存，从中断向量表中读取服务程序入口地址。

可见，软中断是由软中断指令给出中断号，即中断类型码 n；而外部中断是由某个中断请求信号 $IREQ_i$ 引起的，经中断控制器转换为中断类型码 n。

在 Intel 80386/80486 系统中，中断向量表可以存放在主存的任何位置，将向量表的起始地址存入一个向量表基址寄存器中。中断类型码经转换后，形成距向量表基址的偏移量，将该偏移量与向量表基址相加，即形成向量地址。Intel 80386/80486 访问主存有实地址方式和虚地址方式之分。在实地址方式中，物理地址 32 位，每个中断源的服务程序入口地址在中断向量表中占 4 字节；而在虚地址方式中，虚地址 48 位，每个中断源在中断向量表中占 8 字节，其中 6 字节给出 48 位虚地址编址的中断服务程序入口地址，其余 2 字节存放状态字信息。

产生向量地址的方法，除了上述两种之外，还有多种。例如，在具有多根请求线的系统中，可由请求线编码直接产生各中断源的向量地址；在菊花链结构中，经硬件链式查询找到被批准的中断源，可通过总线向 CPU 直接送出其向量地址。再如，有些系统的 CPU 内有一个中断向量寄存器，存放向量地址的高位部分，中断源产生向量地址的低位部分，二者拼接形成完整的向量地址。

3. 中断响应过程

不同的计算机的中断响应过程可能不同。中断响应通常安排在中断周期完成。中断周期 IT 是程序切换过程中的一个过渡阶段，假设 CPU 在主程序第 k 条指令中接到中断请求信号 INT，且满足响应中断的条件，则在该指令周期的最后一个时钟周期 ET_i 中向请求源发出中断响应信号 INTA，形成 $1 \to IT$，在周期切换时发出同步脉冲 CPIT。在执行完第 k 条指令后，CPU 立即转入中断周期 IT 中。

为了能切换到中断处理程序，在中断周期需要完成以下 4 项操作，如图 8-8 所示。

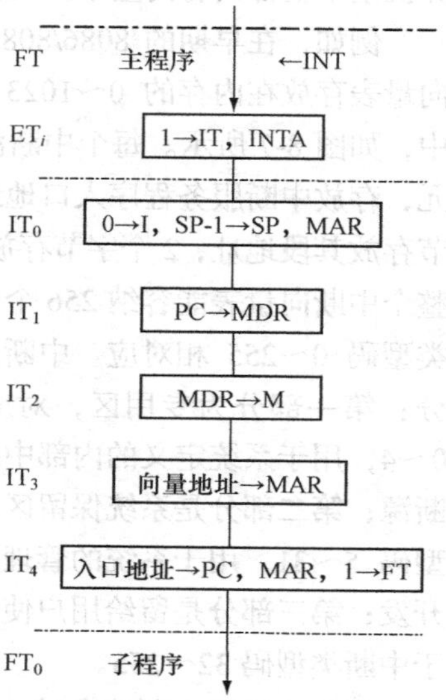

（1）关中断

为了保证本次中断响应过程不受干扰，在进入中断周期后，控制器首先关中断（$0 \to I$，即让"允许中断"触发器为"0"），以保证在此过渡阶段暂不响应新的中断请求；然后修改堆栈指针 SP（$SP-1 \to SP$）并送到地址寄存器 MAR，为保存断点做准备。该操作在时钟周期 IT_0 完成。

（2）保存断点

程序计数器 PC 保存了现行程序的后继指令的地址，称为断点。为了在完成中断处理后能继续执行该程序，必须将断点压入堆栈进行保存（$PC \to MDR$、$MDR \to M$）。该操作在时钟周期 IT_1 和 IT_2 完成。

（3）传送向量地址

被批准的中断源接口通过总线向 CPU 的地址寄存器 MAR 送入向量地址（向量地址 $\to$ MAR）。该操作在时钟周期 IT_3 完成。

图 8-8 中断周期流程图

（4）获取中断服务程序的入口并切换到该程序

根据向量地址访问中断向量表，从中读取中断服务程序的入口地址并送入 PC 和 MAR（入口地址 $\to$ PC，MAR）。通过微命令操作 $1 \to FT$，使中断周期切换到取指周期，以开始执行中断服务程序。该操作在时钟周期 IT_4 完成。

以上操作是在中断周期中直接通过 CPU 的硬件逻辑实现的，是 CPU 的固有操作功能，并不需要编制程序实现，因此称为中断隐指令操作。

4. 中断处理过程

进入中断服务程序之后，CPU 通过执行程序，根据中断请求的需求进行相应的处理。显然，不同中断源的需求是不相同的。为了形成完整的中断处理过程概念，表 8-1 列出了 CPU 在响应中断后所执行的一系列共同操作，包括多重中断方式和单级中断方式。

（1）保护现场

执行中断服务程序时，可能会使用某些寄存器，这将破坏其原先保存的内容。为此，在正式

表 8-1　　　　　　　　　　　　　　　　　　中断处理过程

	多重中断方式	单级中断方式
中断隐指令	关中断 保存断点及 PSW 取中断服务程序入口地址及新 PSW	关中断 保存断点及 PSW 取中断服务程序入口地址及新 PSW
中断服务程序	保护现场 送新屏蔽字 开中断	保护现场
	服务处理（允许响应更高级别的请求）	服务处理
	关中断 恢复现场及原屏蔽字 开中断 返回	恢复现场 开中断 返回

进行中断处理前，需要先将它们的内容压入堆栈保存。由于各中断服务程序使用的寄存器不相同，对现场的影响也各不相同，因此可安排在中断服务程序中进行现场保护，中断服务程序需要哪些寄存器，就保存哪些寄存器的原内容。例如，在低档微机中，为了简化硬件逻辑，在中断周期中只保存断点，现行程序的状态信息 PSW 就由中断服务程序负责保存。

在中断服务程序中进行现场保护，虽然可以根据需要有针对性地进行，但是其速度可能较慢。为了加速中断处理，有的计算机在指令系统中专门设置一种指令来成组地保存寄存器组的内容，甚至在中断周期中直接依靠硬件逻辑将程序状态信息连同断点全部入栈保存。

（2）多重中断嵌套

在编制中断服务程序时，可以使用多重中断嵌套。多重中断策略允许在服务处理过程中响应、处理优先级别更高的中断请求，实现中断嵌套。

如图 8-9 所示，CPU 在执行一个中断服务程序的第 K 条指令时，接到中断请求 $IREQ_i$，其优先级别高于当前正在处理的中断请求，则 CPU 在执行完成第 K 条指令后，转入中断周期，将断点 $K+1$ 入栈保存，然后转入中断服务程序 i。在执行中断服务程序 i 的第 L 条指令时，又收到优先级更高的中断请求 $IREQ_j$，于是 CPU 再次暂停执行中断服务程序 i，将断点 $L+1$ 入栈保存，然后转入中断服务程序 j。在执行完中断服务 j 后，从栈中取出断点 $L+1$，返回中断服务程序 i 并继续执行。在执行完中断服务程序 i 后，从栈中取出断点 $K+1$，返回原中断服务程序继续执行。这种方式称为多重中断。大多数计算机都允许多重中断嵌套，使更紧迫的事件能及时得到处理。

图 8-9　多重中断嵌套

为了允许多重中断，在编制中断服务程序时，需要采取如下处理步骤。

S1：保护现场；

S2：送新屏蔽字（用于屏蔽与本请求同级别以及更低级别的其他请求）；

S3：开中断（以允许响应更高级别的请求）；

S4：服务处理（其算法视需求而定，在处理过程中，如果接到优先级更高的新请求，暂停处理，保存其断点，转去响应新的中断请求）；

S5：关中断（恢复现场时不允许被打优，CPU 应处于关中断状态）；

S6：恢复现场及原屏蔽字；

S7：开中断（以保证在返回原程序后，能够继续响应新的中断请求）；

S8：返回（无任何新中断请求时，返回原程序继续执行）。

 注意 　　对于多重中断嵌套来说，在编制中断服务程序时必须遵循一个原则，在响应过程、保护现场、恢复现场等过渡状态中，应当关中断，使之不受打扰。

（3）单级中断

单级中断不允许 CPU 在执行一个中断服务程序的过程中被其他中断请求打断，而只能在中断服务程序执行结束并且返回原程序后，才能接收新的中断请求。

如果采用单级中断，则其中断服务程序的编制是非常简单的。在保护现场后即开始进行实质性的服务处理，直到处理完毕，临返回之前才开中断。

8.2.5　中断接口的组成

中断接口是支持程序中断方式的 I/O 接口，位于主机与外设之间。它的一端与系统总线相连接，另一端与外设连接。不同的主机、不同的设备、不同的设计目标，其接口逻辑可能不相同，这决定了实际应用的接口的多样化。

1. 中断接口的组成模型

图 8-10 展示了一个中断接口的组成模型。它是一种抽象化的寄存器级的接口粗框图。它不代表实际的中断接口，但体现了中断接口的基本组成原理。虚线以上是一个设备的接口，虚线以下是各设备公用的公共接口逻辑部件。

（1）接口寄存器选择电路

一个采用中断方式的接口通常具有多个寄存器（或寄存器部件，如输入通道、输出通道等），它们与系统总线相连接。因此，每个接口都需要一个选择电路，它实际上是一个译码器，用于接收从系统总线送来的地址码，经译码后产生选择信号，用以选择本接口中的某个寄存器。接口寄存器选择电路的具体组成与 I/O 系统的编址方式有关。

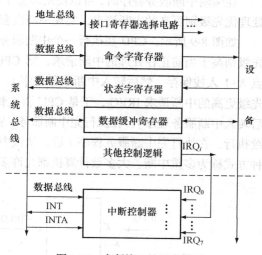

图 8-10　中断接口的组成模型

如果将接口的寄存器与主存储器统一编址，像访问主存一样访问接口中的寄存器，相应地为接口中的寄存器分配地址总线代码，那么寄存器选择电路对地址总线代码进行译码，形成选择信号，以选择某个寄存器。在这种统一编址中，CPU 可使用通用数据传送指令访问接口，实现输入/输出操作。根据地址码的范围，CPU 能自动区别所访问的是主存还是外围接口。这种统一编址方式通常用于单片机。

接口的寄存器与主存储器也可以分别单独编址。例如，在 PC 机中，用地址总线的低 8 位送出 I/O 端口地址（共 256 种代码组合），每个接口视其需要可占用一至数个端口地址。一个端口地址可直接定位到接口中的某个寄存器。接口中的寄存器选择电路根据 I/O 端口地址译码，产生选择信号。很显然，I/O 端口地址是专为访问外围接口设置的，它与访问主存的总线地址是不相同的。由于一个接口占用端口地址数可多可少，因此这种编址方式更为灵活方便。在这种单独编址方式中，CPU 只能通过专门的 I/O 指令（IN 和 OUT 指令）访问外围接口。此时，如果将端口地址与命令一道译码，直接形成对特定接口寄存器的读/写命令，既是寄存器选择，又包含读/写控制。

（2）命令字寄存器

不同的设备所能进行的操作是不相同的，但对于通用计算机来说，其指令系统是通用的，并针对特殊操作。因此，接口需要将通用指令转换成设备所需的特殊命令。

在接口中设置一个命令字寄存器，事先约定命令字代码中各位的含义。例如，约定命令字最低位 D_0 为启动位，为 1 表示启动磁带机，为 0 表示关闭磁带机；约定 D_1 为方向位，为 1 为正转，为 0 为反转；约定 $D_2 \sim D_4$ 为越过数据块数 n，如此等。CPU 根据命令字寄存器所对应的端口地址，用输出指令从数据总线送出某个约定的控制命令字到接口的命令字寄存器，接口再将命令字代码转换为一组操作命令，送往设备。

（3）状态字寄存器

为了能够根据实际运行状态来动态调整外设的操作，在接口中需设置一个状态字寄存器，以记录、反映设备与接口的运行状态。设备与接口的工作状态，可以采取抽象化的约定与表示，如前文提到过的忙（B）、完成（D）、请求（IRQ）等；也可采取具体的描述，如设备故障、校验出错、数据迟到一类的信息。

在设备与接口的工作过程中，将有关状态信息及时地送入状态字寄存器有多种方式，如采取 R、S 端置入方式，或采取由 D 端同步打入方式等。

（4）数据缓冲寄存器

I/O 子系统的基本任务是实现数据的传送，由外设经接口输入主机，或由主机经接口输出到外设。由于主机与外设的数据传送速度往往不匹配，通常主机速度远远高于外设的速度，因此在接口中应设置数据缓冲寄存器，以实现数据缓冲、达到速度匹配的目的。如果该寄存器只担负输入缓冲，或只担负输出缓冲，则可采用单向连接；如果既要输入又要输出，则应采取双向连接。

数据缓冲寄存器的容量称为缓冲深度。在实际应用中，可根据需要设置多个数据缓冲寄存器，甚于使用半导体存储器 SRAM 芯片构造数据缓冲存储器。例如，现代微机的显卡、硬盘接口等就具有大容量的独立缓存。

（5）其他控制逻辑

为了按照中断方式实现 I/O 传送控制，以及针对设备特性的操作控制，接口中还需有相应的控制逻辑。当然，这些控制逻辑的具体组成，视不同接口的需要而定，没有固定的标准或规范。不过，通常包括以下内容。

① 中断请求信号 IREQ 的产生逻辑。

② 与主机之间的应答逻辑。

③ 控制时序。例如，在串行接口中需要有一套移位逻辑，实现串/并转换，相应地需要有自己的控制时序，包括振荡电路、分频电路等。

④ 面向设备的某些特殊逻辑。例如，对于机电性的设备，需要有一套实现电机启动、停止、

正转、反转、加速、减速等逻辑；而对于磁盘之类的外存设备，还需要有一套磁记录的编码与译码等逻辑。

⑤ 智能控制器。在功能要求比较复杂的接口中，经常使用通用的微处理器、单片机或专用微控制器等芯片，与半导体存储器构成一个可编程的控制器。这种接口因为可以编程处理更复杂的控制，故通常称为智能控制器型接口。

（6）公用中断控制器

在采用中断控制器芯片（如 Intel 8259）的微机系统中，公用的中断控制器的任务是汇集各接口的中断请求信号，经过集中屏蔽控制和优先排队，形成送往 CPU 的中断请求信号 INT，然后在接到 CPU 的批准信号 INTA 后，通过数据总线送出向量地址（或中断类型码）。中断控制器因为是所有中断接口的公用逻辑部件，通常组装在主板上，因此在图 8-10 中将它画在虚线之下，以区别各设备接口的逻辑组成。

2. 中断接口的工作过程

综合上面对中断接口的基本功能组成模型的介绍，如果以抽象化的方式进行描述，则一个采用中断控制器的中断系统的完整工作过程如下。

（1）初始化中断接口与中断控制器

CPU 通过调用程序或系统初始化程序，对中断接口初始化，包括设置工作方式、初始化状态字和屏蔽字、为各中断源分配中断类型码等。

（2）启动外部设备

通过专门的启动信号或命令字，使接口状态为 B=1（忙标志位）、D=0（完成标志位），并据此启动设备工作。

（3）设备提出中断请求

当外设准备好或完成一次操作后，使接口状态变成 B=0、D=1，并据此向中断控制器发出中断请求 $IREQ_i$。

（4）中断控制器提出中断请求

$IREQ_i$ 送中断控制器（如 Intel 8259A），经屏蔽控制和优先排队，向 CPU 发出公共请求 INT，形成中断类型码。

（5）CPU 响应

CPU 向 8259A 发回批准信号 INTA，并且通过数据总线从中断控制器取走对应的中断类型码。

（6）CPU 进入中断处理

CPU 首先在中断周期中执行中断隐指令操作，从而进入中断服务程序。当中断服务程序执行结束后，CPU 返回继续执行原程序。

与接口模型相比，实际应用时，接口可以存在以下 2 种变化。

（1）命令/状态字的变化

当所需的命令/状态信息不多时，有些接口将命令字寄存器和状态字寄存器合并为一个寄存器，称为命令/状态字寄存器。其中，有些位可由 CPU 编程设置，表示主机向设备与接口发出的控制命令；有些位用于记录设备与接口的运行状态。

有些接口甚至没有明显的命令/状态字，只有几个触发器。例如，在 DJS-130 机的基本中断接口中，只设置 4 个触发器来表示基本的命令/状态信息。它们分别是工作触发器 C_{GZ}（相当于忙触发器）、结束触发器 C_{JS}（相当于完成触发器）、中断请求触发器 C_{QZ}（IRQ）、屏蔽触发器 C_{PB}（IM）。当 CPU 发送清除命令时，清除信号使 $C_{GZ}=0$、$C_{JS}=0$；当 CPU 发送启动命令时，启动信号使 $C_{GZ}=1$、

$C_{JS}=0$；当设备准备好或完成一次操作时，使 $C_{GZ}=0$、$C_{JS}=1$。根据 $C_{JS}=1$、$C_{PB}=0$ 的条件，使请求触发器 $C_{QZ}=1$，从而向 CPU 发出中断请求信号。当然，在 DJS-130 机的实际外设接口中，还可根据需要在基本接口的基础上增加一些逻辑电路。

（2）命令/状态字的具体化与扩展

许多接口是为连接外部设备而设计的，例如键盘接口、打印机接口、显示器接口以及磁盘接口等。这就需要针对设备的具体要求，将命令、状态字具体化。例如，对磁带机发出的命令中，可能包含正转、反转、越过 n 个数据块、读、写等。可以根据信息数字化的思想，分别确定命令字和状态字的位数，以及每位代码的约定含义。当然，在设计接口时可从一些典型系统的成熟的接口技术中寻找参考。

8.2.6　中断控制器举例——Intel 8259

1. Intel 8259 的介绍

Intel 8259 芯片是微机广泛使用的中断控制器，它将中断请求信号的寄存、汇集、屏蔽、排优、编码等逻辑集成于一个芯片之中。它具有四种工作方式，包括全嵌套、循环优先级、特定屏蔽和程序查询方式，提供以下功能支持。

① 一个 8259 芯片可管理 8 级向量中断，能管理来自于系统时钟、键盘控制器、串行接口、并接接口、软盘、鼠标以及 DMA 通道等的中断请求，把当前优先级最高的中断请求送到 CPU。

② 当 CPU 响应中断时，为 CPU 提供中断类型码。

③ 8 个外部中断的优先级排列方式，可以通过对 8259 编程进行指定，也可以通过编程屏蔽某些中断请求，或者通过编程改变中断类型码。

④ 允许 9 片 8259 级联，构成 64 级中断系统。微机系统通常将两片 8259 芯片集成到芯片组中，提供 15 级向量中断管理功能。例如，在 Intel P4 微机中，Intel CH8 南桥芯片组就集成了两片 Intel 8259 芯片。

2. Intel 8259 的组成

Intel 8259 芯片的内部结构如图 8-11 所示，其内部结构主要由中断控制寄存器组、初始化命令寄存器组以及操作命令寄存器组，共 10 个寄存器构成，每个寄存器均为 8 位。

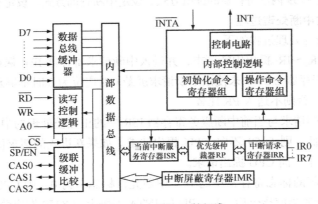

图 8-11　Intel 8259 的组成

（1）中断控制寄存器组

Intel 8259 的中断控制寄存器组主要由中断请求寄存器 IRR、当前中断服务寄存器 ISR 以及优先级仲裁器 PR 组成。

① 中断请求寄存器 IRR：用来分别存放 $IR_7 \sim IR_0$ 输入线上的中断请求。当某输入线有请求时，IRR 对应位置 1，该寄存器具有锁存功能。

② 当前中断服务寄存器 ISR：用于存放正在被服务的所有中断级，包括尚未服务完而中途被别的中断打断了的中断级。

③ 优先级仲裁器 PR：当 $IR_7 \sim IR_0$ 输入线上有请求时，IRR 对应位置 1，同时，PR 将该中断的优先级与 ISR 中的优先级比较，若该中断的优先级高于 ISR 中的最高优先级，则 PR 就使 INT 信号变为高电平，把该中断送给 CPU，同时，在 ISR 相应位置 1。否则，PR 不为该中断提出申请。

（2）初始化命令寄存器组

Intel 8259 的初始化命令寄存器组主要由 ICW1、ICW2、ICW3、ICW4 这四个寄存器组成，用来存放初始化命令字。初始化命令字一般在系统启动时由程序设置，一旦设定，一般在系统工作过程中就不再改变。

① ICW1：指定本 8259 是否与其他 8259 级联，以及中断请求输入信号的形式（边沿触发/电平触发）。

② ICW2：指定中断类型码。

③ ICW3：指定本 8259 与其他 8259 的连接关系。

④ ICW4：指定本 8259 的中断结束方式、中断嵌套方式、与数据总线的连接方式（缓冲/非缓冲）。

（3）操作命令寄存器组

Intel 8259 的操作命令寄存器组主要由 OCW1、OCW2、OCW3 这 3 个寄存器组成，用于存放操作命令字。操作命令字由应用程序使用，以便对中断处理过程做动态控制。在系统运行过程中，操作命令字可以被多次设置。

① OCW1：又称中断屏蔽寄存器（Interrupt Mask Register，IMR），当其某位置 1 时，对应的 IR 线上的请求被屏蔽。例如，若 OCW1 的 D3 位置 1，当 IR3 线上出现请求时，IRR 的 D3 位置 1，但 8259 不把 IR3 的请求提交优先级仲裁器 PR 裁决，从而，该请求没有机会被提交给 CPU。

② OCW2：指定优先级循环方式及中断结束方式。

③ OCW3：指定 8259 内部寄存器的读出方式、设定中断查询方式、设定和撤销特殊屏蔽方式。

3. Intel 8259 的中断处理过程

8259 对外部中断的处理过程如下。

① 中断源通过 $IR_0 \sim IR_7$ 提出中断请求，并进入中断请求寄存器 IRR 保存。

② 若中断屏蔽寄存器 OCW1 未使该中断请求屏蔽（对应位为 0 时不屏蔽），该请求被送入优先级仲裁器 PR 比较；否则不送入 PR 比较。

③ PR 把新进入的请求与当前中断服务寄存器 ISR 中的正在被处理的中断进行比较。如果新进入的请求优先级较低，则 8259 不向 CPU 提出请求。如果新进入的请求优先级较高，则 8259 使 INT 引脚输出高电平，向 CPU 提出请求。

④ 如果 CPU 内部的标志寄存器中的 IF（中断允许标志）为 0，则 CPU 不响应该请求。若 IF=1，则 CPU 在执行完当前指令后，从 CPU 的 INTA 引脚上向 8259 发出两个负脉冲。

⑤ 第一个 INTA 负脉冲到达 8259 时，8259 完成以下三项工作。

• 使中断请求寄存器 IRR 的锁存功能失效。这样一来，在 $IR_7 \sim IR_0$ 上的请求信号就不会被 8259 接收。直到第二个 INTA 负脉冲到达 8259 时，才又使 IRR 的锁存功能有效。

- 使中断服务寄存器 ISR 中的相应位置 1。
- 使 IRR 中的相应位清 0。

⑥ 第二个 INTA 负脉冲到达 8259 时,8259 完成以下工作。

- 将中断类型码(ICW2 中的值)送到数据总线上,CPU 将其保存在"内部暂存器"中。
- 如果 ICW4 中设置了中断自动结束方式,则将 ISR 的相应位置 0。

⑦ CPU 把程序状态字 PSW 入栈,把 PSW 中的 IF 和 TF 清 0,把 CS 和 IP 入栈,以保存断点。

⑧ 根据内部暂存器的值,获得中断向量表中的位置,从中断向量表内取出一字,送 CS。

⑨ 从中断向量表内取出一字,送 IP。

⑩ CPU 转入中断处理程序执行。在中断处理程序中,IF 为 0,CPU 不会响应新的 8259 的请求。(同时,TF=0,不允许单步执行中断处理程序)。但在中断处理程序中,可以使用 STI 指令(开中断,使 IF=1),使 CPU 允许响应新的 8259 的请求,这样一来,如果 8259 有更高优先级的请求,该中断处理程序将被中断,实现中断嵌套。

⑪ 中断处理程序的最后一条指令为 IRET(中断返回)。该指令从堆栈中取出第⑦步保存的 IP、CS、PSW,CPU 接着执行被中断的程序。

以上各操作步骤均由硬件自动完成。

8.2.7 中断接口举例——Intel 8255 和 Intel 8250

1. Intel 8255 芯片

Intel 8255 是一个 8 位的并行输入/输出接口芯片,广泛应用于微机系统中。其内部结构如图 8-12 所示。

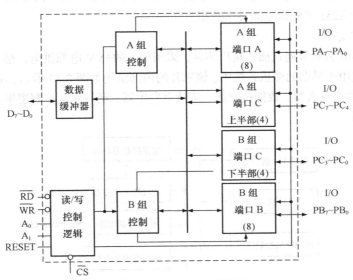

图 8-12 Intel 8255 内部结构

(1)3 个端口部件

Intel 8255 芯片共有 24 个可编程设置的 I/O 端口,用于传送外设的输入/输出数据或控制信息。8255 的 I/O 端口可划分为 3 组,分别为 A 口、B 口和 C 口;也可以划分为两组,分别为 A 组(包括 A 口及 C 口的高 4 位）和 B 组（包括 B 口及 C 口的低 4 位）。A 组提供 3 种操作模式，包括基本的输入/输出、闪控式的输入输出和双向的输入/输出；B 组只能设置为基本 I/O 或闪控式 I/O 两种模式。

（2）A、B 组控制电路

A 或 B 组控制电路是根据 CPU 的命令字控制 8255 工作方式的电路。A 组控制 A 口及 C 口的高 4 位，B 组控制 B 口及 C 口的低 4 位。

（3）数据缓冲器

数据缓冲器一侧与数据总线连接，另一侧与 8255 内部总线连接，用于和单片机的数据总线相连，传送数据或控制信息。

（4）读/写控制逻辑

读/写控制逻辑用来接收 CPU 送来的读/写命令和选口地址，用于控制对 8255 的读/写。

（5）数据线（8 条）

$D_0 \sim D_7$ 为数据总线，用于传送 CPU 和 8255 之间的数据、命令和状态字。

（6）其他控制线和寻址线

RESET：复位信号，输入高电平有效。一般和单片机的复位相连，复位后，8255 所有内部寄存器清 0，所有口都为输入方式。

$\overline{WR}$ 和 $\overline{RD}$：读/写信号线，输入，低电平有效。当为 0 时，所选的 8255 处于读状态，8255 送出信息到 CPU。反之亦然。

$\overline{CS}$：片选线，输入，低电平有效。

A_0、A_1：地址输入线。当为 0，芯片被选中时，A_0 和 A_1 的 4 种组合 00、01、10、11 分别用于选择 A、B、C 口和控制寄存器。

I/O 端口线（24 条）：$PA_0 \sim PA_7$、$PB_0 \sim PB_7$、$PC_0 \sim PC_7$ 共 24 条双向 I/O 总线，分别与 A、B、C 口相对应，用于 8255 和外设之间传送数据。

2. Intel 8250 芯片

Intel 8250 是 40 引脚双列直插式接口芯片，采用单一的 +5 V 电源供电，是一种可编程的串行接口芯片，广泛应用于早期的微机系统中。该芯片的内部结构如图 8-13 所示，由数据 I/O 缓冲器、读/写控制逻辑、数据发送器、数据接收器、波特率发生器、调制解调控制逻辑和中断控制逻辑等几个功能部件组成。

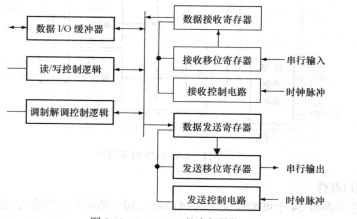

图 8-13　Intel 8250 的内部结构

（1）数据 I/O 缓冲器

数据 I/O 缓冲器是 8250 与 CPU 之间的数据通道，来自 CPU 的各种控制命令和待发送的数据通过它到达 8250 内部寄存器，同时 8250 内部的状态信号、接收的数据信息也通过它送至系统总线和 CPU。

（2）读/写控制逻辑

接收来自 CPU 的读/写控制信号和端口选择信号，用于控制 8250 内部寄存器的读/写操作。

（3）数据发送器

数据发送器由数据发送寄存器、发送移位寄存器和发送控制电路构成。当 CPU 发送数据时，首先检查数据发送寄存器是否为空，若为空，则先将发送的数据并行输出到数据发送寄存器中，然后在发送时钟信号的控制下，送入发送移位寄存器，由发送移位寄存器将并行数据转换为串行数据，最后串行输出。在输出过程中，由发送控制电路依据初始化编程时约定的数据格式，自动插入起始位、奇偶校验位和停止位，装配成一帧完整的串行数据。

（4）数据接收器

数据接收器由接收移位寄存器、数据接收寄存器和接收控制电路组成。接收串行输入数据时，在接收时钟信号的控制下，首先搜寻起始位（低电平），一旦在传输线上检测到第一个低电平信号，就确认是一帧信息的开始，然后将引脚 SIN 输入的数据逐位送入接收移位寄存器，当接收到停止位后，将接收移位寄存器中的数据送入数据接收寄存器，供 CPU 读取。

接收时钟通常为波特率的 16 倍，即 1 个数据位宽时间内将会出现 16 个接收时钟周期，其目的是为了排除线路上的瞬时干扰，保证在检测起始位和接收数据位的中间位置采样数据。8250 在每个时钟周期的上升沿对数据线进行采样，若检测到引脚 SIN 的电平由 "1" 变为 "0"，并在其后的第 8 个时钟周期再采样到 "0"，则确认这是起始位，随后以 16 倍的时钟周期（以位宽时间为间隔）采样并接收各数据位，直到停止位。

（5）波特率发生器

8250 的数据传送速率由其内部的波特率发生器控制。波特率发生器是一个由软件控制的分频器，其输入频率为芯片的基准时钟，输出的信号为发送时钟，"除数" 寄存器的值是基准时钟与发送时钟的分频系数，并要求输出的频率为 16 倍的波特率，即

$$发送时钟 = 波特率×16 = 基准时钟/分频系数$$

在基准时钟确定之后，可以通过改变除数寄存器的值来选择所需要的波特率。

（6）调制解调控制逻辑

调制解调控制逻辑由 MODEM 控制寄存器、MODEM 状态寄存器和 MODEM 控制电路组成。在串行通信中，当通信双方距离较远时，为增强系统的抗干扰能力，防止传输数据发生畸变，需要在通信双方使用 MODEM。发送方将数字信号经 8250 送至 MODEM 进行调制，转换为模拟信号，送到电话线上进行传输；接收方 MODEM 对接收到的模拟信号进行解调，转换为数字信号，经 8250 送至 CPU 处理。

（7）中断控制逻辑

中断控制逻辑由中断允许寄存器、中断识别寄存器和中断控制逻辑电路组成，可以处理四级中断，即接收数据出错中断、接收缓冲器 "满" 中断、发送寄存器 "空" 中断和 MODEM 输入状态改变中断。

由于 Intel 8250 是速度较低的串口芯片，其改进版 8250A 的最大通信速率为 56 kbps，因此后来的 32 位微机通常采用速率更高的 Intel 16650 的系列芯片。Intel 16650 芯片的最大通信速率可达

256 kbps，具有 16 个字节的 FIFO 发送和接收数据缓冲器，可以连续发送或接收 16 个字节的数据。

8.3 I/O 接口与 DMA 方式

虽然中断方式能实时处理外设的随机中断请求，使主机对外设的控制和管理更加灵活，但是由于其本质是程序切换，需要花费额外的时间，因此其数据传送效率仍然不高，特别是大批量的数据传送时。为此，可使用直接存储器（Direct Memory Access，DMA）方式来提升大批量的数据传送效率。本节将着重从 CPU 和接口的角度深入探讨 DMA 方式的组成及工作机制。

8.3.1 DMA 方式的概念

1. DMA 方式的定义

DMA 方式是直接依靠硬件在主存与 I/O 设备之间传送数据的一种工作方式，在数据传送期间不需要 CPU 执行程序进行干预。

在 DMA 方式中，主存与 I/O 设备之间有直接的数据传送通路，不必经过 CPU，数据就可以从输入设备直接传送给主存，同样也可以从主存直接传送给输出设备，因此称为直接存储器存取。

在 DMA 方式中，数据的直传是直接由硬件控制实现的，其中最关键的硬件就是 DMA 控制器。CPU 在响应 DMA 请求后，暂停使用系统总线和访问内存操作，由 DMA 控制器掌握总线控制权，并在 DMA 周期发出命令，实现主存与 I/O 设备之间的 DMA 传送。可见，DMA 的数据直传并不依赖程序指令来实现。

2. DMA 方式的特点

与直接程序传送方式相比，DMA 方式可以响应随机请求。当传送数据的条件具备时，接口提出 DMA 请求，获得批准后，占用系统总线，进行数据传送操作。在 DMA 传送期间，输入/输出操作是在 DMA 控制器的直接控制下进行的，CPU 不必等待查询，可以继续执行原来的程序指令而不受影响。

与中断方式相比，DMA 方式仅需占用系统总线。在 DMA 传送期间，一方面，不需要 CPU 干预和控制，CPU 仅仅暂停执行程序，不需要切换程序，不存在保存断点、恢复现场等问题；另一方面，只要 CPU 不访问主存、不使用系统总线，它就可以在 DMA 周期继续工作（例如，继续执行指令栈中其余未执行的指令），这样 CPU 的运算处理就可以和 I/O 传送并行进行，从而提高了 CPU 的利用率。

3. DMA 方式的应用

DMA 方式通常应用于高速 I/O 设备与主存之间的批量数据传送。高速 I/O 设备包括磁盘、光盘、磁带等外存储器，以及其他带局部存储器的外围设备、通信设备等。

对于磁盘来说，其读/写操作是以数据块为单位进行的，一旦找到数据块起始位置，就将连续地读/写。找到数据块起始位置是随机的，相应地，其接口何时具备数据传送条件也是随时。由于磁盘读/写速度较快，在连续读/写过程中不允许 CPU 花费过多的时间。因此，从磁盘中读出数据或向磁盘中写入数据时，可采用 DMA 方式传送，即数据直接由主存经数据总线输出到磁盘接口，然后写入磁盘；或者由磁盘读出到磁盘接口，然后经数据总线写入主存。

对于动态存储器 DRAM 来说，如果 DRAM 采用异步刷新方式，那么必须先提出刷新请求，待 CPU 交出总线控制权后再安排刷新周期。而何时请求刷新，是随机的。因为 DRAM 刷新操作是按行刷新存储内容，可视为存储器内部的数据批量传送，因此可以采用 DMA 方式。将每次刷新请求当成 DMA 请求，CPU 在刷新周期中让出系统总线，按行地址（刷新地址）访问主存，实现一行存储单元的刷新。采用 DMA 机制实现动态刷新，简化了专门的动态刷新逻辑，提高了主存的利用率。

当计算机通过通信设备与外部通信时，通常以数据帧为单位进行批量传送。什么时候需要进行一次通信，是随机的。但一旦开始通信，往往以较快的数据传输速率连续传送，因此也可采用 DMA 方式。在不通信时 CPU 照常执行程序，在传送过程中通信设备仅需要占用系统总线，系统开销很少。

DMA 方式直接依靠硬件实现数据直传，虽然其数据传送速度快，但 DMA 本身不能处理复杂事件。因此，还可以将 DMA 方式与中断方式结合，互为补充。例如，在磁盘调用中，磁盘读/写采用 DMA 方式，而对诸如寻道是否正确的判定处理，以及批量传送结束后的善后处理，则采用中断方式。

8.3.2　DMA 传送方式与过程

尽管使用 DMA 的目的是为了实现批量数据传送（例如从磁盘中读取一个文件），但是往往仍然需要分批次进行。在每一批次传送中，如何合理地安排 CPU 访存与 DMA 传送中的访存，需要占用多少个总线周期，以单字传送方式还是成组连续传送，这些都是不得不考虑的问题。

1. 单字传送方式

单字传送方式，又称周期挪用或周期窃取，每次 DMA 请求从 CPU 控制中挪用一个总线周期（也称 DMA 周期），用于 DMA 传送。其传送过程如下：

一次 DMA 请求获得批准后，CPU 让出一个总线周期的总线控制权，由 DMA 控制器控制系统总线，以 DMA 方式传送一个字节或一个字，然后 DMA 控制器将系统总线控制权交回 CPU，重新判断下一个总线周期的总线控制权归属，是 CPU 掌控，还是响应新的一次 DMA 请求。

单字传送方式通常应用于高速主机系统。这是因为在 DMA 传送数据尚未准备好（例如尚未从磁盘中读到新的数据）时，CPU 可以使用系统总线访问主存。根据主存读/写周期与磁盘的数据传送率，可以算出主存操作时间的分配情况，有多少时间需用于 DMA 传送（被挪用），有多少时间可用于 CPU 访存，这在一定程序上反映了系统的处理效率。由于访存冲突，同时 DMA 传送的每次申请、判别、响应、恢复等操作毕竟要花费一些时间，因此会对 CPU 正常执行程序带来一定的影响，不过影响不严重（因为主存速度较快）。

2. 成组连续传送方式

成组连续传送方式是一种通过多个总线周期，一次性地进行批量数据传送的 DMA 方式。其传送过程如下：

在 DMA 请求获得批准后，DMA 控制器掌握总线控制权，连续占用若干个总线周期，进行成组连续的批量传送，直到批量传送结束才将总线控制权交还 CPU。在传送期间，CPU 处于保持状态，停止访问主存，因此无法执行程序。

成组连续传送方式非常适合于 I/O 设备的数据传输率接近于主存工作速率的场合。这种方式可以减少系统总线控制权的交换次数，有利于提高 I/O 速度。由于系统必须优先满足 DMA 高速传送，如果 DMA 传送的速度接近于主存速度，则每个总线周期结束时将总线控制权交回 CPU 就没有多大意义。

在 CPU 除了等待 DMA 传送结束并无其他任务需要处理时，也可以采用成组连续传送方式。

例如，对于单用户个人计算机系统来说，一旦启动调用磁盘，CPU 就只有等待这次调用结束才能恢复执行程序，因此可以等到批量传送结束才收回总线控制权。当然，对于多用户的批处理系统来说，主存速度可能超出 I/O 速度很多；如果采用成组连续传送方式，反而会影响主机的利用率。

3. DMA 的传送流程

一次 DMA 传送通常安排 DMA 周期（DMAT）完成。当 CPU 接收到 DMA 请求时，DMA 周期必须在一个指令执行周期（ET）结束时或一个总线周期结束时插入。

假设 DMA 周期安排在指令执行周期（ET）之后，当 CPU 在执行当前程序的第 k 条指令时，接收到 DMA 请求，则在 ET 最后一个节拍 ET_i 向外发出批准信号 DACK，建立 $1 \rightarrow$ DMAT，由微命令 CPDMAT 使 DMAT 触发器为"1"，进入 DMA 周期，进行 DMA 传送。DMA 周期的传送流程如图 8-14 所示。

图 8-14 DMA 周期流程图

在 DMAT 中，CPU 放弃对总线的控制权，即有关输出端呈高阻态，与系统总线断开，同时 DMA 控制器接管系统总线，向总线发出有关地址码与控制信息，实现 DMA 传送。在 DMAT 中，CPU 不做实质性的操作，只是空出一个系统总线周期，让主存与外设之间进行数据传送。在 DMAT 结束时，建立 $1 \rightarrow$ FT，以便能转入取指周期，恢复原程序的执行。注意：只要由 DMAT 转入 FT，程序就能恢复执行，因为 DMAT 只是暂停执行程序，并不影响程序计数器 PC 的内容以及有关现场信息。

8.3.3 DMA 的硬件组织

在现在的计算机系统中，通过设置专门的控制器，即 DMA 控制器，来控制 DMA 传送，而在具体实现时较多地采取 DMA 控制器与 DMA 接口相分离的方式。因此，一个完整的 DMA 硬件组织包括了以下三个方面：CPU、DMA 控制器和 DMA 接口。

1. CPU 方面

为了实现 DMA 传送，首先 CPU 需要在其时序系统中设置专门的 DMA 周期。在该周期中，CPU 放弃对系统总线的控制权，与系统总线断开，其地址寄存器 MAR 不向地址总线发送地址码，其数据寄存器 MDR 与数据总线分离，控制器的微命令发生器也不向控制总线发出传送控制命令。

除此之外，CPU 还必须设置 DMA 请求的响应逻辑。每当系统总线周期结束（完成一次总线传送）时，CPU 对总线控制权转移做出判断。若能响应 DMA 请求，则输出响应批准信号，然后进入 DMA 周期，交出总线控制权。在 DMA 周期结束（完成一次 DMA 传送）时，CPU 再次对总线控制权转移做出判断。如果还有 DMA 请求存在，可由 DMA 控制器继续掌管系统总线；否则，CPU 收回总线控制权，恢复正常程序执行。

2. DMA 控制器

DMA 控制器的功能是接收 DMA 请求、向 CPU 申请掌管总线的控制权，然后向总线发出传送命令与总线地址，控制 DMA 传送过程的起始与终止。因此，DMA 控制器可以独立于具体的 I/O 设备，作为公共的控制部件，控制多种 DMA 传送。例如，Intel 8237 就是一种在微机系统中广泛使用的四通道 DMA 控制器，可以控制硬盘、软盘、动态存储器 DRAM 刷新、同步通信中的 DMA 传送。DMA 控制器通常包含控制字寄存器、状态字寄存器、地址寄存器/计数器、交换字数计数器等一系列控制逻辑部件，在具体组装上以集成芯片的形式装配在主板上。

3. DMA 接口

DMA 接口实现某个具体外部设备（如磁盘）与系统总线间的连接，一般包含数据缓冲寄存器、I/O 设备寻址信息、DMA 请求逻辑。它可以根据寻址信息访问 I/O 设备，将数据读入数据缓冲寄存器，或由数据缓冲寄存器写入设备。在需要进行 DMA 传送时，DMA 接口向 DMA 控制器提出请求，在获得 CPU 批准后，DMA 接口将数据缓冲寄存器内容经数据总线写入主存缓冲区，或将主存内容写入 DMA 接口，而 CPU 就不再负责 DMA 传送的控制。

8.3.4 DMA 控制器的组成

DMA 控制器是 DMA 传送的控制中心，是实现 DMA 方式的关键。DMA 控制器的具体组成，取决于以下几个方面。

① DMA 控制器与 DMA 接口是否分离，分别单独设计；
② 数据总线是连接到 DMA 控制器上、还是连接到接口上；
③ 当一个 DMA 控制器需要连接多台设备时，是采取选择型还是多路型工作方式；
④ 当采用多个 DMA 控制器时，是以公共还是以独立 DMA 请求方式连接系统。
因此，DMA 控制器具有多种设计方案。下面介绍几种设计模式。

1. 单通道 DMA 控制器

一个单通道的 DMA 控制器只连接一台 I/O 设备（只有一个通道），其内部组成、与系统及设备的连接模式，如图 8-15 所示。

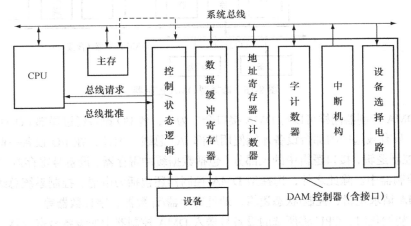

图 8-15 单通道 DMA 控制器

① 设备选择电路：用于接收主机在 DMA 初始化阶段送来的端口地址，译码产生选择信号，选择 DMA 控制器内的有关寄存器。

② 数据缓冲寄存器：一侧与数据总线相连，另一侧与 I/O 设备相连。

③ 地址寄存器/计数器：在 DMA 初始化时，用于保存经数据总线送来的主存缓冲区首地址；每传送一次，计数器内容加 1，以指向下一次传送单元，同时经地址总线送出主存缓冲区地址。

④ 字计数器：在 DMA 初始化时，CPU 经数据总线送入本次调用的传送量，以补码表示；每传送一次，计数器内容加 1。当计数器溢出时，结束批量传送。

⑤ 控制/状态逻辑：在 DMA 初始化时，CPU 经数据总线送入控制字，内含传送方向信息。当具备一次 DMA 传送条件时，DMA 请求触发器为 1，控制/状态逻辑经系统总线向 CPU 提出总

线请求。如果 CPU 响应，发回批准信号，DMA 控制器接管总线控制权，向系统总线送出传送命令与总线地址码。

⑥ 中断机构：正如前文所述，DMA 方式常常与程序中断方式配合使用，因此在 DMA 接口中往往包含中断机构。例如，当计数器溢出时，便提出中断请求，CPU 通过中断服务程序进行结束处理。

可见，当设备输入时，数据经 DMA 控制器、数据总线，可直接输入主存缓冲区，而不经过 CPU；当主机输出时，数据由主存缓冲区经数据总线、DMA 控制器输出到设备，也不经过 CPU。

2. 选择型 DMA 控制器

一个选择型 DMA 控制器，在物理上可以连接多台设备，或者说，多个 I/O 设备可通过连接到一个共用的 DMA 控制器来进行 DMA 传送。在实际工作时，DMA 控制器只能选择其中的一个 I/O 设备，让它完成 DMA 传送，如图 8-16 所示。

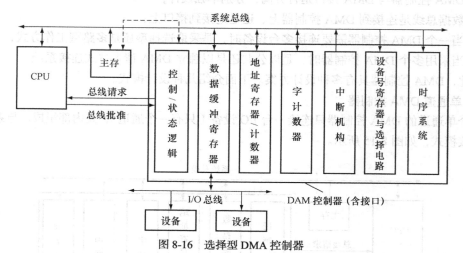

图 8-16　选择型 DMA 控制器

选择型 DMA 控制器同样可以与 DMA 接口合二为一，各 I/O 设备经过局部 I/O 总线与之连接，在特定时刻，只有被选中的那台设备才能使用局部 I/O 总线。因此，在 I/O 设备一侧只需要简单的发送/接收控制逻辑，接口逻辑中的大部分（包括数据缓冲寄存器、设备号寄存器、时序电路等）都在 DMA 控制器中。除此之外，选择型 DMA 控制器还包括为申请、控制系统总线所需的功能逻辑，如 DMA 请求逻辑、控制/状态逻辑、地址寄存器/计数器、字计数器等。

在 DMA 初始化时，CPU 将所选的设备号送入 DMA 控制器中的设备号寄存器，以选择某个 I/O 设备。每次 DMA 传送，以数据块为单位进行。当一个数据块传送完后，CPU 可以重新选择另一台 I/O 设备。

因此，选择型 DMA 控制器适于数据传输率很高，以至于接近主存速度的设备。其功能相当于一个数据传送的切换开关，以数据块为单位进行选择与切换，在批量传送时不允许切换设备。

3. 多路型 DMA 控制器

一个多路型 DMA 控制器，在物理上同样可以连接多台 I/O 设备。与选择型 DMA 控制器所不同的是，多路型 DMA 控制器通常用于连接速度较慢的 I/O 设备，并且允许这些设备同时工作，以字节或字为单位，交叉地轮流使用系统总线进行 DMA 传送。

多路型 DMA 控制器通常采用分离设计模式，把 DMA 控制器与接口分别进行设计，其连接模式如图 8-17 所示。每个 I/O 设备都有自己独立的接口（例如微机中的硬盘适配器、软盘适配器、网卡适配器等）。这些接口中含有数据缓冲寄存器或者小容量缓冲存储器，数据经接口与数据总线直接传送，不经过 DMA 控制器，DMA 控制器只负责申请并且接管总线。这样，DMA 控制器可以通用且便于集成化，不受具体设备特性的约束。

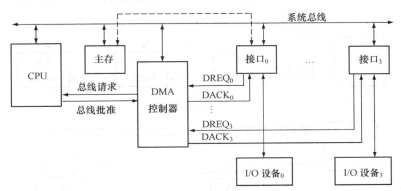

图 8-17　多路型 DMA 控制器

在多路型 DMA 系统中，存在着两级 DMA 请求逻辑，一级位于接口之中，另一级位于 DMA 控制器之中。前者与设备特性有关，当 I/O 设备需要进行 DMA 传送时，它向 DMA 控制器提出 DMA 请求 $DREQ_i$。后者用来向 CPU 申请占用系统总线，在接收到 CPU 的批准信号之后，DMA 控制器接管系统总线，同时向接口发出响应信号 $DACK_i$。

多路型 DMA 控制器可以使用单字传送或者成组传送方式。如果采取单字传送方式，各设备以字节或字为传送单位，交叉地分时占用系统总线，进行 DMA 传送。由于各设备速度不同，它们对系统总线的占有率也就不同，即速度慢的设备，准备一次 DMA 传送数据所需的时间长些，占用系统总线的间隔也长些，而速度快的设备，准备一次 DMA 传送数据所需的时间短些，占用系统总线的间隔也就短些。因此 DMA 控制器将根据各请求的优先顺序及提出的时间，随机地响应和分配总线周期。

如果采用成组连续传送方式，各设备以数据块为单位进行 DMA 传送。I/O 设备一旦开始传送一个数据块，就需要连续占用系统总线，且中间不能被打断；只有在完成一个数据块的传送后，才能切换，并选择另一台设备。可见，多路型 DMA 控制器可以兼有选择型的功能。由于在一个数据块的传送过程中不允许打断，因此在系统设计时需要妥善安排优先顺序、数据块大小及接口的缓冲寄存器的容量。例如，假设在设备 1 传送过程中，设备 2 提出 DMA 传送请求，且要求不能耽误太久，那么就可以把设备 1 的数据块长度安排得小些，把设备 2 接口的数据缓冲寄存器容量安排得大些。

4. 多个 DMA 控制器的连接

采用选择型或多路型 DMA 控制器，虽然一个系统可以连接多台 I/O 设备，但是事实上，一个 DMA 控制器集成芯片的通路数往往是有限的。如果系统规模较大，连接的设备数量较多，则通常需要采用几块 DMA 控制器芯片。

当采用多个 DMA 控制器时，可使用级联方式、公共请求方式或者独立请求方式，将它们与系统连接起来，如图 8-18 所示。

① 级联方式：就是将 DMA 控制器分级相连，每个 DMA 控制器所接收的 DMA 请求，被汇集为一个公共请求 HRQ。第二级 DMA 控制器的 HRQ，送往前一级 DMA 控制器的请求输入端；第一级 DMA 控制器的输出 HRQ，则送往 CPU 作为总线请求。

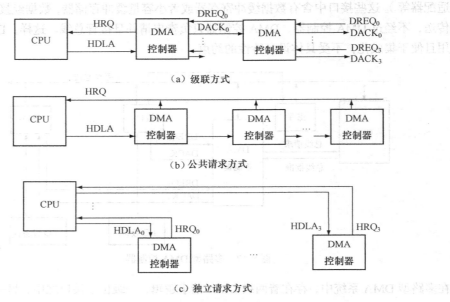

（a）级联方式

（b）公共请求方式

（c）独立请求方式

图 8-18　多个 DMA 控制器与系统的连接

② 公共请求方式：就是各 DMA 控制器的传送请求 HRQ，都通过一条公用的 DMA 请求线送往 CPU，而 CPU 的批准信号则采用链式传递方式送各 DMA 控制器。在提出请求的 DMA 控制器中，优先级高的先获得批准信号，将该信号暂时截留，待它完成 DMA 传送后，再往下传出批准信号，允许下一台设备占用总线，进行 DMA 传送。

③ 独立请求方式：就是每个 DMA 控制器与 CPU 之间都有一对独立的请求线和批准线。采用这种方式，取决于 CPU 是否有多对 DMA 请求输入端与批准信号输出端，且有一个优先权判别电路（或总线仲裁逻辑），以确定响应当前最优先的 DMA 请求。

8.3.5　DMA 控制器举例——Intel 8237

Intel 8237 芯片是一种四通道的多路型 DMA 控制器。早期的微机主板只使用一片 Intel 8237 芯片，4 个通道按优先顺序分配给动态存储器 DRAM 刷新、软盘、硬盘、同步通信（该通道可供扩展）。目前，微机通常将两片 Intel 8237 以级联方式集成到芯片组中，将通道数扩展到 7 个。例如，在 Intel P4 的微机中，Intel CH8 南桥芯片组就集成了两片增强型的 Intel 8237 芯片。

Intel 8237 芯片提供 3 种基本传送方式：单字节传送、数据块连续传送、数据块间断传送方式，并允许编程选择。它不仅支持 I/O 设备与主存之间的 DMA 传送，还支持存储器与存储器之间的 DMA 传送。

Intel 8237 芯片工作在 5 MHz 的时钟频率下，数据传输率可达 1.6 MB/s。每个通道允许访存空间为 64 KB，允许批量传送的数据量为 64 KB。

Intel 8237 芯片的内部结构框图如图 8-19 所示。

1．内部寄存器组

在 Intel 8237 芯片内共有 12 种寄存器和 3 种标志触发器，用来存放 DMA 初始化时送入的预置信息，以及在 DMA 传送过程中产生的相关信息，作为控制总线进行控制的依据。有些寄存器是 4 个通道共用的，有些是每个通道单独设置的。

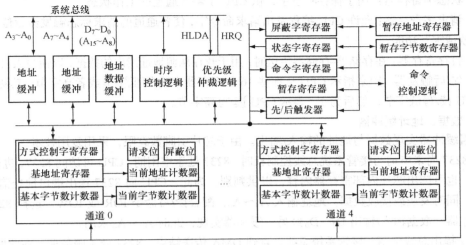

图 8-19 Intel 8237 的内部结构框图

各通道共用的寄存器有暂存地址寄存器（16 位）、暂存字节数寄存器（16 位）、命令字寄存器（8 位）、屏蔽字寄存器（4 位）、主屏蔽字寄存器（4 位）、状态字寄存器（8 位）、请求字寄存器（4 位）、暂存寄存器（8 位）、先/后触发器（1 个）。

每个通道各设一组寄存器，包含基地址寄存器（16 位）、当前地址计数器（16 位）、基本字节数寄存器（16 位）、当前字节数计数器（16 位）、方式控制字寄存器（8 位）、屏蔽标志触发器（1 个）和请求标志位触发器（1 个）。

上述各寄存器的功能说明如下。

① 基地址寄存器：在初始化时由 CPU 写入主存缓冲区首址，并作为副本保存，可在自动预置期间重新预置当前地址计数器，只是这种预置不需要 CPU 干预。

② 当前地址计数器：在初始化时由 CPU 写入主存缓冲区首址，每次 DMA 传送一个字节后，内容加 1 或减 1（由"方式控制字"选择），以计算主存缓冲区的下一个地址码。

③ 基本字节数寄存器：在初始化时由 CPU 写入需要传送的数据块字节数，并作为副本保存；每当一次数据块传送结束时，结束信号将副本保存的初值自动重新预置给当前字节数计数器。

④ 当前字节数计数器：在初始化时由 CPU 写入需要传送的数据块字节数，每传送一个字节，计数器内容加 1；当一个数据块传送完毕，计数器满时，产生结束信号。

⑤ 方式控制字寄存器：在初始化时由 CPU 写入，以确定该通道的操作方式，其 D_1D_0 位表示通道选择，D_3D_2 定义 DMA 传送方向，D_4 为自动预置方式选择位，D_5 为地址自动增/减选择位，D_7D_6 位定义工作方式选择（包括数据块请求方式、单字节方式、数据块连续传送方式、8237 芯片级联方式）。

⑥ 暂存地址寄存器：用于暂存当前地址寄存器的内容。

⑦ 暂存字节数计数器：用于暂存当前字节数计数器的内容。

⑧ 命令字寄存器：在初始化时由 CPU 写入操作命令字，指定 8237 的操作方式。

⑨ 屏蔽字寄存器：由 CPU 送入屏蔽字，使某个通道的屏蔽标志触发器置位或复位，以确定该通道的 DMA 请求被禁止或允许。

⑩ 主屏蔽字寄存器：采用由 CPU 送主屏蔽字的方式，可同时使 4 个通道的屏蔽标志触发器置位或复位。

⑪ 状态字寄存器：用于保存状态字，供 CPU 了解各通道的工作状态。

⑫ 请求字寄存器：允许 CPU 编程发出请求命令字，使各通道的请求标志触发器置位或复位，实现"软请求"功能。

⑬ 暂存寄存器：在存储器-存储器传送时，用于暂存从源地址读出的数据，以便写入目的地址。

⑭ 先/后触发器：用来指示 CPU 从那些 16 位寄存器中读/写低字节或者高字节。其初值为 0，表示 CPU 读/写低字节；然后为 1，表示 CPU 读/写高字节。

2. 数据、地址缓冲器

这组缓冲器实现数据与地址的输入/输出。由于芯片引脚数有限，采用复用技术。

当 8237 尚未申请与接管系统总线控制权时，8237 处于空闲期，CPU 可访问 8237，进行 DMA 初始化，也可读出芯片内部寄存器内容，以供判别。为此，CPU 向 8237 送出端口地址信息与读/写命令，同时发送或接收数据。地址输入 $A_3 \sim A_0$，配合读/写命令 IOR 或 IOW，选择 8237 某个内部寄存器。数据输入/输出 $D_7 \sim D_0$ 经另一缓冲器实现，此时 $A_7 \sim A_4$ 未用。

8237 提出总线申请、接管系统总线，直到 DMA 传送结束，8237 处于服务期。在此期间，由 8237 送出总线地址，以控制 DMA 传送。此时，三个缓冲器全部输出：$D_7 \sim D_0$、$A_7 \sim A_4$、$A_3 \sim A_0$，一共输出 16 位总线地址。其中 $D_7 \sim D_0$ 再送到一个芯片外的地址锁存器。

如果是存储器-I/O 设备间的 DMA 传送，则送出的总线地址为主存缓冲区首址。传送的另一方是设备接口中的数据缓冲器，数据直接由数据总线送出，不经过 8237。

如果是存储器-存储器间的 DMA 传送，则分两个总线周期进行。在第一个总线周期，8237 给出源地址，将数据读出并且送入暂存寄存器；在第二个总线周期，8237 给出目的地址，将数据从暂存寄存器写入目的存储单元。$D_7 \sim D_0$ 在送出总线地址高 8 位之后，提供数据的输入/输出缓冲。

3. 时序控制逻辑

时序控制逻辑一方面接收外部输入的时钟、片选及控制信号，另一方面产生内部的时序控制及对外的控制信号输出。

其中，只表示输入的信号包括：

① CLK：用于时钟输入（5 MHz）。

② $\overline{CS}$：用于片选，低电平有效。

③ RESET：用于复位，高电平有效，使芯片进入空闲期。除屏蔽寄存器被置位之外，其余寄存器均被清除。

④ READY：用于判断是否就绪，高电平有效。当选用低速 I/O 设备时，需要延长总线周期，可使 READY 处于低电平，表示传送尚未完成。当传送完成后，设置 READY 为高电平，通知 8237。

只表示输出的信号包括：

① ADSTB：用于地址选通，高电平有效，指示地址数据缓冲器用作地址缓冲器。即当 ADSTB 为高电平时，地址数据缓冲器的高 8 位地址将送入外部的地址锁存器，之后，该数据缓冲器可以用作数据的输入/输出缓冲。

② AEN：允许地址输出，高电平有效，表示将地址送入地址总线，其中高 8 位来自芯片外的地址锁存器、低 8 位直接来自芯片内的地址缓冲器 $A_7 \sim A_0$，共 16 位。

③ $\overline{MEMR}$ 和 $\overline{MEMW}$：8237 发出的存储器读或写命令，低电平有效。

既表示输入又表示输出的信号包括：

① $\overline{IOR}$ 和 $\overline{IOW}$：表示 I/O 读或写，低电平有效。在 8237 处于空闲期，CPU 可向它发出 I/O 读或写命令，对 8237 内部寄存器进行读或写。在 DMA 服务期，由 8237 向总线发出 I/O 读或写

命令，控制对 I/O 设备（接口）的读/写。

② $\overline{EOP}$：传送过程结束信号，低电平有效。两种情况下，会终止 DMA 传送：一是 CPU 向 8237 送入过程结束信号；二是在字节数计数器满时，8237 向外发出过程结束信号。

4. 优先级仲裁逻辑

当同时有多个设备提出请求时，优先级仲裁逻辑将进行排队判优，以实现 I/O 设备（接口）与 8237 之间的请求与响应。Intel 8237 具有固定优先级、循环优先级两种优先级排队方式，可供编程选择。

如果在 DMA 初始化时选择固定优先级方式，则 Intel 8237 芯片各通道的优先级顺序固定，从高到低依次为通道 0～通道 3。如果选择循环优先级方式，则在一个通道的 DMA 传送结束时，其优先级将降为最低，而其他通道则依次递升。

优先级仲裁逻辑的输入/输出信号包括：

① $DREQ_0 \sim DREQ_3$：表示 DMA 请求，由设备（接口）输入，共 4 根请求线。

② $DACK_0 \sim DACK_3$：表示 DMA 应答，由 8237 输出给某个被批准的设备（接口），共 4 根。

③ HRQ：表示总线请求，由 8237 发往 CPU 或其他总线控制器。

④ HLDA：表示总线保持响应，由 CPU 或其他总线控制器发给 8237 的响应信号。

5. Intel 8237 的 DMA 传送过程

Intel 8237 的工作状态体现为空闲周期和服务周期。其中，服务周期又可细分为若干状态 S_i 周期，如图 8-20 所示。

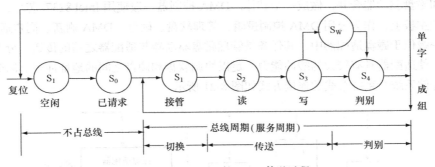

图 8-20　Intel 8237 的 DMA 传送过程

（1）空闲周期

当 Intel 8237 芯片处于空闲周期时，对于 CPU 来说，它首先进行 DMA 初始化，读取 8237 的状态字信息，并且向接口送出 I/O 设备的寻址信息。对于 8237 芯片自身来说，一方面，它根据 $\overline{CS}$ 片选信号，检查 CPU 是否选中本芯片；另一方面，根据 DREQ 信号，检查设备是否提出 DMA 请求。

当 DMA 初始化设置完成，且接到设备的 DMA 请求时，8237 向 CPU 提出总线请求 HRQ，并进入已请求 S_0 状态。

（2）服务周期

Intel 8237 芯片的服务周期，又称 DMA 操作周期或 DMA 传送周期，从 S_0 状态开始，直到 S_4 状态才结束。

① S_0 状态：表示 8237 已发出总线请求信号，等待 CPU 的批准。如果总线正忙，8237 可能需要等待若干个时钟周期。当 8237 接到 CPU 的批准信号 HLDA 时，即进入 S_1 状态。

② S_1 状态：表示 CPU 已经放弃系统总线控制权，由 8237 接管。当 8237 送出总线地址后，进入 S_2 状态。

③ S_2 状态：8237 此时向设备发出响应信号 DACK，且向总线送出读命令 $\overline{MEMR}$ 或 $\overline{IOR}$，从存储器或 I/O 设备（接口）读出数据。

④ S_3 状态：8237 此时发出写命令 $\overline{MEMW}$ 或 $\overline{IOW}$，将数据写入存储器或 I/O 设备，同时当前地址计数器与当前字节数计数器进行内容修改。

⑤ S_w 状态：当 DMA 传送在 S_2 和 S_3 期间无法完成 DMA 传送时，进入 S_w 状态，以延长总线周期，继续数据传送，以保证操作成功。

⑥ S_4 状态：当一次 DMA 传送结束后，进入 S_4 状态，判别 8237 的传送方式，以采取相应的操作，即如果采用单字节传送方式，则结束 DMA 传送操作，放弃总线的控制，返回空闲周期；否则，返回 S_1 状态，继续占用总线，直到数据块批量传送完毕。

可见，Intel 8237 芯片在 S_1 和 S_0 状态并未占有总线，从 $S_1 \sim S_4$ 才占有总线，其一个典型总线周期包含 4 个时钟周期。根据 CPU 时钟频率，可以算出总线周期的基本长度，从而算出 DMA 方式的数据传输率。

8.3.6　DMA 接口在磁盘系统中的应用

磁盘系统的硬件由磁盘适配器、磁盘驱动器、磁盘、DMA 控制器等组成。早期微机通常采用分离设计原则，将磁盘适配器设计成扩展卡，插集在主板。现在微机通常采用集成设计，将磁盘适配器和磁盘驱动器合并，做成一个整体。DMA 控制器一般使用 Intel 8237 芯片，分为两级：一级集成于主板上，作为公用 DMA 控制逻辑，管理软盘、硬盘、DMA 刷新、同步通信等 DMA 通道；另一级位于磁盘适配器中，其任务是管理磁盘驱动器与适配器之前的传送。分两级设计的好处在于，使适配器具有较大的缓冲能力，足以协调软盘和硬盘之间的地址冲突。以分离设计为例，磁盘存储系统与系统总线的连接方式如图 8-21 所示。

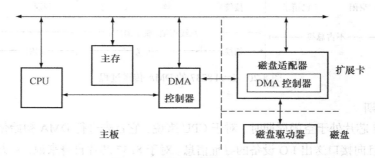

图 8-21　磁盘子系统的连接方式

1. 磁盘适配器的逻辑组成

磁盘适配器的一侧面向系统总线，另一侧面向磁盘驱动器。因此，磁盘适配器的内部逻辑可分为三部分：一侧是面向系统总线的接口逻辑（称为处理机接口），另一侧是面向磁盘驱动器的接口逻辑（称为驱动器接口）；中间是智能主控器，包括一个 Intel 8237 DMA 控制器、一个单片机处理器 Z-80、一组局部存储器以及一组反映设备工作特性的控制逻辑等等。图 8-22 给出的是一种温彻斯特磁盘适配器的逻辑框图。

（1）处理机接口

处理机接口实现与主机系统总线的连接，包含以下功能逻辑。

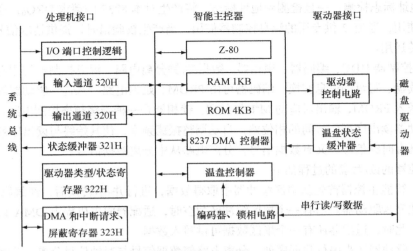

图 8-22　磁盘适配器的逻辑组成

① I/O 端口控制逻辑：用于接收 CPU 发来的端口地址、读/写命令，以译码产生一组选择信号，选择以下 5 种端口和相关部件。

② 输入通道：由端口地址 320H 与 IOW 写命令选中，可使用 74LS373（三态 8D 锁存器）组成。通过输入通道，可以输入 CPU 命令，包括磁盘寻址信息在内的所有参数、需要写入磁盘的数据等。

③ 输出通道：由端口地址 320H 与 IOR 读命令选中，可由 74LS244（8 路驱动器）组成。通过输出通道，可以输出执行命令的状态，以及从磁盘读出的数据。

④ 状态缓冲器：由端口地址 321H 选中，可由 74LS244 组成，用来存放中断请求 IRQ_5、DMA 请求 $DREQ_3$、忙状态标志 BUSY、命令/数据传送命令 CMD/$\overline{DATA}$、读/写 IN/$\overline{OUT}$、DMA 传送有效 REQUEST，共 6 种状态信息，供 CPU 读取。

⑤ 驱动器类型/状态寄存器：由端口地址 322H 选中。早期的磁盘驱动器类型是由一组开关设置的，存放在本状态寄存器中；现在一般使用 CMOS 进行设置。这些信息包括驱动器容量、圆柱面数、磁头数等，供 CPU 进行驱动器类型检查，作为驱动器复位时的初始化参数。

⑥ DMA 和中断请求、屏蔽寄存器：包含两个请求触发器和两个屏蔽触发器，由端口地址 323H 选中。当 CMD/$\overline{DATA}$ 为 0 时，产生 DMA 请求 $DREQ_3$、请求传送数据字节；当 CMD/$\overline{DATA}$（表示请求传送命令字节）为 1，且 IN/$\overline{OUT}$ 为 1（表示 CPU 读）时，产生中断请求 IRQ_5。

（2）智能主控器

智能主控器是磁盘适配器的核心，控制着磁盘存储器的具体操作，主要包含以下功能逻辑。

① ROM：固化温盘控制程序，实现磁盘驱动程序与适配器的物理操作。可见，磁盘子系统的程序分为两级：一级是操作系统中的磁盘驱动程序，另一级是适配器中的温盘控制程序。

② Z-80 微处理器：执行 ROM 中的温盘控制程序。

③ RAM：又称扇区缓冲器，由 SRAM 芯片构成，可缓存两个扇区内容，使适配器有足够的缓冲深度。

④ 8237 芯片：由于软盘调用可能比硬盘频繁，因此安排软盘请求 $DREQ_2$ 比硬盘请求 $DREQ_3$ 优先级高，但硬盘速度比软盘快很多。为了避免硬盘请求被屏蔽带来的问题，设置这个 DMA 控制器，实现磁盘驱动器与适配器扇区缓冲器之间的传送。扇区缓冲器与主存之间的数据传送，则由主板上的 8237 芯片管理。位于适配器中的 8237 芯片的 4 个 DMA 通道，功能安排如下：通道

0 用于扇区地址标志检测，一旦检测到地址标志，将产生对本 8237 的请求 DRQ_0；通道 1 供主控器内部程序使用；通道 2 供专用的温盘控制器使用，当产生校验错时，提供请求信号 DRQ_2；通道 3 供数据传送用。

⑤ 温盘控制器 HDC、编码器、锁相器、数据/时钟分离电路：温盘控制器使用专用芯片，用来控制有关读盘、写盘的信息交换。编码器可由 PROM、延迟电路、八选一驱动器等组成，需要写入的数据送入 PROM，输出对应的 M^2F 制编码。锁相器是一种振荡频率控制电路，根据本地振荡信号与驱动器读出序列信号间的相位差，自动调整振荡频率，使其始终与读出序列保持同步。读出序列中既有时钟信号，又有数据信号，分离电路从中分离数据信号。

智能主控器的读/写盘的过程如下。

写盘时，智能主控器首先从扇区缓冲器中取得数据，进行并-串转换后，经编码器形成 M^2F 制代码，送往磁盘驱动器。当有一个扇区缓冲区为空时，适配器向主机提出 DMA 请求，请求主机送来数据。此时，适配器还有一个扇区数据可供写入数据。

读盘时，驱动器送来串行数据序列，分离电路使数据信号与时钟信号分离。此时，锁相器调整本地振荡频率，始终跟踪同步于读出信号。所获得的数据信号经串-并转换之后，送入扇区缓冲器。当有一个扇区缓冲区装满时，适配器向主机提出 DMA 请求，请求主机取走数据。此时，适配器还有一个扇区容量的存储空间可供存放继续读出的数据。

采取上述安排，可以保证一个扇区的数据块的连续传送，既不会在写盘过程中发生数据延迟，又不会在读盘过程中发生数据丢失。

（3）驱动器接口

驱动器接口实现与磁盘驱动器的连接。不同规格的磁盘，其驱动器是不相同的，因为驱动器接口必须符合特定型号的驱动器的标准。例如，早期使用的 ST506 接口标准，包含以下功能逻辑。

① 驱动器控制电路：用来产生对磁盘驱动器的控制信号，送往驱动器，包括驱动器选择信号（选择 4 个驱动器之一）、磁头选择信号（允许选择 8 个磁头之一）、方向选择信号（寻道方向）、步进脉冲信号、读/写信号（=1 为写，=0 为读），以及减少写电流等。其中，针对减少写电流，因为磁头越往内圈移动，浮动高度越低，而位密度越大，因此为了减少内圈各位之间的干扰，应减少写电流。通常，最外圈的写电流与最内圈的写电流相比，相差 30% 左右。控制电路以 MC6801、MC6803、Intel 8048 等单片机为核心，执行固化在 EPROM 中的控制程序以产生控制信号。

② 温盘状态缓冲器：用来接收磁盘驱动器状态信息，最终传送给 Z-80 判别。状态信息包括驱动器选中（由选中的驱动器发回的应答信号）、准备就绪（表示磁头已定位于 0 磁道，可启动寻道操作）、寻道完成、索引脉冲（标志磁道的开始）、写故障等。

③ 读/写信号序列接口：驱动器与适配器之间的读/写数据传送采用串行方式，常用 RS-422 串行接口连接驱动器和适配器。

2. 磁盘驱动器

不同规格的磁盘，其驱动器是不相同的。图 8-23 是一种磁盘驱动器的逻辑框图，它反映了软盘驱动器和硬盘驱动器的大致组成。磁盘驱动器通过驱动器接口与磁盘适配器连接，主要包括以下功能逻辑：写入驱动电路、读出放大电路、磁头选择逻辑、旋转电机驱动电路、步进电机驱动电路以及检测电路等组。

适配器送来的写入信息，是按照某种记录方式进行编码的记录码序列，经过电流放大产生足够幅度的写入电流波形，送入选中的磁头线圈，使记录磁层产生完全的磁化翻转，即由负向磁饱和翻转到正向磁饱和，或者由正向磁饱和翻转到负向磁饱和。

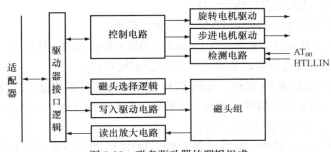

图 8-23　磁盘驱动器的逻辑组成

由磁头读出的感应电势是很小的（微伏级），需要经过放大电路放大，再经接口送给适配器。读出放大器尽量靠近磁头，否则弱信号在长距离传送中会受到干扰。

磁头选择靠译码器实现，根据适配器发来的磁头选择信号，译码输出某个磁头的选取信号。某一时刻，驱动器中只有一个读/写磁头工作，单道、逐位地串行读/写。

步进电机驱动电路负责驱动磁头从内往外或从外往内地多动，实现寻道操作。旋转电机驱动电路负责磁盘盘片绕主轴旋转，寻找扇区。

为了提供 0 磁道的检测，无论是软盘还是硬盘，都有相应的检测电路。软盘片有索引孔，因此驱动器包含了光电检测电路，盘片每转一周，将产生一个索引检测信号 AT_{00}，经过控制电路处理，形成 0 道信号 TRKZERO，送往磁盘适配器。硬盘无索引孔，一般在主轴电机附近装一个霍尔传感器，主轴每转一周，传感器产生一个索引检测信号 HTLLIN，同样经控制电路处理，形成索引脉冲 INDEX，送往磁盘适配器。

3. 磁盘调用过程

从软件的角度来看，在 X86 微机系统中，磁盘调用涉及三个层次：最底层是磁盘适配器层，中间层是 BIOS（基本输入/输出系统）层，最上层是操作系统层。

其中，磁盘适配器层负责实现温盘驱动程序与适配器的物理操作，它固化在适配器的 ROM 之中。BIOS 层提供通用的温盘驱动程序，它固化在主板的 ROM 之中，为操作系统提供中断调用接口 INT 13H。操作系统层负责扩展温盘驱动程序的功能，同时为用户提供有关磁盘、目录和文件的具体命令接口。

温盘驱动程序由一个主程序框架和 21 个功能子程序模块组成，可向磁盘控制器发出 22 种操作命令或诊断命令。主程序的功能包括测试驱动程序参数判别可否调用、设置命令控制块（其中给出圆柱面号、磁头号、扇区号、传送扇区个数、寻道的步进速率、功能子程序模块号）、转入某个功能子程序、在传送完毕后判断调用是否成功等。各功能子程序模块负责产生 22 种硬盘控制器操作命令，包括测试驱动器就绪、重新校准、请求检测状态、格式化驱动器、就绪检测、格式化磁道、格式化坏磁道、读命令、写命令、寻道、预置驱动器特性参数、读 ECC 猝发错的长度、从扇区缓存读出数据、向扇区缓存写入数据、RAM 诊断、驱动器诊断、控制器内部诊断、长读（每扇区 512 字节+4 个检验字节）、长写（每扇区 512 字节+4 个检验字节）等等。

X86 微机系统的读/写磁盘调用过程如下。

S1：操作系统以软中断 INT 13 调用温盘驱动程序，并在寄存器 AH 中写入所需功能子程序号（读盘，AH=02H；写盘，AH=03H）。

S2：在温盘驱动程序的主程序段中，设置命令控制块，其中给出圆柱面号、磁头号、扇区号、传送扇区个数、寻道的步进速率。

S3：根据 AH 值，转入相应功能子程序。

S4：在读/写盘子程序中，首先进 DMA 初始化，包括：

• 向 Intel 8237 芯片送出方式控制字，即设置 DMA 传送方向、传送方式（单字节方式或数据块连续传送方式）、是否选择自动预置方式、地址增/减方式；

• 初始化温盘占用的 DMA 通道，即向 8237 送出主存缓冲区首址、交换字节数；

• 判断 DMA 传送量是否越过 64 KB，如果是，作为出错处理，否则向磁盘适配器 323H 端口送入允许信息，允许 DMA 请求和中断请求。

S5：在读/写程序中，检测适配器状态（端口 321H），然后以主程序中设置的命令控制块为基础，形成设备控制块，发往磁盘适配器的 320 端口，产生 HDC 命令，启动寻道。

S6：当寻道完成时，温盘驱动器向适配器发出"寻道完成"信号，适配器判别寻道是否正确。如果正确，启动读/写操作；否则，让磁头回到 0 道，重新寻道。如果仍然不正确，则产生寻道故障信息。

S7：当磁头找到起始扇区时，开始连续读/写，将读出数据送入适配器的扇区缓冲区，或将扇区缓冲区中的数据写入磁盘扇区。

S8：当适配器准备好 DMA 传送时，适配器提出 DMA 请求。

（b）读盘：每当扇区缓冲器有一个缓冲区装满时，提出 DMA 请求；

（c）写盘：每当扇区缓冲器有一个缓冲区为空时，提出 DMA 请求。

S9：DMA 控制器申请并接管系统总线，进行 DMA 传送，相应地修改主存地址与传送字节数。

S10：当批量传送完毕时，DMA 控制器发出结束信号 $\overline{EOP}$，终止 DMA 传送，适配器向主机发出中断请求。

S11：主机的读/写子程序在接到中断请求 IRQ_5 后，从适配器取回完工状态字节，判断 DMA 传送是否成功。如果成功，向适配器送出屏蔽请求的屏蔽字，返回磁盘驱动程序的主程序；否则取出 4 个检测数据字节，进行出错处理。

上述过程只是磁盘调用的大致过程。计算机系统在运行过程中，由于用户的具体要求不同，因而实际磁盘调用的细节是有很大区别的。

8.4 I/O 接口与通道方式

DMA 方式直接依靠硬件进行 I/O 管理，只能实现简单的数据传送。随着系统配置的 I/O 设备不断增加，I/O 操作将日益繁忙，多个并行工作的 DMA 将使主存的访问发生冲突，需要 CPU 不断地进行干预，CPU 用于管理 I/O 的开销日益增加。为了减轻 CPU 负担，I/O 控制部件又把诸如设备选择、切换、启动、终止以及数据校验等的功能接过来，进而形成了 I/O 通道。本节将简要地介绍有关通道方式的原理。

8.4.1 通道的功能

1. 通道的连接方式

通道是 IBM 公司首先提出来的一种 I/O 方式，曾被广泛用于 IBM 360/370 系列机上。通道是一种比 DMA 更高级的 I/O 控制部件，它具有自己的指令和程序，专门负责数据输入输出的控制和管理。CPU 启动通道后可继续执行程序，进行本身的处理工作；通道则独立地执行由通道指令编写的通道程序，控制 I/O 设备与主存的数据交换。这样，CPU 中的数据处理与 I/O 操作可以并行执行，使系统效率得到进一步提高。因此，与 DMA 相比，通道进一步减轻了 CPU 的负担。通道常用于大、中型计算机。

采用通道方式组织 I/O 系统，其系统结构采用主机、通道、I/O 处理器、I/O 设备 4 级连接方式，如图 8-24 所示。其中，I/O 控制器类似于 I/O 接口，它接收通道控制器的命令并向设备发出控制命令。一个 I/O 控制器可控制多个同类的设备，只要这些设备是轮流正作的。

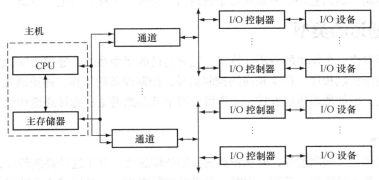

图 8-24 典型的 4 级系统结构

从系统结构来看，系统中可以设置几个通道，每个通道可以连接若干个 I/O 控制器，每个 I/O 控制器又可连接若干相同类型的 I/O 设备。这样，整个系统就能够连接成许多不同种类的外部设备。

2. 通道的功能

通道是一个输入输出部件，它只运行输入输出控制程序，提供 DMA 共享的功能。其具体功能如下。

① 接受 CPU 的 I/O 操作指令，按指令要求控制外围设备。

② 从内存中读取通道程序并执行，即向设备控制器发送各种命令。

③ 组织和控制数据在内存与外设之间的传送操作。根据需要提供数据中间缓存空间以及提供数据存入内存的地址和传送的数据量。

④ 读取外设的状态信息，形成整个通道的状态信息，提供给 CPU 或保存在内存中。

⑤ 向 CPU 发出输入输出操作中断请求，将外围设备的中断请求和通道本身的中断请求按次序报告 CPU。

CPU 通过执行输入输出指令以及处理来自通道的中断，实现对通道的管理。来自通道的中断有两种：一种是数据传输结束中断；另一种是故障中断。通道的管理是操作系统的任务。

通道通过使用通道指令控制设备进行数据传送操作，并以通道状态字的形式接收设备控制器提供的外围设备的状态。因此，设备控制器是通道对输入输出设备实现传输控制的执行机构。

3. I/O 控制器的具体任务

I/O 控制器将通道发来的控制命令转换成具体操作命令，送往 I/O 设备以控制具体的 I/O 操作。其具体任务包括：

① 从通道接受通道指令，控制外部设备完成指定的操作；

② 向通道提供外部设备的状态；

③ 将各种外部设备的不同信号转换成通道能够识别的标准信号。

在具有通道的计算机中，实现数据输入输出操作的是通道指令。CPU 的输入输出指令不直接实现输入输出的数据传送，而是由通道指令实现这种传送，CPU 用输入输出指令启动通道执行通道指令。CPU 的通道输入输出指令的基本功能主要是启动、停止输入输出过程，了解通道和设备的状态以及控制通道的其他一些操作。

通道指令也叫通道控制字（Channel Command Word，CCW），它是通道用于放行输入输出操作的指令，可以由 CPU 存放在内存中，由通道处理器从内存中取出并执行。通道执行通道指令以完成输入输出传输。通道程序由一条或几条通道指令组成，也称为通道指令链。

8.4.2　通道的类型

通道本身可看作一个简单的专用计算机，它有自己的指令系统。通道能够独立执行用通道命令编写的输入输出控制程序，产生相应的控制信号，控制设备的工作。通道通过数据通路与 I/O 控制器进行通信。根据数据传送方式，通道可分成字节多路通道、选择通道和数组多路通道三种类型。

1.　选择通道

对于高速的设备，如磁盘等，要求较高的数据传输速度。对于这种高速传输，通道难以同时对多个这样的设备进行操作，只能一次对一个设备进行操作。这种通道称为选择通道，它与设备之间的传输一直维持到设备请求的传输完成为止，然后为其他外围设备传输数据。选择通道的数据宽度是可变的，通道中包含一个保存输入输出数据传输所需的参数寄存器。参数寄存器包括存放下一个主存传输数据存放位置的地址和对传输数据计数的寄存器。选择通道的输入输出操作启动之后，该通道就专门用于该设备的数据传输，直到操作完成。选择通道的缺点是设备申请使用通道的等待时间较长。

2.　数组多路通道（又称成组多路通道）

数组多路通道以数组（数据块）为单位，在若干高速传输操作之间进行交叉复用。这样可减少外设申请使用通道时的等待时间。数组多路通道适用于高速外围设备，这些设备的数据传输以块为单位。通道用块交叉的方法，轮流为多个外设服务。当同时为多台外设传送数据时，每传送完一块数据后选择下一个外设进行数据传送，使多路传送并行进行。数组多路通道既保留了选择通道高速传输的优点，又充分利用了控制性操作的时间间隔为其他设备服务，使通道的功能得到有效发挥，因此数组多路通道在实际系统中得到较多的应用。特别是对于磁盘和磁带等一些块设备，它们的数据传输本来就是按块进行的。而在传输操作之前又需要寻找记录的位置，在寻找的期间让通道等待是不合理的。数组多路通道可以先向一个设备发出一个寻找的命令，然后在这个设备寻找期间为其他设备服务。在设备寻找完成后才真正建立数据连接，并一直维持到数据传输完毕。因此，采用数组多路通道可提高通道的数据传输的吞吐率。

3.　字节多路通道

字节多路通道用于连接多个慢速的和中速的设备，这些设备的数据传送以字节为单位。每传送一个字节要等待较长时间，如终端设备等。因此，通道可以以字节交叉方式轮流为多个外设服务，以提高通道的利用率。这种通道的数据宽度一般为单字节。它的操作模式有两种：字节交叉模式和猝发模式。在字节交叉模式中，通道操作分成较短的段。通道向准备就绪的设备进行数据段的传输操作。传输的信息可由一个字节的数据以及控制和状态信息构成。通道与设备的连接时间是很短的。如果需要传输的数据量比较大，则通道转换成猝发的工作模式。在猝发模式下，通道与设备之间的传输一直维持到设备请求的传输完成为止。通道使用一种超时机制判断设备的操作时间（逻辑连接时间），并决定采用哪一种模式。如果设备请求的逻辑连接时间大于某个额定的值，通道就转换成猝发模式，否则就以字节交叉模式工作。

字节多路通道和数组多路通道都是多路通道，在一段时间内可以交替地执行多个设备的通道程序，使这些设备同时工作。但两者也有区别，首先数组多路通道允许多个设备同时工作，但只允许一个设备进行传输型操作，而其他设备进行控制型操作；而字节多路通道不仅允许多路同时操作，而且允许它们同时进行传输型操作。其次，数组多路通道与设备之间的数据传送的基本单位是数据块，通道必须为一个设备传送完一个数据块以后才能为别的设备传送数据块；而字节多路通道与设备之间的数据传送基本单位是字节。通道为一个设备传送一个字节之后，又可以为另一个设备传送一个字节，因此各设备与通道之间的数据传送是以字节为单位交替进行的。

8.4.3　通道的工作过程

通道中包括通道控制器、状态寄存器、中断机构、通道地址寄存器、通道指令寄存器等。这里，通道地址寄存器相当于一般 CPU 中的程序计数器 PC。

通道控制器的功能比较简单，它没有大容量的存储器，通道的指令系统也只是几条与输入输出操作有关的命令。它要在 CPU 的控制下工作，某些功能还需 CPU 承担，如通道程序的设置、输入输出的异常处理、传送数据的格式转换和校验等。因此，通道不是一个完全独立的处理器。

通道状态字类似于 CPU 内部的程序状态字，用于记录输入输出操作结束的原因，以及输入输出操作结束时通道和设备的状态。通道状态字通常存放在内存的固定单元中，由通道状态字反映中断的性质和原因。

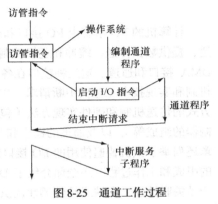

图 8-25　通道工作过程

通道的工作过程大体经过启动、数据传输和后续处理 3 个阶段，如图 8-25 所示。

1. CPU 启动通道工作

CPU 在执行用户程序过程中，当执行到 I/O 指令（访管指令）时，CPU 根据指令中的设备号输入操作系统该设备管理程序的入口，开始执行管理程序。管理程序的功能是根据输出的参数，编制通道程序，并存放在主存的某个区域，同时将该区域的首地址送入约定单元或专用寄存器中，然后执行启动 I/O 指令，向主通道发送"启动 I/O"命令。

2. 数据传输

通道接到"启动 I/O"命令后进行以下工作。

① 从约定的单元或专用寄存器中取出通道程序的首地址，放到通道地址寄存器中，根据通道地址寄存器中的值到内存中去取第一条通道指令并放在通道指令寄存器中。

② 检查通道、子通道的状态是否能用。若不能用，则形成结果特征，回答启动失败，该通道指令无效；若能用，就把第一条通道指令的命令码发送到响应设备，进行启动，等到设备回答并断定启动成功后，建立特征"已启动成功"；否则，建立特征"启动失败"，结束操作。

③ 启动成功后，通道将通道程序首地址保存到子通道中，此时通道可以处理其他工作，设备执行通道指令规定的操作。

④ 设备依次按自己的工作频率发出使用通道的申请，进行排队。通道响应设备申请，将数据从内存经通道送到设备，或反之。在传送完一个数据后，通道修改内存地址和传输个数，直到传

输个数为"0"时，结束该条通道指令的执行。

⑤ 每条通道指令结束后，设备发出"通道结束"和"设备结束"信号。通道程序则根据数据链和命令链的标志决定是否继续执行下一条通道指令。

3. 后续处理

在整个通道程序执行结束后，发出"正常结束"中断请求信号，并将通道状态字写入内存专用单元。CPU 响应中断，根据通道状态字分析这次输入输出操作的执行情况，进行后续处理。后续处理主要是根据通道状态，分析结束原因并进行必要的处理。

通道与 I/O 控制器之间的接口是计算机的一个重要界面。为了便于用户根据不同需要配置不同设备，通道-设备控制器的接口一般采用标准的总线接口，使得各设备和通道之间都有相同的接口线和相同的工作方式。这样，在更换设备时，通道不需要做任何变动。

8.5　本章小结

计算机的 I/O 系统由 I/O 接口和外部设备两大部分构成。I/O 接口是连接主机和外部设备的通道，提供数据传送、缓冲和逻辑控制等功能。按照信息传送控制方式，I/O 接口分为中断接口、DMA 接口和通道。这三种接口在各类型的计算机中广泛应用。本章深入讲解了中断方式的工作机制和实现技术（包括中断请求、中断判优、中断响应、中断处理、中断接口的组成等）、DMA 方式的传送机制和硬件实现方法（包括传送方式、DMA 传送过程、DMA 的硬件组织、DMA 控制器的组成等），以及通道的概念和工作机制（包括通道的功能、类型和工作过程等）。另外，本章还列举了微机普遍使用的 I/O 接口或控制器芯片（包括 Intel 8259、8255、8250 以及 8237 等）的组成和工作过程，还全面介绍了 DMA 接口技术在磁盘系统中的应用。本章内容庞杂，与硬件产品关联性强，在缺乏硬件感性认识的情况下学习难度比较大。建议读者在掌握相关基本概念和原理的同时，尽量多查阅相关硬件资料，以加深对理论的理解。

习 题 8

1. 单项选择题

（1）中断向量地址是（　　）。

  A. 子程序入口地址　　　　　　　　　　B. 中断服务程序入口地址

  C. 中断服务程序入口地址的地址　　　　D. 例行程序的入口地址

（2）对低速的 I/O 设备，应当选用的通道是（　　）。

  A. 数据多路通道　　　　　　　　　　　B. 字节多路通道

  C. 选择通道　　　　　　　　　　　　　D. DMA 专用通道

（3）程序运行时，硬盘与内存之间的数据传送是通过（　　）方式进行的。

  A. 中断　　　　　　B. 陷阱　　　　　　C. 程序直接控制　　　D. DMA

（4）CPU 程序与通道程序可以并行执行，并通过（　　）实现彼此之间的通信和同步。

  A. I/O 指令　　　　　　　　　　　　　B. I/O 中断

  C. I/O 指令与 I/O 中断　　　　　　　　D. 操作员

（5）采用 DMA 方式传送数据时，每传送一个数据就要占用（　　　）的时间。

    A．一个存储周期   B．一个总线时钟周期

    C．一个机器周期   D．一个指令周期

（6）系统总线的地址线的功能是用于选择（　　　）。

    A．主存单元地址   B．I/O 端口地址

    C．外存地址   D．主存单元地址或 I/O 端口地址

（7）在（　　　）的计算机系统中，外设可以和主存单元统一编址，而不使用 I/O 指令。

    A．单总线结构   B．双总线结构

    C．三总线结构   D．以上三种结构

（8）在数据传送过程中，数据由串行变并行或由并行变串行，这种转换是通过接口电路的（　　　）实现的。

    A．数据寄存器   B．移位寄存器

    C．锁存器   D．调制解调器

（9）主机与外设传送数据时，采用（　　　），CPU 的效率最高。

    A．程序查询方式   B．中断方式

    C．DMA 方式   D．以上三种方式

（10）下述情况中，（　　　）会提出中断请求。

    A．产生存储周期窃取   B．在键盘输入过程中，每按一次键

    C．两数相加结果为零   D．向硬盘写入数据文件

（11）中断发生时，程序计数器 PC 内容的保护和更新，是由（　　　）完成的。

    A．硬件自动   B．USH 和 POP 指令

    C．MOV 指令   D．INT 和 IRET 指令

（12）周期挪用（窃取）方式常用于（　　　）中。

    A．直接存储器存取方式的输入输出   B．直接程序传送方式的输入输出

    C．程序中断方式的输入输出   D．异步通信

（13）DMA 方式中，周期窃取是窃取一个（　　　）。

    A．存取周期   B．指令周期   C．CPU 周期   D．总线周期

（14）通道程序由（　　　）组成。

    A．I/O 指令   B．通道控制字（通道程序）

    C．通道状态字   D．微指令

（15）通道对 CPU 的请求形式是（　　　）。

    A．中断   B．通道命令   C．跳转指令   D．自陷

（16）I/O 采用统一编址，存储单元和 I/O 设备是靠（　　　）来区分的。

    A．不同的地址线   B．不同的指令

    C．不同的地址码   D．不同的控制线

（17）DMA 方式的接口电路中有中断机构，其作用是（　　　）。

    A．实现数据传送   B．向 CPU 提出总线使用权

    C．向 CPU 提出传输结束   D．向 CPU 报告传送出错

（18）CPU 响应中断的时间是（　　　）。

    A．一条指令执行结束时   B．外设提出中断请求时

  C. 取指周期结束时   D. 当前程序运行结束时

（19）并行接口是指（   ）。

  A. 仅接口与系统总线之间采取并行传送

  B. 接口内部只能并行传送

  C. 仅接口与外围设备之间采取并行传送

  D. 接口的两侧均采取并行传送

（20）中断屏蔽字的作用是（   ）。

  A. 暂停外设对主存的访问   B. 暂停 CPU 对某些中断的响应

  C. 暂停 CPU 对一切中断的响应   D. 暂停 CPU 对主存的访问

2. 判断题

要求：如果正确，请在题后括号中打"√"，否则打"×"。

（1）串行接口在连接主机和外设的两端，都以串行方式传送数据。   （   ）

（2）中断方式的中断过程实质上是一种程序切换过程。   （   ）

（3）磁盘接口同时使用 DMA 方式和中断方式与主机通信。   （   ）

（4）计算机设置软中断指令的目的是为了代替中断方式中的硬件逻辑（例如中断屏蔽逻辑、判优逻辑等）。   （   ）

（5）中断优先级从高到低的顺序一般为故障引发的中断请求、DMA 请求、外设中断请求。

                           （   ）

（6）在链式优先排队逻辑中，CPU 依靠中断类型码（中断号）来区分不同的中断源。

                           （   ）

（7）中断向量就是某个中断服务程序在主存中的入口地址。   （   ）

（8）在多重中断中，CPU 会响应优先级低的中断请求，而单级中断中则不会。 （   ）

（9）Intel 8259 允许 9 片芯片级联，构成 64 级中断系统。   （   ）

（10）在 DMA 传送期间，CPU 不允许使用系统总线和访问主存。   （   ）

3. 问答题

（1）简述 I/O 接口的基本功能。

（2）比较中断请求分散屏蔽和集中屏蔽的区别。

（3）简述 CPU 响应中断的必要条件。

（4）简述中断响应与处理过程。在多重中断中，两次关中断和开中断的目的是什么？

4. 名词解释

中断方式、DMA 方式、中断向量、向量地址、中断隐指令操作、多重中断、DMA 单字传送、通道方式。

第9章
流水线技术

总体要求

- 了解线性流水线的基本概念、流水线的表示方法
- 理解流水线的指令重叠解释、一次重叠方式
- 理解重叠取指令、执行与分析的关系
- 理解流水线的定义、分类、时空图
- 理解流水线的性能指标、调度算法
- 理解流水线的相关性及解决方法
- 理解非线性流水线的表示方法、冲突和调度
- 了解向量流水处理机、超标量处理机和超流水线处理机

相关知识点

- 了解当前计算机硬件最新配置的基本常识
- 熟悉计算机系统的基本构成知识

学习重点

- 熟悉流水线的表示方法、分类、性能指标，并掌握计算方法
- 熟悉与流水线及其调度相关的基本概念和术语

借鉴工业流水线制造的思想，现代 CPU 也采用了流水线设计。在工业制造中采用流水线可以提高单位时间的生产量；同样，在 CPU 中采用流水线设计也有助于提高 CPU 的频率。

9.1 流水线的工作原理

9.1.1 指令解释的一次重叠方式

解释一条机器指令的微操作大体可划分成取指令、分析和执行三个子过程。取指令是按照指令计数器 PC 的内容访问主存，取出一条指令送到指令寄存器。分析是对指令的操作码进行译码，按照给定的寻址方式和地址字段形成操作数的地址。执行是指对指令的操作码进行译码，按照给定的寻址方式和地址字段形成操作数的地址，时间关系如图 9-1 所示。

指令的重叠解释是在解释第 K 指令的操作完成之前，就开始解释第 $K+1$ 条指令。如图 9-2 所

示，首先把一条指令分为 3 个子过程，然后在同一时刻安排不同的指令的不同子过程重叠执行，这样将大大提高 CPU 的利用率。

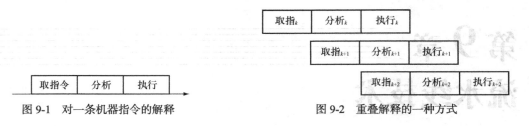

图 9-2　重叠解释的一种方式

图 9-1　对一条机器指令的解释

1. 一次重叠方式的概念

在任何时候，在指令的分析部件和执行部件内部都只有相邻两条指令在重叠解释的方式称为"一次重叠"。因此，一次重叠工作方式就是如果每次都可以从指缓中取得指令，则"取指$_{k+1}$"的时间很短，就可把该操作步骤合并到"分析$_{k+1}$"内，从而由原先的"取指$_{k+2}$"、"分析$_{k+1}$"、"执行$_k$"重叠变成只是"分析$_{k+1}$"与"执行$_k$"的重叠，如图 9-3 所示。

图 9-3　指令的一次重叠方式

顺序解释的优点是控制简单，但由于上一步的结果是下一步操作的输入，因此缺点是速度慢，各硬件部件的利用率很低。例如，取指令的时候，主存处于忙的状态，但是运算器却处于等待状态；在执行运算时，运算器处于忙的状态，但是主存却闲着。相比顺序解释方式的特点，一次重叠的解释方式使得计算机硬件资源得到合理的利用。

2. 重叠取指$_{k+1}$与分析$_k$的实现方法

为了实现"执行$_k$"与"分析$_{k+1}$"的一次重叠，硬件必须具备独立的指令分析部件和指令执行部件。以加法器为例，分析部件要有单独的地址加法器用于地址计算，执行部件也要有单独的加法器完成操作数的相加运算。这是以增加某些硬件为代价的。因此还需在硬件上解决控制上的同步，保证任何时候都只是"执行$_k$"与"分析$_{k+1}$"重叠。

现实中"分析"和"执行"所需的时间常不相同，就是说，即使"分析$_{k+1}$"比"执行$_k$"提前结束，"执行$_{k+1}$"也不紧接在"分析$_{k+1}$"之后与"执行$_k$"重叠进行；同样，即使"执行$_k$"比"分析$_{k+1}$"提前结束，"分析$_{k+2}$"也不紧接在"执行$_k$"之后与"分析$_{k+1}$"重叠进行。一次重叠的最大特点就是节省了硬件资源，执行和分析部件可以合并执行，简化了控制设备。

3. 重叠执行$_k$与分析$_{k+1}$的实现方法

为了实现"分析$_{k+1}$"和"执行$_k$"的一次重叠，还需要解决好控制上的许多关联的问题。例如，假设第 k 条指令是条件转移指令，当条件转移不成功时，重叠操作有效；当条件转移成功且需要转移到第 m 条指令时，此时"执行$_k$"和"分析$_{k+1}$"的操作是无效的，重叠方式必须变成顺序方式，因为此时在"执行$_k$"的末尾才形成下一条要执行指令 m 的地址，如图 9-4 所示。

显然，重叠方式应该尽量少使用转移技术，否则重叠效率会因此下降。此外，控制上还要解决好邻近指令之间有可能出现的某种关联，包括"数相关"和邻近指令之间"指令相关"。如果采用机器指令可修改的办法经第 k 条指令的执行来形成第 $k+1$ 条指令，如

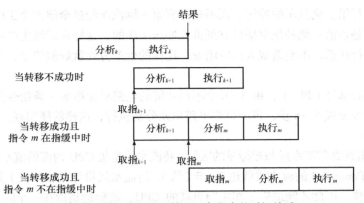

图 9-4 第 k 条指令和第 $k+1$ 条指令的时间关系

k：存通用寄存器，$k+1$；（通用寄存器）→$k+1$

$k+1$：……

由于在"执行$_k$"的末尾才形成第 $k+1$ 条指令，按照一次重叠的时间关系，"分析$_{k+1}$"所分析的是已取进指令缓存单元的第 $k+1$ 条指令的旧内容，这时就会出错。为了避免出错，第 k 条、第 $k+1$ 条指令就不能同时解释，我们称此时这两条指令之间发生了"指令相关"。

目前实现"取指$_{k+1}$"与"分析$_k$"的重叠需解决访主存的冲突问题，主要从以下三个方面来考虑。

① 一种办法是让操作数和指令分别存放于两个独立编址且可同时访问的存储器中，这有利于实现指令的保护，但是增加了主存总线控制的复杂性及软件设计的麻烦。

② 另一种办法仍维持指令和操作数混存，但采用多体交叉主存结构，只要第 k 条指令的操作数与第 $k+1$ 条指令不在同一个体内，就仍可在一个主存周期取得，从而实现"分析$_k$"与"取指$_{k+1}$"的重叠。然而，这两者若正好共存于一个存储体内，就无法重叠。

③ 第三种办法是增设采用先进先出方式工作的指令缓冲寄存器（指缓）。

由于大量中间结果只存于通用寄存器中，因此主存并不是满负荷工作的。设置指缓就可趁主存有空时，预取下一条或下几条指令存于指缓中。这样，"分析$_k$"与"取指$_{k+1}$"就能重叠了。

9.1.2 指令解释的流水方式

1. 什么是流水线

流水线（pipeline）是 Intel 首次在 80486 芯片中开始使用的。计算机中的流水线是把一个重复的过程分解为若干个子过程，每个子过程与其他子过程并行进行。由于这种工作方式与工厂中的生产流水线十分相似，因此称为流水线技术。

现以汽车装配为例来解释流水线的工作方式。假设装配一辆汽车需要 4 个步骤：S1 冲压：制作车身外壳和底盘等部件；S2 焊接：将冲压成形后的各部件焊接成车身；S3 涂装：将车身等主要部件清洗、化学处理、打磨、喷漆和烘干；S4 总装：将各部件（包括发动机和向外采购的零件）组装成车。同时，对应地，需要冲压、焊接、涂装和总装四个工人。如果不采用流水线，那么第一辆汽车依次经过上述四个步骤装配完成之后，下一辆汽车才开始进行装配，最早期的工业制造就是采用的这种原始的方式。不久之后，大家就发现，某个时段中一辆汽车在进行装配时，其他三个工人处于闲置状态，显然，这是对资源的极大浪费！于是大家开始思考如何有效利用资源，有什么办法让四个工人一起工作。那就是流水线！在第一辆汽车经过冲压进入焊接工序的时候，立刻开始进行第二辆汽车的冲压，而不是等到第一辆汽车经过全部四个工序后才开始。之后的每一辆汽车都是在前一辆冲压完毕后立刻进入冲压工序的，这样在后续生产中就能够保证四个工人一直处于运行状态，不会造成人员的闲置。这样的生产方式就好似流水，川流不息，因此被称为流水线。

在计算机核心部件 CPU 中，由 5～6 个不同功能的电路单元组成一条指令处理流水线，然后将一条 80x86 指令分成 5～6 步，再由这些电路单元分别执行，这样就能实现在一个 CPU 时钟周期完成一条指令。

另外，请读者注意超流水线与超标量的区别。超流水线是指 CPU 内部的流水线超过通常的 5～6 步以上，例如 Pentium 4 的流水线就达 20 步（级）。将流水线设计的步（级）数越多，其完成一条指令的速度越快，因此才能适应工作主频更高的 CPU。超标量是指在一个时钟周期内 CPU 可以执行一条以上的指令。这在 486 或者以前的 CPU 上是很难想象的，只有 Pentium 级以上的 CPU 才具有这种超标量结构。

2. 流水处理的时空图

流水线工作方式，指令一条接着一条从输入端流入，经过各个子过程后从输出端流出。图 9-5 是一种流水线连接图的表示方法。与工厂中的流水作业装配线类似，采用流水线技术的一个重复的时序过程被分解为若干个子过程，每一个子过程都可以有效地在其专用功能段上与其他子过程同时执行。

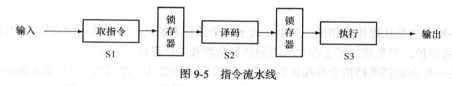

图 9-5　指令流水线

一些复杂的流水线中每一个子过程还可以再进一步分解成更小的子过程，将浮点加法器分解为求阶差、对阶、尾数加和规格化 4 个子过程，如图 9-6 所示。

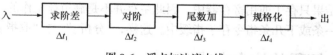

图 9-6　浮点加法流水线

从图 9-6 中，假设各个部件的执行时间 $\Delta t_1 = \Delta t_2 = \Delta t_3 = \Delta t_4 = \Delta t$，虽然执行一次浮点加法运算的时间都是 $4\Delta t$，但是如果四个部件同时工作，每隔一个 Δt 就能完成一次浮点加法运算，输出一个结果，采用四级流水线浮点加法器，CPU 执行浮点加法运算速度就能提高 3 倍。为了形象地描述流水线的工作过程，通常采用时空图（见图 9-7）来表示，图中每个子过程经过的时间都是 Δt。

横坐标表示时间，即输入流水线中的各个任务在流水线中所经过的时间；纵坐标表示空间，即流水线的各个子过程。从横坐标方向看，流水线中的各个功能部件在逐个连续地完成自己的任务。从纵坐标方向看，在同一个时间段内有多个流水段在同时工作，执行不同的任务。在图 9-7 中，纵向表示空间各功能段 S1，S2，S3，…，小方格中的 1，2，3，…，n 表示处理机处理的第 1，2，3，…，n 条指令号。时空图的分布反映了流水线各功能部件的占有情况。在流水线开始时有一段流水线填入时间，使得流水线填满，此段时间称为流水线建立时间。然后流水线正常工作，各功能段源源不断地满载工作，称为正常流动时间。在流水线第一条指令结束时，其他指令还需要一段释放时间，这段时间称为排空时间。而且从图 9-7 中可以看出，流水线时空图中各个空白方格越少，表示设备的占有率就越高，硬件系统的效率就越高。流水线的时空图是描述流水线工作、分析评价流水线性能的重要工具。

图 9-7 流水线处理时空图

3. 流水与一次重叠的区别

流水是重叠的引申，分析 $k+1$ 与执行的一次重叠是把指令的解释过程分解成分析和执行两个子过程，在独立的分析部件和执行部件上时间重叠地执行，若分析和执行的子过程都需要 Δt_1 的时间，一条指令的执行需要 $2\Delta t_1$ 时间完成。机器需要每隔 Δt_1 就能解释完一条指令，也就是说，指令由串行解释到一次重叠解释，机器的最大吞吐率（单位时间内处理的最多指令条数，或者机器能输出的最多结果数目）提高了一倍。

一些复杂的流水线中，每一个子过程还可以再进一步分解成更小的子过程，将浮点加法器分解为求阶差、对阶、尾数加和规格化 4 个子过程，如图 9-6 所示。这 4 个过程分别由独立的子部件实现，所经过的时间 $\Delta t_1 = \Delta t_2 = \Delta t_3 = \Delta t_4 = \Delta t$。

如果完成一条指令的时间为 T，则对于分解为"分析"和"执行"两个子过程的，其 $T = 2\Delta t$；而对于分解为"取指令"、"指令译码"、"取操作数"和"执行" 4 个子过程的（见图 9-8），其 $T = 4\Delta t_1$，完成一条指令所需时间仍是 T。顺序解释方式，每隔 T "流出"一个结果；一次重叠方式，每隔 $T/2$（每隔 Δt）就可 "流出"一个结果，吞吐率提高了一倍；分为 4 个子过程的流水方式，每隔 $T/4$（每隔 Δt_1）"流出"一个结果，即吞吐率比顺序方式提高了三倍；若进入流水线的指令数为 6，从第 1 条指令进入流水线到最后一条指令流出结果，时间是 $9\Delta t_1$（见图 9-9），即 $9T/4$ 的时间；如果是顺序执行，则需要 $6T$ 的时间。

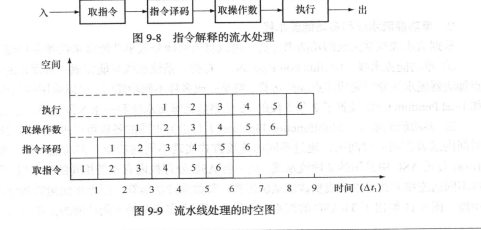

图 9-8 指令解释的流水处理

图 9-9 流水线处理的时空图

流水线与重叠在概念上没有什么区别，可以看成重叠的延伸。二者的差别在于，"一次重叠"是把一条指令的解释分解成两个子过程，而流水是分成更多的子过程。前者只是解释两条指令，而后者可以同时解释四条指令。过程分解得越多，机器的吞吐率越高。

9.1.3　流水线的分类

根据不同的分类标准，可以把流水线分成多个不同的类型。平时所说的某种流水线，都是按照某种观点，或者从某个特定角度对流水线进行分类的结果。下面就从几个不同的角度介绍一下流水线的基本分类方法。

1. 部分功能级、处理机级和处理机之间级流水线

根据使用流水线的级别差异，可以把流水线分为部件功能级、处理机级和处理机之间级多种流水线类型。

① 部件功能级流水线，又称运算操作流水线（Arithmetic Pipelines）。要提高执行算术逻辑运算操作的速度，除了在运算操作部件中采用流水线之外，还可以设置多个独立的操作部件，并通过这些操作部件的并行工作来提高处理机执行算术逻辑运算的速度。通常，把在指令执行部件中采用了流水线的处理机称为流水线处理机或超流水线处理机；而把在指令执行部件中设置有多个操作部件的处理机称为多操作部件处理机或超标量处理机。

② 处理机级流水线，又叫指令流水线（Instruction Pipelines）。它是把执行指令的过程按照流水方式处理，使处理机能够重叠地执行多条指令，即把一条指令的执行过程分解为多个子过程，每个子过程在一个独立的功能部件中完成。本章主要讨论的就是指令流水线。

③ 处理机之间级流水线，又被称为宏流水线（Macro Pipelines），如图 9-10 所示。这种流水线由两个或者两个以上的处理机通过存储器串行连接起来，每个处理机对同一数据流的不同部分分别进行处理，前一个处理机的输出结果存入存储器中，作为后一个处理机的输入，每个处理机完成整个任务的一部分。这一般属于异构型多处理机系统，它对提高各个处理机的效率有很大的作用。

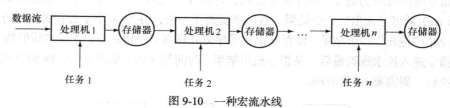

图 9-10　一种宏流水线

2. 单功能流水线和多功能流水线

根据流水线能够完成的功能来分类，可以将流水线分成单功能流水线和多功能流水线。

① 单功能流水线（Unifunction Pipelines）是指一条流水线只能完成一种固定的功能，例如浮点加法器流水线专门完成浮点加法运算。当要完成多种不同功能时，可以采用多条单功能流水线。如 Intel Pentium CPU 设置了 2 条 5 段的 32 位整数运算流水线和一条 8 段的浮点运算流水线。

② 多功能流水线（Multifunction Pipelines）是指流水线的各段可以进行不同的连接，在不同时间内或者在同一时间内，通过不同的连接方式实现不同的功能。多功能流水线的典型代表是Texas 公司 ASC 中采用的 8 段流水线。在一台 ASC 处理机内有 4 条相同的流水线，每条流水线通过不同的连接方式可以完成整数加减法运算、整数乘除法运算、浮点加法运算和浮点乘法运算等功能。图 9-11 给出了 TI-ASC 的流水线分段示意图和实现两种不同功能的连接方式。

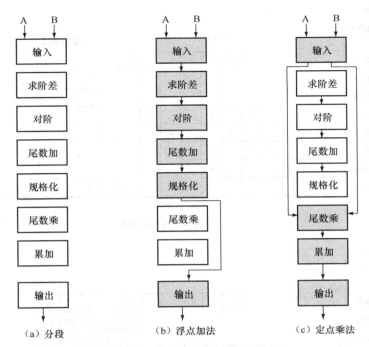

图 9-11 TI-ASC 计算机的多功能流水线

3. 静态流水线和动态流水线

在多功能流水线中，按照在同一时间内是否能够连接成多种方式、同时执行多种功能，可以把多功能流水线分为静态流水线和动态流水线两种。

① 静态流水线（Static Pipelines）是指在同一段时间内，多功能流水线中的各个功能段只能够按照一种固定的方式连接，实现一种固定的功能。只有当按照这种连接方式工作的所有任务都流出流水线之后，多功能流水线才能重新进行连接，从而实现其他功能。

② 动态流水线（Dynamic Pipelines）是指在同一段时间内，多功能流水线中的各段可以按照不同方式连接，同时执行多种功能。这种同时实现多种连接方式是有条件的，即流水线中的各个功能部件之间不能发生冲突。

前面介绍的 TI-ASC 的 8 段流水线，就是一种静态流水线。开始时，多功能流水线按照实现浮点加减法的方式连接。当 n 个浮点加减法全部执行完成，而且最后一个浮点加减法运算的排空操作也做完之后，多功能流水线才重新开始按照实现定点乘法的方式进行连接，并开始做定点乘法运算。

图 9-12 展示了静态流水线与动态流水线在执行浮点加法和定点乘法两种运算时的区别。在静态流水线中，只有浮点加法运算全部流出之后才能安排定点乘法运算。而在动态流水线中，两种运算可以同时安排，只要保证这两种运算同时在同一条多功能流水线中分别使用不同的功能段即可。

4. 线性流水线和非线性流水线

按连接方式（流水线中是否有反馈回路），流水线可分为线性流水线和非线性流水线。

线性流水线（Linear Pipelines）：从输入到输出，每个功能段只允许经过一次，不存在反馈回路。一般的流水线均属于这一类。

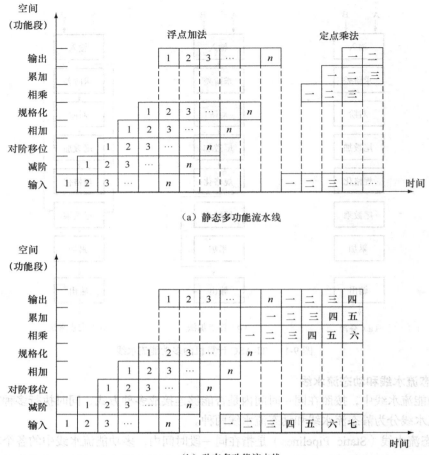

（a）静态多功能流水线

（b）动态多功能流水线

图 9-12　静、动态多功能流水线时空图

非线性流水线（Non-linear Pipelines）：存在反馈回路，从输入到输出过程中，某些功能段将数次通过流水线。这种流水线常用于进行递归运算，如图 9-13 所示。

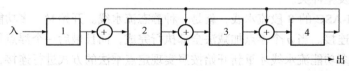

图 9-13　非线性流水线

9.1.4　流水线性能分析

1. 吞吐率

吞吐率（Throughput Rate，TP）是指单位时间内流水线能够处理的任务数（或指令数）或流水线能输出的结果的数量。计算流水线吞吐率的最基本的公式为：

$$TP = n / T_k \tag{9-1}$$

上式子中，n 为任务数目，T_k 表示为处理完 n 个任务所用的时间。

实际吞吐率 TP：流水线的实际吞吐率是指从启动流水线处理机开始到流水线操作结束，单位时间内能流出的任务数或能流出的结果数。

图 9-9 是各段执行时间相等的流水线时空图，在输入流水线中的任务是连续的理想情况下，一条 k 段线性流水线能够在 $k+n-1$ 个时钟周期内完成 n 个任务：

$$T_k = (k+n-1)\Delta t \qquad (9\text{-}2)$$

该表达式中，k 为流水线的段数，Δt 为时钟周期。将式（9-2）代入式（9-1），得到流水线的实际吞吐率：

$$TP = \frac{n}{(k+n-1)\Delta t} \qquad (9\text{-}3)$$

m 段线性流水线各段执行时间均为 Δt，连续输入 n 个任务时流水线的最大吞吐率为：

$$TP_{\max} = \lim_{x \to \infty} \frac{n}{(k+n-1)\Delta t} = \frac{1}{\Delta t} \qquad (9\text{-}4)$$

流水线的实际吞吐率要小于最大吞吐率，由此可以看出，它主要与 k、n、Δt 几个参数有关。只有当 n 远大于 k 的时候，实际吞吐率才近似于最大吞吐率。各段执行的时间不相等的流水线，其流水线的时空图复杂得多，其吞吐率在本章中不做详细说明。

2. 流水线的效率

效率是指流水线中的各功能段的利用率。由于流水线有建立和排空时间，因此各功能段的设备不可能一直处于工作状态，总有一段空闲时间。

① 如果线性流水线中各段经过的时间相等，则在 T 时间里，流水线各段的效率都会是相同的，均为 η_0，即

$$\eta_1 = \eta_2 = \cdots = \eta_m = \frac{n \cdot \Delta t_0}{T} = \frac{n \cdot \Delta t_0}{m\Delta t_0 + (n-1)\Delta t_0} = \frac{n}{m+(n-1)} = \eta_0 \qquad (9\text{-}5)$$

所以，整个流水线的效率为

$$\eta = \frac{\eta_1 + \eta_2 + \cdots + \eta_m}{m} = \frac{m \cdot \eta_0}{m} = \frac{m \cdot n\Delta t_0}{m \cdot T} \qquad (9\text{-}6)$$

其中，分母 $m \cdot T$ 是时空图中 m 段以及流水总时间 T 所围成的总面积，分子 $m \cdot n\Delta t_0$ 则是时空图中 n 个任务实际占用的总面积。因此，从时空图上来看，所谓效率，实际就是 n 个任务占用的时空区和 m 个段总的时空区面积之比。显然，只有当 n 远大于 m 时，η 才趋近于 1；同时还可看出，对于线性流水线，在每段经过的时间相等的情况下，流水线的效率将与吞吐率成正比，即

$$\eta = \frac{n \cdot \Delta t_0}{T} = \frac{n}{n+(m-1)} = TP \cdot \Delta t_0 \qquad (9\text{-}7)$$

应当说明的是，对于非线性流水线或线性流水线中各段经过的时间不等的情况，这种成正比的关系并不存在，此时应通过画出实际工作时的时空图来分别求出吞吐率和效率。

这就是说，一般情况下，为提高效率减少时空图中空白区所采取的措施，对提高吞吐率同样也会有好处。因此，在多功能流水线中，动态流水线比静态流水线减少了空白区，从而使流水线的吞吐率和效率都得到提高。

② 如果流水线各段经过的时间不等，各段的效率就会不等，可用如下公式计算：

$$\eta = \frac{n \text{个任务实际占用的时空区}}{m \text{个段总的时空区}} = \frac{n \cdot \sum_{i=1}^{m} \Delta t_i}{m \cdot \left[\sum_{i=1}^{m} \Delta t_i + (n-1)\Delta t_i \right]} \qquad (9\text{-}8)$$

另外，由于各段所完成的功能不同，所用的设备量也就不同。在计算流水线总的效率时，为反映出各段因所用设备的重要性、数量、成本等的不同而使其设备利用率占整个系统设备利用率的比重不同，可以给每个段赋予不同的"权"值 a_i。这样，线性流水线总效率的一般公式为

$$\eta = \frac{n(\sum\limits_{i=1}^{m} a_i \cdot \Delta t_i)}{\sum\limits_{i=1}^{m} a_i \left[\sum\limits_{i=1}^{m} \Delta t_i + (n-1)\Delta t_i\right]} \qquad (9\text{-}9)$$

其中，分子为 m 个段的总的加权时空区，分母为 n 个任务占用的加权时空区。

【例 9-1】用一条 4 段浮点加法器流水线求 8 个浮点数的和：Z=A+B+C+D+E+F+G+H。画出流水线的时空图，计算流水线的时钟周期数目、吞吐率和效率。

解： Z=[(A+B)+(C+D)]+[(E+F)+(G+H)]

（1）流水线时空图如图 9-14 所示。

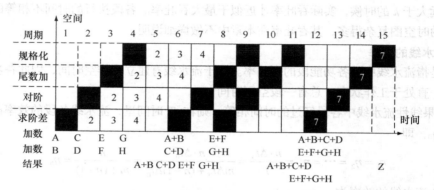

图 9-14　用一条 4 段浮点加法器流水线求 8 个浮点数之和的流水线时空图

（2）浮点加法共用了 15 个时钟周期。

（3）流水线的吞吐率为

$$TP = \frac{n}{T_k} = \frac{7}{15 \cdot \Delta t} = 0 \cdot 47 \frac{1}{\Delta t} \qquad (9\text{-}10)$$

（4）流水线的效率为

$$E = \frac{T_0}{k \cdot T_k} = \frac{4 \times 7 \cdot \Delta t}{4 \times 15 \cdot \Delta t} = 0 \cdot 47 \qquad (9\text{-}11)$$

9.2　流水线的相关性及其处理

9.2.1　流水线的相关性

要使流水线发生效率，就要使流水线连续不断地流动，尽量不出现断流情况。但是，断流现象还是会出现，其原因除了编译形成的目标程序不能发挥流水线作用，或存储系统不能为连续流动提供所需的指令和操作数之外，就是出现了相关、转移和中断问题。

所谓"相关"，是指由于机器语言程序的临近指令之间出现了某种关联后，为了避免出错，使

得它们不能同时被解释的现象。由于指令是提前从主存取进指缓的，为了判定是否发生了指令相关，需要对多条指令地址与多条指令的运算结果地址进行比较，看是否有相同的，这是很复杂的。如果发现有指令相关，还要让已预取进指缓的相关指令作废，重取并更换指缓中的内容。这样做不仅操作控制复杂，而且增加了辅助操作时间。特别是要花一个主存周期去访存重新取指，带来的时间损失很大。

1. 指令相关

① 如果规定在程序运行过程中不准修改指令，指令相关就不可能发生。不准修改指令还可以实现程序的可再入和程序的递归调用。

② 为满足程序设计灵活性的需要，在程序运行过程中有时希望修改指令，这时可设置一条"执行"指令来解决。"执行"指令最初是研制 IBM 370 机时专门设计的，其形式"执行"指令是 IBM 370 机器为此设置的一条指令，其形式如图 9-15 所示。

当执行到"执行"指令时，按第二操作数$(X_2)+(B_2)+D_2$ 地址取出操作数区域中的内容，作为指令来执行，如图 9-16 所示。

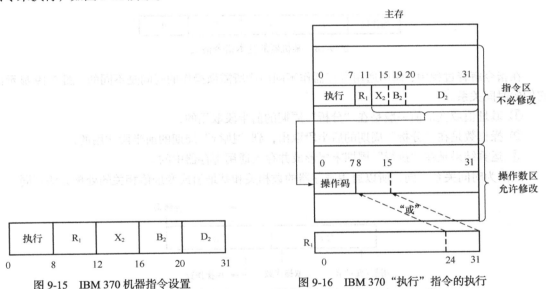

图 9-15　IBM 370 机器指令设置　　　　图 9-16　IBM 370 "执行"指令的执行

所执行的指令的第 8～15 位可与(R_1)24～31 位内容进行逻辑或，以进一步提高指令修改的灵活性。

由于被修改的指令是以"执行"指令的操作数形式出现的，将指令相关转化成了操作数相关，只需统一按操作数相关处理即可。

2. 主存相关

主存空间相关是相邻两条指令之间出现对主存同一单元要求先写而后读的关联,如图 9-17（a）所示。

如果让"执行$_k$"与"分析$_{k+1}$"在时间上重叠，就会使"分析$_{k+1}$"读出的数不是第 k 条指令执行完应写入的结果而出错。要想不出错，只有推后"分析$_{k+1}$"的读操作，如图 9-17（b）所示。

3. 通用寄存器组相关的处理

一般的机器中，通用寄存器除了存放源操作数、运算结果外，还可能存放形成访存操作数物理地址的变址值或基址值，因此，通用寄存器组的相关又分为操作数的相关或者变址值/基址值的相关。

图 9-17　主存空间相关的处理

假设某机器的基本指令格式如图 9-18 所示。L_1、L_3 分别指明存放第一操作数和结果数的通用寄存器号，B_2 为形成第二操作数地址的基址值所在通用寄存器号，d_2 为相对位移量。

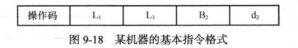

| 操作码 | L_1 | L_3 | B_2 | d_2 |

图 9-18　某机器的基本指令格式

在指令解释过程中，使用通用寄存器作不同用途所需微操作的时间是不同的。图 9-19 显示出它们的时间关系。

① 基址值或变址值一般是在"分析"周期的前半段取用的；
② 操作数是在"分析"周期的后半段取出，到"执行"周期的前半段才用的；
③ 运算结果是在"执行"周期末尾形成并存入通用寄存器中的。

正因为时间关系不同，所以通用寄存器的数相关和基址值或变址值相关的处理方法不同。

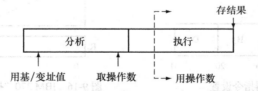

图 9-19　指令解释过程中与通用寄存器内容有关的微操作时间关系

假设正常情况下，"分析"和"执行"的周期与主存周期一样，都是 4 拍。"执行$_k$"与"分析$_{k+1}$"访问通用寄存器组的时间关系如图 9-20 所示。

当程序执行过程中出现了 $L_1(k+1)=L_3(k)$ 时就发生了 L_1 相关，而当 $L_2(k+1)=L_3(k)$ 时就发生了 L_2 相关。

一旦发生相关，如果仍维持让"执行$_k$"和"分析$_{k+1}$"一次重叠，那么从图 9-20 中的时间关系可以看出，"分析$_{k+1}$"取来的(L_1)或(L_2)并不是"执行$_k$"的真正结果，从而会出错。

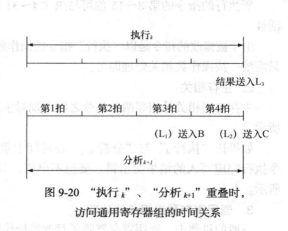

图 9-20　"执行$_k$"、"分析$_{k+1}$"重叠时，访问通用寄存器组的时间关系

9.2.2 流水线的相关性处理

通用寄存器组相关的解决办法：推后读，增设"相关专用通路"。

1. 靠推后读

与前述处理主存空间相关的方法一样，推后"分析 $_{k+1}$"到"执行 $_k$"结束时开始。一次重叠变成了完全的顺序串行。推后"分析 $_{k+1}$"，使"分析 $_{k+1}$"在取(L_1)或(L_2)时能取到即可。相邻两条指令的解释仍有部分重叠，可以减少速度损失，但控制要复杂一些。这两种办法都是靠推后读，牺牲速度来避免相关时出错的。

在运算器的输出到 B 或 C 输入之间增设"相关专用通路"，如图 9-21 所示，则在发生 L_1 或 L_2 相关时，接通相应的相关专用通路，"执行 $_k$"时就可以在将运算结果送入通用寄存器完成其应有的功能的同时，直接将运算结果回送到 B 或 C 寄存器。

尽管原先将通用寄存器的旧内容经数据总线分别在"分析 $_{k+1}$"的第 3 拍或第 4 拍末送入了操作数寄存器 B 或 C 中，但之后经相关专用通路在"执行 $_{k+1}$"真正用它之前，操作数寄存器 B 或 C 重新获得第 k 条指令送来的新结果。这样，既保

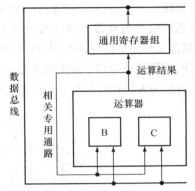

图 9-21　用相关专用通路解决通用寄存器组的相关

证相关时不用推后"分析 $_{k+1}$"，重叠效率不下降，又可以保证指令重叠解释时数据不会出错。

推后"分析 $_{k+1}$"和设置"相关专用通路"是解决重叠方式相关处理的两种基本方法。前者是以降低速度为代价，使设备基本上不增加。后者是以增加设备为代价，使重叠效率不下降。

2. 主存空间相关不用"相关专用通路"法

由于主存空间相关的概率低，不采用"相关专用通路"法，节省了设备，重叠效率也不会明显下降。按哈夫曼（Huffman）思想解决主存空间相关时，不用"相关专用通路"法，而采用推后读法。

越是长的流水线，相关和转移两大问题越严重，所以，流水线并不是越长越好，超标量也不是越多越好，找到一个速度与效率的平衡点才是最重要的。

9.2.3 非线性流水线的调度

1. 非线性流水线的表示

非线性流水线除了串行连接的通路外，还有反馈回路，其结构比较复杂。使用非线性流水线处理的任务的特点：从输入到输出的一次流水过程中，并不是每个站顺序只使用一次，而是有的站可能使用多次。要解决此问题，就需要增加重复硬件站，把非线性流水线做成线性流水线，或增加反馈回路，重复利用某一站。线性流水线的调度比较简单，因为对各任务而言，每站只顺序使用一次，不会在某时刻出现两个任务争用一个硬件站的情况。只需每个时钟节拍输入一个任务，即不会出现冲突问题。在非线性流水线中，由于一个站可能被多次使用，如果仍按线性流水线的输入方法，就可能在某个时刻有两个或多个任务共同争用一个硬件站，就会发生冲突，使得流水线不能通畅。所以在非线性流水线中就存在什么时刻输入任务不会冲突的问题，也就是调度问题。

一条线性流水线通常只用各个流水段之间的连接图就能够表示清楚。但是，在非线性流水线

中，由于一个任务在流水线的各个流水段中不是线性流动的，有些流水段要反复使用多次，只用连接图并不能正确地表示非线性流水线的全部工作过程，因此，引入流水线预约表的概念。一条非线性流水线一般需要一个各流水段之间的连接图和一张预约表共同来表示。

图 9-22（a）是一条由 4 个流水段组成的非线性流水线的连接图。它与一般线性流水线相同的地方是都有从第一个流水段 S_1 到最后一个流水段 S_4 的单方向传输线；它与一般线性流水线明显不同的地方有两个：一是有两条反馈线和一条前馈线，二是输出端经常不在最后一个流水段，而可能从中间的任意一个流水段输出。

预约表如图 9-22（b）所示。预约表的横坐标表示流水线工作的时钟周期，纵坐标表示流水线的流水段；中间有"×"的表示该流水段在这一个时钟周期处于工作状态，即在这个时钟周期有任务通过这个流水段；空白的地方表示该流水段在这个时钟周期不工作。一行中可以有多个"×"，其含义是一个任务在不同时钟周期重复使用了同一个流水段；一列中有多个"×"是指在同一个时钟周期同时使用了多个流水段。预约表的行数就是非线性流水线的段数，这与线性流水线相同；而预约表的列数是指一个任务从进入流水线到从流水线中输出所经过的时钟周期数。

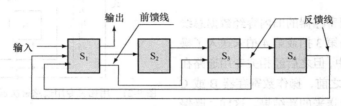

（a）非线性流水线的连接图

时间 流水段	1	2	3	4	5	6	7
S_1	×			×			×
S_2		×			×		
S_3			×			×	
S_4			×				

（b）非线性流水线的预约表

图 9-22 非线性流水线的表示方法

有时把预约表的列数称为流水线的功能求值时间或流水线的装入时间。

2. 非线性流水线的冲突

当以某一个启动距离向一条非线性流水线连续输入任务时，可能在某一个流水段或某些流水段中发生有几个任务同时争取同一个流水段的情况，这种情况就是非线性流水线中的冲突（Collision）。下面介绍流水线冲突涉及的基本概念。

（1）启动距离

向一条非线性流水线的输入端连续输入两个任务之间的时间间隔称为非线性流水线的启动距离（Initiation Interval）或等待时间（Latency）。启动距离通常用时钟周期数来表示，它是一个正整数。

（2）禁止启动距离

引起非线性流水线流水段冲突的启动距离称为禁止启动距离。图 9-22 所示的非线性流水线中，启动距离 2 和启动距离 3 都是禁止启动距离。

（3）启动循环

使非线性流水线的任何一个流水段在任何一个时钟周期都不发生冲突的循环数列称为非线性流水线的启动循环。

（4）恒定循环

只有一个启动距离的启动循环又称为恒定循环。

对于图 9-22 所示的非线性流水线，启动循环为（5）的预约表如图 9-23 所示，启动循环为（1，7）的预约表如图 9-24 所示。从图 9-23、图 9-24 中可以看出，任何一个功能段在任何一个时钟周期都不发生冲突。

时间＼流水段	1	2	3	4	5	6	7	8	9	10	11	...
S_1	X_1			X_1		X_2	X_1		X_2		X_3	...
S_2		X_1			X_1		X_2			X_2		...
S_3		X_1				X_1	X_2				X_2	...
S_4				X_1				X_2				...

启动周期　　　　重复启动周期

图 9-23　启动循环为（5）时的流水线预约表

时间＼流水段	1	2	3	4	5	6	7	8	9	10	11	12	13	14	15	16	...
S_1	X_1	X_2		X_1	X_2		X_1	X_2	X_3	X_4		X_3	X_4		X_3	X_4	...
S_2			X_1	X_2		X_1	X_2			X_3	X_4		X_3	X_4			...
S_3			X_1	X_2			X_1	X_2		X_3	X_4			X_3	X_4		...
S_4				X_1	X_2						X_3	X_4					...

启动周期　　　　重复启动周期

图 9-24　启动循环为（1，7）时的流水线预约表

把一个启动循环内的所有启动距离相加，再除以这个启动循环内的启动距离个数就得到这个启动循环的平均启动距离。例如，启动循环（1，7）的平均启动距离是 4。而恒定循环（5）的平均启动距离就是它本身的启动距离 5。

（5）禁止向量

要正确地调度一条非线性流水线，首先要找出流水线的所有禁止启动距离。把一条非线性流水线的所有禁止启动距离组合在一起就形成一个数列，通常把这个数列称为非线性流水线的禁止向量。由预约表得到禁止向量的方法很简单，只要把预约表的每一行中任意两个"×"之间的距离都计算出来，去掉重复的，由这种数组成的一个数列就是这条非线性流水线的禁止向量。

非线性流水线调度的任务是要找出一个最小的循环周期，按照这个周期向流水线输入新任务，流水线的各个流水段都不会发生冲突，而且流水线的吞吐率和效率最高。

3．非线性流水线的调度方法

非线性流水线无冲突调度的主要目标是要找出具有最小平均启动距离的启动循环。按照这样的启动循环向非线性流水线的输入端输入任务，流水线的工作速度最快，所有流水段在任何时间都没有冲突，而且流水线的工作效率最高。下面将系统地介绍非线性流水线的无冲突调度方法，

这些理论最早是由 E.S.Davidson 及其学生于 1971 年提出来的。

求解非线性流水线的调度方法的基本步骤：

① 写出流水线的禁止表和初始冲突向量。

② 画出调度流水线的状态图。

③ 求出流水线的各种启动循环和对应的平均启动距离。

④ 找出平均启动距离最小的启动循环。

冲突向量用二进制数表示，其长度是禁止表中的最大距离，每一位在向量中的位置 i，对应于 i 个时钟周期的启动距离。若该启动距离是禁止启动距离，则该位为 1，否则为 0。

例如，

禁止表 F=（6，4，2），

则

冲突向量 C=（$C_6C_5C_4C_3C_2C_1$），

由于禁止表是（6，4，2），得到 $C_6=C_4=C_2=1$，其余位为 0，因此，冲突向量为 C=（101010）。

把上面得到的冲突向量 C 作为初始冲突向量送入一个逻辑右移移位器：当从移位器移出的位为 0 时，用移位器中的值与初始冲突向量做"按位或"运算，得到一个新的冲突向量；若移位器移出的位为 1，则不做任何处理；移位器继续右移，如此重复。对于中间形成的每一个新的冲突向量，也要按照这一方法进行处理。在初始冲突向量和所有新形成的冲突向量之间用带箭头的线连接，表示各种状态之间的转换关系。当新形成的冲突向量出现重复时，可以合并到一起。

【例 9-2】一条有 4 个流水段的非线性流水线，每个流水段的延迟时间都相等，其预约表如图 9-25 所示。请画出该流水线的状态转换图，并计算最小平均启动距离和启动距离最小的恒定循环。

时间 流水段	1	2	3	4	5	6	7
S_1	×						×
S_2		×				×	
S_3			×	×			
S_4				×			

图 9-25　非线性流水线的预约表

解：

（1）对于 S_1，禁止启动距离是 7-1=6；

　　对于 S_2，禁止启动距离是 6-2=4；

　　对于 S_3，禁止启动距离是 5-3=2。

　　可见，禁止表 F=（6，4，2）。

　　因此，初始冲突向量 C=（101010）。

（2）初始冲突向量逻辑右移 2、4、6 位时，不做任何处理；逻辑右移 1、3、5 和大于等于 7 时，必须进行处理，即将逻辑右移之后的代码与初始冲突向量进行"按位或"运算，最后把所有不相同的冲突向量用带箭头的线连接起来，即得到如图 9-26 所示的状态转换图。

（3）把状态转换图中各种冲突向量只经过一次的启动循环（简单循环）找出来，由简单循环计算平均启动距离，结果如图 9-27 所示。

　　可见，最小启动循环为（1，7）和（3，5），平均启动距离为 4；启动距离最小的恒定循环是（5）。

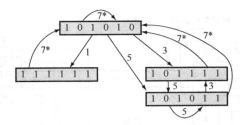

图 9-26 非线性流水线的状态转换图

简单循环	平均启动距离
(1，7)	4
(3，7)	5
(5，7)	6
(3，5，7)	5
(5，3，7)	5
(3，5)	4
(5)	5
(7)	7

图 9-27 所有的简单循环及其平均启动距离

9.3 向量流水处理机

在向量各分量上执行的运算操作一般都是彼此无关、各自独立的，因而可以按多种方式并行执行，这就是向量型并行计算。向量运算的并行执行，主要采用流水线方式和阵列方式两种。向量的流水处理，选择使向量运算最能充分发挥出流水线性能的处理方式。

9.3.1 向量流水处理机的结构

若输入流水线的指令无任何相关，则流水线可获得高的吞吐率和效率。在科学计算中，往往有大量不相关的数据进行同一种运算，这正适合于流水线的特点。因此就出现了具有向量数据表示和相应向量指令的向量流水线处理机，一般称向量流水处理机为向量机。向量流水处理机的结构因具体机器的不同而不同。在向量机中，标量处理器被集成为一组功能单元，它们以流水线方式执行存储器中的向量数据，能够操作于存储器中任何地方的向量就没有必要将该数据结构映射到不变的互连结构上，从而简化了数据对准的问题。

CRAY-1 是由中央处理机、诊断维护控制处理机、大容量磁盘存储子系统、前端处理机组成的功能分布异构型多处理机系统。中央处理机的控制部分里有总容量为256个16位的指令缓冲器，分成4组，每组为64个，如图9-28所示。

中央处理机的运算部分有 12 个可并行工作的单功能流水线，可分别流水地进行地址、向量、标量的各种运算，包括整数加、逻辑运算、移位、浮点加、浮点乘和浮点迭代求倒数。这些流水处理部件并行工作，其流水经过的时间分别为 2、3、4、6、7 和 14 拍，一拍为 12.5 ns。任何一条流水线只要满负荷流动，就都可以每拍流出一个结果分量。另外，还有可为流水线功能部件直

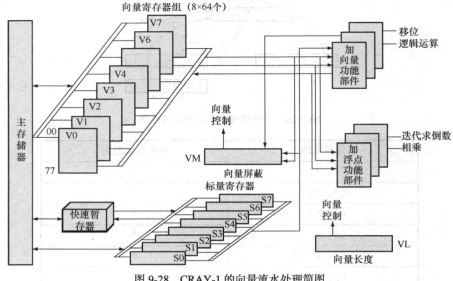

图 9-28　CRAY-1 的向量流水处理简图

接访问的向量寄存器组 V0～V7、标量寄存器 S0～S7 及地址寄存器 A0～A7。

　　向量存储器部分由 512 个 64 位的寄存器组成，分成 8 组，编号为 V0～V7。每个向量寄存器组 Vi 可存放最多 64 个分量（元素）的一个向量，因此向量寄存器中同时可存放 8 个向量。对于长度超过 64 个分量的长向量，可以由软件加以分段处理，每段 64 个分量。为处理长向量而形成的程序结构称为向量循环。每经过一次循环，处理一段。通常将在分段过程中余下不足 64 个分量的段作为向量循环的首次循环，最先得到处理。

　　向量寄存器组 Vi 在同一时钟周期内可接收一个结果分量，并为下次操作再提供一个源分量。这种把寄存器组既作为结果寄存器组又作为源寄存器组的用法，可以实现将两条或多条向量指令连接成一条链子来提高向量操作的并行程度和功能部分流水的效能。机器还设置了 64 位的向量屏蔽寄存器 VM，其中每一位对应于 Vi 寄存器的一个分量，可以用于向量的归并、压缩、还原和测试操作，允许对向量的各个分量单独运算。

　　存储器中任何以固定条状分布的向量，均可用向量 load/store 指令来回传至连续的向量寄存器，所有的算术运算执行于向量寄存器上。Cray 研究（Cray Research）一直采用增加向量存储带宽、处理器数目、向量流水线数和向量寄存器长度等办法，而在超级计算机中独占鳌头。

　　为了能充分发挥向量寄存器组和可并行工作的 6 个流水功能部件的作用，以及加快对向量的处理，CRAY-1 设计成每个 Vi 组都有单独的总线连到 6 个功能部件上，而每个功能部件也各有运算结果送回向量寄存器组的输出总线。这样，只要不出现 Vi 冲突和功能部件冲突，各个 Vi 之间和各个功能部件之间都能并行工作，大大加快了向量指令的处理，这是 CRAY-1 向量处理的一个显著特点。

9.3.2　向量处理机的性能指标

　　衡量向量处理机性能的主要参数：向量指令的处理时间 T_{vp}，最大性能 R_∞，半性能向量长度 $n_{1/2}$，向量长度临界值 n_v。

1. 向量指令的处理时间 T_{vp}

执行一条向量长度为 n 的向量指令所需的时间为

$$T_{vp}=T_s+T_{vf}+(n-1)T_c \tag{9-12}$$

其中，T_s：向量处理单元流水线的建立时间，包括向量起始地址的设置、计数器加 1、条件转移指令执行等；T_{vf}：向量处理单元流水线的流过时间，它是从向量指令开始执行到得到第一个计算结果（向量元素）所需的时间；T_c：向量处理单元流水线"瓶颈"段的执行。如果向量处理单元流水线不存在"瓶颈"段，每段的执行时间等于一个时钟周期，则上式也可以写为

$$T_{vp}=[s+e+(n-1)]T_{clk} \tag{9-13}$$

其中，s：向量处理单元流水线建立所需的时钟周期数；e：向量流水线流过所需的时钟周期数；T_{clk}：时钟周期时间。

对于一组向量指令，其执行时间主要取决于三个因素：向量的长度、向量操作之间是否连接、向量功能部件的冲突和数据的相关性。通常把几条能在同一个时钟周期内一起开始执行的向量指令集合称为一个编队。

2．最大性能 R_{∞}

它表示当向量长度为无穷大时，向量处理机的最高性能，也称为峰值性能。向量处理机的峰值性能可以表示为

$$R = \lim_{n \to \infty} \frac{\text{向量指令序列中浮点运算次数} \times \text{时钟频率}}{\text{向量指令序列执行所需时钟周期数}} \tag{9-14}$$

3．半性能向量长度 $n_{1/2}$

它是指向量处理机的运行性能达到其峰值性能的一半时所必须满足的向量长度。它是评价向量功能部件的流水线建立时间，对向量处理机性能影响的重要参数。

4．向量长度临界值 n_v

对于某一计算任务而言，向量方式的处理速度优于标量串行方式处理速度时所需的最小向量长度。

9.4　超标量与超流水线处理机

9.4.1　超标量处理机

通常，把一个时钟周期内能够同时发射多条指令的处理机称为超标量处理机。超标量处理机最基本的要求是必须有两套或两套以上完整的指令执行部件。为了能够在一个时钟周期内同时发射多条指令，超标量处理机必须有两条或两条以上能够同时工作的指令流水线。

目前，在多数超标量处理机中，每个时钟周期发射两条指令，通常不超过 4 条。由于存在数据相关和条件转移等问题，采用一般的指令调度技术，理论上的最佳情况是每个时钟周期发射 3 条指令。对大量程序的模拟统计结果也表明，每个时钟周期发射 2～4 条指令比较合理。例如，Intel 公司的 i860、i960、Pentium 处理机，Motolora 公司的 MC88110 处理机，IBM 公司的 Power 6000 处理机等每个时钟周期都发射 2 条指令；美国德州仪器公司（TI）为 SUN 公司生产的 SuperSPARC 处理机，每个时钟周期发射 3 条指令。

9.4.2　超流水线处理机

在前面介绍的一般标量流水线处理机中，通常把一条指令的执行过程分解为"取指令"、"译

码"、"执行"和"写回结果"4 级流水线。如果把其中的每级流水线再细分，例如再分解为两级延迟时间更短的流水线，则一条指令的执行过程就要经过 8 级流水线。这样，在一个基本时钟周期内就能够"取指令"两条，"译码"、"执行"和"写回结果'各两条指令。这种在一个基本时钟周期内能够分时发射多条指令的处理机称为超流水线处理机。在有些资料上，把指令流水线的级数为 8 级或超过 8 级的流水线处理机称为超流水线处理机。

超流水线处理机的工作方式与上一小节中介绍的超标量处理机不同。超标量处理机通过重复设置多个"取指令"部件，设置多个"译码"、"执行"和"写回结果"部件，并且让这些功能部件同时工作来提高指令的执行速度，实际上是以增加硬件资源为代价来换取处理机性能的；而超流水线处理机则不同，它只需要增加少量硬件，是通过各部分硬件的充分重叠工作来提高处理机性能的。从流水线的时空图上看，超标量处理机采用的是空间并行性，而超流水线处理机采用的是时间并行性。

一台并行度（ILP）为 n 的超流水线处理机，它在一个时钟周期内能够分时发射 n 条指令。但这 n 条指令不是同时发射的，而是每隔 $1/n$ 个时钟周期发射一条指令。因此，实际上，超流水线处理机的流水线周期为 $1/n$ 个时钟周期。一台每个时钟周期分时发射 2 条指令的超流水线处理机的指令执行时空图如图 9-29 所示。

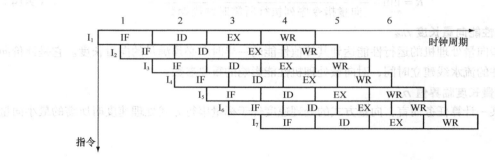

IF：取指令，ID：指令译码，EX：执行指令，WR：写回结果

图 9-29　超流水线处理机的指令时空图

在早期生产的计算机中，巨型计算机 CRAY-1 和大型计算机 CDC-7600 属于超流水线处理机，其指令级并行度 $n=3$。在目前大量使用的微处理器中，只有 SGI 公司的 MIPS（Microprocessor without Interlocked Piped Stages）系列处理机属于超流水线处理机。MIPS 是除 Intel 公司的 X86 系列微处理器之外，生产量最大的一种微处理器。MIPS 系列的微处理器主要有 R2000、R3000、R4000、R5000 和最近刚投放市场的 R10000 等几种。

9.4.3　超标量流水技术的实例——Intel Pentium

超标量流水线设计是 Intel Pentium 处理器技术的核心，它由 U 和 V 两条指令流水线构成，如图 9-30 所示。每条流水线都有自己的 ALU、地址生成电路和数据 Cache 接口。这种流水线结构允许 Pentium 在单个时钟周期内执行两条整数指令，比相同频率的 80486 CPU 性能提高了一倍。与 80486 流水线类似，Pentium 的每一条流水线也分为 5 个步骤：IF（预取）、D1（译码阶段 1）、D2（译码阶段 2）、EX（累加器中执行）和 WB（Cache 访问或者寄存器回写）。

Pentium 的超标量流水线，就是当一条指令完成预取步骤时，流水线就可以开始执行另一条指令。主流水线 U 可以执行 80x86 的全部指令，包括微代码形式的复杂指令；而 V 流水线则只能执行简单的整形指令与浮点部件指令 FXCHG，这个过程指令称为"指令并行"。在这种情况下，为了使两条流水线中同时执行的两条指令能够同步协调操作，这两条指令必须配对，也就是说，两条流水线中同时执行操作是有条件的，指令的配对必须符合一定的规则。要求指令必须是简单指令，且 V 流水线总是接受 U 流水线的下一条指令。但如果两条指令同时操作产生的结果发生冲突，则要求 Pentium 还必须借助于适用的编译工具，产生尽量不冲突的指令序列，以保证其有效使用。

Pentium 的 U 和 V 两条指令流水线的第一流水级 IF 共用一个取指通道。实际上，U 和 V 有一个指令预取缓冲器，但两者不能同时操作，只能轮流切换。它们按照原定的指令地址或由条砖目标的缓冲器 BTB 提供的预测转移地址，从 L1 指令 Cache 中顺序地读取一个 32 字节的 Cache 行，从而在缓冲器中形成预取队列。

第二流水级 D1 的 U 和 V 流水线各有一个译码器，两者都对第一级输出的指令进行译码。在这里，我们必须检查它们是否为转移指令，如果是，则将该指令的地址送往 BTB 进行进行记录与预测处理。在此还要确定指令 K 与 $K+1$ 是否配对，若配对，则第一条指令 K 装入 U 流水线，第二条指令 $K+1$ 装入 V 流水线；如果两条指令不配对，则只有 K 指令转入 U 流水线，V 流水线暂时空闲。待下一个时钟周期内指令预取缓冲存储器提供 $K+2$，再判断 $K+1$ 指令是否与 $K+2$ 指令配对。

第三流水级 D2 的译码器则主要用于生成存储器操作数的存储器地址，提供给 L1 数据 Cache，以便于下一条流水级能访问它。不使用存储器操作数指令也必须经过这一级。

第四流水级 EX，它为执行级，以各自的累加器为中心来完成指令确定的算术逻辑运算。如果有存储器操作数，则于本级的前期从 L1 数据 Cache 或者 L2Cache（L1Cache 未命中），甚至主存储器（L2Cache 未命中）中读取数据。

特别注意：直到这一级才能确定分支转移预测是否正确。若预测正确，则表示一切正常；若预测出错，则流水线上的指令及预取缓冲器的队列必须全部作废，而从另一地址处重新装载，并且要通知 BTB 做相应的记录及修正。

第五流水级 WB 是要将执行的结果回写到寄存器 L1Cache，例如，指令的目标寄存器或者 L1Cache，包括对 Eflg 标志位的修改等。至此，一条指令才算完整地被执行。

如图 9-30 所示，假设程序设计优化到奇数条指令与偶数条指令的每前后两条都是配对的，因而在每一时钟内都能输出两条指令的执行结果。

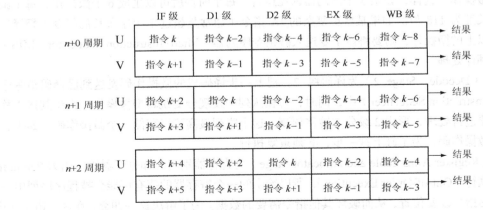

图 9-30 Pentium 微处理器两条流水线的满载操作

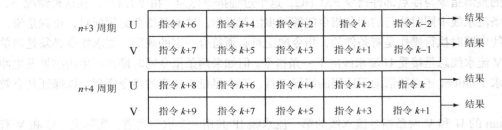

图 9-30　Pentium 微处理器两条流水线的满载操作（续）

继 Pentium 之后，Intel 改进流水线设计。Pentium Pro 的流水线细分为 11 级，而 Pentium II 则细分为 12 级。它们的前九级流水完全相同，如图 9-31 所示。其中，Intel Pentium II 的内部组成如图 9-32 所示。

| IFU1 | IFU2 | IFU3 | DEC1 | DEC2 | RAT | ROB | DIS | EX | RET1 | RET2 |

Pentium Pro 11 级指令流水线

| IFU1 | IFU2 | IFU3 | DEC1 | DEC2 | RAT | ROB | DIS | EX | WB | RR | RET |

图 9-31　Pentium II 12 级指令流水线

IFU1（Instruction Fetch Unit Stage 1）为取指单元级 1：从一级指令缓存中载入一行指令，共 32 字节，256 位，把它保存到指令流缓存存储器中。

IFU2（Instruction Fetch Unit Stage 2）为取指单元级 2：因为 X86 处理器对于载入的 16 字节指令并没有一个从哪里开始和结束的固定长度，这一步是在 16 字节之内划清指令界限。如果在这 16 字节内有分支指令，则它的地址会保存到分支目标缓冲（BTB）中去，这样 CPU 以后可以用来做分支指令预测。

IFU3（Instruction Fetch Unit Stage 3）为取指单元级 3：标记每个指令应该发送到哪个指令解码单元中去，共有 3 种不同的指令解码单元。

DEC1（Decode　Stage 1）为译码级 1：译码 X86 指令为一个 RISC 微指令（微操作码）。因为 CPU 有 3 种不同的指令译码单元，所以可以同时最高译码 3 个指令。译码器 0 是复杂译码器，用于将一条复杂指令翻译成 4 个微操作；译码器 1 和译码器 2 都是简单译码器，用于将简单指令生成 1 个微操作。这样，如果 3 个译码器都在运行，每个时钟就可以生成 6 个微操作，每个微操作的固定长度为 118 位。如果某些更复杂的 IA 指令（通常是超过 7 个字节长的指令）翻译后将生成 4 个以上的微操作，则要将该指令送入微指令序列器（Micro Instruction Sequencer，MIS）进行特殊的翻译处理。

DEC2（Decode　Stage 2）为译码级 2：把上一步译码成的微操作码发送到已译码指令序列（Decoded Instruction Sequencer）中，同时，若在队列中发现分支跳转型微操作，则将其送入静态转移预测器进行处理，形成 2 级分支转移预测。这个序列最高可以存储 6 个微操作码，如果有多于 6 个的微操作码，为了赶上这一步，必须重复执行。

RAT（Register Alias Table and Allocator Stage）为寄存器别名表和分配器级：因为 Pentium II 支持无序执行（Out-of-Order Execution），所以给出的一个寄存器的值有可能会被程序序列中一个执行过了的指令改变位置，从而破坏其他指令需要的数据。为了解决这一冲突，在这一道工序中，指令使用的原始寄存器被改成 Pentium II 的 40 个内置寄存器之一。

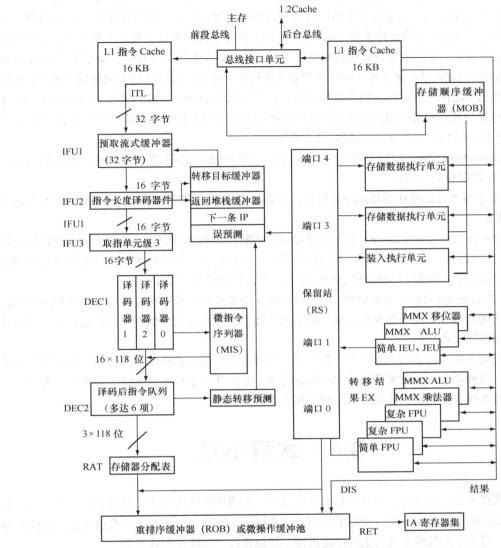

图 9-32　Pentium II 微处理器内核的逻辑框图

ROB（Reorder Buffer Stage）为重排序缓冲级：这一步载入三个微操作码到重排序缓冲（Reorder Buffer）。这里是一个多达 40 个寄存器的环行队列缓冲器，又称指令池（Pool）。它含有缓冲器首指针（Start of Buffer Pointer）与缓冲器尾指针（End of Buffer Pointer）两个指针，前者是回收指针，后者是存放指针。初始化时缓冲器为空，首、尾指针的值相同；每存放一个微操作，尾指针加 1，而首指针则指向最早存入的微操作，等待执行完毕后回收。这些微操作即将进入有 5 个执行端口的下一级。ROB 中的每个微操作都有状态位，记录了该操作码的当前位置、被执行进度、执行结果是否有错，以及结果如何处理等。

前面 7 个阶段某本上都是按 IA 指令的原始顺序操作的。与之相反，以下将进入无序的流水级操作。

DIS（Dispatch Stage）为派遣级：它的保留站（RS）可以乱序地拷贝指令池中的多个微操作。如果微操作码没有成功送到队列预留位，这一步就把它送到正确的执行单元去。

EX（Execution Stage）为执行级：在正确的执行单元执行微操作码，基本上每个微操作码需要一个时钟周期来执行。这里由 5 个端口分别进入不同的执行单元：端口 0 有浮点单元（FPU ）、整数执行单元（IEU）与多媒体扩展（MMX）的 5 个执行单元；端口 1 有 3 个执行单元，其中转移执行单元（JEU）专门处理分支跳转微操作，判断是否真正发生了转移，其结果除了返回 ROB 之外，还要返回 BTB 并记录下来；端口 2 的装入执行单元生成存储器读数据的存储器地址；端口 3 的执行单元生成存储器写数据的存储器地址；端口 4 的执行单元生成存储器写数据。这些操作所产生的地址与数据都要同时送往存储顺序缓冲器，然后按 IA 指令顺序读/写 L1 数据 Cache 或 L2 Cache（L1 未命中），乃至主存储器（L2 未命中）。

WB（Writeback Stage）为回写级：它将以上执行单元的结果回收到指令池中，并对读入的数据进行 ECC 错误检测与修正。

以上 3 个流水级的操作都是乱序进行的，后面的 2 个阶段则应该重新回到 IA 指令原有的顺序进行操作。

RR（Retirement Ready Stage）为回收就绪级：判断回收的结果中较早的（上游）跳转指令是否都已执行，且后来的（下游）应该执行的指令也是否执行完。如果再也没有什么问题与该指令有关，就以 IA 指令为单位并按原指令顺序标记一个回收就绪的微操作。

RET（Retirement Stage）为回收级：每个时钟将 3 个微操作结果顺序发送给传统的 IA 寄存组，恢复了按传统执行 IA 指令的操作结果，指令池中应该删除相应的微操作码，将缓冲器的首指针增量，让出空间以备后用。

这就是动态执行技术的简单机理。简言之，处理器内核的流水线是开始有序、中间无序、结束有序的。这种动态执行技术使高能 Pentium 与 Pentium Ⅱ 每个时钟可执行 3 条命令，相当于 3 条完整的流水线并行操作，从而达到了超标量为 3 的高性能。

9.5　本章小结

流水线技术是一种经济、有效的时间并行技术，在现代计算机设计中得到了广泛的应用。本章从计算机体系结构角度出发，介绍了常用的流水线工作原理、分类方法、表示方法，连接图和时空图等；讨论了衡量流水线的主要性能指标，如加速比、吞吐率和效率等。

流水线设计的一个关键问题是要保证流水线能畅通流动。形成流水线相关的主要因素有指令相关、主存相关和通用寄存器相关，要了解其解决相关的方法，以及非线性流水线的表示方式、冲突、调度方法。

本章的最后一节提到超标量及超流水线处理机及现代 Intel P4 处理技术。

习 题 9

1．单项选择题

（1）流水线机器对全局性相关的处理不包括（　　）。

A．猜测法　　　　　　　　　　　　　　B．提前形成条件码

C．加快短循环程序的执行　　　　　　　D．设置相关专用通路

（2）与流水线最大吞吐率高低有关的是（　　　）。

    A. 各个子过程的时间　　　　　　　　B. 最快子过程的时间

    C. 最慢子过程的时间　　　　　　　　D. 最后子过程的时间

（3）在流水过程中存在的相关冲突中，（　　　）是由于指令之间存在数据依赖性而引起的。

    A. 资源相关　　　B. 数据相关　　　C. 性能相关　　　D. 控制相关

（4）在流水线机器中，全局性相关是指（　　　）。

    A. 先写后读相关　　　　　　　　　　B. 先读后写相关

    C. 指令相关　　　　　　　　　　　　D. 由转移指令引起的相关

（5）非线性流水线的特征是（　　　）。

    A. 一次运算中使用流水线中的多个功能段

    B. 一次运算中多次使用流水线中的某些功能段

    C. 流水线中某些功能段在各次运算中的作用不同

    D. 流水线的各功能段在不同的运算中可以有不同的连接

（6）利用时间重叠概念实现并行处理的是（　　　）。

    A. 流水处理机　　　　　　　　　　　B. 多处理机

    C. 并行（阵列）处理机　　　　　　　D. 相联处理机

（7）下列关于指令间"一次重叠"的说法中有错的是（　　　）。

    A. 仅"执行$_k$"与"分析$_{k+1}$"重叠

    B. "分析$_k$"完成后立即开始"执行$_k$"

    C. 应尽量使"分析$_{k+1}$"与"执行$_k$"时间相等

    D. 只需要一套指令分析部件和执行部件

（8）"一次重叠"中消除"指令相关"最好的方法是（　　　）。

    A. 不准修改指令　　　　　　　　　　B. 设相关专用通路

    C. 推后分析下条指令　　　　　　　　D. 推后执行下条指令

（9）以下说法中不正确的是（　　　）。

    A. 线性流水线是单功能流水线　　　　B. 动态流水线是多功能流水线

    C. 静态流水线是多功能流水线　　　　D. 动态流水线只能是单功能流水线

（10）静态流水线是指（　　　）。

    A. 只有一种功能的流水线

    B. 功能不能改变的流水线

    C. 同时只能完成一种功能的多功能流水线

    D. 可同时执行多种功能的流水线

（11）非线性流水线是指（　　　）。

    A. 一次运算中使用流水线中的多个功能段

    B. 一次运算中要多次使用流水线中的某些功能段

    C. 流水线中某些功能段在各次运算中的作用不同

    D. 流水线的各个功能段在各种运算中有不同的组合

（12）下列说法中正确的是（　　　）。

    A. "一次重叠"是一次解释一条指令　　B. "一次重叠"是同时解释相邻两条指令

    C. 流水方式是同时只能解释两条指令　　D. "一次重叠"是同时可解释很多条指令

2. 简答题

（1）简述同时性（Simultaneity）、并发性（Concurrency）、时间重叠（Time Interleaving）的概念。

（2）什么是向量流水处理机？

（3）什么是流水线的相关问题，通常都有哪几类相关问题？这些相关问题都是什么原因造成的？各种相关问题的解决方法有哪些？

（4）Pentium 微处理机 U 流水线和 V 流水线是怎样工作的？

3. 计算题

（1）设指令流水线分取指（IF）、译码（ID）、执行（EX）、回写（WR）四个过程段，共有 10 条指令连续输入此流水线。要求如下：

① 画出指令周期流程图；

② 画出非线性流水线时空图；

③ 画出流水线时空图；

④ 假设时钟周期为 100 ns，求流水线的实际吞吐量（单位时间执行完毕的指令数）；

⑤ 求该流水线处理器的加速比。

（2）图 9-33 是 TI-ASC 计算机的多功能线性流水线示意图，在输入任务是不连续的情况下，计算流水线的吞吐率、加速比和效率。

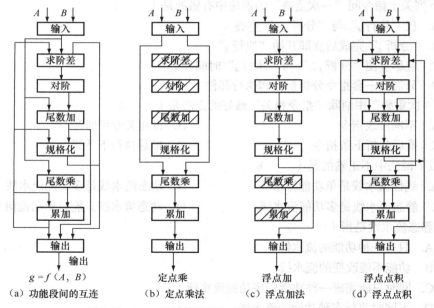

图 9-33　TI-ASC 计算机的多功能线性流水线示意图

（3）有一条由 4 个功能段组成的流水线，每个功能段都使用 1 个时钟周期，周期长度为 Δt。每输出 10 条指令后停顿 4 个功能周期，求此流水线的实际加速比、吞吐率和效率。

（4）设有一条 3 段流水线，各段执行时间依次为 Δt、$3\Delta t$ 和 Δt。

① 分别计算连续输入 3 条指令和连续输入 30 条指令时的实际吞吐率和效率。

② 将瓶颈段细分为 3 个独立段，各子段执行时间均为 Δt，分别计算改进后的流水线连续输入 3 条指令和连续输入 30 条指令时的实际吞吐率和效率。

③ 比较①和②的结果，给出结论。

第 10 章
多处理机技术

总体要求

- 理解阵列处理机的结构、特点及实现
- 了解阵列处理机的原理
- 理解网络互联分类及其实现
- 了解多处理机的特点、分类及其操作系统

相关知识点

- 了解当前向量处理机最新配置的基本常识
- 熟悉计算机系统处理机的构成的基本知识

学习重点

- 熟悉阵列处理机的互联网络实现方式
- 熟悉与向量处理机和多处理机相关的基本概念和术语

10.1　阵列处理机

10.1.1　阵列处理机的结构

阵列处理机的思想早在 40 多年前就提出来了，然而，从那以后又经过 10 年后，第 1 台为 NASA 服务的阵列处理机 ILLIAC IV（见图 10-1）才投入实际使用。它的基本思想就是通过重复设置大量相同的处理单元 PE，将它们按一定的方式互连，在统一的控制部件 CU（Control Unit）的控制下，对各自分配来的不同数据并行地完成同一条指令所规定的操作，如图 10-2 所示。它依靠操作一级的并行处理来提高系统的速度。虽然所有的处理机都遵循这一通用的模式，但是在具体的设计时，不同的阵列处理机仍然有不同之处。

阵列处理机的控制部件中进行的是单指令流，因此与高性能单处理机一样，指令基本上是串行执行，最多加上使用指令重叠或流水线的方式工作。

指令重叠是将指令分成两类，把只适合串行处理的控制和标量类指令留给控制部件自己执行，而把适合于并行处理的向量类指令播送到所有处理单元，控制让处于活跃的那些处理单元去并行执行。因此，这是一种标量控制类指令和向量类指令的重叠执行。

阵列控制器用于磁盘阵列，是磁盘阵列的大脑，硬件组成包括 CPU、高速缓存（Cache）以及光纤通道（FC），主要用来实现数据的存储、转发以及整个阵列的管理，是系统主机与存

储器件（磁盘柜）之间的"桥梁"。阵列处理机根据存储器采用的组成方式不同，分成两种基本构成。

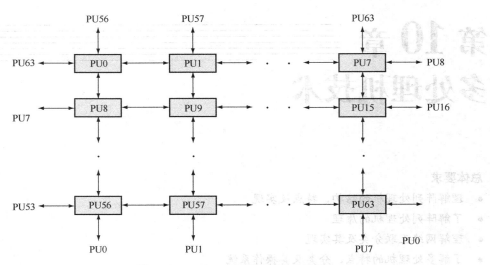

图 10-1　ILLIAC　IV 处理部件的连接

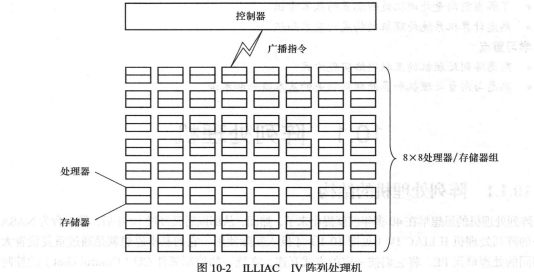

图 10-2　ILLIAC　IV 阵列处理机

1. 分布式存储器阵列处理机

（1）分布式存储器阵列处理机

各个处理单元设有局部存储器存放分布式数据，只能被本处理单元直接访问。此种局部存储器称为处理单元存储器（Processing Element Memory，PEM）。在控制部件 CU 内设有一个用来存放程序的主存储器 CUM。整个系统在 CU 的统一控制下运行系统程序的用户程序。执行主存中的用户程序指令播送给各个 PE，控制 PE 并行地执行。

特点：处理器阵列一般是通过 CU 接到一台管理处理机 SC 上，SC 一般是一种通用计算机，用于管理整个系统的全部资源，完成系统维护、输入输出、用户程序的汇编及向量化编译、作业调度、存储分配、设备管理、文件管理等操作系统的功能。

分布式存储器阵列处理机的结构如图 10-3 所示。

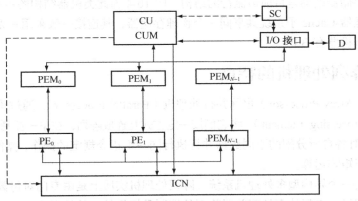

图 10-3　ILLIAC 结构（分布式存储器陈列处理机的结构）

（2）处理单元阵列

由 64 个结构完全相同的处理单元 PE_i 构成，每个处理单元 PE_i 的字长 64 位，PEM_i 为隶属于 PE_i 的局部存储器。每个存储器有 2K 字，全部 PE 由 CU 统一管理。PE_i 都有一根方式位线，用来向 CU 传送每个 PE_i 的方式寄存器 D 中的方式位，使 CU 能了解各 PE_i 的状态是否活动，作为控制它们工作的依据。

2. 集中式共享存储器阵列处理机

系统存储器由 K 个存储体集中组成，并经 ICN 为全部 N 个处理单元所共享。为使各处理单元对长度为 N 的向量中各个元素都能同时并行处理，存储体数 K 应等于或多于处理单元数 N，如图 10-4 所示。

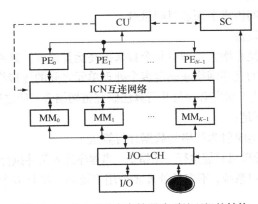

图 10-4　集中式共享存储器阵列处理机的结构

各处理单元在访问主存时，为避免发生分体冲突，也要求有合适的算法能将数据合理地分配到各个存储体中。

互连网络 ICN 用于在处理单元与存储器分体之间进行转接构成数据通路，使各处理单元能高速、灵活、动态地与不同的存储体相连，使尽可能多的 PE 能无冲突地访问共享的主存模块。

集中式共享存储器阵列处理机的主要特点是将资源重复和时间重复结合起来开发并行性。

这类多处理机在目前至多有几十个处理器。由于处理器数目较小，可通过大容量的 Cache 和总线互连使各处理器共享一个单独的集中式存储器。因为只有一个单独的主存，而且从各处理器访问该存储器的时间是相同的，所以这类机器有时被称为 UMA（Uniform Memory Access）机器。这类集中式共享存储器结构是目前最流行的结构。图 10-4 为此类机器结构的示意图。

图中多个处理器-Cache 子系统共享同一个物理存储器，其连接一般采用一条或多条总线。采用这种构形的典型机器有 BSP。

10.1.2 阵列处理机的特点

阵列处理机（Array Processor）也称并行处理机（Parallel Processor），通过重复设置大量相同的处理单元 PE（Processing Element），将它们按一定方式互连成阵列，在单一控制部件 CU（Control Unit）的控制下，对各自所分配的不同数据并行执行同一组指令规定的操作，操作级并行的 SIMD 计算机。它适用于矩阵运算。

阵列处理机是一个异构型多处理机系统。阵列处理机实质上是由专门对付数组运算的处理单元阵列组成的处理机、专门从事处理单元阵列的控制及标量处理的处理机、专门从事系统输入输出及操作系统管理的处理机，组成的一个异构型多处理机系统。但是它们都有一个共同特点，可以通过各种途径把它们转化成为对数组或向量的处理，利用多个处理单元对向量或数组所包含的各个分量同时进行运算，从而易于获得很快的处理速度。

阵列处理机除向量运算外，还受标量运算速度和编译开销大小的影响。这就要求阵列机系统的控制部件必须是一台具有高性能、强功能的标量处理机。编译时间的多少，与阵列处理机结构有关，也与机器语言的并行性程度有关。正因为如此，阵列处理机必须用一台高性能单处理机作为管理计算机来配合工作，运行系统的全部管理程序。

阵列处理机基本上是一台向量处理专用机；对于标量运算占 10% 的题目，提高标量速度重要，因为不是什么运算都可转化为向量。

并行处理机有如下优点。

- 利用资源重复（空间因素）而非时间重叠。
- 利用同时性而非并发性。
- 提高运算速度主要是靠增大处理单元个数来提高运算速度，其潜力要大得多。
- 使用简单而又规整的互连网络来确定多个处理单元之间的连接模式。
- 并行处理机（阵列机）研究必须与并行算法研究密切结合，使之适应性更强，应用面更广。

阵列处理机也有很多不足：

- 许多问题不能很好地映射为严格的数据并行算法。
- 在某一时刻，阵列处理机只能执行一条指令。当程序进入条件执行并行代码时，效率会下降。
- 很大程度上是单用户系统，不容易处理多个用户要同时执行多个并行程序的情况，不适合于小规模的系统。

10.1.3 互连网络及其实现

在 SIMD 计算机中，无论是处理单元之间，还是处理单元与存储分体之间，都要通过互连网络进行信息交换。在大规模集成电路和微处理器飞速发展的今天，建造多达 $2^{14} \sim 2^{16}$ 个处理单元的阵列处理机已成为现实。但如果要求任意两个处理单元之间都有直接的通路，则互连网络的连线将多得无法实现。因此，采取让相邻的处理单元之间只有有限的几种直连方式，经过一步或少量几步传送即可实现任何两个处理单元间为完成解题算法所需的信息传送。

SIMD 系统的互连网络的设计目标是，结构不要过于复杂，以降低成本；互连要灵活，以满足算法和应用的需要；处理单元间信息交换所需传送步数要尽可能少，以提高速度、性能；能用规整单一的基本构件组合而成，或者经多次通过或经多级连接来实现复杂的互连，使模块性好，以便于用 VLSI 实现并满足系统的可扩充性。

下面只介绍 3 种基本的单级互连网络，它们是立方体单级互连网络、PM2I 单级互连网络和混洗交换单级网络。

1. 立方体单级互连网络

互连网络是一种由开关元件按照一定的拓扑结构和控制方式将集中式系统或分布式系统中的结点连接起来所构成的网络。这些结点可能是处理器、存储模块或者其他设备，它们通过互连网络相互连接并进行信息交换。互连网络已成为并行处理系统的核心组成部分，它对并行处理系统的性能起着决定性的作用。

立方体单级互连网络（Cube）的名称来源于图 10-5 所示的三维立方体结构。立方体的每一个顶点（网络的节点）代表一个处理单元，共有 8 个处理单元。用 zyx 三位二进制编号。它所能实现的入、出端连接如同立方体各顶点间能实现的互连一样，即每个处理单元只能直接连到其二进制编号的某一位取反的其他 3 个处理单元上。如 010 只能连接到 000、011、110，不能直接连到对角线上的 001、100、101、111。所以，三维的立方体单级互连网络有 3 种互连函数：$Cube_0$、$Cube_1$ 和 $Cube_2$，其连接方式如图 10-6 中的实线所示。$Cube_i$ 函数表示相连的入端和出端的二进制编号只在右起第 i 位（$i=0$，1，2）上 0、1 互反，其余各位代码都相同。

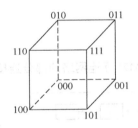

图 10-5　三维立方体结构

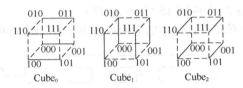

图 10-6　三维立方体的 3 种互连结构

推广到 n 维时，N 个节点的立方体单级互连网络共有 $n=\log_2 N$ 种互连函数，即

$$Cube_i(P_{n-1}\cdots P_i\cdots P_1 P_0)=P_{n-1}\cdots \overline{P_i}\cdots P_1 P_0$$

式中，P_i 为入端标号二进制码的第 i 位，且 $0\leqslant i\leqslant n-1$。当维数 $n>3$ 时，称为超立方体（HyperCube）网络。

显而易见，单级立方体网络的最大距离为 n，即反复使用单级网络，最多经 n 次传送就可以实现任意一对入、出端间的连接。而且任意两个节点之间至少有 n 条不同的路径可走，容错性强，只是距离小于 n 的两个节点之间各条路径的长度可能不等。

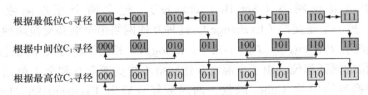

图 10-7　单级立方体网络连接的不同路径

2. PM2I 单级互连网络

PM2I 单级互连网络是"加减 2^i（Plus-Minus 2^i）单级网络"的简称。能实现与 j 号处理单元

直接相连的是号为 $j±2^i$ 的处理单元。

图 10-8 中，PM2I 中的 0 可直接连到 1、2、4、6、7 上，比立方体单级互连网络的 0 只能直接连到 1、2、4 上要灵活。PM2I 单级互连网络的最大距离为[n/2]，最多只要二次使用，即可实现任意对出、入端号之间的连接。能实现与 j 号处理单元直接相连的是号为 $j+/-2i$ 的处理单元，

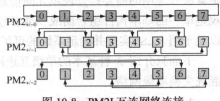

图 10-8　PM2I 互连网络连接

$$PM2+i（j）=j+2^i \mod N$$

$$PM2-i（j）=j-2^i \mod N$$

式中，$0≤j≤N-1$，$0≤i≤n-1$，$n=\log_2 N$。它共有 $2n$ 个互连函数。由于 $PM2+(n-1)=PM2-(n-1)$，所以 PM2I 互连函数只有 $2n$ 种互连函数是不同的。对于 $N=8$ 的三维 PM2I 互连函数的互连函数，有 PM2-0　PM2+1　PM2-2　PM2-3　PM2-4。PM2I 单级互连网络能实现 j 号结点与 $j±2i \mod N$ 号结点的直接相连，N 为处理器的个数，$n=\log_2 N$。因此，它共有 $2n$ 个互连函数。其中，$0≤j≤N-1$，$0≤i≤n-1$。

设 $N=8$，则各互连循环为

PM2+0：（01234567）

PM2-0：（76543210）

PM2+1：（0246）（1357）

PM2-1：（6420）（7531）

PM2±2：（04）（15）（26）（37）

PM2I 单级互连网络的最大距离为[n/2]。图 10-9 中给出了 PM2I 互连网络的部分连接图。

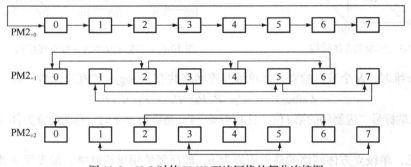

图 10-9　$N=8$ 时的 PM2I 互连网络的部分连接图

3. 混洗交换单级互连网络

混洗交换单级互连网络（Shuffle-Exchange），包含两个互连函数，一个是全混（PerfectShuffle），另一个是交换（Exchange）。这种互连网络由全混和交换两种互连函数组成：全混 $Shuffle(P_{n-1}P_{n-2}...P_1P_0)=(P_{n-2}...P_0P_{n-1})$ 式中，$n=\log_2 N$，相当于将处理单元的进制地址位中的最左位移到最右位的循环移位。由于全混洗互连网络不能实现全 0 和全 1 单元与其他单元的连接，因此引入交换网络中的 $Cube_0$ 函数，两函数复合后为 $Exchange[Shuffle(P_{n-1}P_{n-2}...P_1P_0)]=(P_{n-2}...P_0\sim P_{n-1})$。

在混洗交换网络中，最远的两个入、出端号是全"0"和全"1"，它们的连接需要 n 次交换和 $n-1$ 次混洗，所以最大距离为 $2n-1$。图 10-10 给出了 $N=8$ 时的全混交换互连网络连接。

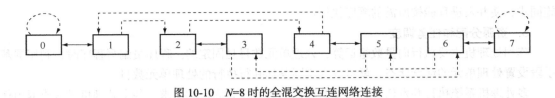

图 10-10　N=8 时的全混交换互连网络连接

10.2　多处理机系统

10.2.1　多处理机系统的特点

多处理机系统属于多指令流多数据流系统。与单指令流多数据流系统的阵列处理机相比，在结构上，它的多个处理机要用多个指令部件分别控制，通过机间互连网络实现通信；在算法上，不限于向量数组处理，还要挖掘和实现更多通用算法中隐含的并行性；在系统管理上，要更多地依靠软件手段有效地解决资源分配和管理，特别是任务分配、处理机调度、进程的同步和通信等问题。

1. 结构灵活性

阵列处理机的结构主要是针对向量、数组处理设计的，有专用性。处理单元数虽然已达 6 384 以上，却只需要设置有限、固定的机间互连通路就可满足一批并行度很高的算法的需要。

多处理机系统实现作业、任务、程序段的并行，为适应多样的算法，结构应更灵活多变，以实现复杂的机间互连，避免争用共享的硬件资源。这是多处理机机数少的原因之一。

2. 程序并行性

阵列处理机实现操作级并行，一条指令即可对整个数组同时处理。并行性存在于指令内部，识别比较容易，可以从指令类型和硬件结构上提供支持，由程序员编程时加以利用，或由向量化编译程序来协助。

多处理机系统中，并行性还存在于指令外部，表现于多个任务间的并行，加上系统要求通用，使程序并行性的识别较难，必须利用算法、程序语言、编译、操作系统以及指令、硬件等多种途径，挖掘各种潜在的并行性，而不是主要依靠程序员在编程时解决。

3. 并行任务派生

阵列处理机是通过指令来反映数据间是否并行计算，并由指令直接启动多个处理单元并行工作。

多处理机系统是指令流，需要有专门的指令或语句指明程序中各程序段的并发关系，并控制它们并发执行，使一个任务执行时可以派生出与它并行执行的另一些任务。派生出的并行任务数目随程序和程序流程的不同而动态变化，并不要求多处理机像阵列处理机那样用固定的处理器加屏蔽的办法来满足其执行的需要。如果派生出的并行任务数多于处理机数，就让那些暂时分配不到空闲处理机的任务排队，等待即将释放的处理机。反之，则可以让多余的空闲处理机去执行其他作业。因此，多处理机较阵列处理机运行的效率要高些。

4. 进程同步

阵列处理机实现的是指令内部对数据操作的并行，所有活跃的处理单元在同一个控制器的控制下，同时执行同一条指令，工作自然是同步的。

多处理机系统实现的是指令、任务、作业级的并行。同一时刻，不同处理机执行不同指令，工作进度不会也不必保持一致。但如果并发程序之间有数据相关或控制依赖，就要采取特殊的措施同步，使并发进程能按所需的顺序执行。

5. 资源分配和任务调度

阵列处理机主要执行向量数组运算，处理单元数目是固定的。程序员编写程序时，利用屏蔽手段设置处理单元的活跃状态，就可改变实际参加并行执行的处理单元数目。

多处理机系统执行并发任务，需要处理机的数目没有固定的要求，各个处理机进入或退出任务以及所需资源的变化情况要复杂得多。这就需要解决好资源分配和任务调度，让处理机的负荷均衡，尽可能提高系统硬件资源的利用率，管理和保护好各处理机、进程共享的公用单元，防止系统死锁。这些问题解决的好坏将会直接影响系统的效率。

10.2.2 多处理机系统的分类

多处理机系统由多台独立的处理机组成，每台处理机都能够独立执行自己的程序和指令流，相互之间通过专门的网络连接，实现数据的交换和通信，共同完成某项大的计算或处理任务。系统中的各台处理机由统一的操作系统进行管理，实现指令级以上并行。这种并行性一般是建立在程序段的基础上的，也就是说，多处理机的并行是作业或任务级的并行。从硬件结构、存储器组织方式等区分，多处理机系统有多种分类方法，主要分为两种多处理机系统：紧密耦合多处理机系统、松散耦合多处理机系统。

1. 紧密耦合多处理机

紧密耦合多处理机是通过共享主存来实现处理机间的通信的，其通信速率受限于主存的频宽。但是，由于各处理机与主存经互连网络连接，系统中处理机数就受限于互连网络带宽及多台处理机同时访问主存发生冲突的概率。

为减少访主存冲突，多处理机的主存都采用模 m 多体交叉存取。模数 m 越大，发生冲突的概率将越低，但必须注意解决好数据在各存储器模块中的定位和分配。可以让各处理机自带一个小容量的存储器以存放该处理机运行进程的核心代码和常用系统表格，来进一步减少访主存冲突。也可以让处理机自带高速缓冲存储器 Cache，减少访主存次数。

紧密耦合多处理机的两种构形如图 10-11 所示。其模型如图 10-12 所示。

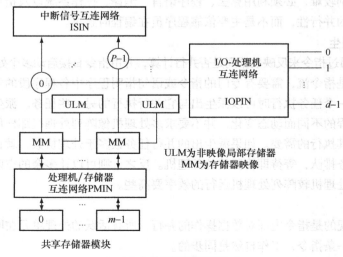

ULM为非映像局部存储器
MM为存储器映像

（a）处理机不带专用Cache

图 10-11 紧密耦合多处理机的两种构形

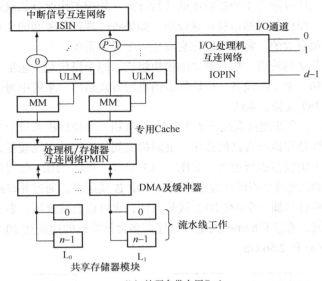

（b）处理自带专用Cache

图 10-11　紧密耦合多处理机的两种构形（续）

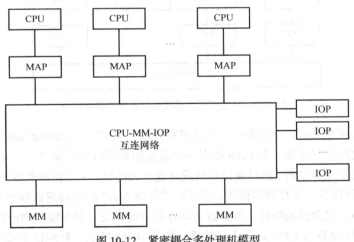

图 10-12　紧密耦合多处理机模型

系统中各处理机相互之间的联系是比较紧密的，通过系统中的共享主存储器实现彼此间的数据传送和通信。

优点：通过共享存储器，处理机间的通信和数据传输速度快、效率高。

缺点：存在访问冲突，由于总线带宽的限制导致处理及数量不能太多；为每个处理机配置较大的独立 Cache 可以缓解访问冲突问题，但同时 Cache 同步也是较大的问题。

2．松散耦合多处理机

松散耦合多处理机中，每台处理机都有一个容量较大的局部存储器，用于存储需要经常用到的指令和数据，以减少紧密耦合系统中存在的访主存冲突。不同处理机间或者通过通道互连实现通信，以共享某些外部设备；或者通过消息传送系统 MTS（Message Transfer System）连接来交换信息，这时各台处理机可带有自己的外部设备。消息传送系统常采用简单的分时总线或环形、星形、树形等拓扑结构。

　　松散耦合多处理机比较适合于做粗粒度的并行计算，处理的作业分割成若干相对独立的任务在各个处理机上并行，而任务间的信息流量较小。如果各处理机任务间的交互作用很小，则这种耦合度很松的系统是很有效的，常常可以把它看成一个分布系统。

　　这种系统多由一些功能较强、相对独立的模块组成。每个模块至少包括一个功能较强的处理机、一个局部存储器和一个 I/O 设备，模块间以消息的方式通信。系统中每台处理机都有处理单元、各自的存储器和 I/O 设备子系统。

　　按照 Flynn 分类法，多处理机系统属于 MIMD 计算机。多处理机系统由多个独立的处理机组成，每个处理机都能够独立执行自己的程序。处理机之间的连接频带比较低，通过输入输出接口连接，处理机间互为外围设备进行连接，如图 10-13 所示。例如，IBM 公司的机器都可以通过通道到通道的连接器 CTC 把两个不同计算机系统的 IOP 连接起来。通过并口或串口把多台计算机连接起来。例如，用串行口加一个 MODEL 拨号上网，也可以直接连接；多台计算机之间的连接需要有多个接口。目前，通过 Ethernet 网络接口连接多台计算机的速度达 10 Mb、100 Mb、1 Gb，Mynet 已经达到 1.28 Gb 和 2.56 Gb。

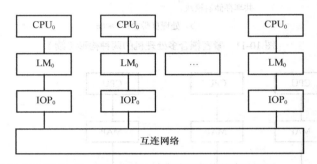

图 10-13　通过多输入输出接口连接的多处理机

　　当通信速度要求更高时，可以通过一个通道和仲裁开关 CAS（Channel and Arbiter Switch）直接在存储器总线之间建立连接。在 CAS 中有一个高速的通信缓冲存储器。

　　处理机之间共享主存储器，通过高速总线或高速开关连接。主存储器有多个独立的存储模块，每个 CPU 能够访问任意一个存储器模块，通过映像部件 MAP 把全局逻辑地址变换成局部物理地址，通过互连网络寻找合适的路径，并分解访问存储器的冲突，多个输入输出处理机 IOP 也连接在互连网络上，I/O 设备与 CPU 共享主存储器，如图 10-14 所示。处理机个数不能太多，几个到十几个，紧密耦合方式要求有很高的通信频带。可以采用如下措施。

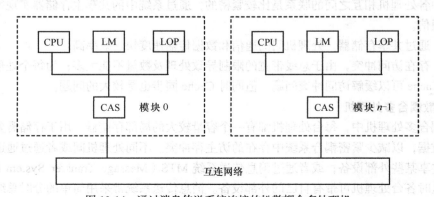

图 10-14　通过消息传送系统连接的松散耦合多处理机

① 采用高速互连网络。

② 增加存储器模块个数。

③ 每个存储器模块再分成多个小模块，并采用流水线方式工作。

④ 每个 CPU 都有自己的局部存储器 LM。

⑤ 每个 CPU 设置一个 Cache。

10.2.3 多处理机的操作系统

1. 主从型操作系统

主从型（Master-Slave Configuration）操作系统，其管理程序只在一个指定的处理机（主处理机）上运行，适用于工作负荷固定、从处理机能力明显低的紧耦合、异构型、非对称多处理机系统。

优点：硬件结构比较简单；简化了管理控制的实现；实现起来简单、经济、方便，是目前大多数多处理机操作系统所采用的方式。

缺点：对主处理机的可靠性要求很高；整个系统显得不够灵活；如果负荷过重，也会影响整个系统的性能。

2. 各自独立型操作系统

各自独立型（Separate Supervisor）操作系统将控制功能分散给多台处理机，共同完成对整个系统的控制工作。每台处理机都有一个独立的管理程序（操作系统的内核）在运行，即每台处理机都有一个内核的副本，按自身的需要及分配给它的程序需要来执行各种管理功能。它适用于松耦合的多处理机系统。

优点：很适应分布处理的模块化结构特点，减少对大型控制专用处理机的需求；某个处理机发生故障，不会引起整个系统瘫痪，有较高的可靠性；每台处理机都有其专用控制表格，使访问系统表格的冲突较少，也不会有许多公用的执行表，同时控制进程和用户进程一起进行调度，能取得较高的系统效率。

缺点：这种方式实现复杂，访存冲突的解决和负载平衡较困难；某台处理机一旦发生故障，要想恢复和重新执行未完成的工作较困难；使整个系统的输入输出结构变换需要操作员干预；各台处理机需有局部存储器存放管理程序副本，降低了存储器的利用率。

3. 浮动型操作系统

浮动型操作系统是界于主从型操作系统和各自独立型操作系统之间的一种折中方式，其管理程序可以在处理机之间浮动。在一段较长的时间里指定某一台处理机为控制处理机，但是具体指定哪一台处理机以及担任多长时间控制都不是固定的。这是一种最灵活但又最复杂的结构，系统中的负载平衡容易实现，适于对称紧密耦合多处理机系统。其他优缺点介于二者之间。

10.3 本章小结

学习完本章，应理解以下基本概念：多处理机技术，阵列处理机的结构、特点及其互连网络实现，多处理机的特点、分类及多处理机的操作系统；同时也能全面了解计算机并行技术的发展和分类。这些内容虽然简单，但为后续的学习奠定了良好的基础。

习题 10

1. 单项选择题

（1）CRAY-1 的流水线是（　　）。

 A. 多条单功能流水线   B. 一条单功能流水线

 C. 多条多功能流水线   D. 一条多功能流水线

（2）IBM 360/91 对指令中断的处理方法是（　　）。

 A. 不精确断点法   B. 精确断点法

 C. 指令复执法   D. 对流水线重新调度

（3）IBM 360/91 属于（　　）。

 A. 向量流水机   B. 标量流水机

 C. 阵列流水机   D. 并行流水机

（4）下列关于标量流水机的说法中不正确的是（　　）。

 A. 可对标量数据进行流水处理   B. 没有向量数据表示

 C. 不能对向量数据进行运算   D. 可以对向量、数组进行运算

（5）在 CRAY-1 机器上，链接方式执行下面 4 条向量指令（括号中给出相应功能部件的时间），如果向量寄存器和功能部件之间的数据传输需要 1 拍，则此链接流水线的流过时间为（　　）拍。

 V0←存储器　　　　（存储器取数 7 拍）

 V1←V0+V1　　　　（向量加 3 拍）

 V3←V2<A3　　　　（按照 A3 左移 4 拍）

 V5←V3∧V4　　　　（向量逻辑乘 2 拍）

 A. 23   B. 24   C. 30   D. 31

（6）假设某向量处理机上执行 DAXPY 代码所需要的时钟周期是 $4n+64$，其中 n 是向量长度，时钟频率是 200 MHz，那么最大性能是（　　）。

 A. 90 MFLOPS   B. 80 MFLOPS

 C. 50 MFLOPS   D. 100 MFLOPS

（7）假设某向量处理机上执行 DAXPY 代码所需要的时钟周期是 $4n+64$，其中 n 是向量长度，时钟频率是 200 MHz，那么半性能向量长度是（　　）。

 A. 12.8   B. 10.7   C. 12   D. 13

（8）下面一组向量操作能分成几个编队？假设每种流水功能部件只有一个。（　　）

 LV   V1,Rx;   取向量

 MULTSV   V2,F0,V1;   向量和标量相乘

 LV   V3,Ry;   取向量 Y

 ADDV   V4,V2,V3;   加法

 SV   Ry,V4;   存结果

 A. 1   B. 2   C. 3   D. 4

（9）下述几个需要解决的问题中，（　　）是向量处理机最需要关心的。

 A. 计算机指令的优化技术

B. 设计满足运算器带宽要求的存储器

C. 如何提高存储器的利用率，增加存储器系统的容量

D. 纵横处理方式的划分问题

2. 简答题

（1）多处理机有哪些基本特点？发展这种系统的主要目的可能有哪些？多处理机着重解决哪些技术问题？

（2）简述多处理机操作系统的 3 种不同类型的构形，列出每种构形的优点和缺点以及设计中的问题。

（3）在大型数组的处理中常常包含向量计算，按照数组中各计算相继的次序，我们可以把向量处理方法分为哪三种类型？

参考文献

[1] 罗福强，等. 计算机组成原理［M］北京：清华大学出版社，2011.

[2] 罗克露. 计算机组成原理［M］北京：电子工业出版社，2004.

[3] 李学干. 计算机系统结构［M］北京：经济科学出版社，2000.

[4] 张晨曦. 计算机系统结构［M］北京：高等教育出版社，2008.

[5] 马维华. 微机原理与接口技术［M］北京：科学出版社，2005.

[6] 钱晓捷. 微机原理与接口技术［M］北京：机械工业出版社，2010.

[7] 黎连业，等. 云计算基础与实用技术［M］北京：清华大学出版社，2013.